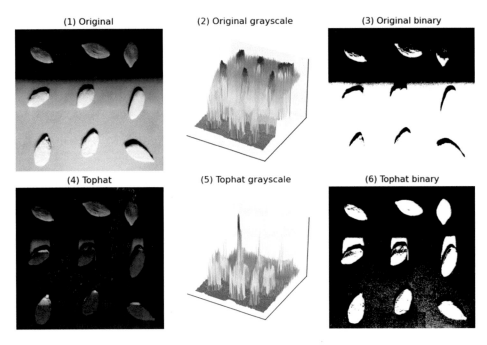

图 12-7　灰度顶帽变换校正光照影响

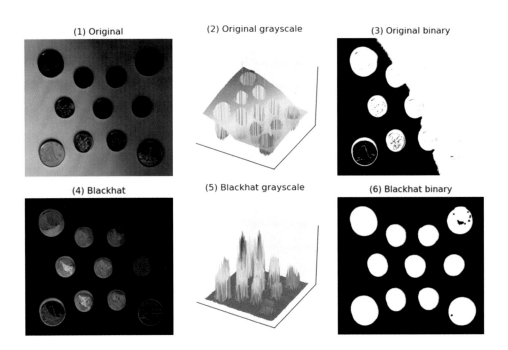

图 12-8　灰度底帽变换校正光照影响

(1) MoveCapture1
(2) MoveCapture2
(3) MoveCapture3
(4) Diffabs mask1
(5) Diffabs mask2
(6) Diffabs mask3

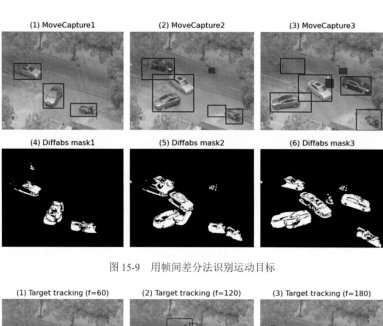

图 15-9　用帧间差分法识别运动目标

(1) Target tracking (f=60)
(2) Target tracking (f=120)
(3) Target tracking (f=180)
(4) Target tracking (f=240)
(5) Target tracking (f=300)
(6) Target tracking (f=360)

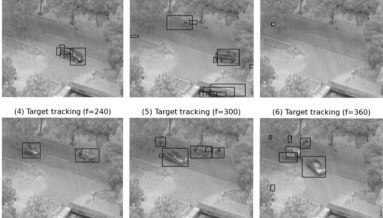

图 15-10　用背景差分法识别运动目标

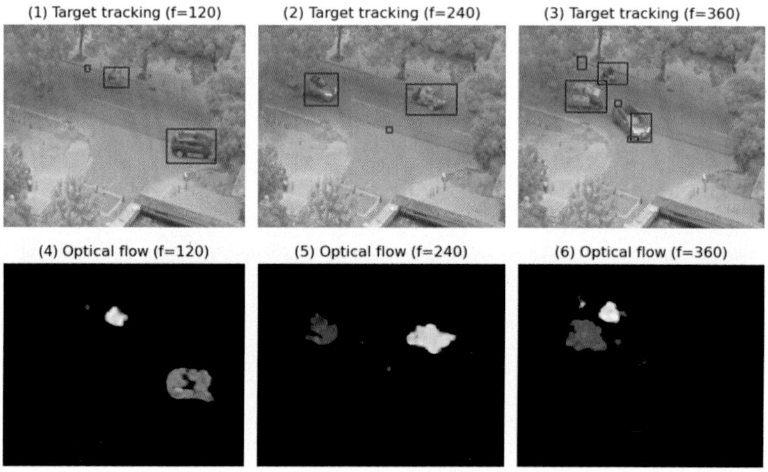

(1) Target tracking (f=120)
(2) Target tracking (f=240)
(3) Target tracking (f=360)
(4) Optical flow (f=120)
(5) Optical flow (f=240)
(6) Optical flow (f=360)

图 15-11　用密集光流法识别运动目标

数字图像处理

基于OpenCV-Python

黄杉 / 著

电子工业出版社

Publishing House of Electronics Industry

北京•BEIJING

内 容 简 介

本书按照数字图像处理的知识体系，循序渐进地对 OpenCV-Python 的基本功能进行全面、系统的介绍。全书共 18 章，分为 OpenCV-Python 的基本操作、图像处理的基本方法、图像处理的高级方法和计算机视觉四部分，详细介绍常用的 OpenCV 函数，并讲解例程代码。

本书实例丰富、通俗易懂，适合数字图像处理方向的师生与相关技术人员使用，既可以作为入门数字图像处理的参考书，也可以作为 OpenCV 的入门教程。

图书在版编目（CIP）数据

数字图像处理：基于 OpenCV-Python / 黄杉著. —北京：电子工业出版社，2023.7

ISBN 978-7-121-45936-8

Ⅰ．①数… Ⅱ．①黄… Ⅲ．①数字图像处理 Ⅳ．①TN911.73

中国国家版本馆 CIP 数据核字（2023）第 125820 号

责任编辑：张　爽
印　　刷：河北虎彩印刷有限公司
装　　订：河北虎彩印刷有限公司
出版发行：电子工业出版社
　　　　　北京市海淀区万寿路 173 信箱　　　　邮编：100036
开　　本：787×1 092　　1/16　　印张：28.5　　字数：748 千字　　　彩插：1
版　　次：2023 年 7 月第 1 版
印　　次：2025 年 5 月第 6 次印刷
定　　价：129.00 元

序

本书作者黄杉是 CSDN 的资深博主，在 CSDN 上撰写的"youcans 的 OpenCV 例程"博客专栏还在持续更新中，已有超过 1200 人的订阅数和 200 万人次的阅读量。我在治理 CSDN 热榜算法及邀请作者参与构建 CSDN 的 OpenCV 技能树的过程中，与作者保持着持续的交流和协作。对于 OpenCV 博客和技能树习题，作者都能以对新手友好的视角来创作并持续改进。

难能可贵的是，作者能在"如何在数字图像处理知识体系与 OpenCV-Python 繁多的 API 之间做好匹配"这件事上持续耕耘。当把两者结合的核心轮廓构建成型时，本书得以面世。

本书各个章节都以 OpenCV-Python 例程作为支撑，将数字图像处理的知识体系组织起来。本书不仅涉及传统的图像处理技术，还对 OpenCV 在机器学习中的应用进行了介绍。读者在学习数字图像处理的基础知识和 OpenCV 实战案例之后，进阶学习机器学习、深度学习是顺理成章的。

"程序=数据结构+算法"，在数字图像处理领域也不例外。学习数字图像处理传统技术的核心，就是把数字图像的数据结构理解清楚，并在此基础上理解算法。本书结合 OpenCV-Python 代码，在此方面有很好的实践。作者详细地将每个例程涉及的 OpenCV 函数、参数、算法概要和依赖的下层编程组件分解清楚，并为例程代码添加了丰富的注释。对于学习数字图像处理与 OpenCV 的初学者或进阶者，本书都会很有帮助。

感谢作者邀请我为本书作序。在人工智能助手的辅助下，数字图像处理的知识结构和 OpenCV-Python 代码也许会发生很大变化，但不变的是，对领域框架知识的把握能力和对细节的深入能力。希望本书能帮助读者在数字图像处理和 OpenCV 编程上培养这两方面的能力。

CSDN 研发总监，计算数学博士

范飞龙

2023.02.26

前言

写作背景

写本书的初衷，源自作者学习数字图像处理的经历。

作者在专业创新教育课程中选择的教材是冈萨雷斯的《数字图像处理（第四版）》，学习的开始阶段非常困难。教材的开篇介绍绪论和数学工具，作者看得似懂非懂，似乎还不涉及编程；接下来的章节是灰度变换、空间滤波和频域滤波，涉及的内容丰富、方法繁多，作者试着编了几个程序就编不下去了。

于是，作者开始学习 OpenCV，这是当下十分流行的计算机视觉软件库。作者找了几本学习教程，顺利运行了第一个例程。但是，接下来面对每个模块中几十个算法函数的讲解，作者又觉得"头大"了。而且，即便这些算法函数既有说明又有例程，作者还是不明所以，并不能真正理解和掌握。于是，对于 OpenCV 的学习也面临着半途而废的风险。

面对这种情况，作者回过头来，老老实实按照数字图像处理的知识体系，使用 OpenCV 对课程中的问题逐一编程实现。作者在 CSDN 网站开设了博客专栏"youcans 的 OpenCV 例程"，把学习 OpenCV 数字图像处理的笔记整理为博客，迄今已经发布了 260 多篇文章。通过学习，作者深深体会到：①学习数字图像处理，一定离不开编程实践，否则连纸上谈兵都算不上；②学习 OpenCV，要理解数字图像处理的知识体系，否则只是知其然，不知其所以然，开始很快乐，但是越往后越糊涂。

作者觉得数字图像处理与 OpenCV 就像左右手一样，是相辅相成、互为表里的。但是，在作者查阅的十几种数字图像处理教材和关于 OpenCV 的图书中，它们似乎分属两个门派，各自自成体系、泾渭分明，鲜有图书能将其融为一体，很难让像作者这样的"菜鸟"轻松入门、快速进阶。于是，作者决心自己写一本书，作为学习数字图像处理与 OpenCV 的桥梁。

本书适合学习数字图像处理课程的同学，不仅可以作为课程参考资料，而且可以让你轻松入门 OpenCV；本书也适合 OpenCV 的初学者。本书比官方文档中的例程更加容易，会让初学者对数字图像处理的理解更加深入。对于有一定基础的读者，完全可以把本书作为 OpenCV 的常用函数手册，在需要时查阅。

本书特色

（1）实例丰富，注释详细。

本书介绍 OpenCV 例程，并编制例程索引。这些例程不仅能比较全面地覆盖 OpenCV 的基本功能，而且能系统地介绍数字图像处理课程的内容。作者尽量选择简单、清晰的方法实现所有例程，并进行详细注释，便于读者理解和修改。

（2）循序渐进，编排合理。

本书结构与同类图书不同，是以数字图像处理知识体系为主线的，而不是按照 OpenCV 模块来编排的，因此可以更好地体现问题导向和需求导向，便于读者对照教材学习和使用。本书的所有章节内容相对独立，每个例程都是独立程序，不会相互调用，从而避免使用尚未讲到的函数或内容，以便读者学习和使用。

（3）函数手册，即学即用。

本书介绍常用的 OpenCV 函数，并编制函数索引。

需要指出的是，由于 OpenCV 是用 C/C++语言开发的，所以 Python 语言中的某些接口定义较为特殊。此外，OpenCV 是开放和发展的，不同版本和模块之间的设计规范并不完全统一。这两方面的问题经常让初学者感到十分困惑，遇到程序报错也无从下手。

与官方文档和现有图书不同的是，本书对 OpenCV 函数进行了大量测试，着重讲解函数中参数的格式要求和注意事项，并结合例程帮助读者理解每个函数的特殊规定。

主要内容

本书基于 OpenCV-Python，介绍数字图像处理的基本方法和高级应用。全书共 18 章，分为四部分。

第一部分介绍 OpenCV-Python 的基本操作，包括第 1～4 章。

◎ 第 1 章介绍图像的基本操作，包括图像的读取、保存和显示方法等。

◎ 第 2 章介绍图像的数据格式，包括图像的创建、复制、裁剪、拼接、拆分、合并等基本方法。

◎ 第 3 章介绍彩色图像处理，包括图像的颜色空间转换、图像的伪彩色处理等。

◎ 第 4 章介绍绘图与鼠标交互，主要介绍其操作方法。

第二部分介绍图像处理的基本方法，包括第 5～9 章。

◎ 第 5 章介绍图像的算术运算，包括加、减、乘、除运算和位运算等。

◎ 第 6 章介绍图像的几何变换，包括图像的平移、图像的缩放和图像的旋转等。

◎ 第 7 章介绍图像的灰度变换，包括线性灰度变换和非线性灰度变换等。

◎ 第 8 章介绍图像的直方图处理，通过调控直方图来改善图像质量。

◎ 第 9 章介绍图像的阈值处理，包括 OTSU 阈值算法、多阈值处理算法等。

第三部分介绍图像处理的高级方法，包括第 10～13 章。

◎ 第 10 章介绍图像卷积与空间滤波，实现图像模糊和图像锐化。

◎ 第 11 章介绍傅里叶变换与频域滤波，设计更加丰富的滤波器。

◎ 第 12 章介绍形态学图像处理，包括基本操作、常用算法和典型应用。

◎ 第 13 章介绍图像变换、重建与复原，包括霍夫变换、雷登变换、图像重建和退化图像复原等。

第四部分介绍计算机视觉，包括第 14～18 章。

◎ 第 14 章介绍边缘检测与图像轮廓，包括边缘检测之梯度算子、LoG 算子、DoG 算子等。

◎ 第 15 章介绍图像分割，包括分水岭算法、图割分割算法和均值漂移算法等。

◎ 第 16 章介绍特征描述，包括特征描述之傅里叶描述符、特征描述之区域特征描述等。

◎ 第 17 章介绍特征检测与匹配，包括 Harris、SIFT、SURF、FAST、ORB 和 MSER 算法等。

◎ 第 18 章介绍机器学习，包括主成分分析、k 均值聚类算法、k 近邻算法、贝叶斯分类器、支持向量机和人工神经网络算法等。

阅读说明

为方便读者阅读和理解，本书中的所有插图均提供彩图文件，请根据"读者服务"中的提示获取本书的配套资源。

建议和反馈

正如在本书写作背景中所介绍的，尽管作者得到了很多老师的指导和帮助，也为写好本书做了很多努力，但由于能力和学识所限，书中难免会存在漏洞和瑕疵。欢迎读者提出宝贵意见，以便作者改进和提高。如果你对本书有任何建议，或者遇到问题需要帮助，可以到 CSDN 博客专栏"youcans 的 OpenCV 例程"留言，也可以致信作者邮箱 youcans@qq.com 或本书编辑邮箱 zhangshuang@phei.com.cn，作者将不胜感激。

致谢

感谢指导老师王富平老师，他是作者学习图像处理的启蒙老师，总是耐心地回答作者的每一个问题。感谢西安邮电大学校长范九伦教授，他不仅鼓励和指导作者，还热情推荐了本书。感谢 OpenCV Foundation 董事、OpenCV 中国团队负责人于仕琪老师，他在作者的学习中给予了很多指导，并建议和鼓励作者出版本书。感谢 CSDN 网站和邹欣老师、范飞龙老师，他们不仅始终给予作者支持和帮助，也陪伴和见证了每一位程序员的成长。感谢博文视点的张爽老师，有了张爽老师的帮助，本书得以面世。本书得到"陕西省大学生创新创业训练计划项目"的支持，特此致谢。

最需要感谢的是 CSDN 中作者的博客专栏的读者，他们提出了很多批评和建议，他们的陪伴和支持是作者写完本书的动力。

目录

第三部分 图像处理的高级方法

第四部分　计算机视觉

例程索引

函数索引

第一部分

OpenCV-Python 的基本操作

第 1 章
图像的基本操作

为了方便初学者从零开始学习 OpenCV-Python，本书从图像的读取、保存和显示等基本操作开始介绍，使读者可以循序渐进地使用和理解本书的每一个例程。

本章内容概要

◎ 图像、视频文件和多帧图像（动图）的读取与保存。

◎ 从网络地址读取图像和含中文路径图像的读取方法。

◎ 图像的显示方法，包括使用 Matplotlib 显示图像。

◎ 使用摄像头拍摄视频及图像的方法。

1.1 图像的读取与保存

1.1.1 图像的读取

函数 cv.imread 用于从指定文件加载图像并返回该图像的矩阵。

函数原型

cv.imread(filename[, flags=IMREAD_COLOR]) → retval

参数说明

◎ filename：读取图像的文件路径和文件名，包括文件扩展名。

◎ flags：读取方式的参数，可选项如下。

➤ IMREAD_COLOR：始终将图像转换为三通道 BGR 格式的彩色图像，是默认方式。

➤ IMREAD_GRAYSCALE：始终将图像转换为单通道灰度图像。

➤ IMREAD_UNCHANGED：按原样返回加载的图像（使用 Alpha 通道）。

➤ IMREAD_ANYDEPTH：输入具有相应深度时会返回 16 位或 32 位图像，否则会转换为 8 位图像。

➤ IMREAD_ANYCOLOR：以任何可能的颜色格式读取图像。

◎ retval：返回值，读取的 OpenCV 图像为多维 Numpy 数组。

注意问题

（1）在 OpenCV 中，最常用的图像数据结构是 C++语言定义的 Mat 类。在 Python 语言中，Mat 类的对象创建和操作是通过 Numpy 数组实现的。OpenCV 对图像的任何操作，本质上都是对 Numpy 数组的运算。

（2）OpenCV 读取图像文件，返回值是二维或三维 Numpy 数组。当读取灰度图像时，返回值是形为(h,w)的二维数组；当读取彩色图像时，返回值是形为(h,w,ch)的三维数组。

（3）如果无法读取图像（如文件不存在、权限不正确、格式不被支持或无效），并不会有报错提示，而会返回一个空矩阵。

（4）该函数不支持带有中文或空格的文件路径和文件名，但也不会出现报错提示。当必须使用中文路径或文件名时，可以使用函数 cv.imdecode 处理，具体参见【例程 0103】。

（5）在 OpenCV 中，使用的彩色图像为 BGR 格式的图像，读取图像文件后，图像文件可按 B/G/R 的顺序存储为多维数组。PIL、PyQt、Matplotlib 等库使用的是 RGB 格式的图像，图像文件按 R/G/B 的顺序存储。

（6）该函数默认忽略图像的透明通道（Alpha 通道），通过设置参数 flags=IMAGE_UNCHANGED 可以读取透明通道。

（7）对于彩色图像文件，该函数默认按彩色图像格式读取，也可以通过设置 flags=0 读取为灰度图像格式。将彩色图像格式读取为灰度图像格式，本质上是读取的彩色图像，并将彩色图像转换为灰度图像。

（8）目前支持的文件及扩展名如下。

◎ Windows 位图：.bmp、.dib。

◎ JPEG 文件：.jpeg、.jpg、.jpe。

◎ JPEG 2000 文件：.jp2。

◎ 便携式网络图形：.png。

◎ WebP：.webp。

◎ 便携式图像：.pbm、.pgm、.ppm、.pxm、.pnm。

◎ TIFF 文件：.tiff、.tif。

1.1.2 图像的保存

函数 cv.imwrite 可以基于扩展名的格式将图像保存到指定文件。

函数原型

cv.imwrite(filename, img[,params]) → retval

参数说明

◎ filename：保存图像的文件路径和文件名，包括文件扩展名。

◎ img：要保存的 OpenCV 图像，格式为多维 Numpy 数组。

◎ params：编码格式参数，可选项如下。

➢ IMWRITE_JPEG_QUALITY：设置 JPEG/JPG 格式图片的质量。数值越大，图片质量越高，取值范围为 0～100，默认值为 95。

➢ IMWRITE_PNG_COMPRESSION：设置 PNG 格式图片的压缩比。数值越大，压缩比越大，取值范围为 0～9，默认值为 3。

➢ IMWRITE_TIFF_RESUNIT：设置 TIF 格式图片的分辨率。

➢ IMWRITE_WEBP_QUALITY：设置 WEBP 格式图片的质量。数值越大，图片质量越高，取值范围为 1～100，默认值为 100。

➢ IMWRITE_JPEG2000_COMPRESSION_X1000：设置 JPEG2000 格式图片的质量，默认值为 1000。

◎ retval：返回值，是布尔值，保存成功标志。

注意问题

（1）图像通常保存为 8 位单通道图像或 BGR 三通道彩色图像，而 BGRA 四通道图像可以使用 Alpha 通道保存为 PNG 图像，更多设置详见 OpenCV 说明文档（链接 1-1）。

（2）函数 cv.imwrite 将 OpenCV 图像（多维 Numpy 数组）保存为图像文件，图像的保存格式由 filename 的扩展名决定，与读取图像文件时的图像格式无关。

（3）函数 cv.imwrite 不支持带有中文或空格的文件路径和文件名，但也不会有报错提示。需要使用中文路径或文件名时，可以使用函数 cv.imdecode 处理，参见【例程 0103】。

【例程 0101】用 OpenCV 读取和保存图像文件

本例程用 OpenCV 读取和保存图像文件，注意读取图像文件时的参数设置。

```python
# 【0101】用 OpenCV 读取和保存图像文件
import cv2 as cv

if __name__ == '__main__':
    # 读取图像文件，支持 BMP、JPG、PNG、TIFF 等常用格式
    filepath = "../images/Lena.tif"  # 读取图像文件的路径
    img = cv.imread(filepath, flags=1)  # flags=1 读取彩色图像文件(BGR)
    gray = cv.imread(filepath, flags=0)  # flags=0 读取为灰度图像

    saveFile = "../images/imgSave1.png"  # 保存图像文件的路径
    cv.imwrite(saveFile, img, [int(cv.IMWRITE_PNG_COMPRESSION), 8])
    cv.imwrite("../images/imgSave2.png", gray)
```

程序说明

（1）本例程读取的图像文件是彩色图像文件。读取为彩色图像时可以设置 flags=1，也可以省略；读取为灰度图像时必须设置 flags=0。

（2）读取和保存图像文件可以使用相对路径或绝对路径。

（3）读取文件时要注意检查指定路径的图像文件是否存在。

【例程 0102】从网络地址读取图像文件

本例程使用函数 cv.imdecode 从指定的内存缓存中读取数据，并将数据转换为图像格式，用于从网络传输数据中恢复图像。

```python
# 【0102】从网络地址读取图像文件
import cv2 as cv
import numpy as np

if __name__ == '__main__':
    import urllib.request as request
    response = request.urlopen\
        ("https://profile.csdnimg.cn/8/E/F/0_youcans")  # 指定的 url 地址
    imgUrl = cv.imdecode(np.array(bytearray(response.read()), dtype=np.uint8), -1)

    cv.imshow("imgUrl", imgUrl)  # 在窗口显示图像
    key = cv.waitKey(5000)  # 5000 毫秒后自动关闭
    cv.destroyAllWindows()
```

程序说明

（1）从网络地址读取图像文件不能使用函数 cv.imread，而要使用函数 cv.imdecode。

（2）函数 cv.imdecode 能将图像编码为流数据，赋值到内存缓存中，以方便网络传输。

【例程 0103】读取和保存文件路径中带有中文字符的图像

本例程用于读取/保存文件路径中带有中文字符的图像。

```python
# 【0103】读取和保存文件路径中带有中文字符的图像
import cv2 as cv
import numpy as np

if __name__ == '__main__':
    filepath = "../images/测试图 01.tif"  # 带有中文的文件路径和文件名
    # img1 = cv.imread(filepath, flags=1)  # 中文路径读取失败，但不会报错
    img2 = cv.imdecode(np.fromfile(filepath, dtype=np.uint8), flags=-1)

    saveFile = "../images/测试图 02.tif"  # 带有中文的保存文件路径
    # cv.imwrite(saveFile, img2)  # 中文路径保存失败，但不会报错
    cv.imencode(".jpg", img2)[1].tofile(saveFile)
```

程序说明

如果读取/保存图像的路径和文件名中含有中文字符，则不能用函数 cv.imread/cv.imwrite 操作，可以使用函数 cv.imdecode/cv.imencode 处理。

1.2　图像的显示

函数 cv.imshow 用于显示图像。

函数原型

cv.imshow(winname, mat) → None

cv.waitKey([, delay]) → retval

函数 cv.imshow 用于在指定窗口中显示 OpenCV 图像，默认将图像的像素值映射到[0,255]显示。函数 cv.waitKey 用于等待按键事件或延迟（毫秒），以保持窗口显示。

参数说明

◎　winname：指定的显示窗口的名称。

◎　mat：显示的 OpenCV 图像，是多维 Numpy 数组。

◎　delay：延迟时间，单位为毫秒，0 表示无限延迟。

注意问题

（1）函数 cv.imshow 后必须带有函数 cv.waitKey。如果没有函数 cv.waitKey，显示窗口将会一闪而过。

（2）图像显示窗口在函数 cv.waitKey 中设置时长延迟（毫秒）后会自动关闭。waitKey(0)表示不会自动关闭窗口。

（3）显示窗口可以先用函数 cv.namedWindow 创建并命名，然后用函数 cv.imshow 显示。如果指定窗口尚未创建，函数 cv.imshow 会创建一个自适应图像大小的窗口。

（4）推荐在程序结束前使用函数 cv.destroyWindow 关闭指定窗口，也可以使用函数 cv.destroyAllWindows 关闭所有显示窗口。

（5）可以同时使用多个窗口，但要定义不同的窗口名称（winname）。

（6）如果显示图像的分辨率高于屏幕的分辨率，则必须先用函数 cv.namedWindow 创建窗口。

（7）如果显示图像的数据类型为浮点型，则要将像素值归一化到[0.0, 1.0]才能正常显示。

【例程 0104】在 OpenCV 图像窗口中显示图像

本例程用于在 OpenCV 图像窗口中显示图像，如图 1-1 所示。

```python
# 【0104】在 OpenCV 图像窗口中显示图像
import cv2 as cv

if __name__ == '__main__':
    filepath = "../images/Lena.tif"  # 读取文件的路径
    img = cv.imread(filepath, flags=1)  # flags=1 读取彩色图像(BGR)
    gray = cv.imread(filepath, flags=0)  # flags=0 读取为灰度图像

    cv.imshow("Lena", img)  # 在窗口 img1 显示图像
    cv.imshow("Lena_gray", gray)  # 在窗口 img2 显示图像
    key = cv.waitKey(0)  # delay=0, 不自动关闭
    cv.destroyAllWindows()
```

图 1-1　在 OpenCV 图像窗口中显示图像

程序说明

（1）在名称为 "Lena" "Lena_gray" 的窗口显示彩色或灰度图像（见图 1-1）。

（2）注意函数 cv.imshow 后必须带有函数 cv.waitKey，否则显示窗口会一闪而过。

1.3　基于 Matplotlib 显示图像

OpenCV 所提供的函数 cv.imshow 的显示功能比较简单，如果需要实现更丰富的图像显示和控制功能，通常可以使用 Matplotlib。

Matplotlib 是最常用的 Python 绘图库之一，功能非常强大。它能提供简单、完整的应用程序接口（API）和多样化的输出格式，可以绘制各种静态、动态和交互式图表，也可以作为控件嵌入图形用户界面（GUI）应用程序中。

Matplotlib 中的函数 cv.imshow 能将数组的值以图片形式显示，可以显示 OpenCV 中的图像。函数 cv.imshow 的控制参数很多，本书只介绍图像显示中最常用的内容。

函数原型

matplotlib.pyplot.imshow(*X*, cmap, norm, aspect, interpolation, alpha, vmin, vmax, origin, extent, shape, filternorm, filterrad, imlim, resample, url, hold, data, **kwargs)

参数说明

◎ *X*：显示图像，支持 Numpy 数组或 PIL 图像。

◎ cmap：颜色图谱的设置参数，默认为 RGB(A)颜色空间。

➤ gray：设置为显示灰度图像。

◎ vmin,vmax：定义颜色映射覆盖的数据范围，是可选项，默认为图像 *X* 的数据范围。

注意问题

（1）在导入 Matplotlib 时通常将 pyplot 模块简写为 plt，在程序中将函数 cv.imshow 简写为 plt.imshow。

（2）OpenCV 和 Matplotlib 中的彩色图像都是多维 Numpy 数组，但 OpenCV 使用的是 BGR 格式，颜色分量按 B/G/R 顺序排列；而 Matplotlib 使用的是 RGB 格式，颜色分量按 R/G/B 顺序排列。用 plt.imshow()显示 OpenCV 彩色图像，要将 BGR 格式转换为 RGB 格式。

```
# 图片格式转换：BGR(OpenCV) -> RGB(Matplotlib/PyQt5)
imgRGB = cv.cvtColor(imgBGR, cv.COLOR_BGR2RGB)
```

（3）灰度图像不涉及颜色分量，不需要格式转换，但需要设置显示参数 cmap='gray'。

（4）函数 plt.imshow 后必须带有函数 plt.show，才能在指定窗口中显示图像。

（5）函数 plt.imshow 可以应用 Matplotlib 的各种控制方法，如标题、坐标轴和插值等，本书将结合例程来进行讲解。更多特殊方法和设置详见 Matplotlib 说明文档（链接 1-2）。

【例程 0105】使用 Matplotlib 显示图像

本例程使用 Matplotlib 显示彩色和灰度图像，运行结果如图 1-2 所示。

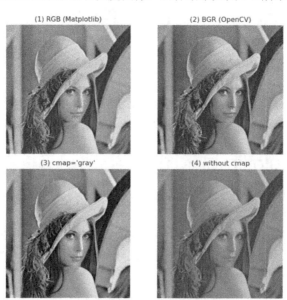

图 1-2　使用 Matplotlib 显示彩色和灰度图像

```
# 【0105】使用 Matplotlib 显示图像
import cv2 as cv
from matplotlib import pyplot as plt

if __name__ == '__main__':
    filepath = "../images/Lena.tif"  # 读取文件的路径
    img = cv.imread(filepath, flags=1)  # flags=1 读取彩色图像(BGR)
    imgRGB = cv.cvtColor(img, cv.COLOR_BGR2RGB)  # 图片格式转换：BGR-> RGB
    gray = cv.cvtColor(img, cv.COLOR_BGR2GRAY)  # 图片格式转换：BGR -> Gray

    plt.figure(figsize=(8, 7))  # 创建自定义图像
    plt.subplot(221), plt.title("1. RGB (Matplotlib)"), plt.axis('off')
    plt.imshow(imgRGB)  # 用 Matplotlib 显示彩色图像(RGB 格式)
    plt.subplot(222), plt.title("2. BGR (OpenCV)"), plt.axis('off')
    plt.imshow(img)     # 用 Matplotlib 显示彩色图像(BGR 格式)
    plt.subplot(223), plt.title("3. cmap='gray'"), plt.axis('off')
    plt.imshow(gray, cmap='gray')  # 用 Matplotlib 显示灰度图像，设置 gray 参数
    plt.subplot(224), plt.title("4. without cmap"), plt.axis('off')
    plt.imshow(gray)  # 用 Matplotlib 显示灰度图像，未设置 gray 参数
    plt.tight_layout()  # 自动调整子图间隔
    plt.show()  # 显示图像
```

程序说明

（1）用 Matplotlib 显示 OpenCV 彩色图像时，要将 BGR 格式转换为 RGB 格式。图 1-2(1)所示的格式已转换为 RGB 格式，图像的颜色显示正常；图 1-2(2)所示为未做格式转换，直接显示了 OpenCV 的 BGR 格式图像，图像的颜色显示错误。

（2）当显示灰度图像时，要设置显示参数 cmap='gray'。图 1-2(3)所示为设置显示参数后的正确结果；图 1-2(4)所示为没有设置显示参数，灰度图像的颜色显示错误。

1.4　视频文件的读取与保存

视频文件是由一系列图像组成的，视频的每一帧都是一幅图像。

OpenCV 中的 VideoCapture 类和 VideoWriter 类处理视频流，既可以处理视频文件，也可以处理摄像头设备。

VideoCapture 类用于读取视频文件、视频流或从摄像头捕获视频；VideoWriter 类用于视频文件的写入和保存。在 Python 语言中，可通过函数 cv.VideoCapture 和 cv.VideoWrite 实现类的初始化。

函数原型

cv.VideoCapture(index[, apiPreference]) → <VideoCapture object>

cv.VideoCapture(filename[, apiPreference]) → <VideoCapture object>

cv.VideoWriter([filename, fourcc, fps, frameSize[, isColor]]) → <VideoWriter object>

参数说明

◎　index：摄像头的 ID 编号，index=0 表示默认后端打开了摄像头。

◎　filename：读取或保存视频文件的路径，包括文件扩展名。

◎ apiPreference：读取视频流的属性设置。

◎ fourcc：用于压缩帧的编码器/解码器的字符代码。

　　➤ CV_FOURCC('I','4','2','0')：未压缩的 YUV 编码格式，扩展名为.avi。

　　➤ CV_FOURCC('P','I','M','1')：MPEG-1 编码格式，扩展名为.avi。

　　➤ CV_FOURCC('X','V','I','D')：MPEG-4 编码格式，扩展名为.avi。

　　➤ CV_FOURCC('F','L','V','I')：Flash 编码格式，扩展名为.flv。

◎ fps：表示视频流的帧速率。

◎ frameSize：元组 (w,h)，表示视频帧的宽度和高度。

◎ isColor：布尔类型，表示是否为彩色图像。

成员函数

◎ cv.VideoCapture.isOpened()：检查视频捕获是否初始化成功。

◎ cv.VideoCapture.read()：读取视频文件、视频流或捕获的视频设备。

◎ cv.VideoCapture.release()：关闭视频文件或设备，释放对象。

◎ cv.VideoCapture.get(propId) ：获取 VideoCapture 类对象的属性。

◎ cv.VideoCapture.set(propId, value)：设置 VideoCapture 类对象的属性。

◎ cv.VideoWriter.fourcc(c1, c2, c3, c4[,])：构造编码器/解码器的 fourcc 代码。

◎ cv.VideoWriter.write(image[,])：写入下一帧视频。

◎ cv.VideoWriter.release()：关闭视频写入，释放对象。

注意问题

（1）在读取视频文件或视频流时，可通过 filename 指定视频文件或视频流的路径。在使用摄像头时，可通过 index 定义摄像头的 ID 编号。

（2）使用摄像头设备时，index=0 表示默认从后端打开摄像头，如笔记本内置摄像头，支持计算机内置或外接的摄像头，也支持本地网络或公共网络的 IP 摄像头。

（3）视频写入类 VideoWriter 的参数 frameSize 是元组(w,h)，即视频帧的宽度和高度，而 OpenCV 图像的形状表示为(h,w)，注意二者的顺序相反。

（4）视频处理过程较为复杂，一些程序设置与具体系统环境有关，本节只介绍基本的成员函数和通用的处理方法。更多内容详见 OpenCV 说明文档（链接 1-1）。

（5）视频处理过程中的很多问题都会涉及计算机和摄像机的硬件设备及设置，需要结合具体系统和环境来分析。建议读者参考【例程 0106】和【例程 0107】，先确认视频读取和设备捕获环境的配置是否正确，再调试和运行其他的视频处理程序。

【例程 0106】视频文件的读取、播放和保存

本例程能读取和播放视频文件，并可每隔若干帧抽取一帧，保存为新的视频文件。

读取视频文件的基本步骤如下。

（1）创建视频，读取/捕获对象。

（2）逐帧获取视频图像。

（3）检查获取图像帧是否成功。

（4）释放视频，读取/捕获对象。

保存视频文件的基本步骤如下。

（1）设置写入视频的格式和参数。

（2）创建视频写入对象。

（3）逐帧写入图像。

（4）释放视频写入对象。

```python
# 【0106】视频文件的读取、播放和保存
import cv2 as cv

if __name__ == '__main__':
    # 创建视频，读取/捕获对象
    vedioRead = "../images/vedioDemo1.mov"  # 读取视频文件的路径
    capRead = cv.VideoCapture(vedioRead)  # 实例化 VideoCapture 类

    # 设置写入视频图像的高、宽、帧速率和总帧数
    width = int(capRead.get(cv.CAP_PROP_FRAME_WIDTH))  # 960
    height = int(capRead.get(cv.CAP_PROP_FRAME_HEIGHT))  # 540
    fps = round(capRead.get(cv.CAP_PROP_FPS))  # 30
    frameCount = int(capRead.get(cv.CAP_PROP_FRAME_COUNT))  # 1826
    print(height, width, fps, frameCount)

    # 创建视频写入对象
    # fourcc = cv.VideoWriter_fourcc('X', 'V', 'I', 'D')  # 编码器设置为 XVID
    fourcc = cv.VideoWriter_fourcc(*'XVID')  # 'X','V','I','D' 简写为 *'XVID'
    vedioWrite = "../images/vedioSave1.avi"  # 写入视频文件的路径
    capWrite = cv.VideoWriter(vedioWrite, fourcc, fps, (width, height))

    # 读取视频文件，抽帧写入视频文件
    frameNum = 0  # 视频帧数初值
    timef = 30  # 设置抽帧间隔
    while capRead.isOpened():  # 检查视频捕获是否成功
        ret, frame = capRead.read()  # 读取下一帧视频图像
        if ret is True:
            frameNum += 1  # 读取视频的帧数
            cv.imshow(vedioRead, frame)  # 播放视频图像
            if (frameNum % timef == 0):  # 判断抽帧条件
                capWrite.write(frame)  # 将当前帧写入视频文件
            if cv.waitKey(1) & 0xFF == ord('q'):  # 按 'q' 键退出
                break
        else:
            print("Can't receive frame at frameNum {}".format(frameNum))
            break

    capRead.release()  # 关闭读取视频文件
    capWrite.release()  # 关闭视频写入对象
    cv.destroyAllWindows()  # 关闭显示窗口
```

【例程 0107】调用摄像头拍照和录制视频

本例程用于调用笔记本内置摄像头抓拍图片和录制视频。注意：由于用户计算机和摄像头的配置与接口不同，可能需要修改 API 设置。

```python
# 【0107】调用摄像头拍照和录制视频
import cv2 as cv

if __name__ == '__main__':
    # 创建视频捕获对象，调用笔记本内置摄像头
    # cam = cv.VideoCapture(0)  # 创建捕获对象，0 为笔记本内置摄像头
    cam = cv.VideoCapture(0, cv.CAP_DSHOW)  # 修改 API 设置为视频输入 DirectShow

    # 设置写入视频图像的高、宽、帧速率和总帧数
    fps = 20  # 设置帧速率
    width = int(cam.get(cv.CAP_PROP_FRAME_WIDTH))  # 640
    height = int(cam.get(cv.CAP_PROP_FRAME_HEIGHT))  # 480
    fourcc = cv.VideoWriter_fourcc(*'XVID')  # 编码器设置为 XVID
    # 创建写入视频对象
    vedioPath = "../images/camera.avi"  # 写入视频文件的路径
    capWrite = cv.VideoWriter(vedioPath, fourcc, fps, (width, height))
    print(fourcc, fps, (width, height))

    sn = 0  # 抓拍图像编号
    while cam.isOpened():  # 检查视频捕获是否成功
        success, frame = cam.read()  # 读取下一帧视频图像
        if success is True:
            cv.imshow('vedio', frame)  # 播放视频图像
            capWrite.write(frame)  # 将当前帧写入视频文件
            key = cv.waitKey(1) & 0xFF  # 接收键盘输入
            if key == ord('c'):  # 按 'c' 键抓拍当前帧
                filePath = "../images/photo{:d}.png".format(sn)  # 保存文件名
                cv.imwrite(filePath, frame)  # 将当前帧保存为图片
                sn += 1  # 更新写入图像的编号
                print(filePath)
            elif key == ord('q'):  # 按 'q' 键结束录制视频
                break
        else:
            print("Can't receive frame.")
            break

    cam.release()  # 关闭视频捕获对象
    capWrite.release()  # 关闭视频写入对象
    cv.destroyAllWindows()  # 关闭显示窗口
```

1.5 多帧图像的读取与保存

多帧图像是指将多幅图像或帧数据保存在单个文件中，也称多页图像或图像序列，主要用于对时间或场景相关图像集合进行操作的场合。例如，时间序列图像是动态图像（动图），可以

实现简单的动画效果，计算机断层扫描（CT）图像是空间序列图像。常用的多帧图像格式有 GIF、PNG、TIFF。

函数 cv.imreadmulti 用于从指定的多帧图像文件中读取多幅图像。函数 cv.imwritemulti 用于将多幅图像保存到指定的多帧图像文件中。

函数原型

cv.imreadmulti(filename[, mats=None, flags=IMREAD_ANYCOLOR]) → retval, mats

cv.imreadmulti(filename, start, count[, mats=None, flags=IMREAD_ANYCOLOR]) → retval, mats

cv.imwritemulti(filename, img[,]) → retval

参数说明

◎　filename：读取或写入多帧图像的文件路径和文件名，包括扩展名。

◎　mats：返回值，读取的图像文件向量，是列表类型，列表元素为多维 Numpy 数组。

◎　img：写入的多帧图像的数据文件，是列表类型，列表元素为多维 Numpy 数组。

◎　flags：图像读取模式，可选项，默认值为 IMREAD_ANYCOLOR。

◎　start：开始读取的帧索引，即跳过此前的图像帧。

◎　count：读取图像帧的页数。

◎　retval：返回值，读取成功标志，布尔值。

注意问题

（1）本函数中读取多帧图像文件的返回值 mats、写入的多帧图像的数据文件 img 是列表（List）类型。列表元素是多维 Numpy 数组，即每个列表元素 mats[i] 是一幅二维图像。

（2）多帧图像中每帧图像的大小可以相同，也可以不同。

（3）OpenCV 目前不支持 GIF 格式，推荐使用 TIFF 格式处理多帧图像。

【例程 0108】多帧图像（动图）的读取和保存

本例程用于多帧图像（动图）的读取和保存。

```python
# 【0108】多帧图像（动图）的读取和保存
import cv2 as cv
from matplotlib import pyplot as plt

if __name__ == '__main__':
    # 读取单幅图像，支持 BMP、JPG、PNG、TIFF 等常用格式
    img1 = cv.imread("../images/FVid1.png")  # 读取彩色图像 FVid1.png
    img2 = cv.imread("../images/FVid2.png")  # 读取彩色图像 FVid2.png
    img3 = cv.imread("../images/FVid3.png")  # 读取彩色图像 FVid3.png
    img4 = cv.imread("../images/FVid4.png")  # 读取彩色图像 FVid4.png
    imgList = [img1, img2, img3, img4]  # 生成多帧图像列表

    # 保存多帧图像文件
    saveFile = "../images/imgList.tiff"  # 保存多帧图像文件的路径
    ret = cv.imwritemulti(saveFile, imgList)
    if (ret):
        print("Image List Write Successed in {}".format(saveFile))
        print("len(imgList): ", len(imgList))  # imgList 是列表，只有长度没有形状
```

```python
# 读取多帧图像文件
imgMulti = cv.imreadmulti("../images/imgList.tiff")  # 读取多帧图像文件
print("len(imgList): ", len(imgList))  # imgList 是列表
# 显示多帧图像文件
for i in range(len(imgList)):
    print("\timgList[{}]: {}".format(i, imgList[i].shape))  # imgList[i] 是多维 Numpy 数组
    cv.imshow("imgList", imgList[i])  # 在窗口 imgList 中逐帧显示
    cv.waitKey(1000)
cv.destroyAllWindows()
```

## 第 2 章

图像的数据格式

在 Python 语言中，OpenCV 以 Numpy 数组存储图像，对图像的访问和处理都是通过 Numpy 数组的操作来实现的。

本章内容概要

◎ 介绍 Python 语言中 OpenCV 的数据结构，学习获取图像的基本属性。

◎ 学习使用 Numpy 数组实现图像的创建、复制、裁剪、拼接、拆分与合并的方法。

◎ 学习使用查找表（LUT）快速实现像素值的替换。

2.1 图像属性与数据类型

2.1.1 图像颜色分类

按照图像颜色分类，图像可以分为二值图像、灰度图像和彩色图像。

◎ 二值图像：只有黑色和白色两种颜色的图像。每个像素点的像素值可以用 0/1 或 0/255 表示，0 表示黑色，1 或 255 表示白色。

◎ 灰度图像：只有灰度的图像。每个像素点的像素值可以用 8bit 数字[0, 255]表示灰度级，如 0 表示纯黑，255 表示纯白。

◎ 彩色图像：彩色图像可以采用蓝色（B）、绿色（G）和红色（R）三个颜色通道的组合来表示。每个像素点可以用 3 个 8bit 数字[0, 255]分别表示红色、绿色和蓝色的颜色分量，如(0,0,0) 表示黑色，(0,0,255) 表示红色，(255,255,255) 表示白色。

OpenCV 使用 BGR 格式读取图像解码后，按 B/G/R 顺序存储为多维 Numpy 数组，而 PIL、PyQt、Matplotlib 等库使用的是 RGB 格式。

在数字图像处理中，可以根据需要对图像的颜色通道顺序进行转换，或将彩色图像转换为灰度图像和二值图像。

2.1.2 以 Numpy 数组表示数字图像

数字图像由像素点组成的矩阵来描述，以多维 Numpy 数组来表示和处理。

OpenCV 在 C++语言中定义的 Mat 类，是最基本的图像存储格式。在 Python 语言的 API 中则基于 Numpy 库来存储和处理多维数组，即以多维 Numpy 数组来存储和处理图像。在 Python 语言中，OpenCV 对图像的任何操作，本质上都是对多维 Numpy 数组的操作和运算。

OpenCV 中的二值图像和灰度图像用二维数组表示，数组的形状是(h,w)，行与列分别表示图像的高度与宽度。数组中每个元素的值表示对应行/列像素点的灰度值。二值图像是特殊的灰度图像，像素值取 0/1 或 0/255。

OpenCV 中的彩色图像用三维数组(h,w,ch) 表示，ch=3 表示通道数，数据组织形式如图 2-1 所示。数组中的每个元素对应像素点的某种颜色分量值。

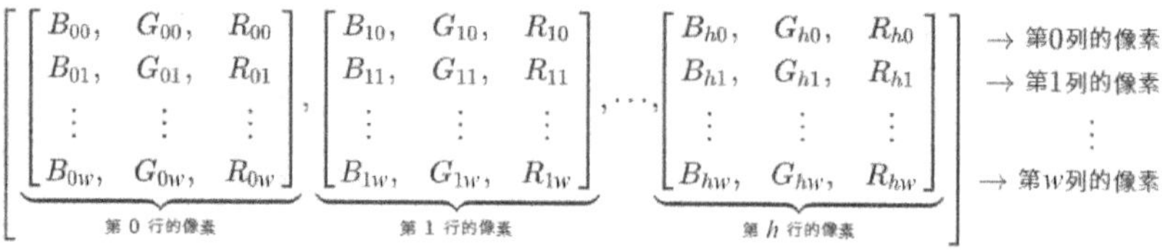

$$\begin{bmatrix} \begin{bmatrix} B_{00}, & G_{00}, & R_{00} \\ B_{01}, & G_{01}, & R_{01} \\ \vdots & \vdots & \vdots \\ B_{0w}, & G_{0w}, & R_{0w} \end{bmatrix}, & \begin{bmatrix} B_{10}, & G_{10}, & R_{10} \\ B_{11}, & G_{11}, & R_{11} \\ \vdots & \vdots & \vdots \\ B_{1w}, & G_{1w}, & R_{1w} \end{bmatrix}, & \cdots, & \begin{bmatrix} B_{h0}, & G_{h0}, & R_{h0} \\ B_{h1}, & G_{h1}, & R_{h1} \\ \vdots & \vdots & \vdots \\ B_{hw}, & G_{hw}, & R_{hw} \end{bmatrix} \end{bmatrix} \begin{matrix} \rightarrow \text{第0列的像素} \\ \rightarrow \text{第1列的像素} \\ \\ \rightarrow \text{第}w\text{列的像素} \end{matrix}$$

第 0 行的像素　　第 1 行的像素　　第 h 行的像素

图 2-1　OpenCV 彩色图像的数据组织形式

OpenCV 颜色通道的顺序为 B/G/R，因此 img[:,:,0] 表示彩色图像 img 的 B 通道，img[:,:,1] 表示 G 通道，img[:,:,2] 表示 R 通道。

在 OpenCV 中，图像的数据结构是 Numpy 数组，因此 Numpy 数组的所有属性和操作方法都适用于 OpenCV 的图像对象。例如：

img.ndim：查看图像的维数，彩色图像的维数为 3，灰度图像的维数为 2。

img.shape：查看图像的形状(h,w,ch)，即图像的行数（高度）、列数（宽度）和通道数。

img.size：查看图像数组元素的总数，即图像像素的数量与通道数的乘积。

2.1.3　图像的数据类型

OpenCV 函数对于数据类型有严格要求，错误的数据类型会导致语法错误。

OpenCV 中图像数据类型的参数命名格式如下。

CV_{数字位数}{数字类型}C{通道数}

例如，CV_8UC3 表示三通道 8 位无符号整型数据格式的矩阵。

OpenCV 数据类型与 Numpy 数据类型的对照关系如表 2-1 所示。在图像处理中，最常用的数据类型是 8 位无符号整型数据 CV_8U，对应的 Numpy 数据类型是 uint8。

表 2-1　OpenCV 数据类型与 Numpy 数据类型的对照关系

数据类型	OpenCV	Numpy	取值范围
8 位无符号整型数据	CV_8U	uint8	0～255
8 位符号整型数据	CV_8S	int8	−128～127
16 位无符号整型数据	CV_16U	uint16	0～65 535
16 位符号整型数据	CV_16S	int16	−32 768～32 767
32 位符号整型数据	CV_32S	int32	−2 147 483 648～−2 147 483 647
32 位单精度浮点型数据	CV_32F	float32	−FLT_MAX～FLT_MAX, INF, NAN
64 位双精度浮点型数据	CV_64F	float64	−DBL_MAX～DBL_MAX, INF, NAN

推荐在调用 Numpy 库函数时使用 Numpy 数据类型的名称，而在调用 OpenCV 函数时使用 OpenCV 数据类型的名称，以免发生错误。

使用 img.dtype 可以获得 Numpy 数组的数据类型，使用 img.astype 可以把图像的数据类型转换成指定的 Numpy 数据类型。

【例程 0201】图像属性与数据类型转换

本例程使用 Numpy 数组的操作方法，获取图像属性和数据格式。

```
# 【0201】图像属性与数据类型转换
import cv2 as cv
```

```
import numpy as np

if __name__ == '__main__':
    # 读取图像，支持 BMP、JPG、PNG、TIFF 等常用格式
    filepath = "../images/imgLena.tif"  # 读取文件的路径
    img = cv.imread(filepath, flags=1)  # flags=1 读取彩色图像(BGR)
    gray = cv.imread(filepath, flags=0)  # flags=0 读取为灰度图像

    # 维数(Ndim)、形状(Shape)、元素总数(Size)、数据类型(Dtype)
    print("Ndim of img(BGR): {}, gray: {}".format(img.ndim, gray.ndim))
    print("Shape of img(BGR): {}, gray: {}".format(img.shape, gray.shape))  #
number of rows, columns and channels
    print("Size of img(BGR): {}, gray: {}".format(img.size, gray.size)) # size =
rows × columns × channels

    imgFloat = img.astype(np.float32) / 255
    print("Dtype of img(BGR): {}, gray: {}".format(img.dtype, gray.dtype)) # uint8
print("Dtype of imgFloat: {}".format(imgFloat.dtype))  # float32
```

运行结果

```
Ndim of img(BGR): 3, gray: 2
Shape of img(BGR): (512, 512, 3), gray: (512, 512)
Size of img(BGR): 786432, gray: 262144
Dtype of img(BGR): uint8, gray: uint8
Dtype of imgFloat: float32
```

程序说明

（1）彩色图像是三维 Numpy 数组，灰度图像是二维 Numpy 数组。因此，相同尺寸的彩色图像与灰度图像的像素数量相同，但数组元素的数量不同。

（2）彩色图像的形状为$(h, w, 3)$，灰度图像的形状为(h, w)。在查看图像高度和宽度时，推荐使用 h, w=img.shape[:2]，不推荐使用 h, w=img.shape。

2.2 图像的创建与复制

在 OpenCV 中，图像的数据结构是 Numpy 数组，可以用 Numpy 创建多维数组的方法来创建新的图像，这对于创建空白、黑色、白色、随机等特殊图像非常方便。

Numpy 可以用 np.zeros 等方法创建指定大小、类型的图像，也可以使用 np.zeros_like 等方法创建与已有图像大小和类型相同的图像。

函数原型

np.empty(shape[, dtype])，返回一个指定形状和类型的空数组

np.zeros(shape[, dtype])，返回一个指定形状和类型的全零数组

np.ones(shape[, dtype])，返回一个指定形状和类型的全一数组

np.empty_like(img)，返回一个与 img 形状和类型相同的空数组

np.zeros_like(img)，返回一个与 img 形状和类型相同的全零数组

np.ones_like(img)，返回一个与 img 形状和类型相同的全一数组

np.copy(img)，返回一个复制的图像

参数说明

◎ shape：创建的多维 Numpy 数组的形状，是形为(h, w)或(h, w, ch)的元组。

◎ dtype：创建的多维 Numpy 数组的数据类型，可选项，默认值为 np.float64。

◎ img：表示已有图像。

注意问题

（1）函数 np.empty 等默认的数据类型为 np.float64，可以设置 dtype=np.uint8，以生成 8 位无符号整型图像。

（2）Python 语言中的"复制"有无拷贝、浅拷贝和深拷贝之分。无拷贝相当于引用；浅拷贝只是对原变量内存地址的拷贝；深拷贝才是对原变量所有数据的拷贝。

（3）直接赋值得到的新图像相当于引用，改变新图像的形状或数值时原图像也会发生改变。通过函数 np.copy 得到的复制图像才是深拷贝，改变复制图像的形状或数值时，原图像并不会发生改变。

【例程 0202】图像的创建与复制

本例程用于创建新的空白数组，黑色图像、白色图像和灰度随机图像，以及图像复制的浅拷贝和深拷贝。

```python
# 【0202】图像的创建与复制
import cv2 as cv
import numpy as np


if __name__ == '__main__':
    # (1) 通过宽度、高度值创建 RGB 彩色图像
    height, width, ch = 400, 300, 3  # 行/高度、列/宽度、 通道数
    imgEmpty = np.empty((height, width, ch), np.uint8)  # 创建空白数组
    imgBlack = np.zeros((height, width, ch), np.uint8)  # 创建黑色图像 R/G/B=0
    imgWhite = np.ones((height, width, ch), np.uint8) * 255  # 创建白色图像 R/G/B=255
    # (2) 创建与已有图像形状相同的新图像
    img = cv.imread("../images/Lena.tif", flags=1)  # flags=1 读取为彩色图像(BGR)
    imgBlackLike = np.zeros_like(img)  # 创建与 img 相同形状的黑色图像
    imgWhiteLike = np.ones_like(img) * 255  # 创建与 img 相同形状的白色图像
    # (3) 创建彩色随机图像（R/G/B 为随机数）
    import os
    randomByteArray = bytearray(os.urandom(height * width * ch))  # 产生随机数组
    flatArray = np.array(randomByteArray)  # 转换为 Numpy 一维数组
    imgRGBRand1 = flatArray.reshape(width, height, ch)  # 形状变换为 (w,h,c)
    imgRGBRand2 = flatArray.reshape(height, width, ch)  # 形状变换为 (h,w,c)
    # (4) 创建灰度图像
    grayWhite = np.ones((height, width), np.uint8) * 255  # 创建白色图像 gray=255
    grayBlack = np.zeros((height, width), np.uint8)  # 创建黑色图像 gray=0
    grayEye = np.eye(width)  # 创建对角线元素为 1 的单位矩阵
    randomByteArray = bytearray(os.urandom(height * width))  # 产生随机数组
    flatNumpyArray = np.array(randomByteArray)  # 转换为 Numpy 数组
    imgGrayRand = flatNumpyArray.reshape(height, width)  # 创建灰度随机图像
    # (5) 图像的复制
    img1 = img.copy()  # 深拷贝
```

```
img1[:,:,:] = 0  # 修改 img1
print("img1 is equal to img?", (img1 is img))  # img 随之修改吗?
img2 = img  # 浅拷贝
img2[:,:,:] = 0  # 修改 img2
print("img2 is equal to img?", (img2 is img))  # img 随之修改吗?

print("Shape of image: gray {}, RGB1 {}, RGB2 {}"
      .format(imgGrayRand.shape, imgRGBRand1.shape, imgRGBRand2.shape))
cv.imshow("DemoGray", imgGrayRand)  # 在窗口显示灰度随机图像
cv.imshow("DemoRGB", imgRGBRand1)  # 在窗口显示彩色随机图像
cv.imshow("DemoBlack", imgBlack)  # 在窗口显示黑色图像
key = cv.waitKey(0)  # delay=0, 不自动关闭
cv.destroyAllWindows()
```

运行结果

```
img1 is equal to img? False
img2 is equal to img? True
Shape of image:
gray (400, 300), RGB1 (300, 400, 3), RGB2 (400, 300, 3)
```

程序说明

（1）例程中的 img1 是深拷贝，img1 修改后原图像 img 不变。img2 直接赋值是浅拷贝，img2 修改后原图像 img 随之修改。

（2）通过 Numpy 函数创建图像，参数 shape 的元素依次为高度、宽度和通道数（如有）。

2.3　图像的裁剪与拼接

在 OpenCV 中，图像的数据结构是 Numpy 数组。使用切片方法可以实现图像的裁剪，使用数组堆叠方法可以实现图像的拼接，操作简单、方便。

函数原型

img[y:y+h, x:x+w].copy()，数组切片，裁剪图像的指定区域

np.hstack((img1, img2, …))，列方向水平堆叠，水平拼接两个或多个图像

np.vstack((img1, img2, …))，行方向竖直堆叠，垂直拼接两个或多个图像

参数说明

◎　y、x：裁剪矩形区域左上角的坐标为(y, x)，是整型数据。

◎　h、w：裁剪矩形区域的高度和宽度，是整型数据。

注意问题

（1）函数 np.hstack 沿列方向水平堆叠，拼接图像的高度（数组的行数）必须相同；函数 np.vstack 沿行方向垂直堆叠，拼接图像的宽度（数组的列数）必须相同。

（2）综合使用函数 np.hstack 和 np.vstack，可以实现图像的矩阵拼接。

（3）OpenCV 中的函数 cv.hconcat 可沿列方向水平堆叠。函数 cv.vconcat 可沿行方向垂直堆叠，也可以实现图像拼接。

（4）使用函数 cv.selectROI 可以通过鼠标框选感兴趣区（ROI）的矩形区域，参见第 4 章中的"鼠标交互操作"。

【例程 0203】图像的裁剪与拼接

本例程用于图像的裁剪与拼接。图像水平拼接的运行结果如图 2-2 所示。

```python
# 【0203】图像的裁剪与拼接
import cv2 as cv
import numpy as np
from matplotlib import pyplot as plt

if __name__ == '__main__':
    # (1) 图像的裁剪
    filepath = "../images/Lena.tif"  # 读取图像文件的路径
    img = cv.imread(filepath, flags=1)  # flags=1 读取彩色图像(BGR)
    xmin, ymin, w, h = 180, 190, 200, 200  # 裁剪区域的位置: (ymin:ymin+h, xmin:xmin+w)
    imgCrop = img[ymin:ymin+h, xmin:xmin+w].copy()  # 切片获得裁剪后保留的图像区域
    print("img:{}, imgCrop:{}".format(img.shape, imgCrop.shape))

    # (2) 图像的拼接
    logo = cv.imread("../images/Fig0201.png")  # 读取彩色图像(BGR)
    imgH1 = cv.resize(img, (400, 400))  # w=400, h=400
    imgH2 = cv.resize(logo, (300, 400))  # w=300, h=400
    imgH3 = imgH2.copy()
    # stackH = np.hstack((imgH1, imgH2, imgH3))  # Numpy 方法 横向水平拼接
    stackH = cv.hconcat((imgH1, imgH2, imgH3))  # OpenCV方法 横向水平拼接
    print("imgH1:{}, imgH2:{}, imgH3:{}, stackH:{}".format(imgH1.shape,
imgH2.shape, imgH3.shape, stackH.shape))
    plt.figure(figsize=(9, 4))
    plt.imshow(cv.cvtColor(stackH, cv.COLOR_BGR2RGB))
    plt.xlim(0, 900), plt.ylim(400, 0)
    plt.show()

    imgV1 = cv.resize(img, (400, 400))  # w=400, h=400
    imgV2 = cv.resize(logo, (400, 300))  # w=400, h=300
    imgV = (imgV1, imgV2)  # 生成拼接图像的列表或元组
    stackV = cv.vconcat(imgV)  # 多张图像数组的拼接
    # stackV = cv.vconcat((imgV1, imgV2))  # OpenCV方法纵向垂直拼接
    print("imgV1:{}, imgV2:{}, stackV:{}".format(imgV1.shape, imgV2.shape,
stackV.shape))

    cv.imshow("DemoStackH", stackH)  # 在窗口中显示图像 stackH
    cv.imshow("DemoStackV", stackV)  # 在窗口中显示图像 stackV
    key = cv.waitKey(0)  # 等待按键命令
```

运行结果

```
img:(512, 512, 3), imgCrop:(200, 200, 3)
imgH1:(400, 400, 3), imgH2:(400, 300, 3), imgH3:(400, 300, 3), stackH:(400, 1000, 3)
imgV1:(400, 400, 3), imgV2:(300, 400, 3), stackV:(700, 400, 3)
```

程序说明

（1）本例程使用 Numpy 数组的切片方法实现了图像的裁剪，注意数组 shape 中元素的次序为高度、宽度和通道数（如有）。

（2）对不同高度/宽度的图像进行水平/垂直拼接时，需要使用函数 cv.resize 调整图像尺寸。注意函数 cv.resize 对图像尺寸的定义是(w, h)而不是(h, w)。

图 2-2　图像水平拼接的运行结果

2.4　图像通道的拆分与合并

函数 cv.split 可将多通道彩色图像拆分为多个单通道图像，如将 BGR 彩色图像拆分为 B/G/R 三个单通道图像。函数 cv.merge 可将多个单通道图像合并为一个多通道彩色图像，如将三个单通道图像合并为 BGR 彩色图像。

函数原型

cv.split(img[, mv=None]) → mv
cv.merge(mv[, dst=None]) → dst

参数说明

◎　img：输入的多通道图像。

◎　mv：单通道图像，各个单通道图像的大小和深度相同。

◎　dst：输出的多通道图像，通道数等于参数 mv 的个数。

注意问题

（1）BGR 彩色图像的形状为(h, w, ch)，拆分为 B/G/R 单通道图像的形状为(h, w)。

（2）单通道图像不能显示为彩色图像，只能显示为灰度图像。如果要显示彩色图像的某种颜色分量，需要给拆分的单通道图像增加另外两个通道，转换为 BGR 格式的彩色图像。

（3）当单通道图像要合并时，所有单通道图像的大小和深度必须相同。

（4）在拆分 BGR 彩色图像时，返回单通道图像的顺序依次为 B/G/R 通道，当合并图像时，各单通道图像也必须按照 B/G/R 的顺序才能得到 BGR 彩色图像。

（5）我们也可以使用 Numpy 切片得到分离通道后，通过函数 np.stack 合成图像。

【例程 0204】图像通道的拆分与合并

本例程用于图像通道的拆分与合并。

```
# 【0204】图像通道的拆分与合并
import cv2 as cv
import numpy as np
from matplotlib import pyplot as plt
```

```python
if __name__ == '__main__':
    filepath = "../images/Lena.tif"  # 读取图像文件的路径
    img = cv.imread(filepath, flags=1)  # flags=1 读取彩色图像(BGR)
    # (1) cv.split 实现图像通道的拆分
    bImg, gImg, rImg = cv.split(img)  # 拆分为 BGR 独立通道
    # (2) cv.merge 实现图像通道的合并
    imgMerge = cv.merge([bImg, gImg, rImg])
    # (3) Numpy 拼接实现图像通道的合并
    imgStack = np.stack((bImg, gImg, rImg), axis=2)
    # (4) Numpy 切片提取颜色分量
    # 提取 B 通道
    imgB = img.copy()  # BGR
    imgB[:, :, 1] = 0  # G=0
    imgB[:, :, 2] = 0  # R=0
    # 提取 G 通道
    imgG = img.copy()  # BGR
    imgG[:, :, 0] = 0  # B=0
    imgG[:, :, 2] = 0  # R=0
    # 提取 R 通道
    imgR = img.copy()  # BGR
    imgR[:, :, 0] = 0  # B=0
    imgR[:, :, 1] = 0  # G=0
    # 消除 B 通道（保留 G/R 通道）
    imgGR = img.copy()  # BGR
    imgGR[:, :, 0] = 0  # B=0

    plt.figure(figsize=(8, 7))
    plt.subplot(221), plt.title("1. B channel"), plt.axis('off')
    plt.imshow(cv.cvtColor(imgB, cv.COLOR_BGR2RGB))  # 显示 B 通道
    plt.subplot(222), plt.title("2. G channel"), plt.axis('off')
    plt.imshow(cv.cvtColor(imgG, cv.COLOR_BGR2RGB))  # 显示 G 通道
    plt.subplot(223), plt.title("3. R channel"), plt.axis('off')
    plt.imshow(cv.cvtColor(imgR, cv.COLOR_BGR2RGB))  # 显示 R 通道
    plt.subplot(224), plt.title("4. GR channel"), plt.axis('off')
    plt.imshow(cv.cvtColor(imgGR, cv.COLOR_BGR2RGB))  # 显示 G/R 通道
    plt.tight_layout()
    plt.show()
```

程序说明

（1）图 2-3 所示为图像通道的拆分与合并，显示了图像各颜色分量的效果。图 2-3(1)～(3)所示分别为图像的蓝色、绿色和红色的颜色通道；图 2-3(4)所示为图像的绿色/红色分量，即从原图像中删除了蓝色分量。

（2）彩色图像的各颜色分量，仍然是以彩色图像方式显示的，只是将其他颜色通道的像素值置为 0。在合并通道时，直接使用 Numpy 切片方法置位操作更加快速、方便。

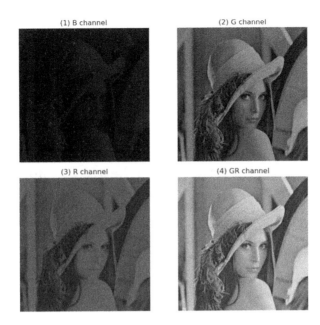

图 2-3　图像通道的拆分与合并

2.5　获取与修改像素值

像素是构成数字图像的基本单位，像素处理是图像处理的基本操作。

对像素值的访问与修改，可以使用 Numpy 方法直接访问数组元素实现。

【例程 0205】获取与修改像素值

本例程用 Numpy 方法访问数组元素，并获取与修改像素值。

```python
# 【0205】获取与修改像素值
import cv2 as cv

if __name__ == '__main__':
    filepath= "../images/Lena.tif"  # 读取图像文件的路径
    img = cv.imread(filepath, flags=1)  # flags=1 读取彩色图像(BGR)

    h, w = 20, 10  # 指定像素位置 (h,w)
    # (1) 直接访问数组元素，获取像素值
    pxBGR = img[h, w]  # 访问数组元素[h,w]，获取像素 (h,w) 的值
    print("(1) img[{},{}] = {}".format(h, w, img[h,w]))
    # (2) 直接访问数组元素，获取像素通道的值
    print("(2) img[{},{},ch]:".format(h,w))
    for i in range(3):
        print(img[h,w,i], end=' ')  # i=0、1、2 对应 B、G、R 通道
    # (3) img.item() 访问数组元素，获取像素通道的值
    print("\n(3) img.item({},{},ch):".format(h,w))
    for i in range(3):
        print(img.item(h,w,i), end=' ')  # i=0、1、2 对应 B、G、R 通道
    # (4) 修改像素值
    print("\n(4) old img[h,w] = {}".format(img[h,w]))
```

```
    img[h,w,:] = 255
    print("new img[h,w] = {}".format(img[h,w]))
```

运行结果

(1) img[20,10] = [110 132 230]
(2) img[20,10,ch]: 110 132 230
(3) img.item(20,10,ch): 110 132 230
(4) old img[h,w] = [110 132 230], new img[h,w] = [255 255 255]

程序说明

在 OpenCV 中，图像的数据格式是 Numpy 数组，因此 Numpy 中的赋值、切片、查找和统计等方法都适用于图像的数据处理。

【例程 0206】图像的马赛克处理

马赛克是广泛使用的图像和视频处理方法，经常用于遮挡人物脸部和隐私信息。马赛克处理是指将图像中特定区域的色阶细节劣化，形成色块模糊的效果，看上去像是一个个小格子组成的色块，让人无法辨认细节。

马赛克处理的方法很简单，将处理区域划分为一个个网格块，每个网格块的所有像素都置为相同的或相似的像素值。网格块尺寸越大，图像越模糊，丢失的细节越多。

马赛克处理的主要步骤是修改像素值。本例程给出了一个简单的示例，用 Numpy 方法获取与修改像素值，并对图像的指定区域进行马赛克处理。

```python
# 【0206】图像的马赛克处理
import cv2 as cv
import numpy as np
from matplotlib import pyplot as plt

if __name__ == '__main__':
    filepath = "../images/Lena.tif"  # 读取图像文件的路径
    img = cv.imread(filepath, flags=1)  # flags=1 读取彩色图像(BGR)

    # roi = cv.selectROI(img, showCrosshair=True, fromCenter=False)
    # x, y, wRoi, hRoi = roi  # 矩形裁剪区域的位置参数
    x, y, wRoi, hRoi = 208, 176, 155, 215  # 矩形裁剪区域
    imgROI = img[y:y+hRoi, x:x+wRoi].copy()  # 切片获得矩形裁剪区域
    print(x, y, wRoi, hRoi)

    plt.figure(figsize=(9, 6))
    plt.subplot(231), plt.title("1. Original"), plt.axis('off')
    plt.imshow(cv.cvtColor(img, cv.COLOR_BGR2RGB))
    plt.subplot(232), plt.title("2. Region of interest"), plt.axis('off')
    plt.imshow(cv.cvtColor(imgROI, cv.COLOR_BGR2RGB))

    mosaic = np.zeros(imgROI.shape, np.uint8)  # ROI
    ksize = [5, 10, 20]  # 马赛克网格块的尺寸
    for i in range(3):
        k = ksize[i]
        for h in range(0, hRoi, k):
            for w in range(0, wRoi, k):
```

```
            color = imgROI[h,w]
            mosaic[h:h+k,w:w+k,:] = color  # 用网格顶点的颜色覆盖马赛克块
    imgMosaic = img.copy()
    imgMosaic[y:y + hRoi, x:x + wRoi] = mosaic
    plt.subplot(2,3,i+4), plt.title("Coding image (size={})".format(k)),
plt.axis('off')
        plt.imshow(cv.cvtColor(imgMosaic, cv.COLOR_BGR2RGB))

    plt.subplot(233), plt.title("3. Mosaic"), plt.axis('off')
    plt.imshow(cv.cvtColor(mosaic, cv.COLOR_BGR2RGB))
    plt.show()
```

程序说明

（1）首先在原始图像上框选马赛克区域，本例程中直接给出了马赛克区域的位置参数，也可以通过函数 cv.selectROI 框选进行设置。

（2）对马赛克区域进行降采样，例程中直接用网格顶点的颜色覆盖了马赛克块，以及修改网格块的像素值来实现马赛克效果。

（3）使用不同尺寸（Size）马赛克块的效果，如图 2-4 所示。

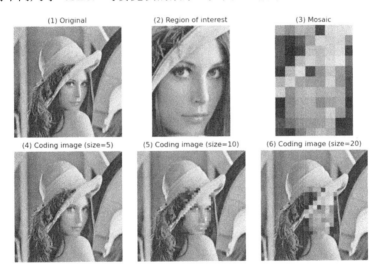

图 2-4　使用不同尺寸马赛克块的效果

2.6　快速 LUT 替换像素值

函数 cv.LUT 用于快速替换图像中的像素值，称为 LUT 函数。

LUT 在图像处理中主要用于像素点的映射运算，包括线性变换和非线性变换，处理速度极快。

函数原型

cv. LUT(src, lut [, dst=None]) → dst

函数 cv.LUT 根据 LUT 中的值填充输出数组，以实现对输入数组的数值替换。输出值与输入值的映射关系如下。

$$\text{lut}\big[\text{src}(I)+d\big] \to \text{dst}(I)$$

$$d = \begin{cases} 0, & \text{src}:\text{CV\_8U} \\ 128, & \text{src}:\text{CV\_8S} \end{cases}$$

式中，I 为像素值；d 为偏移量。

参数说明

◎ src：输入图像，是 Numpy 数组，格式为 CV_8U 或 CV_8S。

◎ lut：查找表，是 Numpy 数组，形状为(256,)。

◎ dst：输出图像，大小和通道数与 src 相同，深度与 lut 相同。

注意问题

（1）函数 cv.LUT 本质上是查表替换，不仅可以用于灰度图像或 RGB 彩色图像，还可以用于 HSV、YCrCb 和 LAB 等颜色空间的图像。

（2）当输入图像为多通道彩色图像时，lut 可以是单通道，应用于图像的所有通道；lut 也可以与输入图像的通道数量相同，使 lut 的各通道分别应用于输入图像的对应通道。

（3）lut 是包含 256 个元素的一维或多维数组，其中的每个元素值都表示新的像素值，用于替换"像素值为该序号的像素"的像素值。

简单地说，就是把输入图像中像素值为 0 的点用 lut[0]替换，像素值为 i 的点用 lut[i]替换，像素值为 255 的点用 lut[255]替换。LUT 在本质上相当于一个字典，只是由于 key 键对应固定的序列 0～255，因此将其省略，只留下一列 value 值。

（4）当输入图像为 8 位有符号整数时，像素值范围为[-128, 127]，因此要使用 d=128 来进行调整。

LUT 函数的核心是 LUT 的映射关系，本质是修改像素值。与对像素逐点计算后修改像素值相比，LUT 函数基于 Numpy 遍历查找和替换，极大地提高了运算速度。

LUT 只能用于不涉及位置相关的操作，如替换、取反、赋值、阈值、二值化、灰度变换、颜色缩减和直方图均衡化，不能用于位置相关的操作，如旋转和模糊。

【例程 0207】LUT 函数查表实现图像反转

图像反转（Invert）也称反色变换，是像素颜色的逆转操作。对于 8 位灰度图像，图像反转操作就是用 255 减去原像素值。

```python
# 【0207】LUT 函数查表实现图像反转
import cv2 as cv
import numpy as np
from matplotlib import pyplot as plt

if __name__ == '__main__':
    filepath = "../images/Lena.tif"  # 读取图像文件的路径
    img = cv.imread(filepath, flags=1)  # flags=1 读取彩色图像(BGR)
    h, w, ch = img.shape  # 图像的高度、宽度和通道数

    timeBegin = cv.getTickCount()
    imgInv = np.empty((w, h, ch), np.uint8)  # 创建空白数组
    for i in range(h):
        for j in range(w):
            for k in range(ch):
```

```
            imgInv[i][j][k] = 255 - img[i][j][k]
    timeEnd = cv.getTickCount()
    time = (timeEnd - timeBegin) / cv.getTickFrequency()
    print("Image invert by nested loop: {} sec".format(round(time, 4)))

    timeBegin = cv.getTickCount()
    transTable = np.array([(255 - i) for i in range(256)]).astype(np.uint8)  # (256,)
    invLUT = cv.LUT(img, transTable)
    timeEnd = cv.getTickCount()
    time = (timeEnd - timeBegin) / cv.getTickFrequency()
    print("Image invert by cv.LUT: {} sec".format(round(time, 4)))

    timeBegin = cv.getTickCount()
    subtract = 255 - img
    timeEnd = cv.getTickCount()
    time = (timeEnd - timeBegin) / cv.getTickFrequency()
    print("Image invert by subtraction: {} sec".format(round(time, 4)))
```

运行结果

```
Image invert by dual loop: 2.6839 s
Image invert by cv.LUT: 0.0027s
Image invert by subtraction: 0.0006 sec
```

程序说明

（1）本例程分别利用 for 循环逐点计算并修改像素值、LUT 函数查表操作修改像素值和图像减法直接计算 3 种方法实现图像反转，结果是相同的。

（2）本例程比较了 3 种方法的计算速度，它们运行时间的差距非常大。虽然图像取反是最简单的运算，但使用 for 循环逐点计算花费的时间却是使用 LUT 函数查表方法花费的时间的 1000 倍。

【例程 0208】LUT 函数查表实现颜色缩减

颜色缩减是将图像的像素值整除，以减少颜色种类。

8 位灰度图像对应 256 个灰度级，有时需要缩减到 8 个灰度级，可以使用如下多对一的映射实现。

$$I_{new} = (I_{old} //32) \times 32$$

循环遍历所有像素点，按映射公式修改像素值，可以实现颜色缩减。使用 LUT 函数查表方法，先由上式对灰度级为 0～255 的像素点建立映射表，再用快速查表函数来实现。映射表 table = [0,…0, 32,…32, …224,…224]，数组长度为 256，依次取值为 32 个 0、32 个 32、…、32 个 224。

```
# 【0208】LUT 函数查表实现颜色缩减
import cv2 as cv
import numpy as np
from matplotlib import pyplot as plt

if __name__ == '__main__':
    filepath = "../images/Lena.tif"  # 读取图像文件的路径
    gray = cv.imread(filepath, flags=0)  # flags=0 读取灰度图像
    h, w = gray.shape[:2]  # 图像的高度和宽度
```

```
timeBegin = cv.getTickCount()
imgGray32 = np.empty((w,h), np.uint8)   # 创建空白数组
for i in range(h):
    for j in range(w):
        imgGray32[i][j] = (gray[i][j]//8) * 8
timeEnd = cv.getTickCount()
time = (timeEnd-timeBegin)/cv.getTickFrequency()
print("Grayscale reduction by nested loop: {} sec".format(round(time, 4)))

timeBegin = cv.getTickCount()
table32 = np.array([(i//8)*8 for i in range(256)]).astype(np.uint8)  # 32 levels
gray32 = cv.LUT(gray, table32)
timeEnd = cv.getTickCount()
time = (timeEnd-timeBegin)/cv.getTickFrequency()
print("Grayscale reduction by cv.LUT: {} sec".format(round(time, 4)))

table8 = np.array([(i//32)*32 for i in range(256)]).astype(np.uint8)  # 8 levels
gray8 = cv.LUT(gray, table8)

plt.figure(figsize=(9, 3.5))
plt.subplot(131), plt.axis('off'), plt.title("1. Gray-256")
plt.imshow(gray, cmap='gray')
plt.subplot(132), plt.axis('off'), plt.title("2. Gray-32")
plt.imshow(gray32, cmap='gray')
plt.subplot(133), plt.axis('off'), plt.title("3. Gray-8")
plt.imshow(gray8, cmap='gray')
plt.tight_layout()
plt.show()
```

运行结果

```
Grayscale reduction by nested loop: 0.8667 sec
Grayscale reduction by cv.LUT: 0.0002 sec
```

程序说明

（1）本例程通过循环遍历修改像素值和通过 LUT 函数查表方法实现图像的颜色缩减。

（2）本例程中循环遍历方法的计算用时是 LUT 函数查表方法计算用时的 4300 倍，这充分反映了 LUT 函数查表方法在计算速度上的巨大优势。

（3）图 2-5 所示为图像的颜色缩减，比较了灰度图像在 256 个灰度级、32 个灰度级和 8 个灰度级的显示效果。当灰度图像由 256 个灰度级缩减到 32 个灰度级时，对于显示和印刷效果影响并不大；而当灰度图像缩减到 8 个灰度级时则存在显著差异，缺少了细节和层次。

图 2-5　图像的颜色缩减

第3章
彩色图像处理

我们在日常生活中遇到的图像通常是彩色图像。在数字图像处理中，针对不同的需求，彩色图像有多种不同的表示、存储和处理方式。

本章内容概要

◎　介绍常用的颜色空间，学习彩色图像的转换和处理方法。

◎　通过调节色彩平衡，理解图像的亮度、饱和度与对比度。

◎　介绍伪彩色图像，学习将灰度图像、多模态数据扩展为彩色图像的方法。

3.1　图像的颜色空间转换

3.1.1　图像的颜色空间

颜色空间是指通过多个颜色分量构成坐标系来表示各种颜色的模型系统。

彩色图像可以根据需要映射到某个颜色空间进行描述。在不同的工业环境或机器视觉应用中，使用的颜色空间各不相同。

RGB 模型是一种加性色彩系统，源于红、绿、蓝三基色，应用于阴极射线管（CRT）显示器、数字扫描仪、数字摄像机和显示设备上，是应用最广泛的彩色模型之一。此外，数字媒体艺术通常采用 HSV 颜色空间，机器视觉和图像处理则大量使用 HSI、HSL 颜色空间。

3.1.2　图像的颜色空间转换

函数 cv.cvtColor 用于将图像从一个颜色空间转换到另一个颜色空间。

函数原型

cv.cvtColor(src, code [, dst, dstCn]) → dst

函数 cv.cvtColor 可以转换彩色图像的颜色通道顺序，将彩色图像转换为灰度图像或将图像在 RGB 空间与其他颜色空间相互转换。

参数说明

◎　src：输入图像，是多维 Numpy 数组，数据类型为 CV_8U、CV_16U 或 CV_32F。

◎　code：颜色空间转换代码，详见官方文档中的 ColorConversionCodes。

　　➤　COLOR_BGR2RGB：将 BGR 通道顺序转换为 RGB。

　　➤　COLOR_BGR2GRAY：将 BGR 彩色图像转换为灰度图像。

　　➤　COLOR_BGR2HSV：将 BGR 图像转换为 HSV 图像。

◎　dst：输出图像，大小和深度与 src 相同。

◎　dstCn：输出图像的通道数，默认值为 0，表示自动计算。

注意问题

（1）OpenCV 使用 RGB 模型表示彩色图像时使用的是 BGR 格式，按 B/G/R 顺序存储为多维数组。而 PIL、PyQt、Matplotlib 等库使用的是 RGB 格式。

（2）灰度图像是单通道图像，在 OpenCV 和 Matplotlib 中都是二维 Numpy 数组。

（3）图像中像素值的取值范围，由像素的位深度 depth 决定。常用的图像和视频格式是 8 位无符号整数（CV_8U），取值范围为 0～255。

（4）图像格式转换通常是线性变换的，像素的位深度不会影响变换结果；但在进行非线性计算或变换时，需要把输入图像归一化到适当的取值范围才能得到正确结果。例如，CV_8U 由于数据精度较低，可能会丢失部分信息，使用 CV_16U 或 CV_32F 就可以解决这个问题。

（5）将图像由灰度图像转换为 RGB 图像时，转换规则为：R=G=B=gray。

（6）函数 cv.cvtColor 能提供 150 多种转换类型，通过以下程序可以查询。

```
print([i for i in dir(cv) if i.startswith('COLOR_')])
```

【例程 0301】图像的颜色空间转换

本例程包含了几种常用的图像颜色空间转换。

```python
# 【0301】图像的颜色空间转换
import cv2 as cv
from matplotlib import pyplot as plt

if __name__ == '__main__':
    # 读取原始图像
    imgBGR = cv.imread("../images/Lena.tif", flags=1)  # 读取为彩色图像

    imgRGB = cv.cvtColor(imgBGR, cv.COLOR_BGR2RGB)  # BGR 彩色图像转换为 RGB 图像
    imgGRAY = cv.cvtColor(imgBGR, cv.COLOR_BGR2GRAY)  # BGR 彩色图像转灰度图像
    imgHSV = cv.cvtColor(imgBGR, cv.COLOR_BGR2HSV)  # BGR 彩色图像转 HSV 图像
    imgYCrCb = cv.cvtColor(imgBGR, cv.COLOR_BGR2YCrCb)  # BGR 彩色图像转 YCrCb 图像
    imgHLS = cv.cvtColor(imgBGR, cv.COLOR_BGR2HLS)  # BGR 彩色图像转 HLS 图像
    imgXYZ = cv.cvtColor(imgBGR, cv.COLOR_BGR2XYZ)  # BGR 彩色图像转 XYZ 图像
    imgLAB = cv.cvtColor(imgBGR, cv.COLOR_BGR2LAB)  # BGR 彩色图像转 LAB 图像
    imgYUV = cv.cvtColor(imgBGR, cv.COLOR_BGR2YUV)  # BGR 彩色图像转 YUV 图像

    # 调用 Matplotlib 显示处理结果
    titles = ['BGR', 'RGB', 'GRAY', 'HSV', 'YCrCb', 'HLS', 'XYZ', 'LAB', 'YUV']
    images = [imgBGR, imgRGB, imgGRAY, imgHSV, imgYCrCb,
              imgHLS, imgXYZ, imgLAB, imgYUV]
    plt.figure(figsize=(10, 8))
    for i in range(9):
        plt.subplot(3, 3, i+1), plt.imshow(images[i], 'gray')
        plt.title("{}. {}".format(i+1, titles[i]))
        plt.xticks([]), plt.yticks([])
    plt.tight_layout()
    plt.show()
```

程序说明

运行结果，使用 Matplotlib 显示不同颜色空间的图像如图 3-1 所示。注意例程的图像显示并非不同颜色空间的真实色彩效果，只是图像进行颜色空间转换后得到的 Numpy 矩阵用 Matplotlib 按 RGB 格式显示的结果。

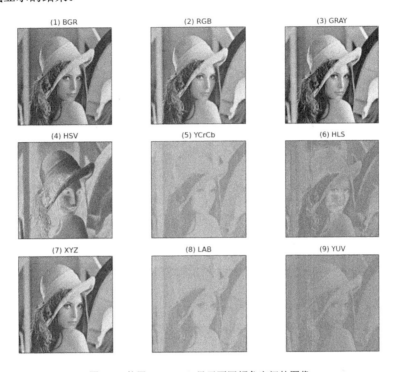

图 3-1　使用 Matplotlib 显示不同颜色空间的图像

3.2　灰度图像的伪彩色处理

伪彩色图像是指对单色图像进行处理，重建为彩色效果的图像。伪彩色图像在形式和视觉效果上表现为彩色图像，但其呈现的颜色并非图像真实的颜色，只是各颜色分量合成的结果。

一类伪彩色图像是指增强灰度图像，形成彩色效果，让图像看起来更清楚、更容易分辨。例如，天气预报的气象云图和红外测温图像都是伪彩色图像。

函数 cv.applyColorMap 能根据色彩映射表，将灰度图像变换为伪彩色图像。

函数原型

cv.applyColorMap(src, colormap[, dst]) → dst

伪彩色增强基于颜色 LUT 将图像像素的灰度值替换为对应的颜色值，这是典型的 LUT 函数应用场景。函数 cv.applyColorMap 就是应用查表替换方法实现的。

参数说明

◎　src：输入图像，是 8 位灰度图像或彩色图像，数据类型为 CV_8U。

◎　dst：输出图像，图像大小和通道数与 src 相同。

◎ colormap：色彩映射表，指 OpenCV 自带色彩风格类型的颜色 LUT。

注意问题

（1）输入图像可以是彩色图像。函数会先自动将输入的彩色图像转换为灰度图像，再按色彩映射表进行变换。

（2）OpenCV 提供了 22 种色彩风格类型，类型描述与色彩效果如图 3-2 所示。

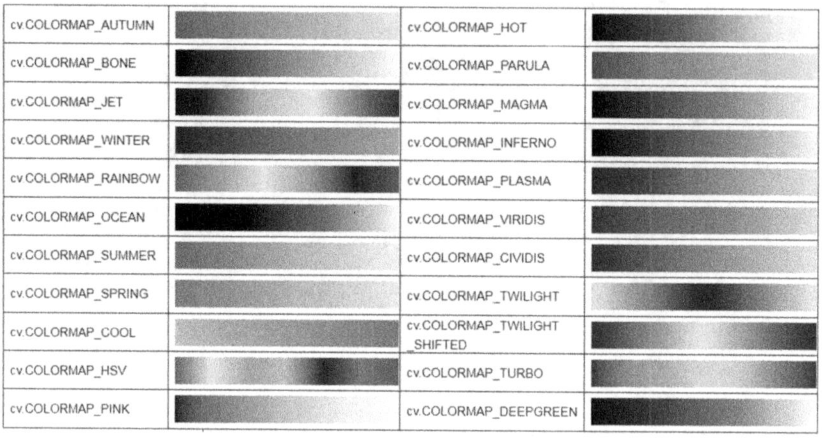

cv.COLORMAP_AUTUMN		cv.COLORMAP_HOT	
cv.COLORMAP_BONE		cv.COLORMAP_PARULA	
cv.COLORMAP_JET		cv.COLORMAP_MAGMA	
cv.COLORMAP_WINTER		cv.COLORMAP_INFERNO	
cv.COLORMAP_RAINBOW		cv.COLORMAP_PLASMA	
cv.COLORMAP_OCEAN		cv.COLORMAP_VIRIDIS	
cv.COLORMAP_SUMMER		cv.COLORMAP_CIVIDIS	
cv.COLORMAP_SPRING		cv.COLORMAP_TWILIGHT	
cv.COLORMAP_COOL		cv.COLORMAP_TWILIGHT_SHIFTED	
cv.COLORMAP_HSV		cv.COLORMAP_TURBO	
cv.COLORMAP_PINK		cv.COLORMAP_DEEPGREEN	

图 3-2　OpenCV 提供的色彩风格类型描述与色彩效果

【例程 0302】灰度图像转换为伪彩色图像

本例程用于将灰度图像转换为不同色彩风格的伪彩色图像。

```python
# 【0302】灰度图像转换为伪彩色图像
import cv2 as cv
from matplotlib import pyplot as plt

if __name__ == '__main__':
    # 读取原始图像
    gray = cv.imread("../images/Fig0301.png", flags=0)  # 读取灰度图像
    h, w = gray.shape[:2]  # 图像的高度和宽度

    # 伪彩色处理
    pseudo1 = cv.applyColorMap(gray, colormap=cv.COLORMAP_HOT)
    pseudo2 = cv.applyColorMap(gray, colormap=cv.COLORMAP_PINK)
    pseudo3 = cv.applyColorMap(gray, colormap=cv.COLORMAP_RAINBOW)
    pseudo4 = cv.applyColorMap(gray, colormap=cv.COLORMAP_HSV)
    pseudo5 = cv.applyColorMap(gray, colormap=cv.COLORMAP_TURBO)

    plt.figure(figsize=(9, 6))
    plt.subplot(231), plt.axis('off'), plt.title("1. GRAY"), plt.imshow(gray, cmap='gray')
    plt.subplot(232), plt.axis('off'), plt.title("2. COLORMAP_HOT")
    plt.imshow(cv.cvtColor(pseudo1, cv.COLOR_BGR2RGB))
    plt.subplot(233), plt.axis('off'), plt.title("3. COLORMAP_PINK")
    plt.imshow(cv.cvtColor(pseudo2, cv.COLOR_BGR2RGB))
    plt.subplot(234), plt.axis('off'), plt.title("4. COLORMAP_RAINBOW")
```

```
plt.imshow(cv.cvtColor(pseudo3, cv.COLOR_BGR2RGB))
plt.subplot(235), plt.axis('off'), plt.title("5. COLORMAP_HSV")
plt.imshow(cv.cvtColor(pseudo4, cv.COLOR_BGR2RGB))
plt.subplot(236), plt.axis('off'), plt.title("6. COLORMAP_TURBO")
plt.imshow(cv.cvtColor(pseudo5, cv.COLOR_BGR2RGB))    plt.tight_layout()
plt.show()
```

程序说明

运行结果，灰度图像转换为不同风格的伪彩色图像如图 3-3 所示。注意图中不同风格的图像并不是原始图像的真实颜色，也不是对灰度图像的色彩还原，只是将灰度图像按灰度值映射为不同风格的色彩效果。

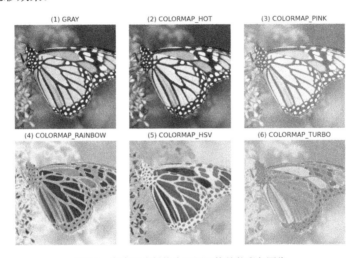

图 3-3 灰度图像转换为不同风格的伪彩色图像

3.3 多模态数据合成的伪彩色图像

另一类伪彩色图像是将多模态数据合成为彩色图像来显示的，以便观察和分析，在天文学观测中十分常用。

很多绚烂迷人的太空照片并不是真实世界的色彩还原，而是将检测数据视为灰度图像转换为伪彩色图像，或者将多模态数据进行编码组合和特效处理后所构造的彩色图像。例如，蟹状星云（Crab Nebula）的观测图像是由 X 射线图、光学图像和红外光谱图像合成得到的。

【例程 0303】利用多光谱编码合成彩色星云图像

本例程用于将蟹状星云的 X 射线图、光学图像和红外光谱图像合成彩色星云图像。

```
# 【0303】利用多光谱编码合成彩色星云图像
import cv2 as cv
import numpy as np
from matplotlib import pyplot as plt


if __name__ == '__main__':
    # 读取蟹状星云光谱图
```

```
composite = cv.imread("../images/Fig0303.png", flags=1)  # 读取 NASA 合成图像
grayOpti = cv.imread("../images/Fig0303a.jpg", flags=0)  # 读取 Optical
grayXray = cv.imread("../images/Fig0303b.jpg", flags=0)  # 读取 Xray
grayInfr = cv.imread("../images/Fig0303c.jpg", flags=0)  # 读取 Infrared
h, w = grayOpti.shape[:2]  # 图像的高度和宽度

# 伪彩色处理
# pseudoXray = cv.applyColorMap(grayXray, colormap=cv.COLORMAP_TURBO)
# pseudoOpti = cv.applyColorMap(grayOpti, colormap=cv.COLORMAP_MAGMA)
# pseudoInfr = cv.applyColorMap(grayInfr, colormap=cv.COLORMAP_HOT)

# 多光谱编码合成
compose1 = np.zeros((h, w, 3), np.uint8)  # 创建黑色图像 BGR=0
compose1[:, :, 0] = grayOpti  # Optical -> B
compose1[:, :, 1] = grayXray  # Xray -> G
compose1[:, :, 2] = grayInfr  # Infrared -> R
compose2 = np.zeros((h, w, 3), np.uint8)  # 创建黑色图像 BGR=0
compose2[:, :, 0] = grayXray  # Xray -> B
compose2[:, :, 1] = grayOpti  # Optical -> G
compose2[:, :, 2] = grayInfr  # Infrared -> R

plt.figure(figsize=(9, 6))
plt.subplot(231), plt.axis('off'), plt.title("1.CrabNebula-Xray")
plt.imshow(grayXray, cmap='gray')
plt.subplot(232), plt.axis('off'), plt.title("2.CrabNebula-Optical")
plt.imshow(grayOpti, cmap='gray')
plt.subplot(233), plt.axis('off'), plt.title("3.CrabNebula-Infrared")
plt.imshow(grayInfr, cmap='gray')
plt.subplot(234), plt.axis('off'), plt.title("4.Composite pseudo 1")
plt.imshow(cv.cvtColor(compose1, cv.COLOR_BGR2RGB))
plt.subplot(235), plt.axis('off'), plt.title("5.Composite pseudo 2")
plt.imshow(cv.cvtColor(compose2, cv.COLOR_BGR2RGB))
plt.subplot(236), plt.axis('off'), plt.title("6.Composite by NASA")
plt.imshow(cv.cvtColor(composite, cv.COLOR_BGR2RGB))
plt.tight_layout()
plt.show()
```

程序说明

（1）运行结果，利用多光谱编码合成彩色星云图像如图 3-4 所示。图 3-4(1)～(3)所示分别为 X 射线、光学图像和红外光谱图像，图像中的灰度只是观测信号的强度，而不是实际的物理世界的亮度或灰度。

（2）图 3-4(4)、图 3-4(5)所示分别为由 3 种光谱图像合成得到的彩色图像，图 3-4(6)所示为美国国家航空航天局（NASA）发布的蟹状星云图像。虽然 NASA 发布的蟹状星云图像更加绚烂，但仍然可以明显地看出，该图也是由这 3 种光谱图像合成的。

（3）使用图像的色彩风格滤镜，可以获得视觉效果更好的合成图像，详见【例程 0304】。

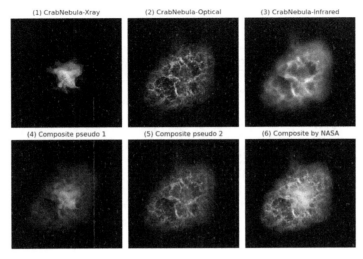

图 3-4　利用多光谱编码合成彩色星云图像

3.4　图像的色彩风格滤镜

滤镜的原意是安装在相机镜头前过滤特定自然光的附加镜头，如紫外镜、偏光镜、渐变镜和雷登镜等。在数字图像处理中，滤镜主要用来实现图像的各种特殊效果。例如，Photoshop 提供了丰富的滤镜，可以为图片创造炫目的效果。

OpenCV 也可以实现各种滤镜风格。函数 cv.applyColorMap 不仅可以将灰度图像变换为伪彩色图像，还可以应用于彩色图像，以实现不同的色彩风格。当输入图像是彩色图像时，OpenCV 会先将彩色图像转换为灰度图像，再按色彩映射表进行颜色变换。因此，OpenCV 提供的色彩风格滤镜，本质上也是伪彩色图像。这种色彩风格滤镜的应用与编程，与【例程 0302】中灰度图像转换为不同色彩风格的伪彩色图像完全相同，本节不再重复。

使用自定义的多通道色彩映射表，可以直接对彩色图像各个颜色通道应用不同的色彩映射方案，从而创造丰富多彩的滤镜效果。Matplotlib 内置的 100 多种热图颜色映射方案，就是基于这种方法实现的。

读取 Matplotlib 内置的色彩方案构造多通道 LUT，或者自定义设置多通道 LUT，通过查表函数 cv.LUT 进行查表替换，就可以实现自定义的色彩风格变换。

【例程 0304】自定义色彩风格滤镜

本例程用于读取 Matplotlib 内置的色彩方案，实现自定义的色彩风格变换。

```python
# 【0304】自定义色彩风格滤镜
import cv2 as cv
import numpy as np
from matplotlib import pyplot as plt

if __name__ == '__main__':
    # 读取原始图像
    img = cv.imread("../images/Fig0301.png", flags=1)  # 读取彩色图像
    gray = cv.cvtColor(img, cv.COLOR_BGR2GRAY)
    h, w = gray.shape[:2]  # 图像的高度和宽度
```

```
plt.figure(figsize=(9, 6))
plt.subplot(231), plt.axis('off'), plt.title("origin")
plt.imshow(cv.cvtColor(img, cv.COLOR_BGR2RGB))

# 由 matplotlib 构造自定义色彩映射表 lutC3
from matplotlib import cm
cmList = ["cm.copper", "cm.hot", "cm.YlOrRd", "cm.rainbow", "cm.prism"]
for i in range(len(cmList)):
    cmMap = eval(cmList[i])(np.arange(256))
    # RGB(matplotlib) -> BGR(OpenCV)
    lutC3 = np.zeros((1, 256, 3))  # BGR(OpenCV)
    lutC3[0,:,0] = np.array(cmMap[:,2] * 255).astype("uint8")  # B: cmHot[:, 2]
    lutC3[0,:,1] = np.array(cmMap[:,1] * 255).astype("uint8")  # G: cmHot[:, 1]
    lutC3[0,:,2] = np.array(cmMap[:,0] * 255).astype("uint8")  # R: cmHot[:, 0]

    cmLUTC3 = cv.LUT(img, lutC3).astype("uint8")
    print(img.shape, cmMap.shape, lutC3.shape)
    plt.subplot(2, 3, i+2), plt.axis('off')
    plt.title("{}. {}".format(i+2, cmList[i]))
    plt.imshow(cv.cvtColor(cmLUTC3, cv.COLOR_BGR2RGB))

plt.tight_layout()
plt.show()
```

程序说明

（1）Matplotlib 内置的色彩方案是形为(256, 4)的色彩映射表，即对 RGBA 各通道分别进行变换，要注意 Matplotlib 的 RGB 通道与 OpenCV 的 BGR 通道次序的差异。

（2）色彩风格滤镜的效果如图 3-5 所示。与图 3-3 所示的伪彩色图像不同，图 3-5 所示的图像颜色是由多通道色彩映射表转换而来的，颜色更加丰富和细腻。

（3）虽然本例程是通过读取 Matplotlib 内置的色彩方案来构造色彩映射表的，但只要修改 lutC3 的数值就可以得到自定义风格的色彩映射表，详见 3.5 节。

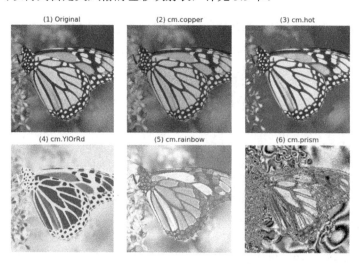

图 3-5　色彩风格滤镜的效果

3.5 调节图像的色彩平衡

色彩平衡是通过对颜色的调整使图像达到颜色平衡的,可以用于调节颜色缺陷或表现效果,以达到生动的图像效果。

调节色彩平衡,可以通过对不同颜色分量进行对比度拉伸来实现。

本节使用 cv.LUT 函数,构造了多通道 LUT 进行颜色替换。多通道 LUT 与彩色图像的通道数量相同,形状为 $(1, 256, 3)$,分别适用于输入图像的对应通道。

【例程 0305】使用多通道 LUT 调节色彩平衡

本例程用于将图像各颜色通道的色阶从 0～255 映射到 0～maxG,使该颜色通道的色彩衰减。

```python
# 【0305】使用多通道 LUT 调节色彩平衡
import cv2 as cv
import numpy as np
from matplotlib import pyplot as plt

if __name__ == '__main__':
    img = cv.imread("../images/Lena.tif", flags=1)  # 读取彩色图像

    # 生成单通道 LUT, 形状为 (256,)
    maxG = 128  # 修改颜色通道最大值, 0<=maxG<=255
    lutHalf = np.array([int(i * maxG / 255) for i in range(256)]).astype("uint8")
    lutEqual = np.array([i for i in range(256)]).astype("uint8")
    # 构造多通道 LUT, 形状为 (1,256,3)
    lut3HalfB = np.dstack((lutHalf, lutEqual, lutEqual))  # B 通道衰减
    lut3HalfG = np.dstack((lutEqual, lutHalf, lutEqual))  # G 通道衰减
    lut3HalfR = np.dstack((lutEqual, lutEqual, lutHalf))  # R 通道衰减
    # 用多通道 LUT 进行颜色替换
    blendHalfB = cv.LUT(img, lut3HalfB)  # B 通道衰减 50%
    blendHalfG = cv.LUT(img, lut3HalfG)  # G 通道衰减 50%
    blendHalfR = cv.LUT(img, lut3HalfR)  # R 通道衰减 50%
    print(img.shape, blendHalfB.shape, lutHalf.shape, lut3HalfB.shape)

    plt.figure(figsize=(9, 3.5))
    plt.subplot(131), plt.axis('off'), plt.title("1. B_ch half decayed")
    plt.imshow(cv.cvtColor(blendHalfB, cv.COLOR_BGR2RGB))
    plt.subplot(132), plt.axis('off'), plt.title("2. G_ch half decayed")
    plt.imshow(cv.cvtColor(blendHalfG, cv.COLOR_BGR2RGB))
    plt.subplot(133), plt.axis('off'), plt.title("3. R_ch half decayed")
    plt.imshow(cv.cvtColor(blendHalfR, cv.COLOR_BGR2RGB))
    plt.tight_layout()
    plt.show()
```

程序说明

(1)虽然对图像通道直接进行算术操作处理就可以实现色彩衰减,但本例程的目的在于给出基于多通道 LUT 的色彩调节的通用程序框架。

(2)注意:lut3 的形状为$(1, 256, 3)$,不能简化为$(256, 3)$,这是函数 cv.LUT 定义的要求。

（3）基于多通道 LUT 的色彩调节如图 3-6 所示。图像各颜色通道色彩衰减后的效果类似应用色彩滤镜的效果。

图 3-6　基于多通道 LUT 的色彩调节

【例程 0306】图像的饱和度与明度调节

HSV 模型是针对用户观感的颜色模型，可以直观地表达色彩的色调明暗及鲜艳程度。H 指色调（Hue），S 指饱和度（Saturation），V 指明度（Value）。

本例程用于将图像从 RGB 颜色空间转换到 HSV 颜色空间，用函数 cv.LUT 对特定通道进行对比度拉伸，以调节图像的饱和度与明度。

```python
# 【0306】图像的饱和度与明度调节
import cv2 as cv
import numpy as np
from matplotlib import pyplot as plt

if __name__ == '__main__':
    img = cv.imread("../images/Lena.tif", flags=1)  # 读取彩色图像
    hsv = cv.cvtColor(img, cv.COLOR_BGR2HSV)  # 颜色空间转换，BGR->HSV

    # 生成单通道LUT，形状为 (256,)
    k = 0.6  # 用户设定的色彩拉伸系数
    lutWeaken = np.array([int(k * i) for i in range(256)]).astype("uint8")
    lutEqual = np.array([i for i in range(256)]).astype("uint8")
    lutRaisen = np.array([int(255*(1-k) + k*i) for i in
range(256)]).astype("uint8")
    # 构造多通道LUT，调节饱和度
    lutSWeaken = np.dstack((lutEqual, lutWeaken, lutEqual))  # 饱和度衰减
    lutSRaisen = np.dstack((lutEqual, lutRaisen, lutEqual))  # 饱和度增强
    # 构造多通道LUT，调节明度
    lutVWeaken = np.dstack((lutEqual, lutEqual, lutWeaken))  # 明度衰减
    lutVRaisen = np.dstack((lutEqual, lutEqual, lutRaisen))  # 明度增强
    # 用多通道LUT进行颜色替换
    blendSWeaken = cv.LUT(hsv, lutSWeaken)  # 饱和度减小
    blendSRaisen = cv.LUT(hsv, lutSRaisen)  # 饱和度增大
    blendVWeaken = cv.LUT(hsv, lutVWeaken)  # 明度降低
    blendVRaisen = cv.LUT(hsv, lutVRaisen)  # 明度升高

    plt.figure(figsize=(9, 6))
    plt.subplot(231), plt.axis('off'), plt.title("1. Saturation weaken")
    plt.imshow(cv.cvtColor(blendSWeaken, cv.COLOR_HSV2RGB))
```

```
plt.subplot(232), plt.axis('off'), plt.title("2. Original saturation")
plt.imshow(cv.cvtColor(img, cv.COLOR_BGR2RGB))
plt.subplot(233), plt.axis('off'), plt.title("3. Saturation raisen")
plt.imshow(cv.cvtColor(blendSRaisen, cv.COLOR_HSV2RGB))
plt.subplot(234), plt.axis('off'), plt.title("4. Value weaken")
plt.imshow(cv.cvtColor(blendVWeaken, cv.COLOR_HSV2RGB))
plt.subplot(235), plt.axis('off'), plt.title("5. Original value")
plt.imshow(cv.cvtColor(img, cv.COLOR_BGR2RGB))
plt.subplot(236), plt.axis('off'), plt.title("6. Value raisen")
plt.imshow(cv.cvtColor(blendVRaisen, cv.COLOR_HSV2RGB))
plt.tight_layout()
plt.show()
```

程序说明

（1）图像饱和度与明度的调节如图 3-7 所示。图中第一行是不同饱和度的图像，第二行是不同明度的图像。两行图像的中图是基准图，左图反映衰减效果，右图反映增强效果。

（2）本例程的编程方法与【例程 0305】是一致的。在 RGB 颜色空间中只能实现特定颜色的滤镜，而饱和度与明度的调节需要在 HSV 颜色空间中实现。

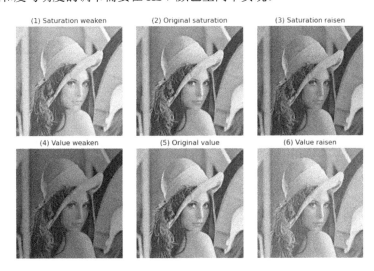

图 3-7 图像饱和度与明度的调节

第4章

绘图与鼠标交互

本章介绍 OpenCV 的绘图功能和简单的鼠标交互处理方法。与 Excel 或 Matplotlib 中的可视化数据图不同，OpenCV 中的绘图功能主要用于在图像的指定位置绘制几何图形。

本章内容概要

◎ 学习 OpenCV 绘图的基本方法和参数。

◎ 通过学习 OpenCV 绘图函数，能在图像上绘制直线、矩形、圆形和多边形等，以及在图像上添加文字和符号。

◎ 介绍鼠标交互操作方法，通过鼠标、键盘与显示图像的实时交互获取数据。

4.1 OpenCV 绘图函数的参数

OpenCV 中的绘图函数 cv.line、cv.rectangle、cv.circle、cv.polylines 可分别用来在图像中绘制直线、矩形、圆形和多边形等几何形状。

这些绘图函数具有一些通用的输入、输出参数。

◎ img：输入/输出图像。

◎ color：绘制线条的颜色，格式为元组(b, g, r)或标量 b。

◎ thickness：绘制线条的宽度，默认值为 1pixel，负数表示内部填充。

◎ lineType：绘制线段的线型，默认为 LINE_8。

    ➢ cv.LINE_4：4 邻接线型。

    ➢ cv.LINE_8：8 邻接线型，默认选项。

    ➢ cv.LINE_AA：抗锯齿线型（目前仅适用于 8 位图像）。

◎ shift：像素点坐标的小数位数，默认值为 0。

注意问题

（1）绘图函数都是就地操作（In-place Operation），指可直接对函数的输入图像进行修改，修改后输入图像将被覆盖。如果需要保留输入图像，则可先用 img.copy 进行复制，将复制图像作为绘图函数的输入。

（2）对于彩色图像，线条颜色（Color）的格式是元组(b, g, r)，如$(0, 0, 255)$表示红色；也可以是标量 b，其会自动转换为元组$(b, 0, 0)$。

（3）对于灰度图像，不能绘制彩色线条，但参数 color 的格式可以是标量 b，也可以是元组(b, g, r)，它们都会被当成灰度值 b 来处理。

（4）当图像尺寸较小时，LINE_4 线型存在明显的锯齿，LINE_AA 线型更加平滑。当图像尺寸较大时，线型的影响并不大。推荐采用默认选项 LINE_8。

4.2　绘制直线与线段

函数 cv.line 用于在图像上绘制直线，函数 cv.arrowedLine 用于绘制带箭头的直线。

函数原型

cv.line(img, pt$_1$, pt$_2$, color[, thickness=1, lineType=LINE_8, shift=0]) → img

cv.arrowedLine(img, pt$_1$, pt$_2$, color[, thickness=1, line_type=8, shift=0, tipLength=0.1]) → img

函数 cv.line 用于绘制图像中点 pt$_1$ 与点 pt$_2$ 之间的直线线段，函数 cv.arrowedLine 用于绘制图像中从点 pt$_1$ 指向点 pt$_2$ 的带箭头线段。

参数说明

◎　img：输入/输出图像，允许为单通道灰度图像或多通道彩色图像。

◎　pt$_1$：线段第一个点的坐标，格式为元组(x_1, y_1)。

◎　pt$_2$：线段第二个点的坐标，格式为元组(x_2, y_2)。

◎　tipLength：箭头部分长度与线段长度的比例，默认为 0.1。

注意问题

（1）绘图操作能直接对输入图像进行修改，绘制的线段能叠加到输入图像上。函数语法无须接受函数的返回值。

（2）绘制起点 pt$_1$ 和终点 pt$_2$ 之间的线段，注意坐标格式为(x, y)，而不是(y, x)。

（3）如果起点或终点坐标超出了图像边界，则要以图像边界对绘制的线段进行裁剪。此时，线段的端点为线段与图像边界的交点，不显示越界的线段或箭头。

（4）箭头从起点 pt$_1$ 指向终点 pt$_2$，通过交换起点与终点并重复绘制，可以绘制带双向箭头的线段。

（5）箭头与直线的夹角是 45 度，tipLength 表示箭头部分长度与线段长度的比例。

【例程 0401】绘制直线与线段

本例程用于在图像上绘制直线与线段，注意对照程序注释与显示结果比较参数的影响。

```python
# 【0401】绘制直线与线段
import cv2 as cv
import numpy as np
from matplotlib import pyplot as plt

if __name__ == '__main__':
    height, width, channels = 180, 200, 3
    img = np.ones((height, width, channels), np.uint8) * 160  # 创建灰色图像

    # (1) 线条参数 color 的设置
    # 注意 pt1、pt2 坐标格式是 (x,y)，而不是 (y,x)
    img1 = img.copy()  # 绘图函数就地操作，修改输入图像
    cv.line(img1, (0,0), (200,180), (0,0,255), 1)  # 红色 R=255
    cv.line(img1, (0,0), (100,180), (0,255,0), 1)  # 绿色 G=255
    cv.line(img1, (0,40), (200,40), (128,0,0), 2)  # 深蓝 B=128
    cv.line(img1, (0,80), (200,80), 128, 2)  # color=128 等效于 (128,0,0)
    cv.line(img1, (0,120), (200,120), 255, 2)  # color=255 等效于 (255,0,0)
```

```python
# (2) 线宽的设置
# 如果设置了 thickness，则关键词 "lineType" 可以省略
img2 = img.copy()
cv.line(img2, (20,50), (180,10), (255,0,0), 1, cv.LINE_8)  # 绿色
cv.line(img2, (20,90), (180,50), (255,0,0), 1, cv.LINE_AA)  # 绿色
# 如果没有设置 thickness，则关键词 "lineType" 不能省略
cv.line(img2, (20,130), (180,90), (255,0,0), cv.LINE_8)  # 蓝色，函数 cv.line
# 被识别为线宽
cv.line(img2, (20,170), (180,130), (255,0,0), cv.LINE_AA)  # 蓝色，函数 cv.line
# 被识别为线宽

# (3) tipLength 指箭头部分长度与整个线段长度的比例
img3 = img.copy()
img3 = cv.arrowedLine(img3, (20,20), (180,20), (0,0,255), tipLength=0.05)
# 从 pt1 指向 pt2
img3 = cv.arrowedLine(img3, (20,60), (180,60), (0,0,255), tipLength=0.1)
img3 = cv.arrowedLine(img3, (20,100), (180,100), (0,0,255), tipLength=0.15)
# 双向箭头
img3 = cv.arrowedLine(img3, (180,100), (20,100), (0,0,255), tipLength=0.15)
# 交换 pt1、pt2
img3 = cv.arrowedLine(img3, (20,140), (210,140), (0,0,255), tipLength=0.2)
# 终点越界，箭头未显示

# (4) 没有复制原图像，直接改变输入图像的 img，可能导致它们相互影响
img4 = cv.line(img, (0,100), (150,100), (0,255,0), 1)  # 水平线，y=100
img5 = cv.line(img, (75,0), (75,200), (0,0,255), 1)  # 垂直线，x=75

# (5) 灰度图像上只能绘制灰度线条，参数 color 只有第一通道值有效
img6 = np.zeros((height, width), np.uint8)  # 创建灰度图像
cv.line(img6, (0,10), (200,10), (0,255,255), 2)  # Gray=0
cv.line(img6, (0,30), (200,30), (64,128,255), 2)  # Gray=64
cv.line(img6, (0,60), (200,60), (128,64,255), 2)  # Gray=128
cv.line(img6, (0,100), (200,100), (255,0,255), 2)  # Gray=255
cv.line(img6, (20,0), (20,200), 128, 2)  # Gray=128
cv.line(img6, (60,0), (60,200), (255,0,0), 2)  # Gray=255
cv.line(img6, (100,0), (100,200), (255,255,255), 2)  # Gray=255
print(img6.shape, img6.shape)

plt.figure(figsize=(9, 6))
plt.subplot(231), plt.title("1. img1"), plt.axis('off')
plt.imshow(cv.cvtColor(img1, cv.COLOR_BGR2RGB))
plt.subplot(232), plt.title("2. img2"), plt.axis('off')
plt.imshow(cv.cvtColor(img2, cv.COLOR_BGR2RGB))
plt.subplot(233), plt.title("3. img3"), plt.axis('off')
plt.imshow(cv.cvtColor(img3, cv.COLOR_BGR2RGB))
plt.subplot(234), plt.title("4. img4"), plt.axis('off')
plt.imshow(cv.cvtColor(img4, cv.COLOR_BGR2RGB))
plt.subplot(235), plt.title("5. img5"), plt.axis('off')
plt.imshow(cv.cvtColor(img5, cv.COLOR_BGR2RGB))
plt.subplot(236), plt.title("6. img6"), plt.axis('off')
```

```
plt.imshow(img6, cmap="gray")
plt.tight_layout()
plt.show()
```

程序说明

（1）运行结果，绘制直线与线段如图 4-1 所示，注意要对照程序注释与显示的图像比较不同参数的影响。

（2）在没有设置 thickness 时关键词 lineType 不能省略，否则函数 cv.line 将被识别为线宽（见图 4-1(2)）。

（3）由于绘图函数就地操作，修改了输入图像，导致图 4-1(4)和图 4-1(5)所示的绘制结果相互影响。

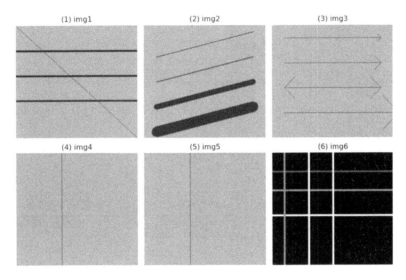

图 4-1　绘制直线与线段

4.3　绘制垂直矩形

函数 cv.rectangle 用于在图像上绘制垂直于图像边界的矩形。

函数原型

cv.rectangle(img, pt_1, pt_2, color[, thickness=1, lineType=LINE_8, shift=0]) → img

cv.rectangle(img, rec, color[, thickness=1, lineType=LINE_8, shift=0]) → img

参数说明

◎ img：输入/输出图像，允许为单通道灰度图像或多通道彩色图像。

◎ pt_1：矩形第一个点的坐标，格式为元组(x_1, y_1)。

◎ pt_2：矩形第二个点的坐标，其与 pt_1 成对角，格式为元组(x_2, y_2)。

◎ rec：Rect 矩形类，r.tl 和 r.br 是矩形的对角点。

注意问题

（1）使用矩形的对角点 pt_1、pt_2 绘制矩形。pt_1、pt_2 的次序可以互换，可以是左上、右下对角点，也可以是左下、右上对角点。

（2）如果对角点 pt₁、pt₂ 的坐标超出了图像边界，则要由图像边界剪裁绘制的矩形，即只能绘制图像边界内矩形框的部分。

（3）一些算法中使用$(x, y, x+w, y+h)$的形式定义对角点坐标，此时(x, y)必须对应矩形左上角顶点的坐标。

（4）rect 在 C++语言中是 Rect 矩形类，rect.tl 和 rect.br 可返回左上角和右下角坐标。而在 Python 语言中返回值是元组(x, y, w, h)，分别表示左上角的顶点坐标(x, y)、矩形宽度 w 和高度 h。

【例程 0402】绘制垂直矩形

本例程用于在图像上绘制垂直于边界的矩形。

```python
# 【0402】绘制垂直矩形
import cv2 as cv
import numpy as np
from matplotlib import pyplot as plt

if __name__ == '__main__':
    height, width, channels = 300, 320, 3
    img = np.ones((height, width, channels), np.uint8) * 192  # 创建灰色图像

    # (1) 矩形参数设置为 Pt1(x1,y1), Pt2(x2,y2)
    img1 = img.copy()
    cv.rectangle(img1, (0,80), (100,220), (0,0,255), 2)  # 比较 (x,y) 与 (y,x)
    cv.rectangle(img1, (80,0), (220,100), (0,255,0), 2)  # (y,x)
    cv.rectangle(img1, (150,120), (400,200), 255, 2)  # 越界自动裁剪
    cv.rectangle(img1, (50,10), (100,50), (128,0,0), 1)  # 线宽的影响
    cv.rectangle(img1, (150,10), (200,50), (192,0,0), 2)
    cv.rectangle(img1, (250,10), (300,50), (255,0,0), 4)
    cv.rectangle(img1, (50,250), (100,290), (128,0,0), -1)  # 内部填充
    cv.rectangle(img1, (150,250), (200,290), (192,0,0), -1)
    cv.rectangle(img1, (250,250), (300,290), (255,0,0), -1)

    # (2) 通过 (x, y, w, h) 绘制矩形
    img2 = img.copy()
    x, y, w, h = (50, 100, 200, 100)  # 左上角坐标 (x,y)、宽度 w 和高度 h
    cv.rectangle(img2, (x, y), (x+w, y+h), (0,0,255), 2)
    text = "({},{}),{}*{}".format(x, y, w, h)
    cv.putText(img2, text, (x,y-5), cv.FONT_HERSHEY_SIMPLEX, 0.5, (0,0,255))

    # (3) 在灰度图像中绘制直线和矩形
    img3 = np.zeros((height, width), np.uint8)  # 创建黑色背景图像
    cv.line(img3, (0,40), (320,40), 64, 2)
    cv.line(img3, (0,80), (320,80), (128,128,255), 2)
    cv.line(img3, (0,120), (320,120), (192,64,255), 2)
    cv.rectangle(img3, (20,250), (50,220), 128, -1)  # Gray=128
    cv.rectangle(img3, (80,250), (110,210), (128,0,0), -1)  # Gray=128
    cv.rectangle(img3, (140,250), (170,200), (128,255,255), -1)  # Gray=128
    cv.rectangle(img3, (200,250), (230,190), 192, -1)  # Gray=192
    cv.rectangle(img3, (260,250), (290,180), 255, -1)  # Gray=255
```

```
plt.figure(figsize=(9, 3.3))
plt.subplot(131), plt.title("1. img1"), plt.axis('off')
plt.imshow(cv.cvtColor(img1, cv.COLOR_BGR2RGB))
plt.subplot(132), plt.title("2. img2"), plt.axis('off')
plt.imshow(cv.cvtColor(img2, cv.COLOR_BGR2RGB))
plt.subplot(133), plt.title("3. img3"), plt.axis('off')
plt.imshow(img3, cmap="gray")
plt.tight_layout()
plt.show()
```

程序说明

（1）运行结果，绘制与边界垂直的矩形如图 4-2 所示，注意要对照程序注释与显示图像比较不同参数的影响。

（2）注意矩形顶点坐标的格式为元组(x, y)，不是(y, x)（见图 4-2(1)）。

（3）根据参数(x ,y, w, h)绘制矩形，是通过顶点坐标(x, y)、(x+w, y+h)来实现的（见图 4-2(2)）。

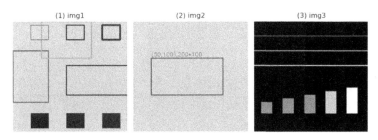

图 4-2　绘制与边界垂直的矩形

4.4　绘制旋转矩形

旋转矩形是指矩形的边与坐标轴并不平行或垂直的矩形，一般认为它是垂直矩形旋转而形成的。

计算旋转矩形各个顶点的坐标，通过绘制线段的方法分别绘制矩形的四条边，可以绘制出闭合的旋转矩形。此处，使用轮廓绘制函数 cv.drawContours 也可以绘制旋转矩形。

函数 cv.drawContours 用于在图像上绘制轮廓，本节只介绍旋转矩形的绘制。

函数原型

cv.drawContours(image, contours, contourIdx, color[, thickness, lineType]) → image

参数说明

◎　image：输入/输出图像，图像为彩色图像或灰度图像。

◎　contours：输入的轮廓，是列表类型，每个轮廓以点的坐标向量 (x,y) 表示。

◎　contourIdx：绘制的轮廓编号，−1 表示绘制列表中的所有轮廓。

◎　color：绘制的轮廓颜色，格式为元组 (b,g,r) 或标量 b。

◎　thickness：绘制的轮廓线宽，默认值为 1pixel，负数表示轮廓内部填充。

◎　lineType：绘制的轮廓线型，默认为 LINE_8。

注意问题

（1）使用函数 cv.drawContours 绘制旋转矩形，是将旋转矩形的 4 个顶点视为轮廓的端点，通过绘制闭合轮廓线而实现的。

（2）在 C++语言中以旋转矩形类 RotatedRect 定义旋转矩形，在 Python 语言中旋转矩形类是形状为((x,y),(w,h), ang)的元组，包括矩形中心点坐标(x,y)，矩形宽高(w,h)和旋转角度 angle。通过函数 cv.boxPoints 可以计算得到旋转矩形的顶点坐标。

（3）函数 cv.drawContours 的参数格式比较特殊，在绘制旋转矩形时要将顶点坐标表示为列表[box]，将轮廓编号 contourIdx 设为 0。

```
# RotatedRect：矩形中心(cx,cy)，宽度高度 (w,h)，旋转角度 angle
rect = ((cx,cy), (w,h), angle)
box = np.int32(cv.boxPoints(rect))  # 计算旋转矩形的顶点 (4, 2)
cv.drawContours(img, [box], 0, color, 1)  # 将旋转矩形视为一个轮廓进行绘制
```

（4）当轮廓接近图像的边界时，旋转矩形的顶点可能会超出图像的上侧或左侧，返回的旋转矩形坐标可以包含越界的负值。

【例程 0403】绘制倾斜的旋转矩形

本例程用于在图像上绘制倾斜的旋转矩形。绘制倾斜矩形需要计算矩形各个顶点的坐标，可以通过绘制直线线段来形成闭合矩形，也可以通过绘制轮廓来实现。

```python
# 【0403】绘制倾斜的旋转矩形
import cv2 as cv
import numpy as np
from matplotlib import pyplot as plt

if __name__ == '__main__':
    height, width, channels = 300, 400, 3
    img = np.ones((height, width, channels), np.uint8) * 192  # 创建黑色图像 RGB=0

    # (1) 围绕矩形中心旋转
    cx, cy, w, h = (200, 150, 200, 100)  # 左上角坐标 (x,y)、宽度 w 和高度 h
    img1 = img.copy()
    cv.circle(img1, (cx, cy), 4, (0, 0, 255), -1)  # 旋转中心
    angle = [15, 30, 45, 60, 75, 90]  # 旋转角度，顺时针方向
    box = np.zeros((4, 2), np.int32)  # 计算旋转矩形的顶点 (4, 2)
    for i in range(len(angle)):
        rect = ((cx, cy), (w, h), angle[i])  # Box2D：中心点 (x,y)、 矩形宽度和高度
(w,h)，以及旋转角度 angle
        box = np.int32(cv.boxPoints(rect))  # 计算旋转矩形的顶点 (4, 2)
        color = (30 * i, 0, 255 - 30 * i)
        cv.drawContours(img1, [box], 0, color, 1)  # 将旋转矩形视为轮廓绘制
        print(rect)

    # (2) 围绕矩形左上顶点旋转
    x, y, w, h = (200, 100, 160, 100)  # 左上角坐标 (x,y)、宽度 w 和高度 h
    img2 = img.copy()
    cv.circle(img2, (x, y), 4, (0, 0, 255), -1)  # 旋转中心
    angle = [15, 30, 45, 60, 75, 90, 120, 150, 180, 225]  # 旋转角度，顺时针方向
    for i in range(len(angle)):
        ang = angle[i] * np.pi / 180
        x1, y1 = x, y
        x2 = int(x + w * np.cos(ang))
```

```
    y2 = int(y + w * np.sin(ang))
    x3 = int(x + w * np.cos(ang) - h * np.sin(ang))
    y3 = int(y + w * np.sin(ang) + h * np.cos(ang))
    x4 = int(x - h * np.sin(ang))
    y4 = int(y + h * np.cos(ang))
    color = (30 * i, 0, 255 - 30 * i)
    box = np.array([[x1,y1],[x2,y2],[x3,y3],[x4,y4]])
    cv.drawContours(img2, [box], 0, color, 1)  # 将旋转矩形视为轮廓绘制
    # cv.line(img2, (x1, y1), (x2, y2), color)
    # cv.line(img2, (x2, y2), (x3, y3), color)
    # cv.line(img2, (x3, y3), (x4, y4), color)
    # cv.line(img2, (x4, y4), (x1, y1), color)

plt.figure(figsize=(9, 3.2))
plt.subplot(121), plt.title("1. img1"), plt.axis('off')
plt.imshow(cv.cvtColor(img1, cv.COLOR_BGR2RGB))
plt.subplot(122), plt.title("2. img2"), plt.axis('off')
plt.imshow(cv.cvtColor(img2, cv.COLOR_BGR2RGB))
plt.tight_layout()
plt.show()
```

程序说明

（1）运行结果，绘制倾斜的旋转矩形如图 4-3 所示。图 4-3(1)所示为围绕矩形中心旋转的矩形，图 4-3(2)所示为围绕矩形顶点旋转的矩形。

（2）对于围绕矩形中心旋转的矩形，可根据垂直矩形参数和旋转角度计算旋转矩形的各个顶点，可以由函数 cv.boxPoints 计算得到旋转矩形的顶点坐标；对于围绕矩形顶点旋转的矩形，则要根据数学方法自行计算顶点坐标。

（3）本例程通过函数 cv.drawContours 绘制旋转矩形，也可以通过直接绘制矩形 4 条边的线段，以实现绘制旋转矩形。

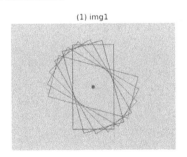
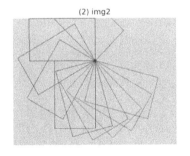

图 4-3　绘制倾斜的旋转矩形

4.5　绘制圆形和椭圆

4.5.1　绘制圆形

函数 cv.circle 用于在图像上绘制圆形。

函数原型

cv.circle(img, center, radius, color[, thickness=1, lineType=LINE_8, shift=0])→ img

参数说明

◎ img：输入/输出图像，允许为单通道灰度图像或多通道彩色图像。

◎ center：圆心的坐标，格式为元组(x,y)。

◎ radius：圆的半径，是整型数据。

注意问题

（1）如果绘制的圆形超出了图像边界，则要对图像边界进行剪裁，即只绘制圆形在图像边界内的部分。

（2）单个像素点很难被观察，通常可以用绘制半径较小的圆来实现"绘制圆点"的需求。

【例程 0404】绘制圆形

本例程用于在图像上绘制圆形，运行结果如图 4-4 所示。

```python
# 【0404】绘制圆形
import cv2 as cv
import numpy as np
from matplotlib import pyplot as plt

if __name__ == '__main__':
    img = np.ones((400, 600, 3), np.uint8)*192

    center = (0, 0)  # 圆心坐标 (x,y)
    cx, cy = 300, 200  # 圆心坐标 (x,y)
    for r in range(200, 0, -20):
        color = (r, r, 255-r)
        cv.circle(img, (cx, cy), r, color, -1)  # -1 表示内部填充
        cv.circle(img, center, r, 255)
        cv.circle(img, (600,400), r, color, 5)  # 线宽为 5

    plt.figure(figsize=(6, 4))
    plt.imshow(cv.cvtColor(img, cv.COLOR_BGR2RGB))
    plt.show()
```

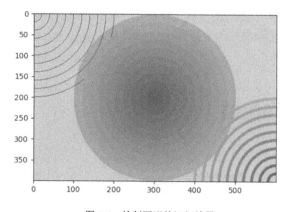

图 4-4 绘制圆形的运行结果

4.5.2 绘制椭圆和椭圆弧

函数 cv.ellipse 用于在图像上绘制椭圆轮廓、填充椭圆、椭圆弧或填充椭圆扇区。

函数原型

cv.ellipse(img, center, axes, angle, startAngle, endAngle, color[, thickness=1, lineType=LINE_8, shift=0]) → img

cv.ellipse(img, box, color[, thickness=1, lineType=LINE_8]) → img

参数说明

◎　img：输入/输出图像，允许为单通道灰度图像或多通道彩色图像。

◎　center：椭圆中心点的坐标，格式为元组(x,y)。

◎　axes：椭圆半轴长度，格式为元组 (hfirst,hsecond)。

◎　angle：椭圆沿 x 轴方向的旋转角度（角度制，按顺时针方向）。

◎　startAngle：绘制椭圆/圆弧的起始角度。

◎　endAngle：绘制椭圆/圆弧的终止角度。

◎　box：旋转矩形类 RotateRect，格式为元组$((x,y),(w,h),angle)$。

注意问题

（1）椭圆参数的定义非常复杂，容易混淆，以下结合图 4-5 所示的椭圆绘制参数示意图来解释。

axes 的值是椭圆主轴长度的一半，而不是主轴长度。第一半轴 hfirst 指 x 轴顺时针旋转时首先遇到的轴，与长轴或短轴无关；第二半轴 hsecond 是与第一半轴垂直的轴。

startAngle 和 endAngle 都是指从第一半轴开始顺时针旋转的角度，起止角度与次序无关。$(0,360)$表示绘制整个椭圆，$(0,180)$表示绘制半个椭圆。

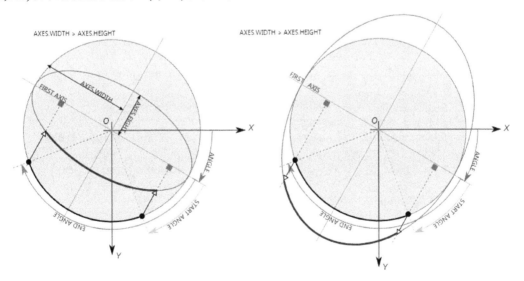

图 4-5　椭圆绘制参数示意图

（2）box 是旋转矩形类 RotatedRect，由 box 可确定一个内接于 box 的椭圆。旋转矩形类 RotatedRect 在 Python 中是形状为$((x,y),(w,h),angle)$的元组，(x,y)表示矩形中心点坐标，(w,h)表示矩形的宽和高、angle 表示旋转角度，范围为$[-180,180]$。

（3）函数 cv.ellipse 采用分段线性曲线逼近椭圆弧边界。如果需要对椭圆进行更多控制，可以使用 ellipse2Poly 检索曲线后进行渲染或填充。

【例程 0405】绘制椭圆和椭圆弧

本例程用于绘制椭圆和椭圆弧，注意对照图 4-5 理解各个参数的含义。

```python
# 【0405】绘制椭圆和椭圆弧
import cv2 as cv
import numpy as np
from matplotlib import pyplot as plt

if __name__ == '__main__':
    img = np.ones((400, 600, 3), np.uint8)*224
    img1 = img.copy()
    img2 = img.copy()

    # (1) 半轴长度 (haf) 的影响
    cx, cy = 150, 200  # 圆心坐标
    angle = 120  # 旋转角度
    startAng, endAng = 0, 360  # 开始角度，结束角度
    haf = [50, 100, 150, 180]  # 第一轴的半轴长度
    has = 100  # 第二轴的半轴长度
    for i in range(len(haf)):
        color = (i*50, i*50, 255-i*50)
        cv.ellipse(img1, (cx,cy), (haf[i],has), angle, startAng, endAng, color, 2)
        angPi = angle * np.pi / 180  # 转换为弧度制，便于计算坐标
        xe = int(cx + haf[i]*np.cos(angPi))
        ye = int(cy + haf[i]*np.sin(angPi))
        cv.circle(img1, (xe,ye), 2, color, -1)
        cv.arrowedLine(img1, (cx,cy), (xe,ye), color)  # 从圆心指向第一轴端点
        text = "haF={}".format(haf[i])
        cv.putText(img1, text, (xe+5,ye), cv.FONT_HERSHEY_SIMPLEX, 0.6, color)
    # 绘制第二轴
    xe = int(cx + has*np.sin(angPi))  # 计算第二轴端点坐标
    ye = int(cy - has*np.cos(angPi))
    cv.arrowedLine(img1, (cx, cy), (xe, ye), color)  # 从圆心指向第二轴端点
    text = "haS={}".format(has)
    cv.putText(img1, text, (xe-80, ye+30), cv.FONT_HERSHEY_SIMPLEX, 0.6, color)

    # (2) 旋转角度 (angle) 的影响
    cx, cy = 420, 180  # 圆心坐标
    haf, has = 120, 60  # 半轴长度
    startAng, endAng = 0,360  # 开始角度，结束角度
    angle = [0, 30, 60, 135]  # 旋转角度
    for i in range(len(angle)):
        color = (i*50, i*50, 255-i*50)
        cv.ellipse(img1, (cx,cy), (haf,has), angle[i], startAng, endAng, color, 2)
        angPi = angle[i] * np.pi / 180  # 转换为弧度制，便于计算坐标
        xe = int(cx + haf*np.cos(angPi))
        ye = int(cy + haf*np.sin(angPi))
```

```
    cv.circle(img1, (xe,ye), 2, color, -1)
    cv.arrowedLine(img1, (cx,cy), (xe,ye), color)  # 从圆心指向第一轴端点
    text = "rot {}".format(angle[i])
    cv.putText(img1, text, (xe+5,ye), cv.FONT_HERSHEY_SIMPLEX, 0.6, color)

# (3) 起始角度 (startAngle) 的影响 I
cx, cy = 60, 80  # 圆心坐标
haf, has = 45, 30  # 半轴长度
angle = 0  # 旋转角度
endAng = 360  # 结束角度
startAng = [0, 45, 90, 180]  # 开始角度
for i in range(len(startAng)):
    color = (i*20, i*20, 255-i*20)
    cyi = cy+i*90
    cv.ellipse(img2, (cx,cyi), (haf,has), angle, startAng[i], endAng, color, 2)
    angPi = angle * np.pi / 180  # 转换为弧度制，便于计算坐标
    xe = int(cx + haf*np.cos(angPi))
    ye = int(cyi + haf*np.sin(angPi))
    cv.arrowedLine(img2, (cx,cyi), (xe,ye), 255)  # 从圆心指向第一轴端点
    text = "start {}".format(startAng[i])
    cv.putText(img2, text, (cx-40,cyi), cv.FONT_HERSHEY_SIMPLEX, 0.6, color)
text = "end={}".format(endAng)
cv.putText(img2, text, (10, cy-50), cv.FONT_HERSHEY_SIMPLEX, 0.6, 255)

# (4) 起始角度 (startAngle) 的影响 II
cx, cy = 180, 80  # 圆心坐标
haf, has = 45, 30  # 半轴长度
angle = 30  # 旋转角度
endAng = 360  # 结束角度
startAng = [0, 45, 90, 180]  # 开始角度
for i in range(len(startAng)):
    color = (i*20, i*20, 255-i*20)
    cyi = cy+i*90
    cv.ellipse(img2, (cx,cyi), (haf,has), angle, startAng[i], endAng, color, 2)
    angPi = angle * np.pi / 180  # 转换为弧度制，便于计算坐标
    xe = int(cx + haf*np.cos(angPi))
    ye = int(cyi + haf*np.sin(angPi))
    cv.arrowedLine(img2, (cx,cyi), (xe,ye), 255)  # 从圆心指向第一轴端点
    text = "start {}".format(startAng[i])
    cv.putText(img2, text, (cx-40,cyi), cv.FONT_HERSHEY_SIMPLEX, 0.6, color)
text = "end={}".format(endAng)
cv.putText(img2, text, (150,cy-50), cv.FONT_HERSHEY_SIMPLEX, 0.6, 255)

# (5) 结束角度 (endAngle) 的影响 I
cx, cy = 300, 80  # 圆心坐标
haf, has = 45, 30  # 半轴长度
angle = 0  # 旋转角度
startAng = 0  # 开始角度
endAng = [45, 90, 180, 360]  # 结束角度
for i in range(len(endAng)):
    color = (i*20, i*20, 255-i*20)
```

```
        cyi = cy+i*90
        cv.ellipse(img2, (cx,cyi), (haf,has), angle, startAng, endAng[i], color, 2)
        angPi = angle * np.pi / 180  # 转换为弧度制，便于计算坐标
        xe = int(cx + haf*np.cos(angPi))
        ye = int(cyi + haf*np.sin(angPi))
        cv.arrowedLine(img2, (cx,cyi), (xe,ye), 255)  # 从圆心指向第一轴端点
        text = "end {}".format(endAng[i])
        cv.putText(img2, text, (cx-40,cyi), cv.FONT_HERSHEY_SIMPLEX, 0.6, color)
    text = "start={}".format(startAng)
    cv.putText(img2, text, (250,cy-50), cv.FONT_HERSHEY_SIMPLEX, 0.6, 255)

    # (6) 结束角度 (endAngle) 的影响 II
    cx, cy = 420, 80  # 圆心坐标
    haf, has = 45, 30  # 半轴长度
    angle = 30  # 旋转角度
    startAng = 45  # 开始角度
    endAng = [30, 90, 180, 360]  # 结束角度
    for i in range(len(endAng)):
        color = (i*20, i*20, 255-i*20)
        cyi = cy+i*90
        cv.ellipse(img2, (cx,cyi), (haf,has), angle, startAng, endAng[i], color, 2)
        angPi = angle * np.pi / 180  # 转换为弧度制，便于计算坐标
        xe = int(cx + haf*np.cos(angPi))
        ye = int(cyi + haf*np.sin(angPi))
        cv.arrowedLine(img2, (cx,cyi), (xe,ye), 255)  # 从圆心指向第一轴端点
        text = "end {}".format(endAng[i])
        cv.putText(img2, text, (cx-40,cyi), cv.FONT_HERSHEY_SIMPLEX, 0.6, color)
    text = "start={}".format(startAng)
    cv.putText(img2, text, (370,cy-50), cv.FONT_HERSHEY_SIMPLEX, 0.6, 255)

    # (7) 起始角度和结束角度的影响
    cx, cy = 540, 80  # 圆心坐标
    haf, has = 40, 30  # 半轴长度
    angle = 30  # 旋转角度
    startAng = [0, 0, 180, 180 ]  # 开始角度
    endAng = [90, 180, 270, 360]  # 结束角度
    for i in range(len(endAng)):
        color = (i*20, i*20, 255-i*20)
        cyi = cy+i*90
        cv.ellipse(img2, (cx,cyi), (haf,has), angle, startAng[i], endAng[i],
color, 2)
        angPi = angle * np.pi / 180  # 转换为弧度制，便于计算坐标
        xe = int(cx + haf*np.cos(angPi))
        ye = int(cyi + haf*np.sin(angPi))
        cv.arrowedLine(img2, (cx,cyi), (xe,ye), 255)  # 从圆心指向第一轴端点
        text = "start {}".format(startAng[i])
        cv.putText(img2, text, (cx-40,cyi-20), cv.FONT_HERSHEY_SIMPLEX, 0.6, color)
        text = "end {}".format(endAng[i])
        cv.putText(img2, text, (cx-40,cyi), cv.FONT_HERSHEY_SIMPLEX, 0.6, color)
    text = "rotate={}".format(angle)
    cv.putText(img2, text, (490,cy-50), cv.FONT_HERSHEY_SIMPLEX, 0.6, 255)
```

```
plt.figure(figsize=(9, 3.5))
plt.subplot(121), plt.title("1. Ellipse1"), plt.axis('off')
plt.imshow(cv.cvtColor(img1, cv.COLOR_BGR2RGB))
plt.subplot(122), plt.title("2. Ellipse2"), plt.axis('off')
plt.imshow(cv.cvtColor(img2, cv.COLOR_BGR2RGB))
plt.tight_layout()
plt.show()
```

程序说明

运行结果，绘制椭圆和椭圆弧如图 4-6 所示。

（1）图 4-6(1)的左侧图形用于比较半轴长度的影响，表明第一半轴 hfirst 与长轴或短轴无关，而是取决于椭圆的旋转方向。

（2）图 4-6(1)的右侧图形用于比较旋转角度的影响，旋转角度是指沿 x 轴方向顺时针旋转的角度。

（3）起始角度和结束角度的定义及关系比较复杂，图 4-6(2)给出了详细示例，请对照程序注释与显示图像进行比较和理解。

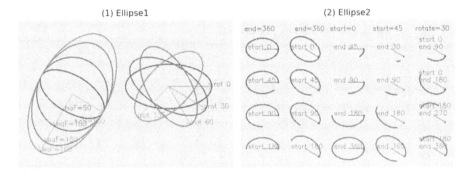

图 4-6　绘制椭圆和椭圆弧

4.6　绘制多段线和多边形

函数 cv.polylines 用于绘制多边形曲线或多段线，函数 cv.fillPoly 用于绘制一个或多个填充的多边形区域，函数 cv.fillConvexPoly 用于绘制一个填充的凸多边形。

函数原型

cv.polylines(img, pts, isClosed, color[, thickness=1, lineType=LINE_8, shift=0]) → img

cv.fillPoly(img, pts, color[, lineType=LINE_8, shift=0, offset=Point()]) → img

cv.fillConvexPoly(img, points, color[, lineType=LINE_8, shift=0]) → img

参数说明

◎　img：输入/输出图像，允许为单通道灰度图像或多通道彩色图像。

◎　pts：多边形顶点坐标，列表格式，列表元素是二维 Numpy 数组。

◎　points：多边形顶点坐标，为二维 Numpy 数组。

◎　isClosed：闭合标志，True 表示闭合，False 表示不闭合。

注意问题

（1）特别要注意 pts 的格式：pts 是列表（List），列表元素是二维 Numpy 数组。每个列表元素 pts[*i*]的形状为(*m*,2)，表示一组顶点的坐标，pts[*i*]的每行 pts[*i*][*k*]表示一个顶点的坐标(*x*[*k*],*y*[*k*])，坐标的数据格式为整型。

（2）函数 cv.polylines 与函数 cv.fillPoly 不能直接把二维 Numpy 数组作为函数参数，而要将其作为列表元素，如[points1]、[points2]或[points1,points2]。

（3）列表 pts 中包括一个或多个二维 Numpy 数组，函数 cv.polylines 与函数 cv.fillPoly 可相应地绘制或填充一个或多个多边形。

（4）当 isClosed=True 绘制闭合多边形时，绘制的是从最后一个顶点到第一个顶点之间的线段；当 isClosed=False 绘制非闭合多边形时，最后一个顶点与第一个顶点之间不连接。

（5）函数 cv.fillPoly 与函数 cv.fillConvexPoly 都可以绘制填充多边形。函数 cv.fillConvexPoly 的运行速度比函数 cv.fillPoly 快得多，非常适合填充凸多边形，经常用于轮廓处理。

（6）函数 cv.fillConvexPoly 不仅可以填充凸多边形，还可以填充任何没有自相交的单调多边形（轮廓最多与每条水平线相交两次的多边形），但是所绘制图形的最顶部或底部边缘可能是水平的。

【例程 0406】绘制多边形和多段线

本例程用于在图像上绘制多边形和多段线。

```python
# 【0406】绘制多边形和多段线
import cv2 as cv
import numpy as np
from matplotlib import pyplot as plt

if __name__ == '__main__':
    img = np.ones((900, 400, 3), np.uint8) * 224
    img1 = img.copy()
    img2 = img.copy()
    img3 = img.copy()
    img4 = img.copy()

    # 多边形顶点
    points1 = np.array([[200, 60], [295, 129], [259, 241], [141, 241], [105,
129]], np.int16)
    points2 = np.array([[200, 350], [259, 531], [105, 419], [295, 419], [141,
531]])  # (5,2)
    points3 = np.array([[200, 640], [222, 709], [295, 709], [236, 752], [259,
821],
                        [200, 778], [141, 821], [164, 752], [105, 709], [178, 709]])
    print(points1.shape, points2.shape, points3.shape)  # (5, 2) (5, 2) (10, 2)
    # 绘制多边形，闭合曲线
    pts1 = [points1]  # pts1 是列表，列表元素是形状为 (m,2) 的二维 Numpy 数组
    cv.polylines(img1, pts1, True, (0, 0, 255))  # pts1 是列表
    cv.polylines(img1, [points2, points3], 1, 255, 2)  # 可以绘制多个多边形

    # 绘制多段线，曲线不闭合
    cv.polylines(img2, [points1], False, (0, 0, 255))
```

```
cv.polylines(img2, [points2, points3], 0, 255, 2)   # 可以绘制多个多段线

# 绘制填充多边形，注意交叉重叠部分的处理
cv.fillPoly(img3, [points1], (0, 0, 255))
cv.fillPoly(img3, [points2, points3], 255)   # 可以绘制多个填充多边形

# 绘制一个填充多边形，注意交叉重叠部分
cv.fillConvexPoly(img4, points1, (0, 0, 255))
cv.fillConvexPoly(img4, points2, 255)   # 不能绘制存在自相交的多边形
cv.fillConvexPoly(img4, points3, 255)   # 可以绘制凹多边形，但要慎用

plt.figure(figsize=(9, 5.3))
plt.subplot(141), plt.title("closed polygon"), plt.axis('off')
plt.imshow(cv.cvtColor(img1, cv.COLOR_BGR2RGB))
plt.subplot(142), plt.title("unclosed polygo"), plt.axis('off')
plt.imshow(cv.cvtColor(img2, cv.COLOR_BGR2RGB))
plt.subplot(143), plt.title("fillPoly"), plt.axis('off')
plt.imshow(cv.cvtColor(img3, cv.COLOR_BGR2RGB))
plt.subplot(144), plt.title("fillConvexPoly"), plt.axis('off')
plt.imshow(cv.cvtColor(img4, cv.COLOR_BGR2RGB))
plt.tight_layout()
plt.show()
```

程序说明

（1）运行结果，绘制多段线和多边形如图 4-7 所示。注意多边形顶点的排列顺序非常重要，不能颠倒。

（2）图 4-7(1)和图 4-7(2)所示为由函数 cv.polylines 绘制的多边形曲线，当 isClosed=True 时，绘制的是闭合多边形，当 isClosed=False 时，绘制的是非闭合多边形。

（3）图 4-7(3)所示为由函数 cv.fillPoly 绘制的填充多边形，注意此函数只适用于填充凸多边形，在处理自相交多边形或凹多边形时可能会出现错误。

（4）图 4-7(4)所示为由函数 cv.fillConvexPoly 绘制的填充多边形，该函数填充凸多边形的效果与函数 cv.fillPoly 相同，也可以填充自相交多边形（见图 4-7(4)最下面的图），但底部边缘是水平的。

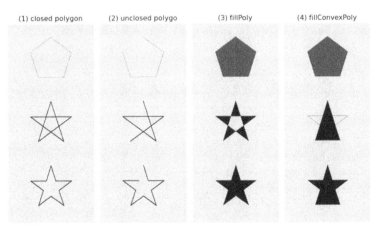

图 4-7　绘制多段线和多边形

4.7　图像上添加文字

函数 cv.putText 用于在图像上绘制文本字符串，即添加文字。

函数原型

cv.putText(img, text, org, fontFace, fontScale, color[, thickness=1, lineType=LINE_8, bottomLeftOrigin=False]) → img

参数说明

◎　img：输入/输出图像，允许为单通道灰度图像或多通道彩色图像。

◎　text：添加的文本字符串。

◎　org：文本定位的数据原点坐标，格式为元组(x,y)。

◎　fontFace：字体类型。

◎　fontScale：字体大小的缩放比例。

◎　color：字符串的颜色，格式为元组(b,g,r) 或标量 b。

◎　bottomLeftOrigin：默认值 False 表示坐标原点位于左上角，True 表示坐标原点位于左下角。

注意问题

（1）OpenCV 不支持中文字符的显示，使用函数 cv.putText 绘制的文本字符串中不能包含中文字符或中文标点符号。

（2）如果需要在图像上绘制中文字符或中文标点符号，则可以使用 Python+OpenCV+PIL 实现，或使用 Python+OpenCV+freetype 实现。

【例程 0407】添加非中文文字与中文文字

本例程用函数 cv.putText 添加非中文文字，用 PIL 添加中文文字。

```
# 【0407】添加非中文文字与中文文字
import cv2 as cv
import numpy as np
from matplotlib import pyplot as plt


if __name__ == '__main__':
    img1 = cv.imread("../images/Lena.tif")  # 读取彩色图像(BGR)
    img2 = img1.copy()

    # (1) 函数 cv.putText 添加非中文文字
    text = "Digital Image Processing, youcans@qq.com"  # 非中文文字
    fontList = [cv.FONT_HERSHEY_SIMPLEX,
                cv.FONT_HERSHEY_SIMPLEX,
                cv.FONT_HERSHEY_PLAIN,
                cv.FONT_HERSHEY_DUPLEX,
                cv.FONT_HERSHEY_COMPLEX,
                cv.FONT_HERSHEY_TRIPLEX,
                cv.FONT_HERSHEY_COMPLEX_SMALL,
                cv.FONT_HERSHEY_SCRIPT_SIMPLEX,
                cv.FONT_HERSHEY_SCRIPT_COMPLEX,
```

```
                cv.FONT_ITALIC]  # 字体设置
fontScale = 0.8  # 字体缩放比例
color = (255, 255, 255)  # 字体颜色
for i in range(len(fontList)):
    pos = (10, 40*(i+1))  # 字符串左上角坐标 (x,y)
    cv.putText(img1, text, pos, fontList[i], fontScale, color)


# (2) PIL 添加中文文字
from PIL import Image, ImageDraw, ImageFont
# if (isinstance(img2, np.ndarray)):  # 判断是否 OpenCV 的图片类型
imgPIL = Image.fromarray(cv.cvtColor(img2, cv.COLOR_BGR2RGB))
string = "PIL 添加中文文字。\nby youcans from XUPT"
pos = (50, 20)  # 字符串左上角坐标 (x,y)
color = (0, 0, 255)  # 字体颜色 B=255，注意 PIL 使用 RGB 格式
textSize = 50  # 字符串高度
drawPIL = ImageDraw.Draw(imgPIL)  # 创建绘图对象
fontText = ImageFont.truetype("font/simsun.ttc", textSize, encoding="utf-8")
drawPIL.text(pos, string, color, font=fontText)  # 绘制字符串
imgText = cv.cvtColor(np.asarray(imgPIL), cv.COLOR_RGB2BGR)


plt.figure(figsize=(9, 3.5))
plt.subplot(121), plt.title("1. cv.putText"), plt.axis('off')
plt.imshow(cv.cvtColor(img1, cv.COLOR_BGR2RGB))
plt.subplot(122), plt.title("2. PIL.Image"), plt.axis('off')
plt.imshow(cv.cvtColor(imgText, cv.COLOR_BGR2RGB))
plt.show()
```

程序说明

运行结果，向图像添加非中文文字与中文文字如图 4-8 所示。

（1）图 4-8(1)所示为使用函数 cv.putText 向图像添加非中文文字，OpenCV 提供了字体类型参考例程。

（2）图 4-8(2)所示为使用 PIL 向图像添加中文文字，注意 PIL 使用 RGB 格式进行转换。

图 4-8　向图像添加非中文文字与中文文字

4.8　鼠标框选矩形区域

函数 cv.selectROI 可以通过鼠标选择感兴趣区（ROI）的矩形区域。

函数原型

cv.selectROI(windowName, img[, showCrosshair=true, fromCenter=false]) → retval

函数 cv.selectROI 可创建一个显示窗口，允许用户使用鼠标选择 ROI，按空格键或 Enter 键完成选择，按 Esc 键取消选择。

参数说明

◎　img：选择矩形区域的图像。

◎　windowName：图像显示窗口的名称。

◎　showCrosshair：默认值为 True，表示显示选择矩形的中心十字线。

◎　fromCenter：默认值为 False，表示以鼠标初始位置作为矩形的角点；True 表示以鼠标初始位置作为矩形的中心点。

◎　retval：返回值为 Rect 矩形类，格式为元组(x,y,w,h)。

注意问题

（1）函数的返回值是 Rect 矩形类，元组(x,y,w,h)分别表示矩形左上角的顶点坐标(x,y)、矩形的宽度 w 和高度 h。

（2）函数可创建一个窗口设置自己的鼠标回调，完成后将为使用窗口设置一个空回调。

【例程 0408】鼠标交互框选矩形区域

本例程通过鼠标交互在图像上选择感兴趣的矩形区域。

```
# 【0408】鼠标交互框选矩形区域
import cv2 as cv

if __name__ == '__main__':
    img = cv.imread("../images/Lena.tif")  # 读取彩色图像(BGR)
    # 鼠标框选矩形 ROI
    rect = cv.selectROI('ROI', img)  # 按鼠标左键即拖动，放开左键即选中
    print("selectROI:", rect)  # 元组 (xmin, ymin, w, h)
    # 裁剪获取选择的矩形 ROI
    xmin, ymin, w, h = rect  # 矩形裁剪区域 (ymin:ymin+h, xmin:xmin+w) 的位置参数
    imgROI = img[ymin:ymin+h, xmin:xmin+w].copy()  # 切片获得裁剪后保留的图像区域
    # 显示选中的矩形 ROI
    cv.imshow("DemoRIO", imgROI)
    key = cv.waitKey()
    cv.destroyAllWindows()
```

程序说明

（1）程序可创建一个窗口显示图像 img，允许用户通过鼠标框选矩形区域：单击鼠标左键选中一个矩形顶点，拖动鼠标到矩形对角的顶点位置后释放鼠标左键，即在显示窗口中绘制了一个蓝色边框的矩形。按空格键或 Enter 键完成选择，返回元组(x,y,w,h)。

（2）本例程通过返回的框选矩形参数，切片获得裁剪后保留的图像区域。

4.9 鼠标交互操作

函数 cv.setMouseCallback 用于设置回调函数，并将回调函数与指定窗口绑定。

函数原型

cv.setMouseCallback (windowName, onMouse[, param]) → retval

函数 cv.setMouseCallback 能将鼠标事件响应函数 onMouse 绑定到指定窗口 windowName。回调函数在鼠标事件发生时会自动执行。

参数说明

◎ windowName：图像显示窗口的名称。
◎ onMouse：回调函数的函数名，鼠标事件的响应函数。
◎ param：传递到回调函数的参数，可选项。

回调函数格式

def onMouse(event, *x*, *y*, flags, param)

◎ *x, y*：事件发生时鼠标在图像坐标系的坐标。
◎ param：传递到函数 cv.setMouseCallback 调用的参数，可选项。
◎ event：鼠标事件的类型。
  ➢ EVENT_MOUSEMOVE：鼠标移动。
  ➢ EVENT_LBUTTONDOWN：单击鼠标左键。
  ➢ EVENT_RBUTTONDOWN：单击鼠标右键。
  ➢ EVENT_MBUTTONDOWN：单击鼠标中键。
  ➢ EVENT_LBUTTONUP：释放鼠标左键。
  ➢ EVENT_RBUTTONUP：释放鼠标右键。
  ➢ EVENT_MBUTTONUP：释放鼠标中键。
  ➢ EVENT_LBUTTONDBLCLK：双击鼠标左键。
  ➢ EVENT_RBUTTONDBLCLK：双击鼠标右键。
  ➢ EVENT_MBUTTONDBLCLK：双击鼠标中键。
◎ flags：查看某种按键动作是否发生。
  ➢ EVENT_FLAG_LBUTTON：拖曳鼠标左键。
  ➢ EVENT_FLAG_RBUTTON：拖曳鼠标右键。
  ➢ EVENT_FLAG_MBUTTON：拖曳鼠标中键。
  ➢ EVENT_FLAG_CTRLKEY：按住 Ctrl 键不放。
  ➢ EVENT_FLAG_SHIFTKEY：按住 Shift 键不放。
  ➢ EVENT_FLAG_ALTKEY：按住 Alt 键不放。

注意问题

（1）回调函数 de fonMouse 是一个通过函数指针调用的函数，是指定窗口 windowName 鼠标事件的响应函数，在鼠标事件发生时执行。

（2）回调函数没有返回值。当需要传递变量值时，可以把变量定义为全局变量，或通过参数 param 传递。

（3）回调函数运行后会一直监听鼠标的动作，相当于打开了一个并行进程，一直占用系统资源。可以使用函数 cv.destroyWindow 关闭监听窗口，回调函数就会结束。

【例程 0409】鼠标交互获取多边形区域

本例程通过鼠标交互在图像上选择感兴趣的多边形区域。

本例程包括主程序和回调函数子程序 onMouseAction，通过单击鼠标在显示窗口选择多边形的顶点。回调函数子程序名称可以自行命名，但输入参数必须严格按照回调函数的要求进行定义。

主程序的基本步骤如下。

（1）创建图像显示窗口 origin。

（2）将回调函数子程序 onMouseAction 绑定到显示窗口 origin。

（3）监听鼠标状态，通过参数 status 监听鼠标状态，通过全局变量 pts 传递鼠标位置坐标。

（4）响应鼠标动作，根据鼠标状态和位置进行处理，本例程是在显示窗口中绘图的。

（5）关闭显示窗口，释放监听窗口。

（6）提取多边形顶点坐标，在图像中裁剪多边形窗口。

```python
# 【0409】鼠标交互获取多边形区域
import cv2 as cv
import numpy as np
from matplotlib import pyplot as plt


def onMouseAction(event, x, y, flags, param):  # 鼠标交互 (单击鼠标左键选择, 单击鼠标
右键完成)
    global pts
    setpoint = (x, y)
    if event == cv.EVENT_LBUTTONDOWN:  # 单击鼠标左键
        pts.append(setpoint)  # 选中一个多边形顶点
        print("选择顶点 {}: {}".format(len(pts), setpoint))
    elif event == cv.EVENT_MBUTTONDOWN:  # 单击鼠标中键
        pts.pop()  # 取消最近一个顶点
    elif event == cv.EVENT_RBUTTONDOWN:  # 单击鼠标右键
        param = False  # 结束绘图状态
        print("结束绘制, 按 Esc 键退出。")


if __name__ == '__main__':
    img = cv.imread("../images/Lena.tif")  # 读取彩色图像(BGR)
    imgCopy = img.copy()

    # 鼠标交互 ROI
    print("单击左键：选择 ROI 顶点")
    print("单击中键：删除最近的顶点")
    print("单击右键：结束 ROI 选择")
    print("按 Esc 键退出")
    pts = []  # 初始化 ROI 顶点的坐标集合
    status = True  # 开始绘图状态
```

```
cv.namedWindow('origin')  # 创建图像显示窗口
cv.setMouseCallback('origin', onMouseAction, status)  # 绑定回调函数
while True:
    if len(pts) > 0:
        cv.circle(imgCopy, pts[-1], 5, (0,0,255), -1)  # 绘制最近的一个顶点
    if len(pts) > 1:
        cv.line(imgCopy, pts[-1], pts[-2], (255, 0, 0), 2)  # 绘制最近的一段线段
    if status == False:  # 判断结束绘制 ROI
        cv.line(imgCopy, pts[0], pts[-1], (255,0,0), 2)  # 绘制最后一段线段
    cv.imshow('origin', imgCopy)
    key = 0xFF & cv.waitKey(10)  # 按 Esc 键退出
    if key == 27:  # 按 Esc 键退出
        break
cv.destroyAllWindows()  # 释放图像窗口

# 提取多边形 ROI
print("ROI 顶点坐标：", pts)
points = np.array(pts, np.int16)  # 多边形 ROI 顶点的坐标集
cv.polylines(img, [points], True, (255,255,255), 2)  # 在 img 绘制多边形 ROI
mask = np.zeros(img.shape[:2], np.uint8)  # 黑色掩模，单通道
cv.fillPoly(mask, [points], (255,255,255))  # 多边形 ROI 为白色窗口
imgROI = cv.bitwise_and(img, img, mask=mask)  # 按位与，从 img 中提取 ROI

plt.figure(figsize=(9, 3.5))
plt.subplot(131), plt.title("1. Original"), plt.axis('off')
plt.imshow(cv.cvtColor(img, cv.COLOR_BGR2RGB))
plt.subplot(132), plt.title("2. ROI mask"), plt.axis('off')
plt.imshow(mask, cmap='gray')
plt.subplot(133), plt.title("3. ROI cropped"), plt.axis('off')
plt.imshow(cv.cvtColor(imgROI, cv.COLOR_BGR2RGB))
plt.tight_layout()
plt.show()
```

程序说明

运行结果，鼠标交互获取多边形区域如图 4-9 所示。图 4-9(1)所示为原始图像，图 4-9(2)所示为获取的多边形区域的掩模图像，图 4-9(3)所示为裁剪的多边形图像。

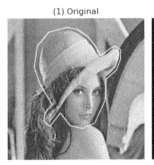

图 4-9　鼠标交互获取多边形区域

第二部分

图像处理的基本方法

第 5 章

图像的算术运算

在 OpenCV 中，图像是以 Numpy 数组格式存储的，图像的算术运算可以使用 OpenCV 函数实现，也可以直接使用 Numpy 矩阵实现。但是，OpenCV 函数对结果进行了饱和处理，可以避免数据溢出，而且使用 OpenCV 函数运算速度更快。

本章内容概要

◎　学习并比较使用 OpenCV 与 Numpy 矩阵的加法、减法、乘法和除法。

◎　学习图像的按位操作。

◎　介绍掩模图像，理解掩模图像在图像处理中的作用。

◎　介绍积分图像，理解积分图像的原理，实现快速模糊处理。

5.1　图像的加法与减法运算

图像的加法与减法运算，可以通过 Numpy 矩阵的加法与减法运算实现，也可以通过 OpenCV 函数 cv.add 与 cv.subtract 实现。但是 Numpy 矩阵的加法与减法运算是模运算，容易超出值域范围而导致颜色错乱。因此，通常情况下使用 OpenCV 函数实现图像的加法/减法运算。

函数 cv.add 用于对两幅图像进行加法运算，或对图像与标量进行加法运算。函数 cv.subtract 用于对两幅图像进行减法运算，或对图像与标量进行减法运算。

函数原型

cv.add(src1, src2[, dst, mask, dtype]) → dst

cv.subtract(src1, src2[, dst, mask, dtype]) → dst

当两幅图像相加/相减时，要将图像相同位置的像素值分别相加/相减；当图像与一个标量相加/相减时，要将图像各通道的像素值分别与各通道的标量相加/相减。

参数说明

◎　src1：输入图像 1，是 Numpy 数组，允许为单通道图像或多通道图像。

◎　src2：输入图像 2，是 Numpy 数组或标量，Numpy 数组的通道数必须与 src1 相同。

◎　dst：输出图像，与输入图像 src1 的尺寸和通道数相同。

◎　mask：掩模图像，指定执行加法/减法运算的图像区域，可选项，默认值为 None。

◎　dtype：输出图像的数据类型，可选项，默认值为-1 表示与 src1 相同。

注意问题

（1）OpenCV 加法/减法函数是饱和运算（CV_8U 时饱和值为 255）；Numpy 矩阵的加法/减法运算是模运算（CV_8U 时以 256 为模），容易超出值域范围而导致颜色错乱。

（2）两幅图像相加/相减时，图像的大小和通道数必须相同。

（3）输出图像的深度由参数 dtype 确定，可以与输入图像的深度相同或不同。

（4）当图像与一个标量进行加法/减法运算时，此处标量（Scalar）的函数定义是 4 个元素的元组(vb,vg,vr,va)。注意对于三通道彩色图像，也必须使用 4 个元素的元组，但最后一位 va 无效。这容易令人困惑，原因是 Python 语言对 C++语言所定义的数据结构有一些特殊的接口定义。

（5）当三通道彩色图像与标量进行加法/减法运算时，标量不能表示为 3 个元素的元组或常数值。如果标量表示为 3 个元素的元组，则程序报错；如果标量表示为数值，则程序并不会报错，但仅对 B 通道与数值进行加法/减法运算，而对其他通道不做处理。

（6）当三通道彩色图像与标量进行加法/减法运算时，标量也可以表示为形状为(1,3)的 Numpy 数组[vb,vg,vr]。推荐使用这种方法，在编写和阅读程序时更加容易理解。

（7）当单通道灰度图像与标量进行加法/减法运算时，标量可以表示为常数 value，或单元素元组(value)。使用 4 个元素的元组(vg,vb,vr,va)也可以，但只有第一位 vg 有效。

【例程 0501】图像的加法运算

本例程用于比较 OpenCV 加法与 Numpy 矩阵的加法的区别，以及标量与常数在 OpenCV 加法中的区别。

```python
# 【0501】图像的加法运算
import cv2 as cv
import numpy as np
from matplotlib import pyplot as plt

if __name__ == '__main__':
    img1 = cv.imread("../images/Lena.tif")  # 读取彩色图像(BGR)
    img2 = cv.imread("../images/Fig0301.png")  # 读取彩色图像(BGR)
    h, w = img1.shape[:2]
    img3 = cv.resize(img2, (w,h))  # 调整图像大小与 img1 相同
    gray = cv.cvtColor(img1, cv.COLOR_BGR2GRAY)  # 灰度图像
    print(img1.shape, img2.shape, img3.shape, gray.shape)

    # (1) 图像与常数相加
    value = 100  # 常数
    imgAddV = cv.add(img1, value)  # OpenCV 加法：图像 + 常数
    imgAddG = cv.add(gray, value)  # OpenCV 加法：灰度图像 + 常数
    # (2) 彩色图像与标量相加
    # scalar = (30, 40, 50, 60)  # 标量的函数定义是 4 个元素的元组
    scalar = np.ones((1, 3)) * value  # 推荐方法，标量为 (1, 3) 数组
    # scalar = np.array([[40, 50, 60]])  # 标量数组的值可以不同
    imgAddS = cv.add(img1, scalar)  # OpenCV 加法：图像 + 标量
    # (3) Numpy 取模加法
    imgAddNP = img1 + img3  # Numpy 加法：模运算
    # (4) OpenCV 饱和加法
    # imgAddCV = cv.add(img1, img2)  # 错误：大小不同的图像不能用函数 cv.add 相加
    imgAddCV = cv.add(img1, img3)  # OpenCV 加法：饱和运算

    plt.figure(figsize=(9, 6))
    plt.subplot(231), plt.title("1. img1"), plt.axis('off')
    plt.imshow(cv.cvtColor(img1, cv.COLOR_BGR2RGB))
```

```
plt.subplot(232), plt.title("2. add(img, value)"), plt.axis('off')
plt.imshow(cv.cvtColor(imgAddV, cv.COLOR_BGR2RGB))
plt.subplot(233), plt.title("3. add(img, scalar)"), plt.axis('off')
plt.imshow(cv.cvtColor(imgAddS, cv.COLOR_BGR2RGB))
plt.subplot(234), plt.title("4. img3"), plt.axis('off')
plt.imshow(cv.cvtColor(img2, cv.COLOR_BGR2RGB))
plt.subplot(235), plt.title("5. img1 + img3"), plt.axis('off')
plt.imshow(cv.cvtColor(imgAddNP, cv.COLOR_BGR2RGB))
plt.subplot(236), plt.title("6. cv.add(img1, img3)"), plt.axis('off')
plt.imshow(cv.cvtColor(imgAddCV, cv.COLOR_BGR2RGB))
plt.tight_layout()
plt.show()
```

程序说明

运行结果，图像的加法运算如图 5-1 所示。

（1）图 5-1(2)所示为图 5-1(1)与数值 value 进行 OpenCV 加法的结果，该操作只将 B 通道即蓝色分量与 value 相加，G、R 通道的像素值不变，输出图像严重偏色。

（2）图 5-1(3)所示为图 5-1(1)与形状为(1,3)的 Numpy 数组 scalar 进行 OpenCV 加法的结果，B、G、R 通道分别与数组对应的数值相加，输出图像发白。

（3）图 5-1(5)所示为 Numpy 矩阵的加法的结果，取模加法以 256 为模，部分像素在取模加法后小于原值，导致图像颜色严重错乱；图 5-1(6)所示为 OpenCV 加法的结果，饱和加法以 255 为上限，所有像素相加后大于原值，图像变得更白。通常情况下推荐使用 OpenCV 函数实现图像的加法/减法运算。

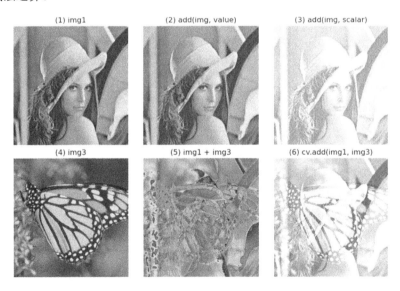

图 5-1　图像的加法运算

5.2　使用掩模图像控制处理区域

图像掩模，也称"掩膜"，是指用特定的掩模图像或掩模函数对目标图像进行覆盖或遮挡，以控制图像处理区域或处理过程，常用于结构特征区域的处理。

　　用来遮蔽的图像或函数，称为掩模、掩像、模板或遮罩。掩模图像是单通道二值图像，显示为黑白两种颜色。黑色遮蔽区域的值为 0，白色非遮蔽区域的值为 1 或 255，也被称为窗口、开窗区域。

　　在 OpenCV 中，很多处理函数都允许使用掩模图像控制处理区域，即只对掩模图像中数值为 1（或 255）的窗口区域进行处理，而对数值为 0 的遮蔽区域不做处理。

　　例如，使用函数 cv.add 进行加法运算，可以使用掩模图像实现掩模加法，只对掩模图像中像素值为 255 的白色窗口区域进行处理，输出为加法运算的值；对掩模图像中像素值为 0 的黑色遮蔽区域不做处理，输出图像的对应位置的值为 0（黑色）。

注意问题

（1）掩模图像是单通道二值图像，遮蔽区域为 0（黑色），窗口区域为 255（白色）。

（2）需要特别注意的是：如果以非二值的单通道图像作为掩模图像，程序一般不会报错，但处理结果可能发生错误，通常会将非 0 值都视为 1。

（3）掩模图像必须与加法运算的输入图像 src1 的尺寸相同。

【例程 0502】掩模图像的生成和图像的掩模加法

本例程包括掩模图像的生成和图像的掩模加法。

```python
# 【0502】掩模图像的生成和图像的掩模加法
import cv2 as cv
import numpy as np
from matplotlib import pyplot as plt

if __name__ == '__main__':
    img1 = cv.imread("../images/Lena.tif")  # 读取彩色图像(BGR)
    img2 = cv.imread("../images/Fig0301.png")  # 读取彩色图像(BGR)
    h, w = img1.shape[:2]
    img3 = cv.resize(img2, (w,h))  # 调整图像大小与 img1 相同
    print(img1.shape, img2.shape, img3.shape)
    imgAddCV = cv.add(img1, img3)  # 图像加法 (饱和运算)

    # 掩模加法，矩形掩模图像
    maskRec = np.zeros(img1.shape[:2], np.uint8)  # 生成黑色模板
    xmin, ymin, w, h = 170, 190, 200, 200  # 矩形 ROI 参数(ymin:ymin+h,
xmin:xmin+w)
    maskRec[ymin:ymin+h, xmin:xmin+w] = 255  # 生成矩形掩模图像，ROI 为白色
    imgAddRec = cv.add(img1, img3, mask=maskRec)  # 掩模加法

    # 掩模加法，圆形掩模图像
    maskCir = np.zeros(img1.shape[:2], np.uint8)  # 生成黑色模板
    cv.circle(maskCir, (280,280), 120, 255, -1)  # 生成圆形掩模图像
    imgAddCir = cv.add(img1, img3, mask=maskCir)  # 掩模加法

    plt.figure(figsize=(9, 6))
    plt.subplot(231), plt.title("1. Original"), plt.axis('off')
    plt.imshow(cv.cvtColor(img1, cv.COLOR_BGR2RGB))
    plt.subplot(232), plt.title("2. Rectangle mask"), plt.axis('off')
```

```
plt.imshow(cv.cvtColor(maskRec, cv.COLOR_BGR2RGB))
plt.subplot(233), plt.title("3. Mask addition"), plt.axis('off')
plt.imshow(cv.cvtColor(imgAddRec, cv.COLOR_BGR2RGB))
plt.subplot(234), plt.title("4. Saturation addition"), plt.axis('off')
plt.imshow(cv.cvtColor(imgAddCV, cv.COLOR_BGR2RGB))
plt.subplot(235), plt.title("5. Circular mask"), plt.axis('off')
plt.imshow(cv.cvtColor(maskCir, cv.COLOR_BGR2RGB))
plt.subplot(236), plt.title("6. Mask addition"), plt.axis('off')
plt.imshow(cv.cvtColor(imgAddCir, cv.COLOR_BGR2RGB))
plt.tight_layout()
plt.show()
```

程序说明

运行结果，带掩模图像的加法运算如图 5-2 所示。

（1）图 5-2(2)和图 5-2(5)所示为单通道二值掩模图像，背景为黑色，开窗为白色。图 5-2(2)
通过切片得到矩形窗口，图 5-2(5)通过绘制圆形填充图形得到圆形窗口。

（2）图 5-2(4)所示为无掩模图像的饱和加法运算结果，图 5-2(3)所示为以图 5-2(2)为掩模图
像的饱和加法运算结果，图 5-2(6)所示为以图 5-2(5)为掩模图像的饱和加法运算结果。带有掩模
图像的加法运算，只会对掩模图像的开窗区域进行运算处理，对没有开窗的遮蔽区域不进行处
理，输出值为 0（黑色）。

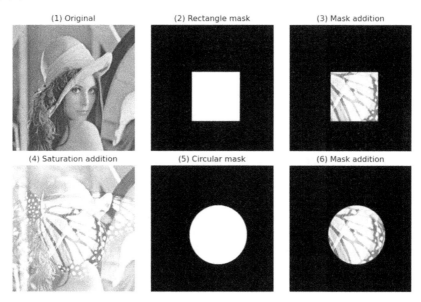

图 5-2 带掩模图像的加法运算

5.3 图像的加权加法运算

函数 cv.addWeighted 用于图像的加权加法运算。

函数 cv.addWeighted 能计算两幅相同大小和通道数的图像的加权和，可以实现图像的叠加
和混合。加权加法的计算表达式如下：

$$dst(I) = saturate\left[src1(I) \cdot alpha + src2(I) \cdot beta + gamma\right]$$

函数原型

cv.addWeighted(src1, alpha, src2, beta, gamma[, dst, dtype])→ dst

参数说明

◎ src1、src2：输入图像，是 Numpy 数组，允许为单通道图像或多通道图像。

◎ dst：输出图像，与输入图像的尺寸和通道数相同。

◎ alpha：图像 src1 的权重系数，通常取 0~1 的浮点数。

◎ beta：图像 src2 的权重系数，通常取 0~1 的浮点数。

◎ gamma：偏移量，与各通道计算结果相加的标量，用于调节亮度。

◎ dtype：输出图像的数据类型，可选项，默认值为-1，表示与 src1 类型相同。

注意问题

（1）加权加法运算函数 cv.addWeighted 是饱和运算，数据类型为 CV_8U 时的饱和值为 255。

（2）加权加法将两幅图像相加时，两幅图像的大小和通道数必须相同。

（3）输出图像的深度由参数 dtype 确定，可以与输入图像的深度相同或不同。

（4）用于调节亮度的 gamma 是标量，此处标量的定义是 4 个元素的元组(vb,vg,vr,va)，也可以采用形状为(1,3)的 Numpy 数组[vb,vg,vr]表示。

（5）调节权重系数 alpha 和 beta 可以实现不同的混合效果，一般情况取 alpha+beta=1.0。

【例程 0503】图像混合与渐变切换

本例程通过加权加法实现两幅图像的混合和渐变切换。

```python
# 【0503】图像混合与渐变切换
import cv2 as cv
import numpy as np
from matplotlib import pyplot as plt

if __name__ == '__main__':
    img1 = cv.imread("../images/Lena.tif")  # 读取彩色图像(BGR)
    img2 = cv.imread("../images/Fig0301.png")  # 读取彩色图像(BGR)
    h, w = img1.shape[:2]
    img3 = cv.resize(img2, (w,h))  # 调整图像大小与 img1 相同
    print(img1.shape, img2.shape, img3.shape)
    imgAddCV = cv.add(img1, img3)  # 图像加法 (饱和运算)

    # 两幅图像的加权加法，推荐 alpha+beta=1.0
    alpha, beta = 0.25, 0.75
    imgAddW1 = cv.addWeighted(img1, alpha, img3, beta, 0)
    alpha, beta = 0.5, 0.5
    imgAddW2 = cv.addWeighted(img1, alpha, img3, beta, 0)
    alpha, beta = 0.75, 0.25
    imgAddW3 = cv.addWeighted(img1, alpha, img3, beta, 0)

    # 两幅图像的渐变切换
    wList = np.arange(0.0, 1.0, 0.05)  # start, end, step
    for weight in wList:
        imgWeight = cv.addWeighted(img1, weight, img3, (1-weight), 0)
```

```
        cv.imshow("ImageAddWeight", imgWeight)
        cv.waitKey(100)
    cv.destroyAllWindows()

    plt.figure(figsize=(9, 3.5))
    plt.subplot(131), plt.title("1. a=0.2, b=0.8"), plt.axis('off')
    plt.imshow(cv.cvtColor(imgAddW1, cv.COLOR_BGR2RGB))
    plt.subplot(132), plt.title("2. a=0.5, b=0.5"), plt.axis('off')
    plt.imshow(cv.cvtColor(imgAddW2, cv.COLOR_BGR2RGB))
    plt.subplot(133), plt.title("3. a=0.8, b=0.2"), plt.axis('off')
    plt.imshow(cv.cvtColor(imgAddW3, cv.COLOR_BGR2RGB))
    plt.tight_layout()
    plt.show()
```

程序说明

（1）通过调节权重系数 weight 的大小，利用加权加法实现两幅图像的渐变切换。运行例程可以在显示窗口中看到渐变切换的动画效果。

（2）图 5-3 所示为加权加法实现的不同权重系数的混合图像。

图 5-3　加权加法实现的不同权重系数的混合图像

5.4　图像的乘法与除法运算

图像的乘法和除法运算，可以通过 Numpy 矩阵的乘法和除法实现，也可以通过 OpenCV 函数实现。

函数 cv.multiply 用于对两幅图像进行乘法运算，或对图像与一个标量进行乘法运算。函数 cv.divide 用于对两幅图像进行除法运算，或对图像与一个标量进行除法运算。

函数原型

cv.multiply(src1, src2[, dst, scale, dtype) → dst

cv.divide(src1, src2[, dst, scale, dtype) → dst

当两幅图像相乘/相除时，要将图像相同位置的像素值分别相乘/相除；当图像与一个标量相乘/相除时，要将图像各通道的像素值分别与各通道的标量相乘/相除。

参数说明

◎　src1：输入图像 1，是 Numpy 数组，允许为单通道图像或多通道图像。

◎　src2：输入图像 2，是 Numpy 数组或标量，Numpy 数组的通道数必须与 src1 相同。

◎ dst：输出图像，与输入图像 src1 的尺寸和通道数相同。

◎ scale：缩放系数，是实数类型，可选项，默认值为 1。

◎ dtype：输出图像的数据类型，可选项，默认值为-1，表示与 src1 相同。

注意问题

（1）OpenCV 乘法/除法运算是饱和运算（数据类型为 CV_8U 时，饱和值为 255），计算结果不会溢出。

（2）输出图像的深度由参数 dtype 决定，可以与输入图像的深度相同或不同。当输出图像的深度为 CV_32S 时，不适用饱和运算，计算结果可能溢出，甚至可能发生符号错误。

（3）进行乘法/除法运算时，标量的定义是 4 个元素的元组(vb,vg,vr,va)，注意事项与加法/减法运算时相同。

（4）当三通道彩色图像与标量进行乘法/除法运算时，推荐采用形状为(1,3)的 Numpy 数组 [vb,vg,vr]表示标量，这种方式容易理解，避免发生错误。

【例程 0504】图像的乘法与除法

本例程介绍 OpenCV 乘法与除法的使用，并与 Numpy 矩阵的乘法与除法进行比较。

```python
# 【0504】图像的乘法与除法
import cv2 as cv
import numpy as np
from matplotlib import pyplot as plt

if __name__ == '__main__':
    img = cv.imread("../images/Lena.tif")  # 读取彩色图像(BGR)

    # (1) Numpy 矩阵的乘法与除法运算
    timeBegin = cv.getTickCount()
    scalar = np.array([[0.5, 1.5, 3.5]])  # 标量数组的值可以不同
    multiplyNP = img * scalar
    divideNP = img / scalar
    timeEnd = cv.getTickCount()
    time = (timeEnd - timeBegin) / cv.getTickFrequency()
    print("(1) Multiply by Numpy: {} sec".format(round(time, 4)))
    print("max(multiplyNP)={}, mean(multiplyNP)={:.1f}".format(multiplyNP.max(),
multiplyNP.mean()))

    # (2) OpenCV 乘法与除法运算
    timeBegin = cv.getTickCount()
    scalar = np.array([[0.5, 1.5, 3.5]])  # 标量数组的值可以不同
    multiplyCV = cv.multiply(img, scalar)
    divideCV = cv.divide(img, scalar)
    timeEnd = cv.getTickCount()
    time = (timeEnd - timeBegin) / cv.getTickFrequency()
    print("(2) Multiply by OpenCV: {} sec".format(round(time, 4)))
    print("max(multiplyCV)={}, mean(multiplyCV)={:.1f}".format(multiplyCV.max(),
multiplyCV.mean()))

    # (3) OpenCV 乘法与除法的标量与常数
```

```
        value = 1.5  # 常数,用于多通道图像时容易发生错误
        scalar = np.array([[1.5, 1.5, 1.5]])  # 推荐方法,标量是 (1,3) 数组
        multiplyCV1 = cv.multiply(img, scalar)
        multiplyCV2 = cv.multiply(img, value)
        print("(3) Difference between value and scalar:")
        print("mean(multiplyCV1)={:.1f}, mean(multiplyCV2)={:.1f}".format
(multiplyCV1.mean(), multiplyCV2.mean()))
```

运行结果

```
(1) Multiply by Numpy: 0.0103 sec
    max(multiplyNP)=892.5, mean(multiplyNP)=277.4
(2) Multiply by OpenCV: 0.0039 sec
    max(multiplyCV)=255, mean(multiplyCV)=150.7
(3) Difference between value and scalar:
    mean(multiplyCV1)=177.0, mean(multiplyCV2)=52.3
```

程序说明

（1）运行结果表明，OpenCV 乘法/除法运算是饱和运算（CV_8U 时的饱和值为 255），可以避免运算结果超出值域范围而导致颜色错乱。

（2）使用 OpenCV 函数进行乘法/除法运算的速度比 Numpy 矩阵的乘法/除法运算的速度更快。

（3）当三通道彩色图像与标量相乘时，推荐使用形状为(1,3)的 Numpy 数组表示标量。

5.5 图像的位运算

图像的位运算是指对图像的像素值按二进制位进行逻辑运算，包括 4 种操作方法：按位与（AND）、按位或（OR）、按位非（NOT）和按位异或（XOR）。与加法运算相比，按位操作的运算效率高、速度快。

函数 cv.bitwise 能提供图像的位运算功能，按位逻辑运算的规则与 Python 语言逻辑运算的规则相同。

函数原型

cv.bitwise_and(src1, src2[, dst, mask]) → dst

cv.bitwise_or(src1, src2[, dst, mask]) → dst

cv.bitwise_not(src[, dst, mask]) → dst

cv.bitwise_xor(src1, src2[, dst, mask]) → dst

位运算的操作过程：先将像素值转换为二进制数，进行位操作后再将结果转换回十进制数。

参数说明

◎ src1：输入图像 1，是 Numpy 数组，允许为单通道图像或多通道图像。

◎ src2：输入图像 2，是 Numpy 数组或标量，Numpy 数组的通道数必须与 src1 相同。

◎ dst：输出图像，与输入图像 src1 的尺寸和通道数相同。

◎ mask：掩模图像，指定执行位运算的图像区域，可选项，默认值为 None。

注意问题

（1）当多通道图像进行按位运算时，对每个通道都要独立处理。

（2）当图像与标量进行按位运算时，标量可以用与图像通道数相同的 Numpy 数组表示。

（3）掩模图像是单通道二值图像，用于控制执行位操作的区域：只对掩模图像中的白色区域进行位运算，对黑色区域不做处理。

（4）位运算与掩模图像相结合，在定义和处理特征区域时快速高效、方便灵活。

【例程 0505】最低有效位数字盲水印

数字水印，是指将特征信息嵌入音频、图像或视频等数字信号中。盲水印在一般条件下看不到，需要特殊处理后才能提取水印信息。

最低有效位（Least Significant Bit）盲水印的原理：将数字水印保存为二值图像，嵌入原始图像的最低位。以 8 位灰度图像为例，原始图像的灰度值由 8 位二进制数表示，水印图像的像素值由 1 位二进制数表示。用水印图像的像素值 b_0 替换原始图像的最低有效位 p_0，就得到嵌入水印的 8 位二进制数 $(p_7, p_6, \cdots, p_1, b)$。提取盲水印的过程与嵌入水印相反，从嵌入水印图像的 8 位二进制数中，可分离最低有效位获得的水印图像。

```python
# 【0505】最低有效位数字盲水印
import cv2 as cv
import numpy as np
from matplotlib import pyplot as plt

if __name__ == '__main__':
    img = cv.imread("../images/Lena.tif", flags=0)  # 灰度图像

    # 加载或生成水印信息
    # watermark = cv.imread("../images/logoCV.png", 0)  # 加载水印图片
    # markResize = cv.resize(watermark, img.shape[:2])  # 调整图片尺寸
    # _, binary = cv.threshold(markResize, 175, 1, cv.THRESH_BINARY)  # 二值图像
    binary = np.ones(img.shape[:2], np.uint8)
    cv.putText(binary, str(np.datetime64('today')), (50, 200), cv.FONT_
HERSHEY_SIMPLEX, 2, 0, 2)
    cv.putText(binary, str(np.datetime64('now')), (50, 250), cv.FONT_
HERSHEY_DUPLEX, 1, 0)
    cv.putText(binary, "Copyright: youcans@qq.com", (50, 300), cv.FONT_
HERSHEY_DUPLEX, 1, 0)

    # 向原始图像嵌入水印
    # img: (p7,p6,...,p1,0) AND 254(11111110) -> imgH7: (p7,p6,...,p1,0)
    imgH7 = cv.bitwise_and(img, 254)  # 按位与运算，图像最低位 LSB=0
    # imgH7: (p7,p6,...,p1,0) OR b -> imgMark: (p7,p6,...,p1,b)
    imgMark = cv.bitwise_or(imgH7, binary)  # (p7,p6,...,p1,b)

    # 从嵌入的水印图像中提取水印
    # extract = np.mod(imgMark, 2)  # 模运算，取图像的最低位 LSB
    extract = cv.bitwise_and(imgMark, 1)  # 按位与运算，取图像的最低位 LSB

    plt.figure(figsize=(9, 3.5))
    plt.subplot(131), plt.title("1. Original"), plt.axis('off')
```

```
plt.imshow(img, cmap='gray')
plt.subplot(132), plt.title("2. Embedded watermark"), plt.axis('off')
plt.imshow(imgMark, cmap='gray')
plt.subplot(133), plt.title("3. Extracted watermark"), plt.axis('off')
plt.imshow(extract, cmap='gray')
plt.tight_layout()
plt.show()
```

程序说明

运行结果，最低有效位数字盲水印的嵌入与提取如图 5-4 所示。图 5-4(1)所示为原始图像；图 5-4(2)看起来与图 5-4(1)相同，但其最低有效位嵌入了盲水印；图 5-4(3)所示为从图 5-4(2)中分离最低有效位获得的水印图像。

图 5-4　最低有效位数字盲水印的嵌入与提取

【例程 0506】在图像上添加 Logo

两张图像直接进行加法运算后，图像的颜色会改变，通过加权加法能实现图像混合，但图像混合后图像的透明度会改变，不能达到添加 Logo 图像的效果。

在图像上添加 Logo 需要综合运用图像的阈值处理、图像掩模、位操作和图像加法的操作。程序的基本步骤如下。

（1）确定叠加位置，从图像中裁剪 ROI，与 Logo 图像的尺寸相同。

（2）对 Logo 图像进行灰度化和二值处理，生成掩模图像 mask，Logo 图案为白色窗口。

（3）基于 mask 逆掩模对图像 ROI 按位与，生成合成背景；基于 mask 掩模对 Logo 图像按位与，生成合成前景。

（4）由前景和背景合成 ROI 叠加图像，进而得到叠加 Logo 图像的 Lena 图像。

```
# 【0506】在图像上添加 Logo
import cv2 as cv
from matplotlib import pyplot as plt

if __name__ == '__main__':
    img = cv.imread("../images/Lena.tif")  # 读取彩色图像(BGR)
    logo = cv.imread("../images/logoCV.png")  # 读取目标图像
    h2, w2= logo.shape[:2]  # Logo 图像的尺寸
    imgROI = img[0:h2, 0:w2]  # 从图像中裁剪叠放区域

    # (1) 灰度化、二值化，生成掩模图像 mask
```

```
    gray = cv.cvtColor(logo, cv.COLOR_BGR2GRAY)  # Logo 图像转为灰度图像
    _, mask = cv.threshold(gray, 175, 255, cv.THRESH_BINARY_INV)  # 二值处理得到
掩模图像
    # (2) 带掩模的位操作，生成合成图像的背景和前景
    background = cv.bitwise_and(imgROI, imgROI, mask=cv.bitwise_not(mask))  #
生成合成背景
    frontground = cv.bitwise_and(logo, logo, mask=mask)  # 生成合成前景
    # (3) 由前景和背景合成叠加图像
    compositeROI = cv.add(background, frontground)  # 前景与背景相加，得到 ROI 叠加
图像
    composite = img.copy()
    composite[0:h2,0:w2] = compositeROI  # 叠加 Logo 图像的合成图像

    # (4) 对照方法：替换方法添加 Logo
    replace = img.copy()
    replace[0:h2,0:w2] = logo[:,:]
    # (5) 对照方法：通过加法添加 Logo
    cvAdd = img.copy()
    cvAdd[0:h2,0:w2] = cv.add(imgROI, logo)

    plt.figure(figsize=(9, 6))
    plt.subplot(231), plt.title("1. replace"), plt.axis('off')
    plt.imshow(cv.cvtColor(replace, cv.COLOR_BGR2RGB))
    plt.subplot(232), plt.title("2. cv.add"), plt.axis('off')
    plt.imshow(cv.cvtColor(cvAdd, cv.COLOR_BGR2RGB))
    plt.subplot(233), plt.title("3. composite"), plt.axis('off')
    plt.imshow(cv.cvtColor(composite, cv.COLOR_BGR2RGB))
    plt.subplot(234), plt.title("4. mask"), plt.axis('off')
    plt.imshow(mask, 'gray')
    plt.subplot(235), plt.title("5. background"), plt.axis('off')
    plt.imshow(cv.cvtColor(background, cv.COLOR_BGR2RGB))
    plt.subplot(236), plt.title("6. frontground"), plt.axis('off')
    plt.imshow(cv.cvtColor(frontground, cv.COLOR_BGR2RGB))
    plt.tight_layout()
    plt.show()
```

程序说明

运行结果，在图像上添加 Logo 如图 5-5 所示。

（1）图 5-5(1)所示为用 Logo 图像替换/修改原始图像的像素，当使用不透明的 Logo 图像时会遮挡原始图像。

（2）图 5-5(2)所示为用 OpenCV 加法进行图像混合，不仅没有解决遮挡问题，Logo 图像的颜色也由于混合而产生了失真。

（3）图 5-5(3)所示为从 Logo 图像中提取掩模窗口，结合位运算与掩模图像处理目标区域，合成得到叠加 Logo 图像的 Lena 图像。

（4）图 5-5(4)所示为 Logo 图像的掩模图像，图 5-5(5)所示为合成图像的背景，图 5-5(6)所示为合成图像的前景。

图 5-5　在图像上添加 Logo

5.6　图像的积分运算

积分图像是指对于图像中的每一个像素，取其左上侧区域全部像素的累加值作为该像素的像素值。

通过积分图像对矩形区域求和如图 5-6 所示，通过积分图像可以快速地计算出图像中任意矩形区域内像素值的和、均值和均方差，计算复杂度为 $O(1)$。积分图像相当于建立了二维 LUT，极大降低了计算量。

$$L(x,y) = \sum_{i \leq x}\sum_{j \leq y} I(x,y)$$

$$\mathrm{sum}_{abcd} = L_a - L_b - L_c + L_d$$

式中，L 表示积分图像的像素值；I 表示输入图像的像素值；a、b、c、d 表示矩形 S 的顶点。

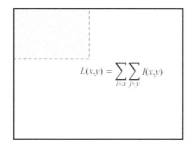
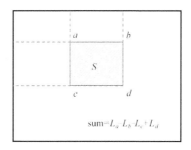

图 5-6　通过积分图像对矩形区域求和

函数 cv.integral 用于计算像素值的积分图像，函数 cv.integral2 用于计算像素值的积分图像和像素值的平方积分图像，函数 cv.integral3 用于计算旋转 45 度的像素值的积分图像。

函数原型

cv.integral(src[, sum, sdepth]) → sum

cv.integral2(src[, sum, sqsum, sdepth, sqdepth]) → sum, sqsum

cv.integral3(src[, sum, sqsum, tilted, sdepth, sqdepth]) → sum, sqsum, tilted

$$\text{sum}(X,Y) = \sum_{x<X,y<Y} \text{image}(x,y)$$

$$\text{sqsum}(X,Y) = \sum_{x<X,y<Y} \left[\text{image}(x,y)\right]^2$$

$$\text{titled}(X,Y) = \sum_{y<Y,\,\text{abs}(x-X+1)\leqslant Y-y-1} \text{image}(x,y)$$

参数说明

◎ scr：输入图像，是形状为(h,w)的 Numpy 数组，8 位整型或浮点型数据。

◎ sum：积分图像，是形状为(h+1,w+1)的 Numpy 数组，32 位整型或浮点型数据。

◎ sqsum：平方积分图像，是形状为(h+1,w+1)的 Numpy 数组，双精度浮点型数据。

◎ tilted：旋转 45 度的像素值积分图像，是形状为(h+1,w+1)的 Numpy 数组。

◎ sdepth：积分图像和旋转积分图像的深度，可选项，默认为 CV_32S。

◎ sqdepth：平方积分图像的深度，可选项，默认为 CV_32S。

注意问题

（1）输入图像 src 允许为单通道图像或多通道图像。对于多通道图像，每个通道都要独立处理。

（2）基于积分图像可以进行快速的模糊处理或快速的块相关运算，图像运算中对各个像素还可以使用不同尺寸的可变窗口。

【例程 0507】基于积分图像的均值滤波

均值滤波是积分图像的典型应用。

当滤波器尺寸为 $r \times r$ 时，通过卷积运算能实现均值滤波，其计算复杂度：每个像素为 $O(r^2)$，而基于积分图像实现均值滤波的计算复杂度仅为 $O(1)$，对于每个像素只用进行 3 次加减法和 1 次除法运算，极大降低了计算量。

```python
# 【0507】基于积分图像的均值滤波
import cv2 as cv
import numpy as np
from matplotlib import pyplot as plt

if __name__ == '__main__':
    # 读取目标文件
    img = cv.imread("../images/Lena.tif",flags=0)  # 读取灰度图像
    H, W = img.shape[:2]

    k = 15  # 均值滤波器的尺寸
    # (1) 两重循环卷积运算实现均值滤波
    timeBegin = cv.getTickCount()
```

```
        pad = k//2 + 1
        imgPad = cv.copyMakeBorder(img, pad, pad, pad, pad, cv.BORDER_REFLECT)
        imgBox1 = np.zeros((H, W), np.int32)
        for h in range(H):
            for w in range(W):
                imgBox1[h,w] = np.sum(imgPad[h:h+k, w:w+k]) / (k*k)
        timeEnd = cv.getTickCount()
        time = (timeEnd - timeBegin) / cv.getTickFrequency()
        print("Blurred by double cycle: {} sec".format(round(time, 4)))

        # (2) 基于积分图像方法实现均值滤波
        timeBegin = cv.getTickCount()
        pad = k//2 + 1
        imgPadded = cv.copyMakeBorder(img, pad, pad, pad, pad, cv.BORDER_REFLECT)
        sumImg = cv.integral(imgPadded)
        imgBox2 = np.zeros((H, W), np.uint8)
        imgBox2[:,:] = (sumImg[:H,:W] - sumImg[:H, k:W+k] - sumImg[k:H+k,:W] +
sumImg[k:H+k, k:W+k]) / (k*k)
        timeEnd = cv.getTickCount()
        time = (timeEnd - timeBegin) / cv.getTickFrequency()
        print("Blurred by integral image: {} sec".format(round(time, 4)))

        # (3) 函数 cv.boxFilter 实现均值滤波
        timeBegin = cv.getTickCount()
        kernel = np.ones(k, np.float32) / (k * k)  # 生成归一化核
        imgBoxF = cv.boxFilter(img, -1, (k, k))  # cv.boxFilter
        timeEnd = cv.getTickCount()
        time = (timeEnd - timeBegin) / cv.getTickFrequency()
        print("Blurred by cv.boxFilter: {} sec".format(round(time, 4)))

        plt.figure(figsize=(9, 6))
        plt.subplot(131), plt.axis('off'), plt.title("Original image")
        plt.imshow(img, cmap='gray', vmin=0, vmax=255)
        plt.subplot(132), plt.axis('off'), plt.title("Blurred by dual cycle")
        plt.imshow(imgBox1, cmap='gray', vmin=0, vmax=255)
        plt.subplot(133), plt.axis('off'), plt.title("Blurred by integral image")
        plt.imshow(imgBox2, cmap='gray', vmin=0, vmax=255)
        plt.tight_layout()
        plt.show()
```

运行结果

```
Blurred by double cycle: 2.3793 sec
Blurred by integral image: 0.0038 sec
Blurred by cv.boxFilter: 0.0004 sec
```

程序说明

（1）本例程分别通过两重循环卷积运算、基于积分图像方法和 OpenCV 的函数 cv.boxFilter 对图像进行均值滤波，滤波效果是相同的。

（2）本例程比较了 3 种方法的计算速度，运行时间的差距非常大：两重循环卷积运算的运行时间是基于积分图像方法的 600 多倍。使用函数 cv.boxFilter 的速度更快，该函数也是基于积分图像方法实现的，并使用了 SSE、AVX 等优化技术。

5.7 图像的归一化处理

图像的运算结果可能会超出取值范围，函数 cv.normalize 用于对像素值进行归一化处理。

函数原型

cv.normalize (src, dst[, alpha, beta, norm_type, dtype, mask]) → dst

函数 cv.normalize 可用于对向量进行范数归一化或范围归一化。

参数说明

◎ src：输入图像，是多维 Numpy 数组，允许为单通道图像或多通道图像。
◎ dst：输出图像，与输入图像 src 的尺寸相同。
◎ alpha：范围归一化的最小值，或范数值，可选项，默认值为 1.0。
◎ beta：范围归一化的最大值，可选项，默认值为 0.0。
◎ norm_type：归一化类型，可选项，默认为 cv.NORM_L2。
  ➤ NORM_MINMAX：线性缩放，线性归一化到 (min,max) 范围内。
  ➤ NORM_INF：L_∞ 范数（绝对值的最大值）归一化。
  ➤ NORM_L1：L1 范数（绝对值的和）归一化。
  ➤ NORM_L2：L2 范数（欧几里得距离）归一化，默认选项。
◎ dtype：输出图像的数据类型，可选项，默认值为-1，表示与输入图像类型相同。
◎ mask：掩模图像，可指定执行归一化处理的图像区域，可选项，默认为 None。

注意问题

（1）线性归一化是图像处理中最常用的方法之一，将输入数组元素线性缩放，映射到新的范围 [alpha,beta]，可以用来把图像运算结果映射到 0～255 或 0.0～1.0。

（2）如果归一化结果是浮点型数据，则可以使用函数 cv.convertScaleAbs 将数据由浮点型转换为 CV_8U。

（3）注意直方图归一化与直方图规定化的区别：归一化也称正规化，是将直方图线性拉伸到值域范围；规定化是调整直方图使其符合规定要求。

图像像素值归一化处理的具体应用，本书将结合图像运算给出使用示例，详见第 7 章及第 11 章。

第 6 章

图像的几何变换

几何变换分为等距变换、相似变换、仿射变换和投影变换，是指对图像的位置、大小、形状和投影进行变换，将图像从原始平面投影到新的视平面。OpenCV 图像的几何变换，本质上是将一个多维数组通过映射关系转换为另一个多维数组。

本章内容概要

◎ 介绍仿射变换，学习使用仿射变换矩阵实现图像的仿射变换。

◎ 学习使用函数实现图像的平移、缩放、旋转、翻转和斜切。

◎ 介绍投影变换，学习使用投影变换矩阵实现图像的投影变换。

◎ 介绍图像的重映射，学习使用映射函数实现图像的自定义变换和动态变换。

6.1 图像的平移

仿射变换（Affine Transformation）的几何定义是一个线性变换接一个平移变换，特点是图像中的平行关系、面积比、共线线段或平行线段的长度比、矢量的线性组合不变，常见的仿射变换包括平移、缩放、旋转、翻转和斜切等方法。

三点确定一个平面，仿射变换的原理是在原图像上确定不共线的 3 个点，给定这 3 个点在变换图像的位置，就确定了一个仿射变换，其变换关系可以由如下的 2×3 矩阵来描述。

$$\begin{bmatrix} x' \\ y' \\ 1 \end{bmatrix} = \boldsymbol{M}_A \begin{bmatrix} x \\ y \\ 1 \end{bmatrix}, \boldsymbol{M}_A = \begin{bmatrix} M_{11} & M_{12} & M_{13} \\ M_{21} & M_{22} & M_{23} \\ 0 & 0 & 1 \end{bmatrix}$$

OpenCV 的函数 cv.warpAffine 可用于实现仿射变换，可以实现平移、缩放、旋转、翻转和斜切变换及组合变换。

函数原型

cv.warpAffine(src, *M*, dsize[, dst, flags, borderMode, borderValue]) → dst

函数 cv.warpAffine 由仿射变换矩阵计算仿射变换图像：

$$\text{dst}(x, y) = \text{src}(M_{11}x + M_{12}y + M_{13}, M_{21}x + M_{22}y + M_{23})$$

参数说明

◎ src：输入图像，是 Numpy 数组。

◎ dst：仿射变换输出图像，类型与 src 相同，图像尺寸由参数 dsize 确定。

◎ *M*：仿射变换矩阵，是形状为(2,3)、类型为 np.float32 的 Numpy 数组。

◎ dsize：输出图像的大小，格式为元组(*w,h*)。

◎ flags：插值方法与逆变换标志，可选项。

> ➤ INTER_LINEAR：双线性插值，默认方法。
> ➤ INTER_NEAREST：最近邻插值。
> ➤ INTER_AREA：使用像素面积关系重采样。
> ➤ INTER_CUBIC：双三次样条插值。
> ➤ WARP_FILL_OUTLIERS：填充标志，填充所有目标图像的像素。
> ➤ WARP_INVERSE_MAP：逆变换标志。

◎ borderMode：边界扩充方法，可选项，默认为 cv.BORDER_CONSTANT。
◎ borderValue：边界填充值，可选项，默认值为 0，表示黑色填充。

注意问题

（1）dsize 的格式为(w,h)，与 OpenCV 图像形状(h,w)的顺序相反。

（2）通过函数 cv.warpAffine 计算仿射变换图像，仿射变换矩阵 M 的形状为(2,3)，是变换矩阵 M_A 的前两行。

（3）仿射变换矩阵 M 的数据类型必须是 np.float32。

（4）当 flags 设为 WARP_INVERSE_MAP 时，先由仿射变换矩阵计算逆仿射变换矩阵，再计算输入图像的逆仿射变换图像。

（5）针对缩放、旋转和翻转等变换，OpenCV 提供了相应的变换函数，更加方便、灵活。

【例程 0601】图像的平移

平移是像素位置在水平和垂直方向的移动，平移变换后对象的长度和面积不变。

像素点(x,y)沿 x 轴平移 dx、沿 y 轴平移 dy，可以构造如下的平移变换矩阵 M_{AT}。

$$\begin{bmatrix} x' \\ y' \\ 1 \end{bmatrix} = M_{AT} \begin{bmatrix} x \\ y \\ 1 \end{bmatrix}, \quad M_{AT} = \begin{bmatrix} 1 & 0 & dx \\ 0 & 1 & dy \\ 0 & 0 & 1 \end{bmatrix}$$

偏移量 dx 的正值表示向右移动的像素点数，负值表示向左移动的像素点数；偏移量 dy 的正值表示向下移动的像素点数，负值表示向上移动的像素点数。

函数 cv.warpAffine 中仿射变换矩阵的形状为(2,3)，即[[1,0,dx],[0,1,dy]]。

```python
# 【0601】图像的平移
import cv2 as cv
import numpy as np
from matplotlib import pyplot as plt

if __name__ == '__main__':
    img = cv.imread("../images/Lena.tif")  # 读取彩色图像(BGR)
    height, width = img.shape[:2]

    dx, dy = 100, 50  # dx 向右平移, dy 向下平移
    MAT = np.float32([[1, 0, dx], [0, 1, dy]])  # 构造平移变换矩阵
    imgTrans1 = cv.warpAffine(img, MAT, (width, height))
    imgTrans2 = cv.warpAffine(img, MAT, (601, 401), borderValue=(255,255,255))

    plt.figure(figsize=(9, 3.2))
    plt.subplot(131), plt.title("1. Original"), plt.axis('off')
```

```
plt.imshow(cv.cvtColor(img, cv.COLOR_BGR2RGB))
plt.subplot(132), plt.title("2. Translation 1")
plt.imshow(cv.cvtColor(imgTrans1, cv.COLOR_BGR2RGB))
plt.subplot(133), plt.title("3. Translation 2")
plt.imshow(cv.cvtColor(imgTrans2, cv.COLOR_BGR2RGB))
plt.tight_layout()
plt.show()
```

程序说明

（1）运行结果，图像的平移如图 6-1 所示。图 6-1(2)和图 6-1(3)所示为图 6-1(1)平移后的图像。

（2）图 6-1(2)的图像尺寸设定为与 img 相同，注意 dsize 的格式为(w,h)。程序中未设置填充方法，默认使用黑色填充。

（3）图 6-1(3)的偏移量和仿射变换矩阵与图 6-1(2)相同，但设定了不同的图像尺寸，并设置边界填充值为(255,255,255)，使用白色边界填充。

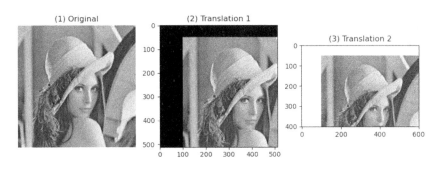

图 6-1 图像的平移

6.2 图像的缩放

缩放变换能调整图像的大小，属于相似变换。

图像的缩放可以通过构造缩放变换矩阵 M_{AZ}，通过函数 cv.warpAffine 计算缩放变换图像。缩放变换矩阵 M_{AZ} 由以下公式描述。

$$\begin{bmatrix} x' \\ y' \\ 1 \end{bmatrix} = M_{AZ} \begin{bmatrix} x \\ y \\ 1 \end{bmatrix}, M_{AZ} = \begin{bmatrix} f_x & 0 & 0 \\ 0 & f_y & 0 \\ 0 & 0 & 1 \end{bmatrix}$$

更加简便地，OpenCV 中的函数 cv.resize 能实现图像的缩放变换。

函数原型

cv.resize(src, dsize[, dst, f_x, f_y, interpolation]) → dst

函数 cv.resize 能缩放图像，将图像大小调整为指定尺寸。

参数说明

◎ src：输入图像，是 Numpy 数组。

◎ dst：输出图像，类型与 src 相同，图像尺寸由参数 dsize 或 f_x、f_y 确定。

◎ dsize：输出图像大小，格式为元组(w,h)。

◎ f_x、f_y：水平、垂直方向的缩放比例，np.float32 类型，可选项。

◎ interpolation：插值方法与逆变换标志，可选项，默认方法为 INTER_LINEAR。

   ➢ INTER_LINEAR：双线性插值，默认方法。

   ➢ INTER_NEAREST：最近邻插值。

   ➢ INTER_AREA：使用像素面积关系重采样。

   ➢ INTER_CUBIC：双三次样条插值。

   ➢ WARP_FILL_OUTLIERS：填充标志，填充所有目标图像像素。

   ➢ WARP_INVERSE_MAP：逆变换标志。

注意问题

（1）图像缩放函数可以通过参数 dsize 直接设定输出图像的大小，此时参数 f_x、f_y 不论是否设置都无效，也可以通过参数 f_x、f_y 设置图像的缩放比例，这时必须设置 dsize=None。

（2）输出图像大小 dsize 的格式为(w,h)，与 OpenCV 图像形状(h,w)的顺序相反。

（3）缩小图像时使用 INTER_AREA 插值效果最好；放大图像时使用 INTER_CUBIC 插值效果最好，但速度较慢，使用 INTER_LINEAR 速度较快，效果也较好。

【例程 0602】图像的缩放

本例程介绍图像的缩放。

```
# 【0602】图像的缩放
import cv2 as cv
from matplotlib import pyplot as plt

if __name__ == '__main__':
    img = cv.imread("../images/Lena.tif")  # 读取彩色图像(BGR)
    imgZoom1 = cv.resize(img, (600, 480))
    imgZoom2 = cv.resize(img, None, fx=1.2, fy=0.8,
interpolation=cv.INTER_CUBIC)

    plt.figure(figsize=(9, 3.3))
    plt.subplot(131), plt.title("1. Original"), plt.axis('off')
    plt.imshow(cv.cvtColor(img, cv.COLOR_BGR2RGB))
    plt.subplot(132), plt.title("2. Zoom 1")
    plt.imshow(cv.cvtColor(imgZoom1, cv.COLOR_BGR2RGB))
    plt.subplot(133), plt.title("3. Zoom 2")
    plt.imshow(cv.cvtColor(imgZoom2, cv.COLOR_BGR2RGB))
    plt.tight_layout()
    plt.show()
```

程序说明

（1）运行结果，图像的缩放如图 6-2 所示，图 6-2(2)和图 6-2(3)所示为图 6-2(1)缩放后的图像。

（2）图 6-2(2)直接设置了缩放后图像尺寸为(600,480)，注意格式为(width,height)。

（3）图 6-2(3)设置了缩放比例 fx、fy，缩放后图像尺寸是输入图像尺寸与缩放比例的乘积取整，注意必须设置 dsize=None 才能使缩放比例 fx、fy 生效。

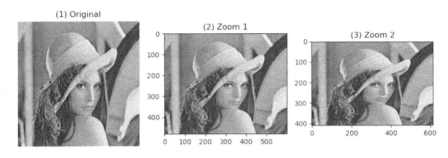

图 6-2　图像的缩放

6.3　图像的旋转

旋转变换属于等距变换，变换后图像的长度和面积不变。

图像以左上角(0,0)为旋转中心、以旋转角度 θ 顺时针旋转，可以构造旋转变换矩阵 M_{AR}，通过函数 cv.warpAffine 计算旋转变换图像。

$$\begin{bmatrix} x' \\ y' \\ 1 \end{bmatrix} = M_{\mathrm{AR}} \begin{bmatrix} x \\ y \\ 1 \end{bmatrix}, \quad M_{\mathrm{AR}} = \begin{bmatrix} \cos\theta & -\sin\theta & 0 \\ \sin\theta & \cos\theta & 0 \\ 0 & 0 & 1 \end{bmatrix}$$

图像以任意点(x,y)为旋转中心、以旋转角度 θ 顺时针旋转，可以先将原点平移到旋转中心(x,y)，再对原点进行旋转处理，最后反向平移回坐标原点。

OpenCV 中的函数 cv.getRotationMatrix2D 可以计算以任意点为中心的旋转变换矩阵。

函数原型

cv.getRotationMatrix2D(center, angle, scale) → M

函数 cv.getRotationMatrix2D 能根据旋转中心和旋转角度计算旋转变换矩阵 M：

$$M = \begin{bmatrix} \alpha & \beta & (1-\alpha)x - \beta y \\ -\beta & \alpha & \beta x + (1-\alpha)y \end{bmatrix},$$

$$\alpha = \mathrm{scale} \cdot \cos\theta$$
$$\beta = \mathrm{scale} \cdot \sin\theta$$

参数说明

◎　center：旋转中心坐标，格式为元组(x,y)。

◎　angle：旋转角度，角度制，以逆时针方向旋转。

◎　scale：缩放系数，是浮点型数据。

◎　M：旋转变换矩阵，是形状为(2,3)、类型为 np.float32 的 Numpy 数组。

注意问题

（1）函数可以直接获取以任意点为中心的旋转变换矩阵，不需要额外进行平移变换。

（2）如果旋转图像的尺寸与原始图像的尺寸相同，则四角的像素会被切除（见图 6-3(2)）。为了保留原始图像的内容，需要在旋转的同时对图像进行缩放，或将旋转图像的尺寸调整为

$$W_{rot} = w\cos\theta + h\sin\theta$$
$$H_{rot} = h\cos\theta + w\sin\theta$$

式中，w、h 分别为原始图像的宽度与高度；W_{rot}、H_{rot} 分别为旋转图像的宽度与高度。

（3）缩放系数 scale 在旋转的同时能进行缩放，但水平、垂直方向必须使用相同的缩放比例。

函数 cv.rotate 用于直角旋转，旋转角度为 90 度、180 度或 270 度。该方法通过矩阵转置实现，运行速度极快。

函数原型

cv.rotate(src, rotateCode[, dst]) → dst

参数说明

◎ src：输入图像，是 Numpy 数组。

◎ dst：输出图像，类型与 src 相同，图像尺寸由旋转角度确定。

◎ rotateCode：旋转标志符。

➢ ROTATE_90_CLOCKWISE：顺时针旋转 90 度。

➢ ROTATE_180：顺时针旋转 180 度。

➢ ROTATE_90_COUNTERCLOCKWISE：顺时针旋转 270 度。

注意问题

旋转角度为 180 度时，输出图像的尺寸与输入图像的尺寸相同；旋转角度为 90 度或 180 度时，输出图像的高度和宽度分别等于输入图像的宽度和高度。

【例程 0603】图像的旋转

本例程介绍以原点为旋转中心、以任意点为旋转中心旋转图像，以及图像的直角旋转。

```
# 【0603】图像的旋转
import cv2 as cv
import numpy as np
from matplotlib import pyplot as plt


if __name__ == '__main__':
    img = cv.imread("../images/Fig0301.png")  # 读取彩色图像(BGR)
    height, width = img.shape[:2]  # 图像的高度和宽度

    # (1) 以原点为旋转中心
    x0, y0 = 0, 0  # 以左上角顶点 (0,0) 作为旋转中心
    theta, scale = 30, 1.0  # 逆时针旋转 30 度，缩放系数 1.0
    MAR0 = cv.getRotationMatrix2D((x0,y0), theta, scale)  # 旋转变换矩阵
    imgRot1 = cv.warpAffine(img, MAR0, (width, height))
```

```
    # (2) 以任意点为旋转中心
    x0, y0 = width//2, height//2  # 以图像中心作为旋转中心
    angle = theta * np.pi/180  # 弧度->角度
    wRot = int(width * np.cos(angle) + height * np.sin(angle))  # 调整宽度
    hRot = int(height * np.cos(angle) + width * np.sin(angle))  # 调整高度
    scale = width/wRot  # 根据 wRot 调整缩放系数
    MAR1 = cv.getRotationMatrix2D((x0,y0), theta, 1.0)  # 逆时针旋转 30 度, 缩放系
数 1.0
    MAR2 = cv.getRotationMatrix2D((x0,y0), theta, scale)  # 逆时针旋转 30 度, 缩放
比例 scale
    imgRot2 = cv.warpAffine(img, MAR1, (height, width),
borderValue=(255,255,255))  # 白色填充
    imgRot3 = cv.warpAffine(img, MAR2, (height, width))  # 调整缩放系数, 以保留原始
图像的内容
    print(img.shape, imgRot2.shape, imgRot3.shape, scale)

    # (3) 图像的直角旋转
    imgRot90 = cv.rotate(img, cv.ROTATE_90_CLOCKWISE)  # 顺时针旋转 90 度
    imgRot180 = cv.rotate(img, cv.ROTATE_180)  # 顺时针旋转 180 度
    imgRot270 = cv.rotate(img, cv.ROTATE_90_COUNTERCLOCKWISE)  # 顺时针旋转 270 度

    plt.figure(figsize=(9, 6))
    plt.subplot(231), plt.title("1.Rotate around the origin"), plt.axis('off')
    plt.imshow(cv.cvtColor(imgRot1, cv.COLOR_BGR2RGB))
    plt.subplot(232), plt.title("2.Rotate around the center"), plt.axis('off')
    plt.imshow(cv.cvtColor(imgRot2, cv.COLOR_BGR2RGB))
    plt.subplot(233), plt.title("3.Rotate and resize"), plt.axis('off')
    plt.imshow(cv.cvtColor(imgRot3, cv.COLOR_BGR2RGB))
    plt.subplot(234), plt.title("4.Rotate 90 degrees"), plt.axis('off')
    plt.imshow(cv.cvtColor(imgRot90, cv.COLOR_BGR2RGB))
    plt.subplot(235), plt.title("5.Rotate 180 degrees"), plt.axis('off')
    plt.imshow(cv.cvtColor(imgRot180, cv.COLOR_BGR2RGB))
    plt.subplot(236), plt.title("6.Rotate 270 degrees"), plt.axis('off')
    plt.imshow(cv.cvtColor(imgRot270, cv.COLOR_BGR2RGB))
    plt.tight_layout()
    plt.show()
```

程序说明

运行结果，图像的旋转如图 6-3 所示。

（1）图 6-3(1)～(3)用函数 cv.getRotationMatrix2D 计算旋转变换矩阵后，通过函数 cv.warpAffine 计算旋转变换图像。图 6-3(1)以图像原点，即左上角为中心旋转，图 6-3(2)和图 6-3(3)围绕图像中心点旋转变换。

（2）图像尺寸不变，中心旋转后四角像素被切除（见图 6-3(2)）。在计算旋转变换矩阵时使用了缩放系数，使旋转图像保留了原始图像的内容（见图 6-3(3)）。

（3）图 6-3(4)～(6)所示都是直角旋转，使用函数 cv.rotate 通过矩阵转置实现。

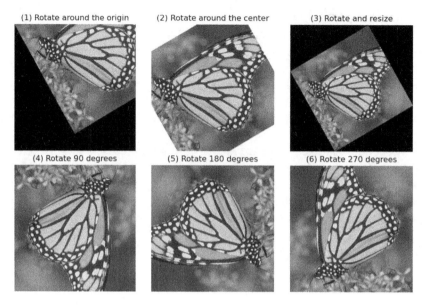

图 6-3　图像的旋转

6.4　图像的翻转

翻转也称镜像，是指将图像沿水平或垂直轴线进行轴对称变换。

以水平翻转为例，构造水平翻转变换矩阵 M_{AF}，通过函数 cv.warpAffine 可以计算翻转变换图像。水平翻转变换矩阵 M_{AF} 如下。

$$\begin{bmatrix} x' \\ y' \\ 1 \end{bmatrix} = M_{AF} \begin{bmatrix} x \\ y \\ 1 \end{bmatrix}, M_{AF} = \begin{bmatrix} -1 & 0 & width \\ 0 & 1 & 0 \\ 0 & 0 & 1 \end{bmatrix}$$

更加简便地，OpenCV 中的函数 cv.flip 可用于实现图像的翻转变换。

函数原型

cv.flip(src, flipCode[, dst]) → dst

参数说明

◎　src：输入图像，是 Numpy 数组。

◎　dst：输出图像，图像的大小和类型与输入图像 src 相同。

◎　flipCode：翻转标志符，是整型数据。

➢　0 表示水平翻转。

➢　正整数表示垂直翻转。

➢　负整数表示水平和垂直方向同时翻转。

【例程 0604】图像的翻转

本例程用函数 cv.flip 进行图像的翻转，即镜像操作。

```
# 【0604】图像的翻转
import cv2 as cv
```

```
from matplotlib import pyplot as plt

if __name__ == '__main__':
    img = cv.imread("../images/Fig0601.png")  # 读取彩色图像(BGR)
    imgFlipV = cv.flip(img, 0)  # 垂直翻转
    imgFlipH = cv.flip(img, 1)  # 水平翻转
    imgFlipHV = cv.flip(img, -1)  # 水平和垂直翻转

    plt.figure(figsize=(7, 5))
    plt.subplot(221), plt.axis('off'), plt.title("1.Original")
    plt.imshow(cv.cvtColor(img, cv.COLOR_BGR2RGB))  # 原始图像
    plt.subplot(222), plt.axis('off'), plt.title("2.Flip Horizontally")
    plt.imshow(cv.cvtColor(imgFlipH, cv.COLOR_BGR2RGB))  # 水平翻转
    plt.subplot(223), plt.axis('off'), plt.title("3.Flip Vertically")
    plt.imshow(cv.cvtColor(imgFlipV, cv.COLOR_BGR2RGB))  # 垂直翻转
    plt.subplot(224), plt.axis('off'), plt.title("4.Flipped Hori&Vert")
    plt.imshow(cv.cvtColor(imgFlipHV, cv.COLOR_BGR2RGB))  # 水平和垂直翻转
    plt.tight_layout()
    plt.show()
```

程序说明

运行结果，图像的翻转如图 6-4 所示。图 6-4(1)所示为原始图像，图 6-4(2)所示为 x 轴水平翻转的结果，图 6-4(3)所示为 y 轴垂直翻转的结果，图 6-4(4)所示为同时进行水平和垂直翻转的结果。

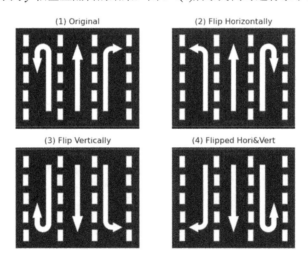

图 6-4　图像的翻转

6.5　图像的斜切

图像的斜切也称错切、扭变，是指平面景物在投影平面上的非垂直投影，使图像中的图形在水平方向或垂直方向产生扭变。

由扭变角度 θ 可以构造斜切变换矩阵 $\boldsymbol{M}_{\mathrm{AS}}$，通过函数 cv.warpAffine 计算斜切变换图像。斜切变换矩阵 $\boldsymbol{M}_{\mathrm{AS}}$ 如下。

$$\begin{bmatrix} x' \\ y' \\ 1 \end{bmatrix} = M_{AS} \begin{bmatrix} x \\ y \\ 1 \end{bmatrix}, \quad M_{AS} = \begin{bmatrix} 1 & \tan\theta_x & 0 \\ \tan\theta_y & 1 & 0 \\ 0 & 0 & 1 \end{bmatrix}$$

在水平方向斜切时，图像在水平方向发生扭变成为斜边，而垂直边不变，$\tan\theta_y = 0$；在垂直方向斜切时，图像在垂直方向发生扭变成为斜边，而水平边不变，$\tan\theta_x = 0$。

水平斜切后图像的宽度发生了变化，垂直斜切后图像的高度发生了变化。为了保留原始图像的内容，需要调整变换图像的尺寸为

$$W_{AS} = \text{width} + \text{height} \cdot \left| \tan\theta_x \right|$$

$$H_{AS} = \text{height} + \text{width} \cdot \left| \tan\theta_y \right|$$

【例程 0605】图像的斜切（扭变）

本例程用于图像的斜切（扭变）。

```python
# 【0605】图像的斜切 (扭变)
import cv2 as cv
import numpy as np
from matplotlib import pyplot as plt

if __name__ == '__main__':
    img = cv.imread("../images/Fig0601.png")  # 读取彩色图像(BGR)
    height, width = img.shape[:2]  # 图像的高度和宽度

    angle = 20 * np.pi/180  # 斜切角度
    # (1) 水平斜切
    MAS = np.float32([[1, np.tan(angle), 0], [0, 1, 0]])  # 斜切变换矩阵
    wShear = width + int(height*abs(np.tan(angle)))  # 调整宽度
    imgShearH = cv.warpAffine(img, MAS, (wShear, height))
    # (2) 垂直斜切
    MAS = np.float32([[1, 0, 0], [np.tan(angle), 1, 0]])  # 斜切变换矩阵
    hShear = height + int(width*abs(np.tan(angle)))  # 调整高度
    imgShearV = cv.warpAffine(img, MAS, (width, hShear))

    print(img.shape, imgShearH.shape, imgShearV.shape)
    plt.figure(figsize=(9, 4))
    plt.subplot(131), plt.axis('off'), plt.title("1.Original")
    plt.imshow(cv.cvtColor(img, cv.COLOR_BGR2RGB))
    plt.subplot(132), plt.axis('off'), plt.title("2.Horizontal shear")
    plt.imshow(cv.cvtColor(imgShearH, cv.COLOR_BGR2RGB))
    plt.subplot(133), plt.axis('off'), plt.title("3.Vertical shear")
    plt.imshow(cv.cvtColor(imgShearV, cv.COLOR_BGR2RGB))
    plt.tight_layout()
    plt.show()
```

程序说明

（1）运行结果，图像的斜切如图 6-5 所示。图 6-5(2)所示为对原始图像进行水平斜切，图 6-5(3)所示为对原始图像进行垂直斜切。

（2）斜切后图像的尺寸发生了变化。为了保留原始图像的内容，水平斜切后要调整图像的宽度，垂直斜切后要调整图像的高度。

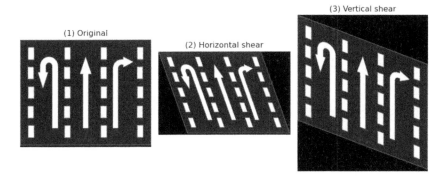

图 6-5　图像的斜切

6.6　图像的投影变换

透视变换（Perspective Transformation）是 OpenCV 中常用的投影变换，是指将图像投影到一个新的视平面。投影变换的特点是原始图像中的平行关系和比例关系都可以改变，但图像中的直线在投影变换后仍然能保持直线。

投影变换可以通过对三维空间中的物体旋转进行校正，主要用于图像拼接和校正透视投影导致的图像失真。

投影变换的方法是在原始图像上确定不共线的 4 个点，给定这 4 个点在变换图像中的位置，就确定了一个投影变换，其变换关系可以由如下的 3×3 矩阵来描述。

$$\begin{bmatrix} x' \\ y' \\ z' \end{bmatrix} = \boldsymbol{M}_P \begin{bmatrix} x \\ y \\ z \end{bmatrix}, \boldsymbol{M}_P = \begin{bmatrix} M_{11} & M_{12} & M_{13} \\ M_{21} & M_{22} & M_{23} \\ M_{31} & M_{32} & M_{33} \end{bmatrix}$$

仿射变换是在二维平面进行变换的，而投影变换是在三维坐标系进行变换的。仿射变换是 3 点变换，投影变换是 4 点变换。比较仿射变换与投影变换的描述公式，仿射变换可以被视为 z 轴不变的透视变换。

在 OpenCV 中，先由函数 cv.getPerspectiveTransform 计算投影变换矩阵 $\boldsymbol{M}_P$，再由函数 cv.warpPerspective 根据投影变换矩阵 $\boldsymbol{M}_P$ 计算得到投影变换图像。

函数 cv.getPerspectiveTransform 能根据图像中不共线的 4 个点在变换前后的对应位置坐标，求解得到投影变换矩阵 $\boldsymbol{M}_P$。

函数原型

cv.getPerspectiveTransform(src, dst[,solveMethod]) → $\boldsymbol{M}_P$

参数说明

◎　src：原始图像中不共线 4 个点的坐标，是形状为(4,2)的 Numpy 数组。

◎　dst：投影变换图像中对应的不共线 4 个点的坐标，是形状为(4,2)的 Numpy 数组。

◎　solveMethod：矩阵分解方法。

➢　DECOMP_LU：选择最佳轴的高斯消元法，默认方法。

- ➢ DECOMP_SVD：奇异值分解（SVD）方法。
- ➢ DECOMP_EIG：特征值分解方法，必须与 src 对称。
- ➢ DECOMP_CHOLESKY：Cholesky LLT 分解方法。
- ➢ DECOMP_QR：正交三角（QR）分解方法。
- ➢ DECOMP_NORMAL：使用正则方程，与前述方法联合使用。
- ◎ M_P：投影变换矩阵，是形状为(3,3)、类型为 np.float32 的 Numpy 数组。

注意问题

（1）虽然参数 src、dst 通常表示输入、输出图像，但在函数 cv.getPerspectiveTransform 中是指原始图像与变换图像中不共线的 4 个点，也被称为四边形的顶点。

（2）参数 src、dst 是形状为(4,2)的 Numpy 数组，数值是图像中 4 个顶点的坐标(x,y)。

函数 cv.warpPerspective 可通过投影变换矩阵计算投影变换图像。

函数原型

cv.warpPerspective (src, *M*, dsize[, dst, flags, borderMode, borderValue]) → dst

由投影变换矩阵 *M* 计算投影变换图像的公式为

$$\mathrm{dst}\left(x,y\right)=\mathrm{src}\left(\frac{M_{11}x+M_{12}y+M_{13}}{M_{31}x+M_{32}y+M_{33}},\frac{M_{21}x+M_{22}y+M_{23}}{M_{31}x+M_{32}y+M_{33}}\right)$$

参数说明

- ◎ src：原始图像，是 Numpy 数组。
- ◎ dst：投影变换输出图像，类型与 src 相同，图像尺寸由参数 dsize 确定。
- ◎ *M*：投影变换矩阵，是形状为(3,3)、类型为 np.float32 的 Numpy 数组。
- ◎ dsize：输出图像大小，格式为元组(w,h)。
- ◎ flags：插值方法与逆变换标志，可选项。
  - ➢ INTER_LINEAR：双线性插值，默认方法。
  - ➢ INTER_NEAREST：最近邻插值。
  - ➢ WARP_INVERSE_MAP：逆变换标志。
- ◎ borderMode：边界扩充方法，可选项，默认为 cv.BORDER_CONSTANT。
- ◎ borderValue：边界填充值，可选项，默认值为 0，表示黑色填充。

注意问题

（1）输出图像大小 dsize 的格式为(w,h)，与 OpenCV 中图像形状(h,w)的顺序相反。

（2）通过函数 cv.warpPerspective 计算投影变换，投影变换矩阵 *M* 的形状为(3,3)，数据类型必须是 np.float32。

（3）当 flags 设为 WARP_INVERSE_MAP 时，先由投影变换矩阵计算逆投影变换矩阵，再计算输入图像的逆投影变换图像。

【例程 0606】基于投影变换实现图像校正

手机或相机拍摄的照片，通常都存在投影变形。本例程通过投影变换实现图像校正。

　　先用鼠标在图像中依次选取矩形的 4 个顶点，获取 4 个顶点的坐标，再根据长宽比计算 4 个顶点在投影变换后的坐标，进行投影变换，就可以实现图像校正。

```python
# 【0606】基于投影变换实现图像校正
import cv2 as cv
import numpy as np
from matplotlib import pyplot as plt

def onMouseAction(event, x, y, flags, param):  # 鼠标交互 (单击选点，右击完成)
    setpoint = (x, y)
    if event == cv.EVENT_LBUTTONDOWN:  # 单击
        pts.append(setpoint)  # 选中一个多边形顶点
        print("选择顶点 {}: {}".format(len(pts), setpoint))

if __name__ == '__main__':
    img = cv.imread("../images/Fig0602.png")  # 读取彩色图像(BGR)
    imgCopy = img.copy()
    height, width = img.shape[:2]

    # 鼠标交互从输入图像选择 4 个顶点
    print("单击左键选择 4 个顶点 (左上-左下-右下-右上):")
    pts = []  # 初始化 ROI 顶点坐标集合
    status = True  # 进入绘图状态
    cv.namedWindow('origin')  # 创建图像显示窗口
    cv.setMouseCallback('origin', onMouseAction, status)  # 绑定回调函数
    while True:
        if len(pts) > 0:
            cv.circle(imgCopy, pts[-1], 5, (0,0,255), -1)  # 绘制最近的一个顶点
        if len(pts) > 1:
            cv.line(imgCopy, pts[-1], pts[-2], (255, 0, 0), 2)  # 绘制最近的一段线段
        if len(pts) == 4:  # 已有 4 个顶点，结束绘制
            cv.line(imgCopy, pts[0], pts[-1], (255,0,0), 2)  # 绘制最后的一段线段
            cv.imshow('origin', imgCopy)
            cv.waitKey(1000)
            break
        cv.imshow('origin', imgCopy)
        cv.waitKey(100)
    cv.destroyAllWindows()  # 释放图像窗口
    ptsSrc = np.array(pts)  # 列表转换为 (4,2)，Numpy 数组
    print(ptsSrc)

    # 计算投影变换矩阵 MP
    ptsSrc = np.float32(pts)  # 列表转换为 Numpy 数组，图像 4 个顶点坐标为 (x,y)
    x1, y1, x2, y2 = int(0.1*width), int(0.1*height), int(0.9*width), int(0.9*height)
    ptsDst = np.float32([[x1,y1], [x1,y2], [x2,y2], [x2,y1]])  # 投影变换后的 4 个顶点坐标
    MP = cv.getPerspectiveTransform(ptsSrc, ptsDst)

    # 投影变换
    dsize = (450, 400)  # 输出图像尺寸为 (w, h)
```

```
        perspect = cv.warpPerspective(img, MP, dsize, borderValue=(255,255,255))  #
投影变换
        print(img.shape, ptsSrc.shape, ptsDst.shape)

        plt.figure(figsize=(9, 3.4))
        plt.subplot(131), plt.axis('off'), plt.title("1.Original")
        plt.imshow(cv.cvtColor(img, cv.COLOR_BGR2RGB))
        plt.subplot(132), plt.axis('off'), plt.title("2.Selected vertex")
        plt.imshow(cv.cvtColor(imgCopy, cv.COLOR_BGR2RGB))
        plt.subplot(133), plt.axis('off'), plt.title("3.Perspective correction")
        plt.imshow(cv.cvtColor(perspect, cv.COLOR_BGR2RGB))
        plt.tight_layout()
        plt.show()
```

程序说明

（1）本例程设置了回调函数，通过鼠标交互从输入图像选择了 4 个顶点。鼠标交互操作的使用方法详见 4.9 节。

（2）投影变换后 4 个顶点的坐标是用户设定的，可以根据需要修改。

（3）基于投影变换实现图像校正的运行结果如图 6-6 所示，图 6-6(1)所示为原始图像，图 6-6(2)所示为用鼠标在原始图像上选定棋盘的 4 个顶点，图 6-6(3)所示为投影变换后的图像。可以看出，原始图像中透视拍照的倾斜棋盘被校正为矩形。

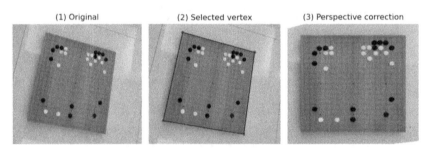

图 6-6　基于投影变换实现图像校正的运行结果

6.7　图像的重映射

重映射是指从一个图像位置中获取像素，将其重新映射，定位到目标图像的指定位置。

与仿射变换和透视变换相比，重映射可以按用户设定的变换函数对图像的像素位置进行变换，既可以实现翻转、变形和扭曲等操作，也可以自定义变换函数。

重映射经常应用于视频图像的重建。映射函数是动态变化的，而且往往是由复杂算法实时计算得到的，视频播放或动态显示窗口能实时调用重映射函数，动态加载目标的位置和形状。这种场景用仿射变换实现会很困难，而用重映射函数处理则非常方便。

OpenCV 中的函数 cv.remap 用于实现图像的重映射。

函数原型

cv.remap(src, map1, map2, interpolation[, dst, borderMode, borderValue]) → dst

函数 cv.remap 能根据用户定义的映射关系，对原始图像进行重映射。

$$\text{dst}(x,y) = \text{src}\left(\text{map}_x(x,y), \text{map}_y(x,y)\right)$$

也就是说，原始图像 src 中的像素点 $\left(\text{map}_x, \text{map}_y\right)$，映射到目标图像 dst 中的像素点为$(x,y)$。$\text{map}_x$ 表示原始图像的列号，map_y 表示原始图像的行号。

参数说明

◎　src：原始图像，是 Numpy 数组。

◎　dst：目标图像，类型与 src 相同，尺寸与 map₁ 相同。

◎　map₁：对像素(x,y)的映射，或仅对 x 值的映射，是浮点型数据。

◎　map₂：当 map₁ 表示对 x 值的映射时，map₂ 表示对 y 值的映射，是浮点型数据。

◎　interpolation：插值方法与逆变换标志，可选项，默认方法为 INTER_LINEAR。

◎　borderMode：边界扩充方法，可选项，默认为 BORDER_CONSTANT。

◎　borderValue：边界填充值，可选项，默认值为 0，表示黑色填充。

注意问题

（1）　重映射的目标图像中像素的位置会变换，像素值不变。

（2）　map₁ 可以是对(x,y)的映射，此时必须设置 map₂=None。

（3）　map₁ 也可以只是对 x 值的映射，此时 map₂ 是对 y 值的映射，即 map₁ 表示像素点在目标图像的列号 map_x，map₂ 表示像素点在目标图像的行号 map_y。

（4）　像素的整数坐标进行函数映射后，映射的输出值可能不是整数，要通过插值方法计算像素位置的像素值。

（5）　所有的仿射变换和投影变换，都可以使用重映射实现。重映射应用更为广泛和灵活，特别是对于处理实时计算和动态变化的映射函数非常方便。

【例程 0607】图像的重映射

本例程介绍图像重映射的简单用法，能实现仿射变换中的图像复制、缩放和翻转。

```
# 【0607】图像的重映射
import cv2 as cv
import numpy as np
from matplotlib import pyplot as plt

if __name__ == '__main__':
    img = cv.imread("../images/Fig0301.png")  # 读取彩色图像(BGR)
    height, width = img.shape[:2]  # (250, 300)

    mapx = np.zeros((height, width), np.float32)  # 初始化
    mapy = np.zeros((height, width), np.float32)
    for h in range(height):
        for w in range(width):
            mapx[h,w] = w  # 水平方向不变
            mapy[h,w] = h  # 垂直方向不变
    dst1 = cv.remap(img, mapx, mapy, cv.INTER_LINEAR)

    mapx = np.array([[i*1.5 for i in range(width)] for j in range(height)],
dtype=np.float32)
```

```
    mapy = np.array([[j*1.5 for i in range(width)] for j in range(height)],
dtype=np.float32)
    dst2 = cv.remap(img, mapx, mapy, cv.INTER_LINEAR)  # 尺寸缩放

    mapx = np.array([[i for i in range(width)] for j in range(height)],
dtype=np.float32)  # 行不变
    mapy = np.array([[j for i in range(width)] for j in range(height-1, -1,
-1)], dtype=np.float32)
    dst3 = cv.remap(img, mapx, mapy, cv.INTER_LINEAR)  # 上下翻转，x 不变 y 翻转

    mapx = np.array([[i for i in range(width-1, -1, -1)] for j in
range(height)], dtype=np.float32)
    mapy = np.array([[j for i in range(width)] for j in range(height)],
dtype=np.float32)
    dst4 = cv.remap(img, mapx, mapy, cv.INTER_LINEAR)  # 左右翻转，x 翻转 y 不变

    mapx = np.array([[i for i in range(width-1, -1, -1)] for j in
range(height)], dtype=np.float32)
    mapy = np.array([[j for i in range(width)] for j in range(height-1, -1, -1)],
dtype=np.float32)
    dst5 = cv.remap(img, mapx, mapy, cv.INTER_LINEAR)  # 水平和垂直翻转，x 翻转 y
翻转

    print(img.shape, mapx.shape, mapy.shape, dst1.shape)
    plt.figure(figsize=(9,6))
    plt.subplot(231), plt.title("1.Original"), plt.axis('off')
    plt.imshow(cv.cvtColor(img, cv.COLOR_BGR2RGB))
    plt.subplot(232), plt.title("2. Copy"), plt.axis('off')
    plt.imshow(cv.cvtColor(dst1, cv.COLOR_BGR2RGB))
    plt.subplot(233), plt.title("3. Resize"), plt.axis('off')
    plt.imshow(cv.cvtColor(dst2, cv.COLOR_BGR2RGB))
    plt.subplot(234), plt.title("4. Flip vertical"), plt.axis('off')
    plt.imshow(cv.cvtColor(dst3, cv.COLOR_BGR2RGB))
    plt.subplot(235), plt.title("5. Flip horizontal"), plt.axis('off')
    plt.imshow(cv.cvtColor(dst4, cv.COLOR_BGR2RGB))
    plt.subplot(236), plt.title("6. Flip horizontal"), plt.axis('off')
    plt.imshow(cv.cvtColor(dst5, cv.COLOR_BGR2RGB))
    plt.tight_layout()
    plt.show()
```

程序说明

（1）仿射变换中的图像复制、缩放和翻转，可以用重映射方法实现，计算公式详见例程。

（2）例程中 mapx 是对 x 值的映射，mapx 的值表示像素点在目标图像的列号；mapy 是对 y 值的映射，mapy 的值表示像素点在目标图像的行号。

（3）运行结果，用图像的重映射实现图像复制、缩放和翻转，如图 6-7 所示，与仿射变换的图像是相同的。

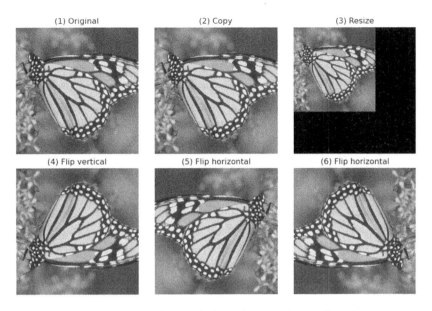

图 6-7　用图像的重映射实现图像复制、缩放和翻转

【例程 0608】基于图像重映射实现动画播放效果

在视频图像的重建中，重映射函数是实时计算和动态变化的，通过实时调用重映射函数，可以动态加载目标的位置和形状。

本例程用一个动态变化的重映射函数生成动态图像，实现 PPT 中的动画播放效果。

```python
# 【0608】基于图像重映射实现动画播放效果
import cv2 as cv
import numpy as np
from matplotlib import pyplot as plt

def updateMapXY(mapx, mapy, s):
    height, width = img.shape[:2]
    scale = 0.1 + 0.9 * s / 100  # 0.1->1.0
    padx = 0.5 * width * (1 - scale)  # 左右填充
    pady = 0.5 * height * (1 - scale)  # 上下填充
    mapx = np.array([[((j-padx)/scale) for j in range(width)] for i in
range(height)], np.float32)
    mapy = np.array([[((i-pady)/scale) for j in range(width)] for i in
range(height)], np.float32)
    return mapx, mapy


if __name__ == '__main__':
    img = cv.imread("../images/Fig0301.png")  # 读取彩色图像(BGR)
    height, width = img.shape[:2]  # (512, 512, 3)
    mapx = np.zeros(img.shape[:2], np.float32)
    mapy = np.zeros(img.shape[:2], np.float32)
    borderColor = img[-1, -1, :].tolist()  # 填充背景颜色
    dst = np.zeros(img.shape, np.uint8)
    print(img.shape, dst.shape)
```

```
for s in range(100):
    key = 0xFF & cv.waitKey(10)  # 按 Esc 键退出
    if key == 27:  # esc to exit
        break
    mapx, mapy = updateMapXY(mapx, mapy, s)
    dst = cv.remap(img, mapx, mapy, cv.INTER_LINEAR, borderValue=borderColor)
    cv.imshow("RemapWin", dst)
cv.destroyAllWindows()  # 图像窗口

plt.figure(figsize=(9, 3.5))
sList = [20, 50, 80]
for i in range(len(sList)):
    mapx, mapy = updateMapXY(mapx, mapy, s=sList[i])
    dst = cv.remap(img, mapx, mapy, cv.INTER_LINEAR, borderValue=borderColor)
    plt.subplot(1,3,i+1), plt.title("Dynamic (t={})".format(sList[i]))
    plt.axis('off'), plt.imshow(cv.cvtColor(dst, cv.COLOR_BGR2RGB))
plt.tight_layout()
plt.show()
```

程序说明

（1）调节缩放系数 scale 的大小，通过动态变化的重映射函数生成动态图像。通过运行例程，可以在显示窗口中看到渐变放大的动画播放效果。

（2）图 6-8 所示为 3 种不同缩放系数对应的重映射图像，使用重映射函数实现了渐变放大的动画播放效果。

图 6-8　3 种不同缩放系数对应的重映射图像

## 第 7 章

图像的灰度变换

灰度变换按照灰度级的映射函数修改像素的灰度值，从而改变图像灰度的动态范围。灰度变换可以使图像的动态范围扩大、图像对比度增强，使图像更清晰、特征更明显。

本章内容概要

◎ 介绍图像的线性灰度变换，理解线性拉伸对灰度动态范围的影响。

◎ 介绍常用的非线性灰度变换方法，如对数变换、幂律变换和分段线性变换。

◎ 通过灰度变换调整图像色阶，理解和校正图像的色调范围和色彩平衡。

7.1 图像反转变换

图像反转变换也称图像反色，是指对图像所有像素点的像素值取补，实现黑白反转，得到类似照片底片的效果。彩色图像反转变换，是对各颜色通道分别进行像素值取补，得到类似彩色照片底片的效果。

注意图像反转（Invert）与图像翻转（Flip）的区别：图像反转是像素值，即颜色的逆转，像素位置不变；图像翻转是沿对称轴的几何变换，像素值不变。

图像反转变换可以增强暗色区域中的白色或灰色细节。

【例程 0701】图像反转变换

本例程用于图像反转变换。

灰度变换是 LUT 函数快速查表方法的典型应用，可以极大地提高程序的运行速度。

```python
# 【0701】图像反转变换
import cv2 as cv
import numpy as np
from matplotlib import pyplot as plt


if __name__ == '__main__':
    filepath = "../images/Lena.tif"  # 读取图像文件的路径
    img = cv.imread(filepath, flags=1)  # 读取彩色图像(BGR)
    gray = cv.cvtColor(img, cv.COLOR_BGR2GRAY)  # 灰度变换

    # LUT 快速查表
    transTable = np.array([(255 - i) for i in range(256)]).astype("uint8")  # (256,)
    imgInv = cv.LUT(img, transTable)  # 彩色图像反转变换
    grayInv = cv.LUT(gray, transTable)  # 灰度图像反转变换
    print(img.shape, imgInv.shape, grayInv.shape)

    plt.figure(figsize=(9, 3.5))
    plt.subplot(131), plt.title("1. Original"), plt.axis('off')
    plt.imshow(cv.cvtColor(img, cv.COLOR_BGR2RGB))
```

```
plt.subplot(132), plt.title("2. Invert image"), plt.axis('off')
plt.imshow(cv.cvtColor(imgInv, cv.COLOR_BGR2RGB))
plt.subplot(133), plt.title("3. Invert gray"), plt.axis('off')
plt.imshow(grayInv, cmap='gray')
plt.tight_layout()
plt.show()
```

程序说明

运行结果，图像反转变换如图 7-1 所示。图 7-1(2)所示为图 7-1(1)彩色图像反转变换的效果，图 7-1(3)所示为图 7-1(1)转换为灰度图像后反转变换的效果。

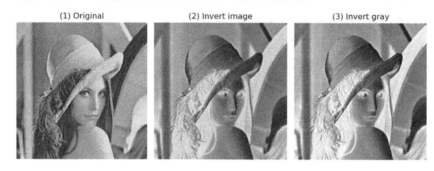

图 7-1　图像反转变换

7.2　线性灰度变换

线性灰度变换是指将原始图像灰度值的动态范围按线性关系扩展到整个动态范围，或对图像中感兴趣的灰度范围进行变换。

线性灰度变换可以由以下公式描述。

$$dst = alpha \cdot src + beta$$

式中，src 和 dst 分别表示原始图像和变换图像的灰度值；alpha 是拉伸系数；beta 是偏移量。

拉伸系数 alpha 和偏移量 beta 对图像灰度的影响如下。

（1）当 $alpha = 1, beta > 0$ 时，图像的灰度值增大，颜色发白（彩色图像发亮）。

（2）当 $alpha = 1, beta < 0$ 时，图像的灰度值减小，颜色发黑（彩色图像发暗）。

（3）当 $alpha > 1$ 时，图像的对比度增强。

（4）当 $0 < alpha < 1$ 时，图像的对比度减弱。

（5）当 $alpha < 0, beta = 0$ 时，暗区域变亮，亮区域变暗。

（6）当 $alpha = -1, beta = 255$ 时，图像反色变换。

OpenCV 中的函数 cv.convertScaleAbs 可用于图像的线性拉伸，也可实现线性灰度变换。

函数原型

cv.convertScaleAbs(src[, dst, alpha, beta]) → dst

函数 cv.convertScaleAbs 是饱和运算，依次执行 3 个操作：拉伸、取绝对值和转换为 8 位无符号数。

参数说明

◎　src：输入图像，是 Numpy 数组，允许为单通道图像或多通道图像。

◎　dst：输出图像，数据类型为 CV_8U，大小和通道数与 src 相同。

◎　alpha：拉伸系数，可选项，默认值为 1.0。

◎　beta：偏移量，可选项，默认值为 0.0。

注意问题

（1）当输入图像为多通道图像时，对各通道独立进行处理。

（2）当拉伸系数 alpha=1.0 时，相当于 OpenCV 加法运算；当偏移量 beta=0.0 时，相当于 OpenCV 乘法运算。

（3）由于函数的可选参数 dst 在前，建议不要省略参数名 alpha 和 beta，以免使可选参数的次序混乱，详见例程。

【例程 0702】图像的线性灰度变换

本例程用于图像的线性灰度变换，比较拉伸参数 alpha 和偏移量 beta 对图像的影响。

```python
from matplotlib import pyplot as plt
# 【0702】图像的线性灰度变换
import cv2 as cv
import numpy as np
from matplotlib import pyplot as plt


if __name__ == '__main__':
    gray = cv.imread("../images/Lena.tif", flags=0)  # 读取为灰度图像
    h, w = gray.shape[:2]  # 图像的高度和宽度

    # 线性变换参数 dst = a·src + b
    a1, b1 = 1, 50  # a=1,b>0: 灰度值上移
    a2, b2 = 1, -50  # a=1,b<0: 灰度值下移
    a3, b3 = 1.5, 0  # a>1,b=0: 对比度增强
    a4, b4 = 0.8, 0  # 0<a<1,b=0: 对比度减弱
    a5, b5 = -0.5, 0  # a<0,b=0: 暗区域变亮, 亮区域变暗
    a6, b6 = -1, 255  # a=-1,b=255: 灰度值反转

    # 灰度线性变换
    timeBegin = cv.getTickCount()
    img1 = cv.convertScaleAbs(gray, alpha=a1, beta=b1)
    img2 = cv.convertScaleAbs(gray, alpha=a2, beta=b2)
    img3 = cv.convertScaleAbs(gray, alpha=a3, beta=b3)
    img4 = cv.convertScaleAbs(gray, alpha=a4, beta=b4)
    img5 = cv.convertScaleAbs(gray, alpha=a5, beta=b5)
    img6 = cv.convertScaleAbs(gray, alpha=a6, beta=b6)
    # img1 = cv.add(gray, b1)
    # img2 = cv.add(gray, b2)
    # img3 = cv.multiply(gray, a3)
    # img4 = cv.multiply(gray, a4)
```

```
    # img5 = np.abs(a5*gray)
    # img6 = np.clip((a6*gray+b6), 0, 255)  # 截断函数
    timeEnd = cv.getTickCount()
    time = (timeEnd - timeBegin) / cv.getTickFrequency()
    print("Grayscale transformation by OpenCV: {} sec".format(round(time, 4)))

    # 二重循环遍历
    timeBegin = cv.getTickCount()
    for i in range(h):
        for j in range(w):
            img1[i][j] = min(255, max((gray[i][j] + b1), 0))  # a=1,b>0: 颜色发白
            img2[i][j] = min(255, max((gray[i][j] + b2), 0))  # a=1,b<0: 颜色发黑
            img3[i][j] = min(255, max(a3 * gray[i][j], 0))  # a>1,b=0: 对比度增强
            img4[i][j] = min(255, max(a4 * gray[i][j], 0))  # 0<a<1,b=0: 对比度减弱
            img5[i][j] = min(255, max(abs(a5 * gray[i][j] + b5), 0))  # a=-0.5,b=0
            img6[i][j] = min(255, max(abs(a6 * gray[i][j] + b6), 0))  # a=-1,b=255
    timeEnd = cv.getTickCount()
    time = (timeEnd - timeBegin) / cv.getTickFrequency()
    print("Grayscale transformation by nested loop: {} sec".format(round(time, 4)))

    plt.figure(figsize=(9, 6))
    titleList = ["a=1, b=50", "a=1, b=-50", "a=1.5, b=0",
                 "a=0.8, b=0", "a=-0.5, b=0", "a=-1, b=255"]
    imageList = [img1, img2, img3, img4, img5, img6]
    for k in range(len(imageList)):
        plt.subplot(2, 3, k+1), plt.title("{}. {}".format(k+1, titleList[k]))
        plt.axis('off'), plt.imshow(imageList[k], vmin=0, vmax=255, cmap='gray')

    plt.tight_layout()
    plt.show()
```

运行结果

```
Grayscale transformation by OpenCV: 0.0021 sec
Grayscale transformation by nested loop: 6.9248 sec
```

程序说明

（1）由于线性拉伸函数 cv.convertScaleAbs 的参数表中就地操作参数 dst 在前，因此参数表 (gray,alpha=a1,beta=b1) 不能简写为 (gray,a1,b1)。

（2）本例程使用函数 cv.convertScaleAbs 实现线性拉伸。img1～img4 可以如程序注释行中用 OpenCV 加法或乘法运算实现，但 img5、img6 的拉伸系数为负数，要谨慎使用（尽量避免）OpenCV 乘法运算。

（3）本例程分别通过 OpenCV 函数与二重循环像素遍历实现灰度变换。两者的图像处理效果相同，但运行时间相差 3000 倍。因此，在编程中要尽量避免遍历图像像素的多重循环。

（4）运行结果，图像的线性灰度变换如图 7-2 所示。在线性灰度变换公式中，拉伸系数 alpha 和偏移量 beta 对图像灰度的影响，与前文中分析的一致。

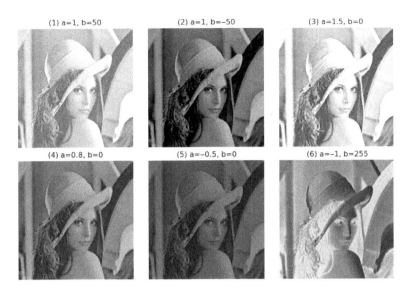

图 7-2　图像的线性灰度变换

【例程 0703】图像的直方图正规化

本例程用于图像的直方图正规化。直方图正规化也称直方图归一化，是指根据图像的最小灰度级和最大灰度级，将图像拉伸到灰度级全域[0,255]，是常用的线性灰度变换。

```python
# 【0703】图像的直方图正规化
import cv2 as cv
import numpy as np
from matplotlib import pyplot as plt

def normalizedGrayhist(src):
    iMax, iMin = np.max(src), np.min(src)
    oMax, oMin = 255, 0
    a = float((oMax-oMin) / (iMax-iMin))
    b = oMin - a * iMin
    dst = a * src + b
    return dst.astype(np.uint8)  # 转为 CV_8U

if __name__ == '__main__':
    gray = cv.imread("../images/Fig0301.png", flags=0)  # 读取为灰度图像

    # 直方图正规化
    gray = cv.add(cv.multiply(gray, 0.6), 36)  # 调整灰度范围
    grayNorm1 = normalizedGrayhist(gray)  # 直方图正规化子函数
    grayNorm2 = cv.normalize(gray, None, 0, 255, cv.NORM_MINMAX)  # OpenCV 函数

    plt.figure(figsize=(9, 6))
    plt.subplot(231), plt.title("1. Original"), plt.axis('off')
    plt.imshow(gray, cmap='gray')
    plt.subplot(232), plt.title("2. Normalized"), plt.axis('off')
    plt.imshow(grayNorm1, cmap='gray')
```

```
plt.subplot(233), plt.title("3. cv.normalize"), plt.axis('off')
plt.imshow(grayNorm2, cmap='gray')
plt.subplot(234), plt.title("4. Original histogram"), plt.axis('off')
histCV = cv.calcHist([gray], [0], None, [256], [0, 255])   # 计算灰度直方图
plt.bar(range(256), histCV[:, 0])   # 绘制灰度直方图
plt.axis([0, 255, 0, np.max(histCV)])
plt.subplot(235), plt.title("5. Normalized histogram"), plt.axis('off')
histCV1 = cv.calcHist([grayNorm1], [0], None, [256], [0, 255])
plt.bar(range(256), histCV1[:, 0])
plt.axis([0, 255, 0, np.max(histCV)])
plt.subplot(236), plt.title("6. cv.normalize histogram"), plt.axis('off')
histCV2 = cv.calcHist([grayNorm2], [0], None, [256], [0, 255])
plt.bar(range(256), histCV2[:, 0])
plt.axis([0, 255, 0, np.max(histCV)])
plt.tight_layout()
plt.show()
```

程序说明

（1）本例程对读取的图像进行了灰度范围调整，作为直方图正规化的原始图像，不是必要的步骤，只是为了比较直方图正规化造成的影响。

（2）运行结果，图像的直方图正规化如图 7-3 所示。图 7-3(1)所示为灰度调整的原始图像，图 7-3(2)所示为用自定义函数 normalizedGrayhist 进行直方图正规化的图像，图 7-3(3)所示为用 OpenCV 函数 cv.normalize 进行直方图正规化，即进行归一化处理的图像。

（3）图 7-3(4)～图 7-3(6)所示分别为图 7-3(1)～图 7-3(3)的灰度直方图，直方图正规化能将原始图像的灰度级线性拉伸到灰度级全域[0,255]。

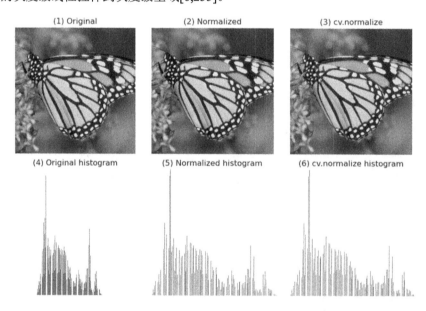

图 7-3　图像的直方图正规化

7.3　非线性灰度变换

非线性灰度变换是指运用非线性函数调整原始图像的灰度范围。常用方法有对数变换和幂律变换。对数变换与幂律变换的映射关系如图 7-4 所示。

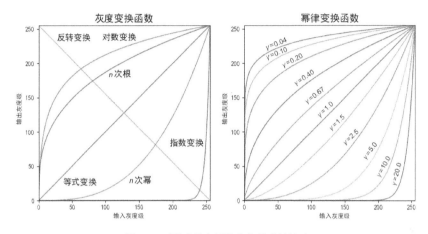

图 7-4　对数变换与幂律变换的映射关系

非线性灰度变换在运算过程中，像素值要按实数来计算，计算结果也是实数，要注意图像数据类型的转换。

7.3.1　对数变换

对数变换是指将输入范围较窄的低灰度级映射为范围较宽的灰度级，使较暗区域的对比度增强，提升图像的暗部细节。

对数变换可以由以下公式描述：

$$dst = c \cdot \log(1 + src)$$

式中，src 和 dst 分别表示原始图像和变换图像的灰度值；c 是比例系数。

对数变换实现了扩展低灰度级而压缩高灰度级的效果，广泛应用于频谱图像的显示，典型应用是傅里叶频谱的显示。

7.3.2　幂律变换

幂律变换也称伽马变换，可以提升暗部细节，对发白（曝光过度）或过暗（曝光不足）的图片进行校正。

伽马变换可以由以下公式描述：

$$dst = c \cdot src^{\gamma}, \gamma > 0$$

式中，src 和 dst 分别表示原始图像和变换图像的灰度值；γ 是伽马系数；c 是比例系数。

当 $0 < \gamma < 1$ 时，拉伸了图像的低灰度级，压缩了图像的高灰度级，减弱了图像的对比度；当 $\gamma > 1$ 时，拉伸了图像的高灰度级，压缩了图像的低灰度级，增强了图像的对比度。

伽马变换通过非线性变换对人类视觉特性进行补偿，可以最大化地利用灰度级的带宽，很多拍摄、显示和打印设备的亮度曲线都符合伽马曲线，因此伽马变换被广泛应用于显示设备的调校，称为伽马校正。

【例程 0704】灰度变换之对数变换

本例程为图像灰度变化之对数变换在傅里叶频谱显示中的应用。

```python
# 【0704】灰度变换之对数变换
import cv2 as cv
import numpy as np
from matplotlib import pyplot as plt

if __name__ == '__main__':
    gray = cv.imread("../images/Fig0602.png", flags=0)  # 读取为灰度图像

    fft = np.fft.fft2(gray)  # 傅里叶变换
    fft_shift = np.fft.fftshift(fft)  # 将低频部分移动到图像中心
    amp = np.abs(fft_shift)  # 傅里叶变换的频谱
    ampNorm = np.uint8(cv.normalize(amp, None, 0, 255, cv.NORM_MINMAX))  # 归一化为 [0,255]
    ampLog = np.abs(np.log(1.0 + np.abs(fft_shift)))  # 对数变换, c=1
    ampLogNorm = np.uint8(cv.normalize(ampLog, None, 0, 255, cv.NORM_MINMAX))

    plt.figure(figsize=(9, 3.2))
    plt.subplot(131), plt.title("1. Original"), plt.axis('off')
    plt.imshow(gray, cmap='gray', vmin=0, vmax=255)
    plt.subplot(132), plt.title("2. FFT spectrum"), plt.axis('off')
    plt.imshow(ampNorm, cmap='gray', vmin=0, vmax=255)
    plt.subplot(133), plt.title("3. LogTrans of FFT"), plt.axis('off')
    plt.imshow(ampLogNorm, cmap='gray', vmin=0, vmax=255)
    plt.tight_layout()
    plt.show()
```

程序说明

（1）运行结果，傅里叶频谱的对数变换如图 7-5 所示。图 7-5(2)所示为图 7-5(1)的傅里叶频谱图，图 7-5(3)所示为图 7-5(2)的对数变换图像。

（2）由于傅里叶频谱的动态范围很宽，图 7-5(2)只能显示图像中心的一个亮点（亮点只有一个像素，其实也看不出来），丢失了大量的暗部细节。

（3）图 7-5(3)使用对数变换将图 7-5(2)的动态范围进行了非线性压缩，因此清晰地显示了频谱特征。

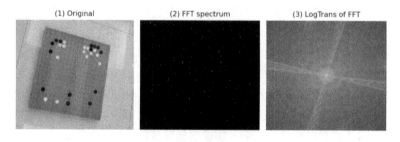

图 7-5 傅里叶频谱的对数变换

【例程 0705】灰度变换之伽马变换

本例程介绍图像灰度变换之伽马变换，对比不同伽马系数对图像的影响。

```
# 【0705】灰度变换之伽马变换
import cv2 as cv
import numpy as np
from matplotlib import pyplot as plt

if __name__ == '__main__':
    gray = cv.imread("../images/Fig0701.png", flags=0)

    c = 1
    gammas = [0.25, 0.5, 1.0, 1.5, 2.0, 4.0]
    fig = plt.figure(figsize=(9, 5.5))
    for i in range(len(gammas)):
        ax = fig.add_subplot(2, 3, i + 1, xticks=[], yticks=[])
        img_gamma = c * np.power(gray, gammas[i])  # 伽马变换
        ax.imshow(img_gamma, cmap='gray')
        if gammas[i] == 1.0:
            ax.set_title("1. Original")
        else:
            ax.set_title(f"{i+1}.$\gamma={gammas[i]}$")

    plt.tight_layout()
    plt.show()
```

程序说明

（1）运行结果，图像的伽马变换如图 7-6 所示。图 7-6(1)～(6)中的伽马系数逐渐增大。

（2）与图 7-6(3)的原始图像相比，图 7-6(1)和图 7-6(2)所示的图像进行了低灰度级拉伸、高灰度级压缩，图像对比度增强；图 7-6(4)～(6)所示的图像进行了低灰度级压缩、高灰度级拉伸，图像对比度减弱。

（3）伽马变换在调整对比度的同时改变了图像的平均灰度，因此，伽马变换用于图像处理时通常需要结合亮度调节。

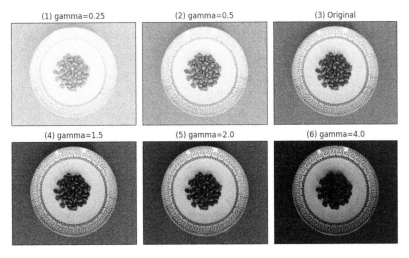

图 7-6　图像的伽马变换

7.4 分段线性变换之对比度拉伸

分段线性变换函数可以增强图像各部分的反差，增强感兴趣的灰度区间，抑制不感兴趣的灰度级。

分段线性函数的优点是可以根据需要拉伸特征物的灰度细节，但一些重要的变换只能用分段函数来描述和实现，缺点是参数较多不容易确定。

分段线性变换的通用公式如下。

$$s = \begin{cases} \dfrac{c}{a}r, & 0 \leqslant r \leqslant a \\[2mm] \dfrac{d-c}{b-a}(r-a)+c, & a < r \leqslant b \\[2mm] \dfrac{f-d}{e-b}(r-b)+d, & b < r \leqslant e \end{cases}$$

式中，r 表示原始图像的像素值；s 表示变换图像的像素值；a、b、c、d、e、f 是分段拉伸参数。

【例程 0706】分段线性变换之对比度拉伸

对比度拉伸可以扩展图像的灰度级范围，覆盖图像的理想灰度范围。

```python
# 【0706】分段线性变换之对比度拉伸
import cv2 as cv
import numpy as np
from matplotlib import pyplot as plt

if __name__ == '__main__':
    gray = cv.imread("../images/Fig0703.png", flags=0)

    # 拉伸控制点
    r1, s1 = 128, 64  # 第一个转折点 (r1,s1)
    r2, s2 = 192, 224  # 第二个转折点 (r2,s2)

    # LUT 函数快速查表法实现对比度拉伸
    luTable = np.zeros(256)
    for i in range(256):
        if i < r1:
            luTable[i] = (s1/r1) * i
        elif i < r2:
            luTable[i] = ((s2-s1)/(r2-r1))*(i-r1) + s1
        else:
            luTable[i] = ((s2-255.0)/(r2-255.0))*(i-r2) + s2
    imgSLT = np.uint8(cv.LUT(gray, luTable))  # 数据类型转换为 CV_8U

    print(luTable)
    plt.figure(figsize=(9, 3))
    plt.subplot(131), plt.axis('off'), plt.title("1. Original")
    plt.imshow(gray, cmap='gray', vmin=0, vmax=255)
    plt.subplot(132), plt.title("2. s=T(r)")
    r = [0, r1, r2, 255]
```

```
    s = [0, s1, s2, 255]
    plt.plot(r, s)
    plt.axis([0, 256, 0, 256])
    plt.text(128, 40, "(r1,s1)", fontsize=10)
    plt.text(128, 220, "(r2,s2)", fontsize=10)
    plt.xlabel("r, Input value")
    plt.ylabel("s, Output value")
    plt.subplot(133), plt.axis('off'), plt.title("3. Stretched")
    plt.imshow(imgSLT, cmap='gray', vmin=0, vmax=255)
    plt.tight_layout()
    plt.show()
```

程序说明

（1）运行结果，分段线性变换之对比度拉伸如图 7-7 所示。图 7-7(2)所示为本例程使用的对比度分段拉伸函数示意图，相当于对数变换与伽马变换的组合。

（2）图 7-7(3)所示为应用图 7-7(2)所示的分段函数进行对比度拉伸后的灰度变换图像。与线性变换或对数变换、伽马变换相比，分段函数可以针对需要拉伸灰度细节，使用灵活，但参数较多，不容易确定，因此分段函数主要针对有特殊和平稳需求的情况。

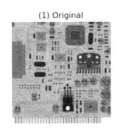 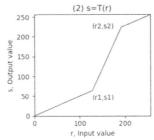 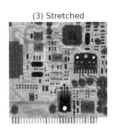

图 7-7　分段线性变换之对比度拉伸

7.5　分段线性变换之灰度级分层

灰度级分层可以突出图像中特定的灰度级区间，常用于增强卫星图像和 X 射线图像中的特征。

灰度级分层的实现方案很多。一种方案是使用二值处理方法，将感兴趣的灰度级区间设为一个较大的灰度值，将其他区间设为一个较小的灰度值或置零；另一种方案是使用窗口处理方法，将感兴趣的灰度级区间映射为较大的灰度值，而其他区间的灰度值保持不变。

【例程 0707】分段线性变换之灰度级分层

本例程包含了两种常用灰度级分层的实现方案。

```
# 【0707】分段线性变换之灰度级分层
import cv2 as cv
import numpy as np
from matplotlib import pyplot as plt


if __name__ == '__main__':
```

```
gray = cv.imread("../images/Fig0703.png", flags=0)  # 读取为灰度图像
width, height = gray.shape[:2]  # 图像的高度和宽度

# 方案 1：二值变换灰度级分层
a, b = 155, 245  # 突出 [a, b] 区间的灰度
binLayer = gray.copy()
binLayer[(binLayer[:,:]<a) | (binLayer[:,:]>b)] = 0  # 其他区域：黑色
binLayer[(binLayer[:,:]>=a) & (binLayer[:,:]<=b)] = 245  # 灰度级窗口：白色

# 方案 2：增强选择的灰度窗口
a, b = 155, 245  # 突出 [a, b] 区间的灰度
winLayer = gray.copy()
winLayer[(winLayer[:,:]>=a) & (winLayer[:,:]<=b)] = 245  # 灰度级窗口：白色，
其他区域不变

plt.figure(figsize=(9, 3.5))
plt.subplot(131), plt.axis('off'), plt.title("1. Original")
plt.imshow(gray, cmap='gray', vmin=0, vmax=255)
plt.subplot(132), plt.axis('off'), plt.title("2. Binary layered")
plt.imshow(binLayer, cmap='gray', vmin=0, vmax=255)
plt.subplot(133), plt.axis('off'), plt.title("3. Window layered")
plt.imshow(winLayer, cmap='gray', vmin=0, vmax=255)
plt.tight_layout()
plt.show()
```

程序说明

运行结果，分段线性变换之灰度级分层如图 7-8 所示。图 7-8(2)所示为使用二值处理方法的灰度级分层，图 7-8(3)所示为使用窗口处理方法的灰度级分层。

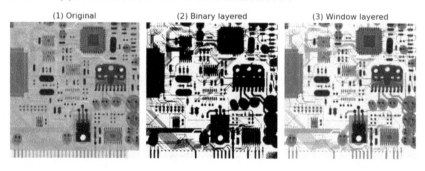

图 7-8　分段线性变换之灰度级分层

7.6　灰度变换之比特平面

将图像的像素值表示为二进制数，对 8 位二进制数的每一位进行切片，可以得到 8 个比特平面，称为比特平面分层（Bit-plane Slicing）。

通常，高阶比特平面包含大量有视觉意义的数据，低阶比特平面包含更精细的灰度细节。因此，比特平面分层可以用于图像压缩和图像重建。

【例程 0708】灰度变换之比特平面分层

本例程介绍灰度图像提取比特平面分层的方法。

```python
# 【0708】灰度变换之比特平面分层
import cv2 as cv
import numpy as np
from matplotlib import pyplot as plt

if __name__ == '__main__':
    gray = cv.imread("../images/Fig0703.png", flags=0)  # flags=0 读取为灰度图像
    height, width = gray.shape[:2]  # 图像的高度和宽度

    bitLayer = np.zeros((8, height, width), np.uint(8))
    bitLayer[0] = cv.bitwise_and(gray, 1)  # 按位与 00000001
    bitLayer[1] = cv.bitwise_and(gray, 2)  # 按位与 00000010
    bitLayer[2] = cv.bitwise_and(gray, 4)  # 按位与 00000100
    bitLayer[3] = cv.bitwise_and(gray, 8)  # 按位与 00001000
    bitLayer[4] = cv.bitwise_and(gray, 16)  # 按位与 00010000
    bitLayer[5] = cv.bitwise_and(gray, 32)  # 按位与 0010000
    bitLayer[6] = cv.bitwise_and(gray, 64)  # 按位与 0100000
    bitLayer[7] = cv.bitwise_and(gray, 128)  # 按位与 1000000

    plt.figure(figsize=(9, 8))
    plt.subplot(331), plt.axis('off'), plt.title("1. Original")
    plt.imshow(gray, cmap='gray', vmin=0, vmax=255)
    for bit in range(8):
        plt.subplot(3,3,9-bit), plt.axis('off'), plt.title(f"{9-bit}.
{bin((bit))}")
        plt.imshow(bitLayer[bit], cmap='gray')
    plt.tight_layout()
    plt.show()
```

程序说明

（1）运行结果，灰度变换之比特平面分层如图 7-9 所示，不同比特平面所包含信息的特点具有很大差异。

（2）图 7-9(2)所示为最高位比特平面，具有明显的对象轮廓特征，图 7-9(3)～(5)所示的比特平面包含了更精细的灰度细节。

（3）图 7-9(9)所示的最低位比特平面通常含有大量的随机噪声，包含的有效信息很少。【例程 0505】就是基于这一现象，向最低有效位嵌入数字盲水印。

（4）提取二进制数中指定位的数值，可以将二进制数转换为字符串，提取指定位的字符，将其转换为整数 0/1。例程中直接使用 OpenCV 中的位操作提取像素值指定位的值，更加方便、快捷。

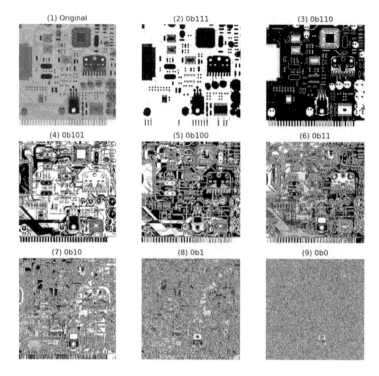

图 7-9　灰度变换之比特平面分层

7.7　基于灰度变换调整图像色阶

图像色阶调整可通过调整图像的阴影、中间调和高光的强度级别，校正图像的色调范围和色彩平衡。本节以 Photoshop 的色阶调整方法为例，介绍基于灰度变换的图像色阶调整。

图像的比特平面分层如图 7-10 所示。Photoshop 的色阶调整分为输入色阶调整和输出色阶调整。

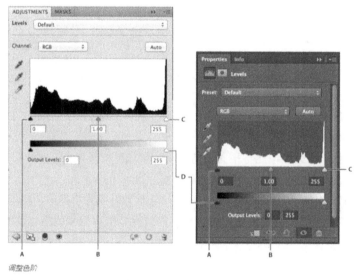

调整色阶

A.阴影 B.中间调 C.亮点 D.输出色阶滑块

图 7-10　图像的比特平面分层（来自 Photoshop 官方文档）

输入色阶调整有 3 个调节参数：黑场阈值、白场阈值和灰场调节值。

◎　S_{in}，输入图像的黑场阈值（Input Shadows）。

◎　H_{in}，输入图像的白场阈值（Input Hithlight）。

◎　M，中间调（Midtone），灰场调节值。

输入图像中低于黑场阈值的像素置 0（黑色），高于白场阈值的像素置 255（白色），灰场调节值用来调节对比度。

输出色阶调整有两个调节参数：黑场阈值 S_{out} 和白场阈值 H_{out}，用于设置输出图像像素值的最小值和最大值。

输入色阶调整方法：先根据黑场阈值和白场阈值对各颜色通道的动态范围进行线性拉伸，拉伸为 V_1，再根据灰场调节值进行伽马变换，变换为 V_2，对图像曝光强度进行校正。

$$V_1 = \begin{cases} 0, & V_{in} < S_{in} \\ 255, & V_{in} > H_{in} \\ 255(V_{in} - S_{in})/(H_{in} - S_{in}), & \text{其他} \end{cases}$$

$$V_2 = 255(V_1/255)^{1/M}$$

输出色阶调整方法是基于动态范围进行线性拉伸的，由如下公式描述。

$$V_{out} = \begin{cases} 0, & V_{in} < S_{in} \\ 255, & V_{in} > H_{in} \\ S_{out} + V_2(H_{out} - S_{out})/255, & \text{其他} \end{cases}$$

Photoshop 还提供了自动色阶（Auto Levels）功能。系统可以根据图像的曝光程度和明暗程度自动调节色彩平衡，以达到最佳状态。自动色阶功能和自动对比度功能算法简单，对于一些图像的处理效果非常显著，具有很强的实用性。

对彩色图像的各个颜色通道可以设置统一的白场、黑场和灰场参数，也可以对各颜色通道分别设置参数，对各通道进行独立的色阶调节，但会导致偏色。

【例程 0709】图像的手动调整色阶算法和自动调整色阶算法

本例程包含图像的手动调整色阶算法和自动调整色阶算法。

手动调整色阶算法的基本步骤如下。

（1）根据黑场阈值和白场阈值对图像的灰度动态范围进行线性拉伸。

（2）根据灰场调节值进行伽马变换，校正曝光强度。

（3）根据输出阈值范围进行输出线性拉伸。

自动调整色阶算法基于灰度直方图统计，自动设置调整参数，算法的基本步骤如下。

（1）设置截断比例（如 0.1%），剔除一定比例的最小、最大灰度的像素，以排除异常噪声点的干扰。

（2）将排除异常噪声点干扰后的最小、最大灰度值设为黑场阈值和白场阈值。

（3）由灰度均值或中间值计算灰场调节值。

（4）计算并设置输出黑场阈值和输出白场阈值。

```python
# 【0709】图像的手动调整色阶算法和自动调整色阶算法
import cv2 as cv
import numpy as np
```

```python
from matplotlib import pyplot as plt

# 手动调整色阶
def levelsAdjust(img, Sin=0, Hin=255, Mt=1.0, Sout=0, Hout=255):
    Sin = min(max(Sin, 0), Hin - 2)  # Sin，黑场阈值，0≤Sin<Hin
    Hin = min(Hin, 255)  # Hin，白场阈值，Sin<Hin≤255
    Mt = min(max(Mt, 0.01), 9.99)  # Mt，灰场调节值，0.01~9.99
    Sout = min(max(Sout, 0), Hout - 2)  # Sout，输出黑场阈值，0≤Sout<Hout
    Hout = min(Hout, 255)  # Hout，输出白场阈值，Sout<Hout≤255
    difIn = Hin - Sin
    difOut = Hout - Sout
    table = np.zeros(256, np.uint16)
    for i in range(256):
        V1 = min(max(255 * (i - Sin) / difIn, 0), 255)  # 输入动态线性拉伸
        V2 = 255 * np.power(V1 / 255, 1 / Mt)  # 灰场伽马调节
        table[i] = min(max(Sout + difOut * V2 / 255, 0), 255)  # 输出线性拉伸
    imgTone = cv.LUT(img, table)
    return imgTone

# 自动调整色阶
def autoLevels(gray, cutoff=0.1):
    table = np.zeros((1, 256), np.uint8)
    # cutoff=0.1，计算 0.1%，99.9% 分位的灰度值
    low = np.percentile(gray, q=cutoff)  # cutoff=0.1, 0.1% 分位的灰度值
    high = np.percentile(gray, q=100 - cutoff)  # 99.9% 分位的灰度值，[0, high] 占
比 99.9%
    # 输入动态线性拉伸
    Sin = min(max(low, 0), high - 2)  # Sin，黑场阈值，0≤Sin<Hin
    Hin = min(high, 255)  # Hin，白场阈值，Sin<Hin≤255
    difIn = Hin - Sin
    V1 = np.array([(min(max(255 * (i - Sin) / difIn, 0), 255)) for i in
range(256)])
    # 灰场伽马调节
    gradMed = np.median(gray)  # 拉伸前的中值
    Mt = V1[int(gradMed)] / 128.  # 拉伸后的映射值
    V2 = 255 * np.power(V1 / 255, 1 / Mt)  # 伽马调节
    # 输出线性拉伸
    Sout, Hout = 5, 250  # Sout 输出黑场阈值，Hout 输出白场阈值
    difOut = Hout - Sout
    table[0, :] = np.array([(min(max(Sout + difOut * V2[i] / 255, 0), 255))
for i in range(256)])
    return cv.LUT(gray, table)

if __name__ == '__main__':
    # Photoshop 自动色阶调整算法
    gray = cv.imread("../images/Fig0704.png", flags=0)  # 读取为灰度图像
    print("cutoff={}, minG={}, maxG={}".format(0.0, gray.min(), gray.min()))

    # 色阶手动调整
    equManual = levelsAdjust(gray, 64, 200, 0.8, 10, 250)  # 手动调整
    # 色阶自动调整
```

```
cutoff = 0.1  # 截断比例，范围 [0.0,1.0]
equAuto = autoLevels(gray, cutoff)

plt.figure(figsize=(9, 3.5))
plt.subplot(131), plt.title("1. Original"), plt.axis('off')
plt.imshow(cv.cvtColor(gray, cv.COLOR_BGR2RGB))
plt.subplot(132), plt.title("2. ManualTuned"), plt.axis('off')
plt.imshow(cv.cvtColor(equManual, cv.COLOR_BGR2RGB))
plt.subplot(133), plt.title("3. AutoLevels"), plt.axis('off')
plt.imshow(cv.cvtColor(equAuto, cv.COLOR_BGR2RGB))
plt.tight_layout()
plt.show()
```

程序说明

运行结果，图像的手动调整色阶算法和自动调整色阶算法如图 7-11 所示。图 7-11(2)所示为手动设置色阶调节参数，对图像色阶动态拉伸的结果，图 7-11(3)所示为基于灰度直方图统计，自动调整图像色阶的结果，获得了理想的色调范围。

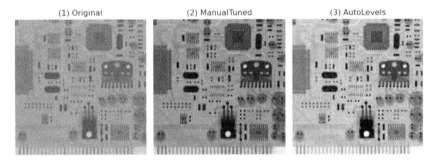

图 7-11 图像的手动调整色阶算法和自动调整色阶算法

第8章
图像的直方图处理

图像的直方图是反映像素值分布的统计表，横坐标代表像素值的取值区间，纵坐标代表每一像素值在图像中的像素总数或所占比例。根据直方图的形态可以判断图像的质量，通过调控直方图的形态可以改善图像的质量。

本章内容概要

◎ 学习图像的灰度直方图，理解灰度直方图的意义和作用。

◎ 介绍基于直方图统计量的图像处理方法，如直方图均衡化、直方图匹配、基于局部直方图统计量的图像增强和限制对比度自适应直方图均衡化。

8.1 图像的灰度直方图

灰度直方图是图像灰度级的函数，用来描述每个灰度级在图像矩阵中的像素个数。灰度直方图反映了图像的灰度分布规律，直观地表现了图像各灰度级的占比，很好地体现了图像的亮度和对比度信息。

OpenCV 中的函数 cv.calcHist 用于计算一幅或多幅图像的直方图。

函数原型

cv.calcHist(images, channels, mask, histSize, ranges[, hist, accumulate]) → hist

参数说明

◎ images：输入图像，是列表类型，图像的数据类型为 CV_8U、CV_16U 或 CV_32F。

◎ channels：列表，指定的图像通道编号，如[0]。

◎ mask：列表，掩模图像，与 images[k]的尺寸相同，通常设为 None。

◎ histSize：列表，表示直方图的柱数 bins，如[256]。

◎ ranges：直方图的像素值范围，通常设为[0,255]。

◎ hist：返回值，输出的直方图，形状为(histSize, K)，K 为列表长度。

◎ accumulate：累积标志，表示多幅图像是否累积统计，默认为 False。

注意问题

（1）images 是列表类型，列表元素 images[k]是 Numpy 数组。计算多幅图像的直方图时，images 是多幅图像的列表，如[img1,img2,…]；当只有一幅图像时，images 也要表示为列表形式，如 [img]。其他参数列表中的每个元素，分别与图像列表中的每幅图像相对应。

（2）计算多幅图像的直方图时，该组图像的尺寸和数据类型必须相同。

（3）对于灰度图像，通道编号 channels 为 0；对于多通道彩色图像，以 channels=[ch]表示计算第 ch 通道的直方图。

（4）当只有一幅图像时，通道编号表示为 channels=[0]；当有多幅图像时，通道编号表示为[c1,c2,…]，列表中的第 k 个元素 channels[k]对应第 k 幅图像。

（5）当只有一幅图像时，直方图的柱数表示为 histSize=[256]；当有多幅图像时，直方图的柱数表示为[256,256,…]，列表中的第 k 个元素对应第 k 幅图像。

（6）当只有一副图像时，返回值 hist 的形状为[256,1]；当有 K 幅图像时，返回值 hist 的形状为[256,K]，K 为列表长度，其中，hist[:,k]表示第 k 幅图像的直方图。

（7）掩模图像表示对遮蔽区域（置 0 像素）不做处理，只统计局部窗口区域（置 1 区域）内像素的直方图。当不使用掩模时要设 mask=None。对于多幅图像计算直方图，必须使用相同的掩模图像，或者不使用掩模图像。

（8）当计算彩色图像各通道的直方图时，推荐将彩色通道拆分为单通道，逐一计算各通道的直方图。注意：不能用 channels=[0,1]或[0,1,2]计算彩色图像各通道的直方图，其结果是二维或三维直方图，而不是各通道的直方图。

（9）Numpy 中的函数 np.histogram 也可以计算灰度图像的灰度直方图，注意函数返回值的形状为(256,)。Matplotlib 中的函数 plt.hist 也可以计算并绘制灰度直方图，但 OpenCV 中的函数 cv.calcHist 的执行速度更快。

【例程 0801】灰度图像与彩色图像的直方图

本例程用 OpenCV 函数和 Numpy 方法计算灰度图像的直方图和彩色图像各通道的直方图。注意彩色图像各通道的直方图，是以循环遍历方式对各通道分别计算的。

```python
# 【0801】灰度图像与彩色图像的直方图
import cv2 as cv
import numpy as np
from matplotlib import pyplot as plt

if __name__ == '__main__':
    img = cv.imread("../images/Lena.tif", flags=1)  # 读取彩色图像
    gray = cv.cvtColor(img, cv.COLOR_BGR2GRAY)  # 转为灰度图像

    # OpenCV: cv.calcHist 计算灰度图像的直方图
    histCV = cv.calcHist([gray], [0], None, [256], [0, 255])  # (256,1)

    # Numpy: np.histogram 计算灰度图像的直方图
    histNP, bins = np.histogram(gray.flatten(), 256)  # (256,)

    print(histCV.shape, histNP.shape)
    print(histCV.max(), histNP. max())
    plt.figure(figsize=(9, 3))
    plt.subplot(131, yticks=[]), plt.axis([0, 255, 0, np.max(histCV)])
    plt.title("1. Gray histogram (np.histogram)")
    plt.bar(bins[:-1], histNP)
    plt.subplot(132, yticks=[]), plt.axis([0, 255, 0, np.max(histCV)])
    plt.title("2. Gray histogram (cv.calcHist)")
    plt.bar(range(256), histCV[:, 0])

    # 计算和绘制彩色图像各通道的直方图
    plt.subplot(133, yticks=[])
    plt.title("3. Color histograms (cv.calcHist)")
    color = ['b', 'g', 'r']
```

```
for ch, col in enumerate(color):
    histCh = cv.calcHist([img], [ch], None, [256], [0, 255])
    plt.plot(histCh, color=col)
    plt.xlim([0, 256])
plt.tight_layout()
plt.show()
```

程序说明

运行结果，灰度图像与彩色图像的直方图如图 8-1 所示。

（1）图 8-1(1)所示为 Numpy 方法计算的灰度直方图，图 8-1(2)所示为 OpenCV 函数计算的灰度直方图。

（2）图 8-1(3)所示为彩色图像各通道的直方图，为了便于观察使用折线图代替柱状图来表示。

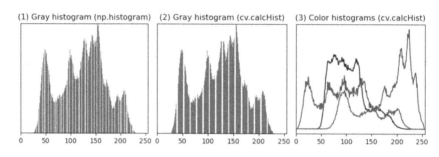

图 8-1　灰度图像与彩色图像的直方图

8.2　图像的直方图均衡化

直方图均衡化是一种简单、有效的图像增强技术。

人的视觉对于直方图均匀分布的图像感受较好。直方图均衡化能通过函数变换调控图像的灰度分布，使图像的直方图分布均匀，灰度值的动态范围扩大，从而增强图像的整体对比度。

直方图均衡化是指对图像进行非线性拉伸，将图像中占比大的灰度级展宽，将图像中占比小的灰度级压缩，重新分配图像像素值，本质上是根据直方图对图像进行灰度变换。

通过原始图像的直方图实现直方图均衡化的基本步骤如下。

（1）计算原始图像的直方图。

（2）通过直方图累加计算原始图像的累计分布函数（CDF）。

（3）基于累计分布函数，通过插值计算得到新的灰度值。

$$s_k = T(r_k) = (L-1)\sum_{j=0}^{k} p_r(r_j) = (L-1)\sum_{j=0}^{k} \frac{n_j}{N}$$

式中，r_k 和 s_k 分别表示原始图像 src 和新图像 dst 各灰度级 k 的对应像素；p_r 表示灰度值 r 的概率密度函数；n_j 表示灰度值为 j 的像素数；L 是灰度级；N 是像素总数。

OpenCV 提供了函数 cv.equalizeHist，对灰度图像进行直方图均衡化。

函数原型

cv.equalizeHist(src[, dst])→ dst

参数说明

◎　src：输入图像，是 8 位单通道图像。

◎　dst：输出图像，与 src 的尺寸和类型相同。

【例程 0802】灰度图像的直方图均衡化

本例程用于灰度图像的直方图均衡化，并与直方图归一化进行比较。

```python
# 【0802】灰度图像的直方图均衡化
import cv2 as cv
import numpy as np
from matplotlib import pyplot as plt

if __name__ == '__main__':
    gray = cv.imread("../images/Fig0702.png", flags=0)  # flags=0 读取为灰度图像
    # gray = cv.multiply(gray, 0.6)  # 调整原始图像，用于比较归一化的作用
    histSrc = cv.calcHist([gray], [0], None, [256], [0, 255])  # 原始直方图

    # 直方图均衡化
    grayEqualize = cv.equalizeHist(gray)  # 直方图均衡化变换
    histEqual = cv.calcHist([grayEqualize], [0], None, [256], [0, 255])  # 直方
图均衡

    # 与直方图归一化比较
    grayNorm = cv.normalize(gray, None, 0, 255, cv.NORM_MINMAX)  # 直方图归一化
    histNorm = cv.calcHist([grayNorm], [0], None, [256], [0, 255])

    plt.figure(figsize=(9, 6))
    plt.subplot(231), plt.axis('off'), plt.title("1. Original")
    plt.imshow(gray, cmap='gray', vmin=0, vmax=255)  # 原始图像
    plt.subplot(232), plt.axis('off'), plt.title("2. Normalized")
    plt.imshow(grayNorm, cmap='gray', vmin=0, vmax=255)  # 原始图像
    plt.subplot(233), plt.axis('off'), plt.title("3. Hist-equalized")
    plt.imshow(grayEqualize, cmap='gray', vmin=0, vmax=255)  # 转换图像
    plt.subplot(234, yticks=[]), plt.axis([0, 255, 0, np.max(histSrc)])
    plt.title("4. Gray hist of src")
    plt.bar(range(256), histSrc[:, 0])  # 原始直方图
    plt.subplot(235, yticks=[]), plt.axis([0, 255, 0, np.max(histSrc)])
    plt.title("5. Gray hist of normalized")
    plt.bar(range(256), histNorm[:, 0])  # 原始直方图
    plt.subplot(236, yticks=[]), plt.axis([0, 255, 0, np.max(histSrc)])
    plt.title("6. Gray histm of equalized")
    plt.bar(range(256), histEqual[:, 0])  # 直方图均衡化
    plt.tight_layout()
    plt.show()
```

程序说明

（1）运行结果，直方图均衡化与直方图归一化的比较如图 8-2 所示。图 8-2(2)所示为直方图归一化的结果，图 8-2(3)所示为直方图均衡化的结果。结合图 8-2(4)～(6)，可以更好地理解二者的区别。

（2）直方图均衡化能将直方图通过非线性拉伸形成比较均匀的灰度分布，视觉效果较好。

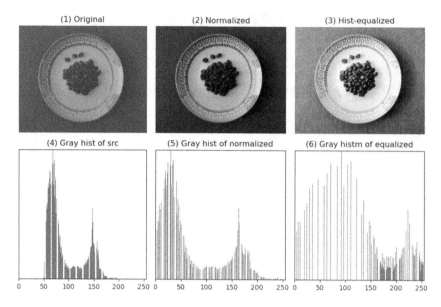

图 8-2　直方图均衡化与直方图归一化的比较

8.3　图像的直方图匹配

直方图均衡化直接对图像全局进行均衡化，生成具有均匀直方图的图像，并不考虑局部图像区域的具体情况。

直方图匹配又称直方图规定化，是指调整原始图像的直方图使其符合规定要求。通常，使用一幅模板图像，以模板图像的直方图分布作为规定要求，调整原始图像的直方图，使其达到近似模板图像的直方图分布。这个过程也可以视为将一幅规定图像的直方图匹配到另一幅图像上，称为直方图匹配。

直方图匹配需要在直方图均衡化的基础上，进行一次反变换，将均匀形状的直方图调整为规定形状的直方图。

直方图匹配的基本步骤如下。

（1）通过规定图像 z 的直方图 $p_z(z)$，计算直方图均衡化变换的 s_k。

（2）通过 s_k 计算图像 z 的直方图均衡化变换函数 $G(z_q) = s_k$。

（3）计算变换函数 G 的逆变换函数 G^{-1}，$z_q = G^{-1}(s_k)$。

（4）先对输入图像 r 进行直方图均衡化得到均衡图像 s，再用逆变换函数 G^{-1} 将其映射到 $p_z(z)$，得到直方图匹配图像 z。

步骤（4）的两次变换可以合并为一步完成。通过计算直方图匹配的变换函数，进而构造直方图匹配的变换 LUT，可以通过函数 cv.LUT 快速查表实现。

【例程 0803】灰度图像的直方图匹配

本例程用于灰度图像的直方图匹配，将模板图像的直方图匹配到另一幅输入图像中。

　　例程基于原始图像与匹配的模板图像的累计分布函数，计算直方图匹配转换函数和 LUT。
注意：要对计算直方图的累计分布函数进行归一化，以消除匹配的模板图像与匹配的结果图像
尺寸的影响。

```python
# 【0803】模板图像的直方图匹配
import cv2 as cv
import numpy as np
from matplotlib import pyplot as plt


if __name__ == '__main__':
    graySrc = cv.imread("../images/Fig0702.png", flags=0)  # 读取待匹配的图像
    grayRef = cv.imread("../images/Fig0701.png", flags=0)  # 读取模板图像

    # 计算累计直方图
    histSrc = cv.calcHist([graySrc], [0], None, [256], [0, 255])  # (256,1)
    histRef = cv.calcHist([grayRef], [0], None, [256], [0, 255])  # (256,1)
    cdfSrc = np.cumsum(histSrc)  # 原始图像的累计分布函数
    cdfRef = np.cumsum(histRef)  # 匹配的模板图像的累计分布函数
    cdfSrc = cdfSrc / cdfSrc[-1]  # 归一化：0~1
    cdfRef = cdfRef / cdfRef[-1]

    # 计算直方图匹配转换函数
    transMat = np.zeros(256)  # 直方图匹配转换函数
    for i in range(256):
        index = 1
        vMin = abs(cdfSrc[i] - cdfRef[0])
        for j in range(256):
            diff = abs(cdfSrc[i] - cdfRef[j])
            if (diff < vMin):
                index = int(j)
                vMin = diff
        transMat[i] = index

    # LUT 实现直方图匹配
    luTable = transMat.astype(np.uint8)  # 直方图匹配 LUT
    grayDst = cv.LUT(graySrc, luTable)  # 匹配的结果图像

    plt.figure(figsize=(9, 6))
    plt.subplot(231), plt.title("1. Original"), plt.axis('off')
    plt.imshow(graySrc, cmap='gray')  # 原始图像
    plt.subplot(232), plt.title("2. Matching template"), plt.axis('off')
    plt.imshow(grayRef, cmap='gray')  # 匹配的模板图像
    plt.subplot(233), plt.title("3 .Matched result"), plt.axis('off')
    plt.imshow(grayDst, cmap='gray')  # 匹配的结果图像
    plt.subplot(234, xticks=[], yticks=[])
    histSrc = cv.calcHist([graySrc], [0], None, [256], [0, 255])
    plt.title("4. Original hist")
    plt.bar(range(256), histSrc[:, 0])
    plt.axis([0, 255, 0, np.max(histSrc)])
    plt.subplot(235, xticks=[], yticks=[])
```

```
histRef = cv.calcHist([grayRef], [0], None, [256], [0, 255])
plt.title("5. Template hist")
plt.bar(range(256), histRef[:, 0])
plt.axis([0, 255, 0, np.max(histRef)])
plt.subplot(236, xticks=[], yticks=[])
histDst = cv.calcHist([grayDst], [0], None, [256], [0, 255])
plt.title("6. Matched hist")
plt.bar(range(256), histDst[:, 0])
plt.axis([0, 255, 0, np.max(histDst)])
plt.tight_layout()
plt.show()
```

程序说明

（1）运行结果，灰度图像的直方图匹配如图 8-3 所示。图 8-3(1)所示为待匹配的原始图像，颜色偏暗，动态范围窄。图 8-3(2)所示为匹配的模板图像。图 8-3(3)所示为图 8-3(1)匹配的结果图像。图 8-3(4)～(6)所示分别为图 8-3(1)～(3)的灰度直方图。

（2）图 8-3(4)所示的原始图像直方图的分布较窄，峰值位置对应的像素值较小。图 8-3(5)所示的匹配的模板图像的直方图分布较宽，峰值位置的像素值也较大。

（3）图 8-3(6)所示为匹配的结果图像的直方图。图 8-3(6)由图 8-3(4)进行非均匀拉伸而成，形状与各峰值的高度仍然与图 8-3(4)相似，但图 8-3(6)的动态范围扩大了，各峰值的位置与图 8-3(5)基本一致。因此，图 8-3(3)所示的匹配的结果图像保留了原始图像的明暗关系，而视觉效果与匹配的模板图像接近。

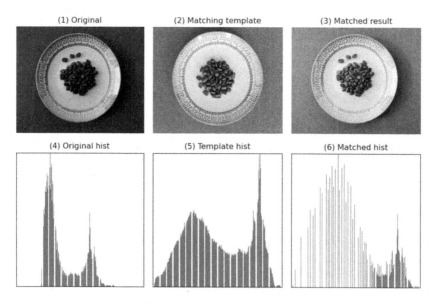

图 8-3　灰度图像的直方图匹配

【例程 0804】彩色图像的直方图匹配

本例程用于彩色图像的直方图匹配，将模板图像的直方图匹配到另一幅图像上，使两幅图像的色调保持一致。

　　彩色图像的直方图匹配是按各颜色通道分别进行的，并未控制各通道合并后的颜色。因此，匹配的结果图像与模板图像不是颜色相似，而是色调相似。

```python
# 【0804】彩色图像的直方图匹配
import cv2 as cv
import numpy as np
from matplotlib import pyplot as plt

if __name__ == '__main__':
    imgSrc = cv.imread("../images/Fig0801.png", flags=1)  # 读取待匹配图像
    imgRef = cv.imread("../images/Fig0301.png", flags=1)  # 读取模板图像

    imgDst = np.zeros_like(imgSrc)
    for i in range(imgSrc.shape[2]):
        # 计算累计直方图
        histSrc = cv.calcHist([imgSrc], [i], None, [256], [0, 255])  # (256,1)
        histRef = cv.calcHist([imgRef], [i], None, [256], [0, 255])  # (256,1)
        cdfSrc = np.cumsum(histSrc)  # 原始图像的累计分布函数
        cdfRef = np.cumsum(histRef)  # 匹配的模板图像的累计分布函数
        cdfSrc = cdfSrc / cdfSrc[-1]  # 归一化: 0~1
        cdfRef = cdfRef / cdfRef[-1]
        for j in range(256):
            tmp = abs(cdfSrc[j] - cdfRef)
            tmp = tmp.tolist()
            index = tmp.index(min(tmp))
            imgDst[:,:,i][imgSrc[:,:,i]==j] = index

    color = ['b', 'g', 'r']
    fig = plt.figure(figsize=(9, 6))
    plt.subplot(231), plt.title("1. Original"), plt.axis('off')
    plt.imshow(cv.cvtColor(imgSrc, cv.COLOR_BGR2RGB))  # 待匹配彩色图像
    plt.subplot(232), plt.title("2. Matching template"), plt.axis('off')
    plt.imshow(cv.cvtColor(imgRef, cv.COLOR_BGR2RGB))  # 彩色模板图像
    plt.subplot(233), plt.title("3. Matched result"), plt.axis('off')
    plt.imshow(cv.cvtColor(imgDst, cv.COLOR_BGR2RGB))  # 匹配的结果图像
    plt.subplot(234, xticks=[], yticks=[])
    plt.title("4. Original hist")
    for ch, col in enumerate(color):
        histCh = cv.calcHist([imgSrc], [ch], None, [256], [0, 255])
        histCh = histCh/np.max(histCh) + ch
        plt.plot(histCh, color=col)
        plt.xlim([0, 256])
    plt.subplot(235, xticks=[], yticks=[])
    plt.title("5. Template hist")
    for ch, col in enumerate(color):
        histCh = cv.calcHist([imgRef], [ch], None, [256], [0, 255])
        histCh = histCh/np.max(histCh) + ch
        plt.plot(histCh, color=col)
        plt.xlim([0, 256])
    plt.subplot(236, xticks=[], yticks=[])
    plt.title("6. Matched hist")
```

```
for ch, col in enumerate(color):
    histCh = cv.calcHist([imgDst], [ch], None, [256], [0, 255])
    histCh = histCh/np.max(histCh) + ch
    plt.plot(histCh, color=col)
    plt.xlim([0, 256])
plt.tight_layout()
plt.show()
```

程序说明

运行结果，彩色图像的直方图匹配如图 8-4 所示。图 8-4(1)所示为待匹配的原始图像。图 8-4(2)所示为匹配的模板图像。图 8-4(3)所示为图 8-4(1)匹配的结果图像，与图 8-4(2)的色调相似。图 8-4(4)~(6)所示分别为图 8-4(1)~(3)的灰度直方图。

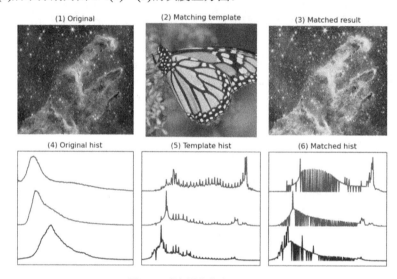

图 8-4　彩色图像的直方图匹配

8.4　基于局部直方图统计量的图像增强

直方图均衡化和直方图匹配都是基于整幅图像的灰度分布进行全局变换的，并非针对图像局部区域的细节进行增强。直方图统计量不仅可以用于图像的全局增强，在局部增强中更加有效。

局部直方图处理的思想：基于像素邻域的灰度分布进行直方图变换处理，基本步骤如下。

（1）设定矩形邻域的模板，在图像中沿逐个像素滑动。

（2）计算每个像素点模板区域的直方图，对该局部区域进行直方图均衡化或直方图匹配变换，但变换结果只应用于模板中心像素点的灰度值修正。

（3）遍历所有像素点，完成对整幅图像的局部直方图处理。

局部均值和方差是根据像素邻域特征进行灰度调整的基础。像素邻域的局部均值是平均灰度的测度，局部方差是对比度的测度。一种基于局部均值和方差的图像增强算法是

$$g(x,y) = \begin{cases} c \cdot f(x,y), & k_0 m_G < m(S_{xy}) < k_1 m_G \text{ 且 } k_2 \sigma_G < \sigma(S_{xy}) < k_3 \sigma_G \\ f(x,y), & \text{其他} \end{cases}$$

$$c = \max(r_G) / \max(r_{ROI})$$

式中，m 为均值；σ 为标准差；r 表示灰度值；G 表示全局；S_{xy} 表示(x,y)的邻域。

如果待增强区域相对其他区域比较暗，则可以选择 $k_0 = 0$，$k_1 = 0.1 \sim 0.5$；如果待增强区域的对比度很低，则可以选择 $k_2 = 0$，$k_3 = 0.1 \sim 0.5$。

【例程 0805】基于局部直方图统计量增强局部图像

本例程基于局部直方图统计量增强局部图像。

```python
# 【0805】基于局部直方图统计量增强局部图像
import cv2 as cv
import numpy as np
from matplotlib import pyplot as plt

if __name__ == '__main__':
    gray = cv.imread("../images/Fig0803.png", flags=0)  # 读取灰度图像
    height, width = gray.shape

    imgROI = gray[20:40, 20:40]  # 设置增强区域
    maxGray, maxROI = gray.max(), imgROI.max()
    const = maxGray / maxROI  # 增强系数

    m = 5  # 模板尺寸 m×m
    half = m//2
    k0, k1, k2, k3 = 0.0, 0.2, 0.0, 0.2
    meanG = np.mean(gray)  # 全局均值
    sigmaG = np.std(gray)  # 全局标准差
    minMeanG, maxMeanG = int(k0*meanG), int(k1*meanG)
    minSigmaG, maxSigmaG = int(k2*sigmaG), int(k3*sigmaG)
    print(minMeanG, maxMeanG, minSigmaG, maxSigmaG, const)

    imgEnhance = gray.copy()
    for h in range(half, height-half-1):
        for w in range(half, width-half-1):
            sxy = gray[h-half:h+half+1, w-half:w+half+1]
            meanSxy = int(np.mean(sxy))
            sigmaSxy = int(np.std(sxy))
            if minMeanG<=meanSxy<=maxMeanG and minSigmaG<=sigmaSxy<=maxSigmaG:
                imgEnhance[h+half, w+half] = int(const * sxy[half, half])
            else:
                imgEnhance[h+half, w+half] = sxy[half, half]

    plt.figure(figsize=(9, 3.5))
    plt.subplot(131), plt.title("1. Original"), plt.axis('off')
    plt.imshow(gray, cmap='gray', vmin=0, vmax=255)
    plt.subplot(132), plt.title("2. Global equalize"), plt.axis('off')
    equalize = cv.equalizeHist(gray)  # 直方图均衡化
    plt.imshow(equalize, cmap='gray', vmin=0, vmax=255)
    plt.subplot(133), plt.title("3. LocalHist enhancement "), plt.axis('off')
    plt.imshow(imgEnhance, cmap='gray', vmin=0, vmax=255)
```

```
plt.tight_layout()
plt.show()
```

程序说明

（1）运行结果，基于局部直方图统计量增强局部图像如图 8-5 所示。图 8-5(1)所示的原始图像中的字符被黑色方块遮挡住了，图 8-5(2)所示为通过全局直方图均衡化也不能有效还原被遮挡的字符。图 8-5(3)所示为通过直方图统计量增强局部图像，可以有效增强和提取被遮挡的字符。

（2）本例程只对某些特殊类型的图像有效，而且要针对具体图像进行 ROI 设置和参数调整，才能取得较好的图像增强效果。

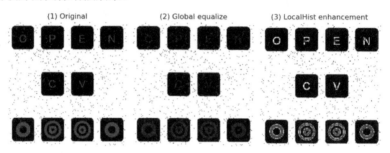

图 8-5　基于局部直方图统计量增强局部图像

8.5　限制对比度自适应直方图均衡化

虽然基于直方图统计量的方法有效地对局部图像进行了增强，但该方法对所有像素点计算局部均值和方差时，需要遍历所有像素点，计算量很大。

自适应直方图均衡化（Adaptive Histogram Equalization，AHE）通过计算图像的局部直方图对直方图的分布进行自适应调整，有利于改进图像的局部对比度，以及获得更多的图像细节，但同时放大了图像中的噪声。限制对比度自适应直方图均衡化（Contrast Limited AHE，CLAHE）方法，采用限制直方图分布和加速插值方法，可以抑制图像噪声的放大。

CLAHE 方法将整幅图像划分为 $m \times n$ 个子块，通过计算每个子块的局部直方图统计量，同时限制其对比度，防止直方图出现过于陡峭的峰值。CLANE 方法的基本步骤如下。

（1）将图像分割为 $m \times n$ 个子块，对每个子块计算直方图统计量。

（2）对每个子块进行直方图均衡化，限制直方图的对比度。

（3）遍历图像的子块，对块间进行双线性插值。

（4）将处理图像与原始图像进行图像滤色混合。

CLAHE 方法不是以滑动窗口遍历所有像素点计算局部直方图统计量的，而是对图像的 $m \times n$ 个子块进行局部直方图处理，因此速度很快。

OpenCV 提供了类 CLAHE 的实现和接口，函数 cv.createCLAHE 用于创建 CLAHE 对象，可以实现局部直方图处理。

函数原型

cv.createCLAHE([, clipLimit, tileGridSize]) → retval
cv.CLANE.apply(src[, dst]) → dst

参数说明

◎　clipLimit：颜色对比度的阈值，可选项，默认值为 40。

◎　tileGridSize：分块网格数，是形为(rows,cols)的元组，可选项，默认值为(8,8)。

◎　retval：返回值，创建的 CLAHE 对象。

◎　src：输入图像，是 8 位或 16 位单通道图像。

◎　dst：输出图像，与 src 的尺寸和类型相同。

注意问题

（1）将输入图像分成若干个矩形子块，tileGridSize 表示高度和宽度方向的分块数量。

（2）函数 cv.createCLAHE 用于创建 CLAHE 类。函数 cv.CLANE.apply 对 CLANE 类应用直方图均衡化，注意程序中要使用定义的 CLAHE 类的方法，参见例程【0905】。

【例程 0806】全局直方图均衡化与限制对比度自适应局部直方图均衡化

本例程介绍全局直方图均衡化与限制对比度自适应局部直方图均衡化的比较。

全局直方图均衡化会由于亮度调整而导致细节丢失，CLAHE 不仅很好地保留了细节，而且限制了过于强烈的局部对比度。

```python
# 【0806】限制对比度自适应局部直方图均衡化
import cv2 as cv
from matplotlib import pyplot as plt

if __name__ == '__main__':
    gray = cv.imread("../images/Fig0803.png", flags=0)  # 读取为灰度图像
    imgEequa = cv.equalizeHist(gray)  # 全局直方图均衡化

    # 限制对比度自适应局部直方图均衡化
    Clahe = cv.createCLAHE(clipLimit=100, tileGridSize=(16, 16))  # 创建 CLAHE
对象
    imgClahe = Clahe.apply(gray)  # 应用 CLANE 方法

    plt.figure(figsize=(9, 3.5))
    plt.subplot(131), plt.axis('off')
    plt.title("1. Original")
    plt.imshow(gray, cmap='gray', vmin=0, vmax=255)
    plt.subplot(132), plt.axis('off')
    plt.title("2. Global Equalize Hist")
    plt.imshow(imgEequa, cmap='gray', vmin=0, vmax=255)
    plt.subplot(133), plt.axis('off')
    plt.title("3. Local Equalize Hist")
    plt.imshow(imgClahe, cmap='gray', vmin=0, vmax=255)
    plt.tight_layout()
    plt.show()
```

程序说明

运行结果，全局直方图均衡化与限制对比度自适应局部直方图均衡化的比较如图 8-6 所示。图 8-6(1)所示的原始图像中的字符被黑色方块遮挡了，图 8-6(2)所示为全局直方图均衡化的

处理结果，图 8-6(3)通过函数 cv.createCLAHE 进行局部直方图均衡化，不仅有效还原了被黑色方块遮挡的字符，而且改善了背景、方块与字符之间的对比度。

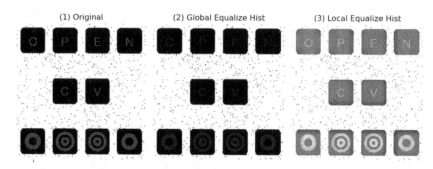

图 8-6   全局直方图均衡化与限制对比度自适应局部直方图均衡化的比较

第9章
图像的阈值处理

图像的阈值处理简单、直观，计算速度快，是很多图像处理算法的预处理过程。

本章内容概要

◎　学习图像的阈值处理方法，理解不同阈值对处理结果的影响。

◎　介绍利用图像局部特征的阈值处理方法，如自适应阈值处理和移动平均阈值处理。

◎　介绍 HSV 模型，学习基于 HSV 颜色范围的彩色图像阈值处理。

9.1　固定阈值处理

根据灰度值和灰度值的限制将图像划分为多个区域，或提取图像中的目标物体，是最基本的阈值处理方法。

当图像中的目标和背景的灰度分布较为明显时，可以对整个图像使用固定阈值进行全局阈值处理。如果图像的直方图存在明显边界，则很容易找到图像的分割阈值，但如果图像的直方图分界不明显，则很难找到合适的阈值，甚至可能无法找到固定阈值有效地分割图像。

当图像中存在噪声时，通常难以通过全局阈值将图像的边界完全分开。如果图像的边界是在局部对比下出现的，使用全局阈值的效果会很差。

OpenCV 中的函数 cv.threshold 用于对图像进行阈值处理。

函数原型

cv.threshold(src, thresh, maxval, type[, dst]) → retval, dst

参数说明

◎　src：输入图像，是多维 Numpy 数组，允许为单通道图像或多通道图像。

◎　dst：输出图像，与 src 的尺寸和通道数相同。

◎　thresh：阈值，是浮点型数据，取值范围为 0～255。

◎　maxval：最大值，指饱和限值，用于部分变换类型，一般可取 255。

◎　type：阈值变换类型。

　　➢　THRESH_BINARY：当大于阈值 thresh 时置为 maxval，否则置为 0。

　　➢　THRESH_BINARY_INV：当大于阈值 thresh 时置为 0，否则置为 maxval。

　　➢　THRESH_TRUNC：当大于阈值 thresh 时置为阈值 thresh，否则保持不变。

　　➢　THRESH_TOZERO：当大于阈值 thresh 时保持不变，否则置为 0。

　　➢　THRESH_TOZERO_INV：当大于阈值 thresh 时置为 0，否则保持不变。

　　➢　THRESH_OTSU：使用 OTSU 算法自动确定阈值，可以组合使用。

　　➢　THRESH_TRIANGLE：使用 Triangle 算法自动确定阈值，可以组合使用。

◎　retval：返回的阈值图像。

注意问题

（1）retval 通常是二值化的阈值图像，但在某些类型（如 TRUNC、TOZERO、TOZERO_INV）中返回的是阈值饱和图像。

（2）函数允许输入单通道或多通道图像，但是输入多通道图像时，要对各通道独立进行阈值处理。返回的阈值图像也是多通道图像，而不是黑白的二值图像，在使用时要特别谨慎。

（3）阈值变换类型为使用 OTSU 算法、Triangle 算法时，只能处理 8 位单通道输入图像。

（4）阈值变换类型为使用 OTSU 算法、Triangle 算法时，阈值 thresh 不起作用。

【例程 0901】阈值处理之固定阈值法

本例程使用固定阈值法对灰度图像进行阈值处理。对于多峰灰度分布图像，阈值大小会严重影响阈值处理的结果。

```python
# 【0901】阈值处理之固定阈值法
import cv2 as cv
import numpy as np
from matplotlib import pyplot as plt

if __name__ == '__main__':
    # 生成灰度图像
    hImg, wImg = 512, 512
    img = np.zeros((hImg, wImg), np.uint8)  # 创建黑色图像
    cv.rectangle(img, (60, 60), (450, 320), (127, 127, 127), -1)  # 矩形填充
    cv.circle(img, (256, 256), 120, (205, 205, 205), -1)  # 圆形填充
    # 添加高斯噪声
    mu, sigma = 0.0, 20.0
    noiseGause = np.random.normal(mu, sigma, img.shape)
    imgNoise = np.add(img, noiseGause)
    imgNoise = np.uint8(cv.normalize(imgNoise, None, 0, 255, cv.NORM_MINMAX))

    # 阈值处理
    _, imgBin1 = cv.threshold(imgNoise, 63, 255, cv.THRESH_BINARY)  # thresh=63
    _, imgBin2 = cv.threshold(imgNoise, 125, 255, cv.THRESH_BINARY)  # thresh=125
    _, imgBin3 = cv.threshold(imgNoise, 175, 255, cv.THRESH_BINARY)  # thresh=175

    plt.figure(figsize=(9, 6))
    plt.subplot(231), plt.axis('off'), plt.title("1. Original"),
plt.imshow(img, 'gray')
    plt.subplot(232), plt.axis('off'), plt.title("2. Noisy image"),
plt.imshow(imgNoise, 'gray')
    histCV = cv.calcHist([imgNoise], [0], None, [256], [0, 256])
    plt.subplot(233, yticks=[]), plt.title("3. Gray hist")
    plt.bar(range(256), histCV[:, 0]), plt.axis([0, 255, 0, np.max(histCV)])
    plt.subplot(234), plt.axis('off'), plt.title("4. threshold=63"),
plt.imshow(imgBin1, 'gray')
    plt.subplot(235), plt.axis('off'), plt.title("5. threshold=125"),
plt.imshow(imgBin2, 'gray')
    plt.subplot(236), plt.axis('off'), plt.title("6. threshold=175"),
plt.imshow(imgBin3, 'gray')
```

```
    plt.tight_layout()
    plt.show()
```

程序说明

（1）运行结果，使用固定阈值法对图像进行阈值处理如图 9-1 所示。图 9-1(1)所示为程序生成的测试图，图 9-1(2)所示为在图 9-1(1)上添加了高斯噪声，图 9-1(3)所示为图 9-1(2)的灰度直方图，具有 3 个显著的灰度峰值分布。

（2）图 9-1(4)～(6)所示为不同阈值对图 9-1(2)进行阈值处理所得到的二值图像，结果是完全不同的。表明对于多峰灰度分布图像，阈值大小会严重影响阈值处理的结果。

（3）图 9-1(4)～(6)的分割结果中都带有大量噪点，表明噪点也会影响阈值处理的结果。

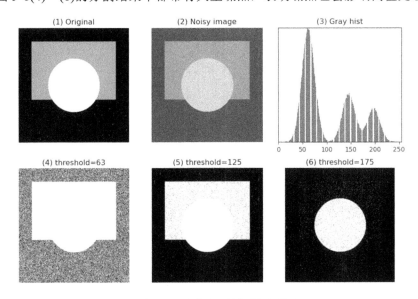

图 9-1　使用固定阈值法对图像进行阈值处理

【例程 0902】阈值处理之全局阈值计算

使用固定阈值法对灰度图像进行阈值处理，阈值大小会严重影响阈值处理的结果。

为了获得适当的全局阈值，可以基于灰度直方图统计迭代计算全局阈值，基本步骤如下。

（1）设置初始阈值 T，通常可设为图像的平均灰度。

（2）用阈值 T 分割图像，得到灰度值小于 T 的像素集合 G_1、大于等于 T 的像素集合 G_2。

（3）计算像素集合 G_1、G_2 的平均灰度值 m_1、m_2。

（4）求出新的灰度阈值 $T = (m_1 + m_2)/2$。

（5）重复步骤（2）～（4），直到算法收敛。

```
# 【0902】阈值处理之全局阈值计算
import cv2 as cv
import numpy as np
from matplotlib import pyplot as plt

if __name__ == '__main__':
    img = cv.imread("../images/Fig0302.png", flags=0)
```

```
deltaT = 1  # 预定义值
histCV = cv.calcHist([img], [0], None, [256], [0, 256])  # 灰度直方图
grayScale = range(256)  # 灰度级 [0,255]
totalPixels = img.shape[0] * img.shape[1]  # 像素总数
totalGary = np.dot(histCV[:, 0], grayScale)  # 内积，总和灰度值
T = round(totalGary / totalPixels)  # 平均灰度作为阈值初值
while True:  # 迭代计算分割阈值
    numC1 = np.sum(histCV[:T, 0])  # C1 像素数量
    sumC1 = np.sum(histCV[:T, 0] * range(T))  # C1 灰度值总和
    numC2 = totalPixels - numC1  # C2 像素数量
    sumC2 = totalGary - sumC1  # C2 灰度值总和
    T1 = round(sumC1 / numC1)  # C1 平均灰度
    T2 = round(sumC2 / numC2)  # C2 平均灰度
    Tnew = round((T1 + T2) / 2)  # 计算新的阈值
    print("T={}, m1={}, m2={}, Tnew={}".format(T, T1, T2, Tnew))
    if abs(T - Tnew) < deltaT:  # 等价于 T==Tnew
        break
    else:
        T = Tnew

# 阈值处理
ret, imgBin = cv.threshold(img, T, 255, cv.THRESH_BINARY)  # 阈值分割, thresh=T

plt.figure(figsize=(9, 3.3))
plt.subplot(131), plt.axis('off'), plt.title("1. Original"), plt.imshow(img,
'gray')
plt.subplot(132, yticks=[]), plt.title("2. Gray Hist")  # 灰度直方图
plt.bar(range(256), histCV[:, 0]), plt.axis([0, 255, 0, np.max(histCV)])
plt.axvline(T, color='r', linestyle='--')  # 绘制固定阈值
plt.text(T+5, 0.9*np.max(histCV), "T={}".format(T), fontsize=10)
plt.subplot(133), plt.title("3. Binary (T={})".format(T)), plt.axis('off')
plt.imshow(imgBin, 'gray')
plt.tight_layout()
plt.show()
```

程序说明

运行结果，迭代计算图像的全局阈值如图 9-2 所示。图 9-2(2)所示为图 9-2(1)的灰度直方图，基于灰度直方图计算的全局阈值为 T=126。图 9-2(3)所示为基于全局阈值 T 对图 9-2(1)进行的二值处理，阈值分割的效果比较满意。

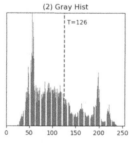

图 9-2　迭代计算图像的全局阈值

9.2 OTSU 阈值算法

阈值处理本质上是对像素进行分类统计的决策问题。

OTSU 算法又称大津算法,使用最大化类间方差(Intra-Class Variance,ICV)作为评价准则,能基于对图像直方图的计算,给出类间最优分离的最优阈值。

类间方差的数学描述如下。

$$ICV = P_F \left(m_F - m\right)^2 + P_B \left(m_B - m\right)^2$$

式中,F、B 表示由阈值 T 分割的像素集合;P 是像素数的占比;m 是平均灰度值。

使 ICV 最大化的灰度值 T 就是最优阈值,遍历所有的灰度值,就可以找到最优阈值 T。

函数 cv.threshold 提供了 OTSU 算法,设置 type=cv.THRESH_OTSU 就可以选择 OTSU 算法进行最优阈值分割,此时函数中的阈值 thresh 设置为不起作用。

【例程 0903】阈值处理之 OTSU 算法

本例程基于 OTSU 算法进行阈值处理。例程给出基于类间最优分离方法计算最优阈值的计算过程,也给出了函数 cv.threshold 实现 OTSU 算法的使用方法。

```python
# 【0903】阈值处理之 OTSU 算法
import cv2 as cv
import numpy as np
from matplotlib import pyplot as plt

if __name__ == '__main__':
    img = cv.imread("../images/Fig0901.png", flags=0)

    # OTSU 算法的实现
    histCV = cv.calcHist([img], [0], None, [256], [0, 256])  # 灰度直方图
    scale = range(256)  # 灰度级 [0,255]
    totalPixels = img.shape[0] * img.shape[1]  # 像素总数
    totalGray = np.dot(histCV[:, 0], scale)  # 内积,总和灰度值
    mG = totalGray / totalPixels  # 平均灰度
    icv = np.zeros(256)
    numFt, sumFt = 0, 0
    for t in range(256):  # 遍历灰度值
        numFt += histCV[t, 0]  # F(t) 像素数量
        sumFt += histCV[t, 0] * t  # F(t) 灰度值总和
        pF = numFt / totalPixels  # F(t) 像素数占比
        mF = (sumFt / numFt) if numFt > 0 else 0  # F(t) 平均灰度
        numBt = totalPixels - numFt  # B(t) 像素数量
        sumBt = totalGray - sumFt  # B(t) 灰度值总和
        pB = numBt / totalPixels  # B(t) 像素数占比
        mB = (sumBt / numBt) if numBt > 0 else 0  # B(t) 平均灰度
        icv[t] = pF * (mF - mG) ** 2 + pB * (mB - mG) ** 2  # 灰度 t 的类间方差
    maxIcv = max(icv)  # ICV 的最大值
    maxIndex = np.argmax(icv)  # 最大值的索引,即 OTSU 阈值
    _, imgBin = cv.threshold(img, maxIndex, 255, cv.THRESH_BINARY)  # 以
maxIndex 作为最优阈值
```

```
# 函数 cv.threshold 实现 OTSU 算法
ret, imgOtsu = cv.threshold(img, 128, 255, cv.THRESH_OTSU)  # OTSU 阈值分割
print("maxIndex={}, retOtsu={}".format(maxIndex, round(ret)))

plt.figure(figsize=(9, 3.5))
plt.subplot(131), plt.axis('off'), plt.title("1. Original"),
plt.imshow(img, 'gray')
plt.subplot(132), plt.title("2. OTSU by ICV (T={})".format(maxIndex))
plt.imshow(imgBin, 'gray'), plt.axis('off')
plt.subplot(133), plt.title("3. OTSU by OpenCV(T={})".format(round(ret)))
plt.imshow(imgOtsu, 'gray'), plt.axis('off')
plt.tight_layout()
plt.show()
```

运行结果

```
maxIndex=115, retOtsu=115
```

程序说明

运行结果，阈值处理之 OTSU 算法如图 9-3 所示。

基于类间最优分离方法计算的最优阈值，与函数 cv.threshold 应用 OTSU 算法获得的最优阈值相同。

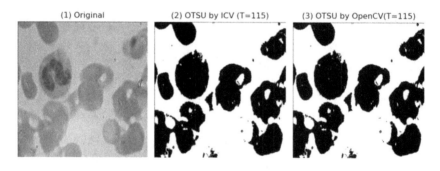

图 9-3　阈值处理之 OTSU 算法

9.3　多阈值处理算法

当图像灰度直方图具有多峰分布特征时，使用固定阈值进行全局阈值处理总是难以实现有效分割。对于这种情况，使用多阈值处理的效果更好。

OTSU 算法使用最大化类间方差作为评价准则，可以扩展到多阈值处理。

当图像划分为 K 类时，ICV 的数学描述如下。

$$\text{ICV} = \sum_{k=1}^{K} P_k \left(m_k - m_{\text{img}} \right)^2$$

式中，P_k 是第 k 类像素数的占比；m_k 是第 k 类像素的平均灰度值；m_{img} 是图像的平均灰度值。

考虑由 3 个灰度区间组成的 3 个类，由 2 个阈值分割，使 ICV 最大化的灰度值 T_1、T_2 就是最优阈值。阈值处理后的图像描述如下。

$$g(x,y)=\begin{cases} a, & f(x,y)\leq T_1 \\ b, & T_1 < f(x,y) < T_2 \\ c, & f(x,y)\geq T_2 \end{cases}$$

式中，f 表示原始图像的像素值；g 表示分割图像的像素值；a、b、c 表示 3 类灰度区间的取值。

对于两个阈值的 3 个分类情况，可以使用循环遍历方法求出最优阈值 T_1、T_2。由于循环过程是基于直方图的，计算量与图像尺寸无关。

【例程 0904】阈值处理之多阈值算法

本例程能基于循环遍历方法实现 OTSU 算法的多阈值处理。

```python
# 【0904】阈值处理之多阈值算法
import cv2 as cv
import numpy as np
from matplotlib import pyplot as plt


def doubleThreshold(img):
    histCV = cv.calcHist([img], [0], None, [256], [0, 256])  # 灰度直方图
    grayScale = np.arange(0, 256, 1)  # 灰度级 [0,255]
    totalPixels = img.shape[0] * img.shape[1]  # 像素总数
    totalGray = np.dot(histCV[:, 0], grayScale)  # 内积，总和灰度值
    mG = totalGray / totalPixels  # 平均灰度，meanGray
    varG = sum(((i-mG)**2 * histCV[i, 0] / totalPixels) for i in range(256))

    T1, T2, varMax = 1, 2, 0.0
    for k1 in range(1, 254):  # k1: [1,253], 1≤k1<k2≤254
        n1 = sum(histCV[:k1, 0])  # C1 像素数量
        s1 = sum((i * histCV[i, 0]) for i in range(k1))
        P1 = n1 / totalPixels  # C1 像素数占比
        m1 = (s1 / n1) if n1 > 0 else 0  # C1 平均灰度
        for k2 in range(k1 + 1, 256):  # k2: [2,254], k2>k1
            n3 = sum(histCV[k2 + 1:, 0])  # C3 像素数量
            s3 = sum((i * histCV[i, 0]) for i in range(k2 + 1, 256))
            P3 = n3 / totalPixels  # C3 像素数占比
            m3 = (s3 / n3) if n3 > 0 else 0  # C3 平均灰度
            P2 = 1.0 - P1 - P3  # C2 像素数占比
            m2 = (mG - P1*m1 - P3*m3) / P2 if P2 > 1e-6 else 0  # C2 平均灰度
            var = P1 * (m1-mG)** 2 + P2 * (m2-mG)**2 + P3 * (m3-mG)**2
            if var > varMax:
                T1, T2, varMax = k1, k2, var

    epsT = varMax / varG  # 可分离测度
    print(totalPixels, mG, varG, varMax, epsT, T1, T2)
    return T1, T2, epsT


if __name__ == '__main__':
    img = cv.imread("../images/Fig0901.png", flags=0)

    # OTSU 算法计算多阈值处理的阈值
    T1, T2, epsT = doubleThreshold(img)  # 多阈值处理子程序
```

```
    print("T1={}, T2={}, esp={:.4f}".format(T1, T2, epsT))
    # 基于 OTSU 算法的最优阈值进行多阈值处理
    imgMClass = img.copy()
    imgMClass[img < T1] = 0
    imgMClass[img > T2] = 255

    # 不同阈值处理方法对比
    ret, imgOtsu = cv.threshold(img, 127, 255, cv.THRESH_OTSU)  # OTSU 算法阈值分割
    _, binary1 = cv.threshold(img, T1, 255, cv.THRESH_BINARY)  # 小于阈值置 0，大
于阈值不变
    _, binary2 = cv.threshold(img, T2, 255, cv.THRESH_BINARY)

    plt.figure(figsize=(9, 6))
    plt.subplot(231), plt.axis('off'), plt.title("1. Original"),
plt.imshow(img, 'gray')
    histCV = cv.calcHist([img], [0], None, [256], [0, 256])  # 灰度直方图
    plt.subplot(232, yticks=[]), plt.axis([0, 255, 0, np.max(histCV)])
    plt.bar(range(256), histCV[:, 0]), plt.title("2. Gray Hist")
    plt.subplot(233), plt.title("3. Double Thresh({},{})".format(T1, T2))
    plt.axis('off'), plt.imshow(imgMClass, 'gray')
    plt.subplot(234), plt.title("4. Threshold(T={})".format(T1))
    plt.axis('off'), plt.imshow(binary1, 'gray')
    plt.subplot(235), plt.title("5. OTSU Thresh(T={})".format(round(ret)))
    plt.axis('off'), plt.imshow(imgOtsu, 'gray')
    plt.subplot(236), plt.title("6. Threshold(T={})".format(T2))
    plt.axis('off'), plt.imshow(binary2, 'gray')
    plt.tight_layout()
    plt.show()
```

程序说明

（1）运行结果，多阈值 OTSU 算法用于 3 个灰度区间图像的分割如图 9-4 所示。图 9-4(1)所示为原始图像，图 9-4(2)所示为原始图像的灰度直方图，其中具有 3 个比较显著的峰值。

（2）图 9-4(3)所示为基于多阈值 OTSU 算法，以 3 个灰度区间进行图像阈值处理的结果。阈值 T1=83 较好地保留了细胞的边缘，阈值 T2=119 有效地表示了细胞内部细胞质的区域。

（3）图 9-4(5)所示为单阈值 OTSU 算法的处理结果，图 9-4(4)和图 9-4(6)所示分别为使用固定阈值 T1、T2 的处理结果。无论如何选择阈值，单阈值都无法同时兼顾分割细胞边缘与提取内部特征。

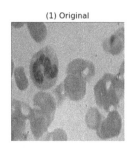
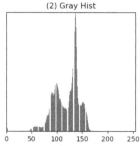
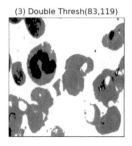

图 9-4　多阈值 OTSU 算法用于 3 个灰度区间图像的分割

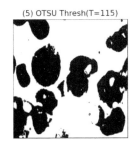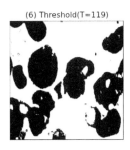

图 9-4　多阈值 OTSU 算法用于 3 个灰度区间图像的分割（续）

9.4　自适应阈值处理

可变阈值是指对于图像中的每个像素点或像素块都有不同的阈值。如果该像素点大于其对应的阈值，则认为是前景。

可变阈值处理的基本方法：对图像中的每个点，根据其邻域的性质计算阈值。标准差和均值是对比度和平均灰度的描述，在局部阈值处理中非常有效。

OpenCV 中的函数 cv.adaptiveThreshold 用于实现自适应阈值处理，通过与邻域像素点的比较动态调整阈值。

函数原型

cv.adaptiveThreshold(src, maxvalue, adaptiveMethod, thresholdType, blockSize, C[, dst]) → dst

参数说明

◎　src：输入图像，是 8 位单通道图像。

◎　dst：返回值，阈值图像，与 src 的尺寸和通道数相同。

◎　maxvalue：最大值，指饱和限值，当大于阈值时置为 max value。

◎　adaptiveMethod：自适应方法选择。

➤　cv.ADAPTIVE_THRESH_MEAN_C：阈值 thresh 为邻域的均值。

➤　cv.ADAPTIVE_THRESH_GAUSSIAN_C：阈值 thresh 为邻域的高斯加权均值。

◎　thresholdType：阈值变换类型。

➤　THRESH_BINARY：当大于阈值 thresh 时置为 maxvalue，否则置为 0。

➤　THRESH_BINARY_INV：当大于阈值 thresh 时置为 0，否则置为 maxvalue。

◎　blockSize：计算自适应阈值的邻域尺寸，通常取 3、5、7。

◎　C：偏移量，从邻域均值中减去的偏移量，通常取 0～5。

【例程 0905】阈值处理之自适应局部阈值处理

本例程使用函数 cv.adaptiveThreshold 进行自适应局部阈值处理。

```python
# 【0905】阈值处理之自适应局部阈值处理
import cv2 as cv
import numpy as np
from matplotlib import pyplot as plt

if __name__ == '__main__':
    img = cv.imread("../images/Fig0701.png", flags=0)
```

```
    # 自适应局部阈值处理
    binaryMean = cv.adaptiveThreshold(img, 255, cv.ADAPTIVE_THRESH_MEAN_C,
cv.THRESH_BINARY, 3, 3)
    binaryGauss = cv.adaptiveThreshold(img, 255,
cv.ADAPTIVE_THRESH_GAUSSIAN_C, cv.THRESH_BINARY, 5, 3)

    # 参考方法：自适应局部阈值处理
    ratio = 0.03
    imgBlur = cv.boxFilter(img, -1, (3, 3))  # 盒式滤波器，均值平滑
    localThresh = img - (1.0-ratio) * imgBlur
    binaryBox = np.ones_like(img) * 255  # 创建与 img 相同形状的白色图像
    binaryBox[localThresh < 0] = 0

    plt.figure(figsize=(9, 3))
    plt.subplot(131), plt.axis('off'), plt.title("1. Adaptive mean")
    plt.imshow(binaryMean, 'gray')
    plt.subplot(132), plt.axis('off'), plt.title("2. Adaptive Gauss")
    plt.imshow(binaryGauss, 'gray')
    plt.subplot(133), plt.axis('off'), plt.title("3. Adaptive local thresh")
    plt.imshow(binaryBox, 'gray')
    plt.tight_layout()
    plt.show()
```

程序说明

（1）自适应局部阈值处理图像如图 9-5 所示。自适应局部阈值处理不仅能有效地提取图像的前景，而且能较好地保留背景的纹理。

（2）图 9-5(1)所示为使用邻域均值作为阈值，图 9-5(2)所示为使用高斯加权均值作为阈值，两者的结果相似。

（3）图 9-5(3)所示为基于钝化掩蔽图像实现自适应局部阈值处理，也能取得较好的性能。

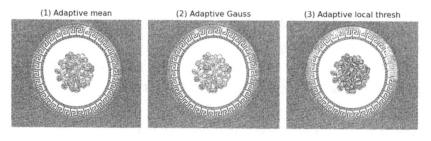

图 9-5　自适应局部阈值处理图像

9.5　移动平均阈值处理

移动平均算法是一种简单、高效的局部阈值方法。

对于使用闪光灯的点照明图像，OTSU 算法全局阈值处理不能克服光照的影响，在不均匀的光照场中，阈值分割效果不好，使用移动平均局部阈值处理，阈值分割效果较好。

移动平均算法首先用线性 Z 字形模式扫描整个图片，对每个像素产生一个阈值；然后进行阈值处理。其数学描述如下。

$$m(k+1) = \begin{cases} \sum\limits_{i=k+2-n}^{k+1} \dfrac{z_i}{n}, & k < n \\ m(k) + (z_{k+1} - z_{k-n})/n, & k \geq n+1 \end{cases}$$

式中，k 表示步骤；n 是计算平均的点数；m 是平均灰度值；z 是扫描点的灰度值。对于手写内容的图像，通常可以将 n 设为笔画宽度的 5 倍。

【例程 0906】阈值处理之移动平均算法

本例程介绍阈值处理之移动平均算法的使用。

```python
# 【0906】阈值处理之移动平均算法
import cv2 as cv
import numpy as np
from matplotlib import pyplot as plt

def movingThreshold(img, n, b):
    imgFlip = img.copy()
    imgFlip[1:-1:2, :] = np.fliplr(img[1:-1:2, :])  # 向量翻转
    f = imgFlip.flatten()  # 展平为一维
    ret = np.cumsum(f)
    ret[n:] = ret[n:] - ret[:-n]
    m = ret / n  # 移动平均值
    g = np.array(f >= b * m).astype(int)  # 阈值判断, g=1 if f>=b*m
    g = g.reshape(img.shape)  # 恢复为二维
    g[1:-1:2, :] = np.fliplr(g[1:-1:2, :])  # 交替翻转
    return g * 255

if __name__ == '__main__':
    img = cv.imread("../images/Fig0902.png", flags=0)

    # OTSU 阈值分割
    ret1, imgOtsu1 = cv.threshold(img, 127, 255, cv.THRESH_OTSU)
    # 移动平均阈值处理：n=8, b=0.8
    imgMAthres1 = movingThreshold(img, 8, 0.8)

    plt.figure(figsize=(9, 3))
    plt.subplot(131), plt.title("1. Original")
    plt.axis('off'), plt.imshow(img, 'gray')
    plt.subplot(132), plt.title("2. OTSU (T={})".format(ret1))
    plt.axis('off'), plt.imshow(imgOtsu1, 'gray')
    plt.subplot(133), plt.title("3. Moving threshold")
    plt.axis('off'), plt.imshow(imgMoveThres1, 'gray', vmin=0, vmax=255)
    plt.tight_layout()
    plt.show()
```

程序说明

（1）运行结果，移动平均算法处理不均匀光照的图像如图 9-6 所示。图 9-6(1)所示为正弦光照的条纹阴影文本图像，图 9-6(2)所示为使用 OTSU 算法进行阈值处理的结果，表明固定阈值方法不适用于不均匀光照的图像。

（2）图 9-6(3)所示为使用移动平均算法的自适应阈值处理，可以成功地对不均匀光照图像进行阈值处理。

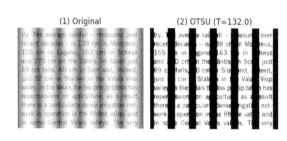

图 9-6　移动平均算法处理不均匀光照的图像

9.6　HSV 颜色空间的阈值分割

9.6.1　HSV 颜色空间

HSV 模型是针对用户观感的一种颜色模型。

HSV 颜色空间的各通道分别表示色调（Hue）、饱和度（Saturation）和明度（Value），可以直观地表达色彩的明暗、色调及鲜艳程度。

◎　色调 H 是色彩的基本属性，表示不同的颜色，如红色、黄色等。

◎　饱和度 S 是指色彩的纯度，饱和度越高色彩越纯，取值范围为 0～100%。

◎　明度 V，取值范围为 0～max（计算机存储长度）。

HSV 颜色空间可以用一个圆锥空间模型来描述。圆锥的顶点处 V=0，H 和 S 无定义，代表黑色；圆锥的顶面中心处 V=max，S=0，H 无定义，代表白色。当 S=1，V=1 时，H 所代表的任何颜色都被描述为纯色；当 V=0 时，颜色最暗，被描述为黑色。

HSV 模型在对指定颜色分割时非常有效。在 HSV 颜色空间可以用色调描述和识别某种颜色，而在 RGB 空间很难用表达式描述。例如，绿色在 HSV 颜色空间中的范围是 H=35～77。因此，常用 HSV 颜色空间进行某种颜色的识别和不同颜色的对比。

用 H 和 S 分量表示颜色距离，即两种颜色之间的数值差异。对于不同的彩色区域，综合 H 与 S 分量划定阈值，可以实现 HSV 颜色空间的分割。

OpenCV 中 HSV 颜色空间的范围是：H[0,180]，S[0,255]，V[0,255]。常用颜色的色调值范围，即边界阈值，如表 9-1 所示。

表 9-1　HSV 颜色空间常用颜色的色调值范围表

阈值	黑色	灰色	白色	红色	红色	橙色	黄色	绿色	青色	蓝色	紫色
$H_{\min}$	0	0	0	0	156	11	26	35	78	100	125
$H_{\max}$	180	180	180	10	180	25	34	77	99	124	155
$S_{\min}$	0	0	0	43	43	43	43	43	43	43	43

续表

阈值	黑色	灰色	白色	红色	红色	橙色	黄色	绿色	青色	蓝色	紫色
S_{max}	255	43	30	255	255	255	255	255	255	255	255
V_{min}	0	46	221	46	46	46	46	46	46	46	46
V_{max}	46	220	255	255	255	255	255	255	255	255	255

9.6.2　区间阈值处理

OpenCV 中的函数 cv.inRange 用于检查数组元素是否在设定区间内，可以按颜色区域[lowerb,upperb]对图像进行阈值分割。

函数原型

cv.inRange(src, lowerb, upperb[, dst]) → dst

函数 cv.inRange 常用于在 HSV 颜色空间检查设定的颜色区域范围。如果图像的某个像素值在[lowerb,upperb]之间，则输出置为 255，否则置为 0。

参数说明

◎　src：输入图像，是 Numpy 数组，允许为单通道图像或多通道图像。

◎　lowerb：下边界阈值，是标量或数组。

◎　upperb：上边界阈值，是标量或数组。

◎　dst：输出图像，是单通道的二值图像，大小与 src 相同，数据类型为 CV_8U。

注意问题

（1）不论输入图像是单通道图像还是多通道图像，输出图像都是单通道的二值图像，相当于输入图像的黑白遮罩 mask。

（2）当输入图像是单通道的灰度图像时，lowerb、upperb 为标量。如果灰度图像的某个像素的灰度值在指定的高低阈值范围内，则输出图像中该像素值为 255，否则为 0。

（3）当输入图像是多通道的彩色图像时，lowerb、upperb 为元组或 Numpy 数组，数组长度与通道数相同，表示各通道的边界阈值。

（4）当输入图像是多通道彩色图像时，仅当像素各通道的值都在[lowerb(*i*),upperb(*i*)]之间时输出才是 255，否则输出是 0。在 HSV 颜色空间中，通过判断像素的 HSV 各分量是否都满足阈值条件，可以识别指定颜色。

【例程 0907】绿屏抠图与更换背景颜色

本例程用于在 HSV 颜色空间进行绿屏抠图和更换背景颜色。

抠图和图像合成技术起源于光学抠图。绿屏抠图泛指对已知颜色的单一背景颜色图像抠图，广泛应用于证件拍照和影视制作。已知背景颜色在图像中并不是完全相同的像素值，而是处于相近的颜色范围，可以使用函数 cv.inRange 对确定背景颜色进行图像抠图与背景颜色更换。

```
# 【0907】绿屏抠图与更换背景颜色
import cv2 as cv
import numpy as np
from matplotlib import pyplot as plt
```

```python
if __name__ == '__main__':
    # 在HSV 颜色空间对绿屏色彩区域进行阈值处理，生成遮罩进行抠图
    img = cv.imread("../images/Fig0903.png", flags=1)  # 读取彩色图像
    hsv = cv.cvtColor(img, cv.COLOR_BGR2HSV)  # 转换到 HSV 颜色空间

    # 在 HSV 颜色空间检查指定颜色的区域范围，生成二值遮罩
    lowerColor = (35, 43, 46)  # （下限：绿色 33/43/46）
    upperColor = (77, 255, 255)  # （上限：绿色 77/255/255）
    binary = cv.inRange(hsv, lowerColor, upperColor)  # 指定颜色为白色
    # 绿屏抠图
    mask = cv.bitwise_not(binary)  # 掩模图像，绿屏背景为白色，前景为黑色
    matting = cv.bitwise_or(img, img, mask=mask)  # 生成抠图图像（前景保留，背景黑色）
    # 基于抠图掩模更换背景颜色
    imgReplace = matting.copy()
    imgReplace[mask==0] = [0, 0, 255]  # 将黑色背景区域(0/0/0) 修改为红色（BGR:0/0/255）

    plt.figure(figsize=(9, 5.8))
    plt.subplot(221), plt.title("1. Original"), plt.axis('off')
    plt.imshow(cv.cvtColor(img, cv.COLOR_BGR2RGB))
    plt.subplot(222), plt.title("2. Background"), plt.axis('off')
    plt.imshow(binary, cmap='gray')
    plt.subplot(223), plt.title("3. Matting"), plt.axis('off')
    plt.imshow(cv.cvtColor(matting, cv.COLOR_BGR2RGB))
    plt.subplot(224), plt.title("4. Red background"), plt.axis('off')
    plt.imshow(cv.cvtColor(imgReplace, cv.COLOR_BGR2RGB))
    plt.tight_layout()
    plt.show()
```

程序说明

（1）运行结果，绿屏抠图与更换背景颜色如图 9-7 所示。图 9-7(1)所示为绿屏背景的原始图像，图 9-7(2)所示为在 HSV 颜色空间对绿屏颜色区域的分割结果。由于给定了背景颜色的色彩范围，因此并不要求背景颜色是纯色的，相近的颜色都可以有效地被提取。

（2）图 9-7(3)所示为基于绿屏分割的掩模图像而获得的绿屏抠图，图 9-7(4)所示为利用图 9-7(3)的绿屏抠图更换了背景颜色，图中的头发都得到了很好的分割，抠图效果非常好。

图 9-7　绿屏抠图与更换背景颜色

图 9-7　绿屏抠图与更换背景颜色（续）

【例程 0908】基于鼠标交互的色彩分割

本例程使用鼠标交互在图像中选取像素点，识别选取区域的颜色，将该颜色从图像中提取出来，进行进一步的处理。

比较【例程 0907】，本例程不需要预先指定抠图颜色，就可以完成颜色抠图和颜色替换。

```python
# 【0908】基于鼠标交互的色彩分割
import cv2 as cv
import numpy as np
from matplotlib import pyplot as plt

def onMouseAction(event, x, y, flags, param):  # 鼠标交互 (单击选点, 右击完成)
    global pts
    setpoint = (x, y)
    if event == cv.EVENT_LBUTTONDOWN:  # 单击
        pts.append(setpoint)  # 选中一个多边形顶点
        print("{}. 像素点坐标: {}".format(len(pts), setpoint))
    elif event == cv.EVENT_RBUTTONDOWN:  # 右击
        param = False  # 结束绘图状态
        print("结束绘制，按 Esc 键退出。")

if __name__ == '__main__':
    # 读取原始图像
    img = cv.imread("../images/Fig0901.png", flags=1)  # 读取彩色图像
    h, w = img.shape[:2]  # 图像的高度和宽度
    imgCopy = img.copy()
    hsv = cv.cvtColor(img, cv.COLOR_BGR2HSV)  # 将图片转换到 HSV 颜色空间

    # 鼠标交互 ROI
    print("单击左键：选择特征点")
    print("单击右键：结束选择")
    pts = []  # 初始化 ROI 顶点坐标集合
    status = True  # 开始绘图状态
    cv.namedWindow("origin")  # 创建图像显示窗口
    cv.setMouseCallback("origin", onMouseAction, status)  # 绑定回调函数
    while True:
        if len(pts) > 0:
            # cv.circle(imgCopy, pts[-1], 5, (0,0,255), -1)  # 绘制最近一个顶点
            px, py = pts[-1]
            imgROI = img[py-1:py+1, px-1:px+1, :]
```

```
            hsvROI = cv.cvtColor(imgROI, cv.COLOR_BGR2HSV)  # 将图片转换到 HSV 颜色
空间
            Hmean = hsvROI[:, :, 0].mean()  # 选中区域的色调 H
            Smean = hsvROI[:, :, 1].mean()  # 选中区域的饱和度 S
            if Hmean<=10:
                Hmin, Hmax = 0, 10
            elif 10<Hmean<=25:
                Hmin, Hmax = 11, 25
            elif 25<Hmean<=34:
                Hmin, Hmax = 26, 34
            elif 34<Hmean<=77:
                Hmin, Hmax = 35, 77
            elif 77<Hmean<=99:
                Hmin, Hmax = 78, 99
            elif 99<Hmean<=124:
                Hmin, Hmax = 100, 124
            elif 124<Hmean<=155:
                Hmin, Hmax = 125, 155
            else:
                Hmin, Hmax = 156, 180
            Smin, Smax = 43, 255
            Vmin, Vmax = 46, 255
            if 0<Smean<43:
                Hmin, Hmax = 0, 180
                Smin, Smax = 0, 43
            lower, upper = (Hmin, Smin, Vmin), (Hmax, Smax, Vmax)
            binary = cv.inRange(hsv, lower, upper)  # 选中颜色区域，为 1
            binaryInv = cv.bitwise_not(binary)  # 生成逆遮罩，选中颜色区域，为 0
            imgCopy[binaryInv==0] = [255, 0, 0]  # 选中颜色区域，修改为蓝色
        cv.imshow('origin', imgCopy)
        key = 0xFF & cv.waitKey(10)  # 按 Esc 键退出
        if key == 27:  # 按 Esc 键退出
            break
    cv.destroyAllWindows()  # 释放图像窗口

    plt.figure(figsize=(9, 3.5))
    plt.subplot(131), plt.title("1. Original"), plt.axis('off')
    plt.imshow(cv.cvtColor(img, cv.COLOR_BGR2RGB))
    plt.subplot(132), plt.title("2. Background"), plt.axis('off')
    plt.imshow(binary, cmap='gray', vmin=0, vmax=255)
    plt.subplot(133), plt.title("3. Matting"), plt.axis('off')
    plt.imshow(cv.cvtColor(imgCopy, cv.COLOR_BGR2RGB))
    plt.tight_layout()
    plt.show()
```

程序说明

（1）单击鼠标，从原始图像中选取指定的颜色，查找该颜色对应的色彩阈值，对图像进行色彩分割。

（2）运行结果，基于鼠标交互的色彩分割如图 9-8 所示。用鼠标在原始图像的细胞质区域单击取色，图 9-8(2)所示的白色区域是找到的选定颜色范围，图 9-8(3)所示为在原始图像上用蓝色标识选定颜色区域。

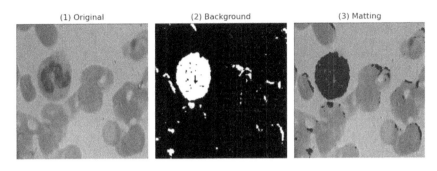

图 9-8　基于鼠标交互的色彩分割

第三部分

图像处理的高级方法

## 第 10 章

图像卷积与空间滤波

图像滤波是指在尽可能保留图像细节特征的条件下对目标图像的噪声进行抑制，是常用的图像处理方法。空间滤波也称空间域滤波，滤波器规定了邻域形状与邻域像素的处理方法。线性滤波通过图像与滤波器核进行卷积计算，非线性滤波则包含了绝对值、置零和统计等非线性运算，通过逻辑运算实现图像滤波。

本章内容概要

◎ 学习图像的卷积运算，介绍可分离卷积核与图像的边界扩充。

◎ 学习典型的空间滤波器，包括盒式滤波器和高斯滤波器。

◎ 介绍常用的非线性滤波器，包括统计排序滤波器、自适应滤波器和双边滤波器。

◎ 学习常用的梯度算子，包括 Laplacian 算子、Sobel 算子和 Scharr 算子。

◎ 介绍图像金字塔，包括高斯金字塔和拉普拉斯金字塔。

10.1 相关运算与卷积运算

滤波器核是指以像素点为中心的一个矩形邻域，也称卷积核、模板、窗口。

相关运算（Correlation Operation）是利用卷积核对图像进行邻域操作的：将卷积核的中心移动到待处理的像素点，对卷积核对应的像素点加权求和。相关运算的数学描述如下。

$$(w \divideontimes f)(x, y) = \sum_{s=-a}^{a} \sum_{t=-b}^{b} w(s,t) f(x+s, y+t)$$

式中，w 是卷积核；f 是图像；x、y 表示像素点的坐标。

卷积运算（Convolution Operation）也是利用卷积核对图像进行邻域操作的，只是把相关运算的卷积核翻转了 180 度。卷积运算的数学描述如下。

$$(w*f)(x, y) = \sum_{s=-a}^{a} \sum_{t=-b}^{b} w(s,t) f(x-s, y-t)$$

10.1.1 相关运算

函数 cv.filter2D 用于对图像与卷积核进行相关运算。

函数原型

cv.filter2D(src, ddepth, kernel[, dst, anchor, delta, borderType]) → dst

参数说明

◎ src：输入图像，是多维 Numpy 数组，允许为单通道图像或多通道图像。

◎ dst：输出图像，大小和通道数与 src 相同。

◎ ddepth：输出图像的数据类型，−1 表示数据类型与 src 相同。

◎ kernel：卷积核，是二维 Numpy 数组，浮点型数据。

◎ anchor：卷积核的锚点，可选项，默认值为(-1,-1)，表示以卷积核中心为锚点。

◎ delta：偏移量，可选项，默认值为 0。

◎ borderType：边界扩充类型，可选项，不支持 BORDER_WRAP。

注意问题

（1）函数 cv.filter2D 用于对图像进行相关运算，而不是卷积运算。进行卷积运算要先用函数 cv.flip 翻转卷积核，再使用函数 cv.filter2D。只有对翻转不变的卷积核，可以直接使用函数 cv.filter2D 实现卷积运算。

（2）在相关运算和卷积运算中处理边界像素时要用到边界外部的像素点，因此需要进行边界扩充。边界扩充类型与函数 cv.copyMakeBorder 中的定义相同，默认选项为 BORDER_DEFAULT，也适用于本章其他函数中的 borderType 参数。

（3）输出图像的数据类型 ddepth 一般要高于输入图像的数据类型，-1 表示输出图像的数据类型与输入图像的数据类型相同。具体的数据类型对照关系如表 10-1 所示，也适用于本章其他函数中 ddepth 的设置。

表 10-1　输入、输出图像数据类型对照关系

输入图像	输出图像
CV_8U	-1/CV_16S/CV_32F/_CV_64F
CV_16U/CV_16S	-1/CV_32F/_CV_64F
CV_32F	-1/CV_32F/_CV_64F
CV_64F	-1/_CV_64F

10.1.2　可分离卷积核

如果卷积核 w 可以被分解为两个或多个较小尺寸的卷积核 w_1、w_2，则称为可分离卷积核。可分离卷积核 w 与图像 f 的卷积，等于先用 f 与 w_1 卷积，再用 w_2 对结果进行卷积。

$$w*f = (w_1*w_2)f = w_2*(w_1*f) = (w_1*f)*w_2$$

随着图像尺寸与卷积核尺寸 k 的增大，用分离的卷积核依次对图像进行卷积操作，可以将计算量从 $k \cdot k$ 降低到 $2k$，显著提高了运算速度。因此在图像处理中，经常将可分离卷积核先分解为一维水平卷积核和一维垂直卷积核的乘积，然后用水平卷积核和垂直卷积核依次对图像进行卷积。

OpenCV 中的函数 cv.sepFilter2D 用于实现可分离卷积核的线性滤波器。

函数原型

cv.sepFilter2D(src, ddepth, kernelX, kernelY[, dst, anchor, delta, borderType]) → dst

函数 cv.sepFilter2D 先用一维水平卷积核对图像的行进行卷积，再用一维垂直卷积核对图像的列进行卷积。

参数说明

◎ src：输入图像，是多维 Numpy 数组，允许为单通道图像或多通道图像。

◎ dst：输出图像，大小和通道数与 src 相同。

◎ ddepth：输出图像的数据类型，-1 表示数据类型与 src 相同。

◎ kernelX：水平卷积核，是浮点型的一维 Numpy 数组。

◎ kernelY：垂直卷积核，是浮点型的一维 Numpy 数组。

10.1.3　边界扩充

相关运算和卷积运算对图像边界点进行特殊处理时，需要适当扩充图像边界。OpenCV 中的函数 cv.copyMakeBorder 用于对图像进行边界扩充，也可以为图像设置边框。

函数原型

cv.copyMakeBorder(src, top, bottom, left, right, borderType[, dst, value]) → dst

参数说明

◎ src：输入图像，是 Numpy 数组。

◎ dst：输出图像，与 src 类型相同，尺寸由输入图像和边界扩充宽度确定。

◎ top、bottom、left、right：上侧、下侧、左侧、右侧的边界扩充宽度。

◎ borderType：边界扩充类型，默认选项为 BORDER_DEFAULT。

➤ BORDER_REPLICATE：复制法，复制边界像素填充，如 aa | abcdefg | gg。

➤ BORDER_REFLECT：对称法，以边缘为轴对称填充，如 cba | abcdefg | gfe。

➤ BORDER_REFLECTT_101：倒映法，以图像边界像素为轴对称填充，如 dcb | abcdefg | fed。

➤ BORDER_WRAP：环绕法，以对面侧像素填充，如 efg | abcdefg | ab。

➤ BORDER_CONSTANT：以常数为像素值填充，如 vv | abcdefg | vv。

◎ value：边界填充值，当边界扩充类型为 BORDER_CONSTANT 时，以常数 value 填充扩充边界；是可选项，默认值为 0，表示黑色填充。

【例程 1001】图像的卷积运算与相关运算

本例程用于比较函数 cv.filter2D 在处理不对称卷积核与对称卷积核时的不同，以及论证可分离卷积核的使用。

```
# 【1001】图像的卷积运算与相关运算
import cv2 as cv
import numpy as np
from matplotlib import pyplot as plt

if __name__ == '__main__':
    img = cv.imread("../images/Fig1001.png", flags=0)  # 读取灰度图像

    # (1) 不对称卷积核
    kernel = np.array([[-1, -2, -1], [0, 0, 0], [1, 2, 1]])  # 不对称卷积核
    imgCorr = cv.filter2D(img, -1, kernel)  # 相关运算
    kernFlip = cv.flip(kernel, -1)  # 翻转卷积核
    imgConv = cv.filter2D(img, -1, kernFlip)  # 卷积运算
    print("(1) Asymmetric convolution kernel")
    print("\tCompare imgCorr & imgConv: ", (imgCorr==imgConv).all())
```

```
# (2) 对称卷积核
kernSymm = np.array([[-1, -1, -1], [-1, 9, -1], [-1, -1, -1]])  # 对称卷积核
imgCorrSym = cv.filter2D(img, -1, kernSymm)
kernFlip = cv.flip(kernSymm, -1)  # 卷积核旋转180度
imgConvSym = cv.filter2D(img, -1, kernFlip)
print("(2) Symmetric convolution kernel")
print("\tCompare imgCorr & imgConv: ", (imgCorrSym==imgConvSym).all())

# (3) 可分离卷积核: kernXY = kernX * kernY
kernX = np.array([[-1, 2, -1]], np.float32)  # 水平卷积核 (1,3)
kernY = np.transpose(kernX)  # 垂直卷积核 (3,1)
kernXY = kernX * kernY  # 二维卷积核 (3,3)
kFlip = cv.flip(kernXY, -1)  # 水平和垂直翻转卷积核
imgConvXY = cv.filter2D(img, -1, kernXY)  # 直接使用二维卷积核
imgConvSep = cv.sepFilter2D(img, -1, kernX, kernY)  # 分离卷积核依次卷积
print("(3) Separable convolution kernel")
print("\tCompare imgConvXY & imgConvSep: ", (imgConvXY==imgConvSep).all())
print("kernX:{}, kernY:{}, kernXY:{}".format(kernX.shape, kernY.shape,
kernXY.shape))

plt.figure(figsize=(9, 3.2))
plt.subplot(131), plt.axis('off'), plt.title("1. Original")
plt.imshow(img, cmap='gray', vmin=0, vmax=255)
plt.subplot(132), plt.axis('off'), plt.title("2. Correlation")
plt.imshow(imgCorr, cmap='gray', vmin=0, vmax=255)
plt.subplot(133), plt.axis('off'), plt.title("3. Convolution")
plt.imshow(imgConv, cmap='gray', vmin=0, vmax=255)
plt.tight_layout()
plt.show()
```

运行结果

```
(1) Asymmetric convolution kernel
    Compare imgCorr & imgConv: False
(2) Symmetric convolution kernel
    Compare imgCorr & imgConv: True
(3) Separable convolution kernel
    Compare imgConvXY & imgConvSep: True
```

程序说明

（1）运行结果，图像的卷积运算与相关运算的比较如图 10-1 所示。图 10-1(2)所示为相关运算的结果，图 10-1(3)所示为卷积运算的结果。对于翻转不对称的卷积核，相关运算与卷积运算的结果是不同的，要先翻转卷积核再进行相关运算，才能实现卷积运算。

（2）运行结果表明，对于翻转对称的卷积核，图像的相关运算与卷积运算结果相同。

（3）可分离卷积核可以分解为一维水平核与一维卷积核。运行结果表明，对于可分离卷积核，可用水平卷积核和垂直卷积核依次对图像进行卷积，与用二维卷积核直接对图像进行卷积的结果相同。

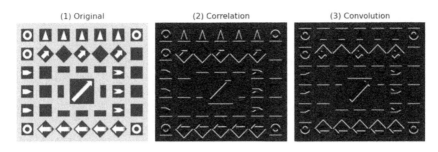

图 10-1　图像的卷积运算与相关运算的比较

10.2　空间滤波之盒式滤波器

图像模糊也称低通滤波，可以通过加权平均或卷积运算来实现，类似积分运算。

平滑滤波也称低通滤波，可以抑制图像中的灰度突变，使图像变得模糊，是低频增强的空间滤波技术。平滑滤波的本质是像素值在像素邻域的加权平均，卷积核中心的权值最大，距离卷积核中心越远权值越小。

均值滤波用矩形邻域 S_{xy} 中像素值的平均值 mean 作为当前像素值，数学描述如下。

$$f(x,y) = \underset{(r,c)\in S_{xy}}{\text{mean}} \left\{ g(r,c) \right\}$$

均值滤波器核所有点的权重相同，形状像一个盒子，也被称为盒式滤波器。盒式滤波器结构简单，便于快速实现和实验，但对透镜模糊特性的近似能力较差。

OpenCV 中的函数 cv.blur 和函数 cv.boxFilter 用于实现图像的盒式低通滤波。

函数原型

cv.blur(src, ksize[, dst, anchor, borderType]) → dst

cv.boxFilter(src, ddepth, ksize[, dst, anchor, normalize, borderType]) → dst

参数说明

◎　src：输入图像，是 Numpy 数组，允许为单通道图像或多通道图像。

◎　dst：输出图像，大小和通道数与 src 相同。

◎　ksize：滤波器核的尺寸，格式为元组(w, h)。

◎　ddepth：输出图像的数据类型，–1 表示数据类型与 src 相同。

◎　anchor：卷积核的锚点，可选项，默认值为(–1,–1)，表示以卷积核中心为锚点。

◎　normalize：卷积核归一化标志，可选项，默认值为 True。

◎　borderType：边界扩充类型，可选项，不支持 BORDER_WRAP。

注意问题

（1）函数 cv.blur 的卷积核进行了归一化处理，权值之和为 1。

（2）函数 cv.boxFilter 默认对卷积核进行归一化处理，此时等价于函数 cv.blur，但也允许将卷积核的所有系数设为 1，以便计算协方差矩阵等积分特性。

（3）函数 cv.boxFilter 中的参数 ddepth 不能省略。

（4）卷积核的宽度 w 和高度 h 通常设为奇数，以便将卷积核中心与像素点对齐。卷积核的尺寸，也被称为孔径大小。

【例程 1002】空间滤波之盒式低通滤波器

本例程介绍盒式低通滤波器（均值滤波）的使用。

```python
# 【1002】空间滤波之盒式低通滤波器
import cv2 as cv
import numpy as np
from matplotlib import pyplot as plt

if __name__ == '__main__':
    img = cv.imread("../images/Fig1001.png", flags=0)  # 读取灰度图像

    # (1) 盒式滤波器的 3 种实现方法
    ksize = (5, 5)
    kernel = np.ones(ksize, np.float32) / (ksize[0]*ksize[1])  # 生成归一化核
    conv1 = cv.filter2D(img, -1, kernel)  # cv.filter2D
    conv2 = cv.blur(img, ksize)  # cv.blur
    conv3 = cv.boxFilter(img, -1, ksize)  # cv.boxFilter
    print("Compare conv1 & conv2: ", (conv1==conv2).all())
    print("Compare conv1 & conv3: ", (conv1==conv3).all())

    # (2) 滤波器尺寸的影响
    imgConv1 = cv.blur(img, (5, 5))  # ksize=(5,5)
    imgConv2 = cv.blur(img, (11, 11))  # ksize=(11,11)

    plt.figure(figsize=(9, 3.2))
    plt.subplot(131), plt.axis('off'), plt.title("1. Original")
    plt.imshow(img, cmap='gray', vmin=0, vmax=255)
    plt.subplot(132), plt.axis('off'), plt.title("2. boxFilter (5,5)")
    plt.imshow(imgConv1, cmap='gray', vmin=0, vmax=255)
    plt.subplot(133), plt.axis('off'), plt.title("3. boxFilter (11,11)")
    plt.imshow(imgConv2, cmap='gray', vmin=0, vmax=255)
    plt.tight_layout()
    plt.show()
```

程序说明

（1）盒式滤波器可以用盒式滤波函数 cv.boxFilter 或函数 cv.blur 实现，也可以通过函数 cv.filter2D 构造盒式滤波器进行卷积运算实现，3 种方法的结果相同。

（2）运行结果，盒式滤波器的滤波图像如图 10-2 所示。图 10-2(2)和图 10-2(3)所示为使用不同滤波器尺寸的平滑图像。盒式滤波器的尺寸越大，滤波图像越平滑，边缘和特征也越模糊。

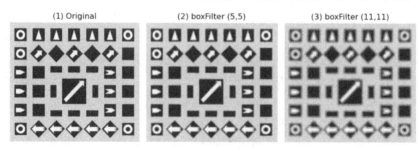

图 10-2　盒式滤波器的滤波图像

10.3　空间滤波之高斯滤波器

高斯滤波器（Gaussian Filter）是以高斯核函数为权函数的滤波器，在信号和图像处理领域的应用非常广泛。

高斯核函数的数学描述如下。

$$w(s,t) = G(s,t) = \frac{1}{2\pi\sigma^2} e^{-r^2/2\sigma^2}$$

式中，σ 是高斯核的标准差（尺度因子）；r 表示任意点到中心点的距离。

高斯卷积核有很多重要的性质。

（1）高斯卷积核是圆对称（各向同性）的，中心点的权重最大，离中心点越远，权重越小。

（2）高斯卷积核是可分离卷积核，可以通过水平卷积核和垂直卷积核实现对图像的卷积。

（3）高斯卷积核的有效尺寸为 $(6\sigma+1)(6\sigma+1)$，尺寸越大，平滑程度越高。

OpenCV 中的函数 cv.GaussianBlur 用于实现高斯低通滤波，函数 cv.getGaussianKernel 用于计算一维高斯滤波器的系数。

函数原型

cv.GaussianBlur(src, ksize, sigmaX[, dst, sigmaY, borderType]) → dst

cv.getGaussianKernel(ksize, sigma[, ktype]) → retval

参数说明

◎　src：输入图像，是多维 Numpy 数组，允许为单通道图像或多通道图像。

◎　dst：输出图像，大小和通道数与 src 相同。

◎　ksize：高斯滤波器核的尺寸，格式为元组(w,h)，0 表示由 sigma 计算。

◎　sigmaX：x 轴方向的高斯核标准差。

◎　sigmaY：y 轴方向的高斯核标准差，可选项，默认值为 0。

◎　sigma：高斯核的标准差，是浮点型数据。

◎　borderType：边界扩充类型，可选项，不支持 BORDER_WRAP。

◎　ktype：高斯核的数据类型，可选项，默认值为 CV_64F，可选 CV_32F。

◎　retval：返回值，是一维高斯核的系数，形状为(ksize,1)的 Numpy 数组。

注意问题

（1）高斯核标准差 sigmaX 不能省略，sigmaY 可以省略，缺省时，表示 sigmaY=sigmaX。

（2）如果 sigmaX=sigmaY=0，则由 ksize 计算：$\text{sigma} = 0.3\left[(\text{ksize}-1)/2-1\right]+0.8$。

（3）如果 ksize=0，则由 sigma 自动计算 ksize。

（4）ksize 的宽度 w 与高度 h 必须是奇数。

（5）注意在函数 cv.GaussianBlur 中，ksize 的格式为元组(w,h)，表示滤波器的尺寸；而在函数 cv.getGaussianKernel 中，ksize 的格式为数值，表示滤波器的孔径。

（6）使用函数 cv.GaussianBlur 时，推荐对 ksize、sigmaX、sigmaY 都进行赋值。

（7）函数 cv.getGaussianKernel 能返回一维高斯滤波器的系数，形状为(ksize,1)。

【例程 1003】空间滤波之高斯滤波器

本例程介绍高斯滤波器的使用。

```python
# 【1003】空间滤波之高斯低通滤波器
import cv2 as cv
import numpy as np
from matplotlib import pyplot as plt

if __name__ == '__main__':
    img = cv.imread("../images/Fig1001.png", flags=0)  # 读取灰度图像

    # (1) 计算高斯核
    kernX = cv.getGaussianKernel(5, 0)  # 一维高斯核
    kernel = kernX * kernX.T  # 二维高斯核
    print("1D kernel of Gaussian:{}".format(kernX.shape))
    print(kernX.T.round(4))
    print("2D kernel of Gaussian:{}".format(kernel.shape))
    print(kernel.round(4))

    # (2) 高斯低通滤波核
    ksize = (11, 11)  # 高斯滤波器核的尺寸
    GaussBlur11 = cv.GaussianBlur(img, ksize, 0)  # sigma 由 ksize 计算
    ksize = (43, 43)
    GaussBlur43 = cv.GaussianBlur(img, ksize, 0)

    plt.figure(figsize=(9, 3.2))
    plt.subplot(131), plt.axis('off'), plt.title("1. Original")
    plt.imshow(img, cmap='gray', vmin=0, vmax=255)
    plt.subplot(132), plt.axis('off'), plt.title("2. GaussianFilter (k=11)")
    plt.imshow(GaussBlur11, cmap='gray', vmin=0, vmax=255)
    plt.subplot(133), plt.axis('off'), plt.title("3. GaussianFilter (k=43)")
    plt.imshow(GaussBlur43, cmap='gray', vmin=0, vmax=255)
    plt.tight_layout()
    plt.show()
```

运行结果

```
1D kernel of Gaussian:(5, 1)
   [[0.0625 0.25   0.375  0.25   0.0625]]
2D kernel of Gaussian:(5, 5)
   [[0.0039 0.0156 0.0234 0.0156 0.0039]
   [0.0156 0.0625 0.0938 0.0625 0.0156]
   [0.0234 0.0938 0.1406 0.0938 0.0234]
   [0.0156 0.0625 0.0938 0.0625 0.0156]
   [0.0039 0.0156 0.0234 0.0156 0.0039]]
```

程序说明

（1）函数 cv.getGaussianKernel 能返回一维高斯滤波器的系数，可以由此计算并得到二维高斯滤波器的系数。

（2）运行结果，高斯低通滤波器的滤波图像如图 10-3 所示。图 10-3(2)和图 10-3(3)所示为使用不同滤波器尺寸的平滑图像。高斯核的标准差 sigma 越大，高斯滤波器核的尺寸 ksize 越大，滤波图像越模糊。

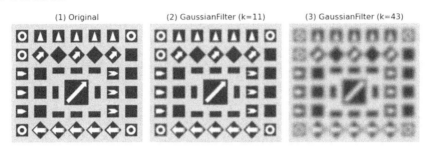

图 10-3 高斯低通滤波器的滤波图像

10.4 空间滤波之统计排序滤波器

统计排序滤波器是空间滤波器，其输出响应基于邻域中的像素值的统计值得到。统计排序滤波器包括中值滤波器、最大值滤波器、最小值滤波器、中点滤波器和修正阿尔法均值滤波器。

10.4.1 中值滤波器

中值滤波器是基于统计排序方法的滤波器，属于非线性滤波器。中值滤波能有效降低某些随机噪声，且模糊度较小，但运算时间很长。

中值滤波器用邻域中像素灰度值的中值作为当前像素值，数学描述如下。

$$f(x,y) = \underset{(r,c) \in S_{xy}}{\mathrm{median}}\{g(r,c)\}$$

OpenCV 中的函数 cv.medianBlur 用于实现中值滤波算法。

函数原型

cv.medianBlur(src, ksize[, dst]) → dst

参数说明

◎ src：输入图像，是多维 Numpy 数组，允许为单通道图像或多通道图像。

◎ dst：输出图像，大小和通道数与 src 相同。

◎ ksize：滤波器核的尺寸，取值为大于 1 的正奇数。

注意问题

（1）函数使用尺寸为 ksize×ksize 的中值滤波器处理图像，注意中值 median 不是平均值 mean，而是按大小排序的中间值。

（2）当 ksize ≤ 5 时，允许图像为 CV_8U/CV16U/CV_32F 图像类型；当 ksize > 5 时，只允许图像为 CV_8U 图像类型。排序操作很费时，滤波器孔径不宜过大。

（3）支持多通道图像，每个通道独立处理。

10.4.2 最大值滤波器

最大值滤波器用像素邻域中灰度值的最大值作为当前像素值，数学描述如下。

$$f(x,y) = \max_{(r,c) \in S_{xy}} \{g(r,c)\}$$

最大值滤波器相当于灰度膨胀，图像的暗特征减少、亮特征增加。最大值滤波器可以用来找图像中的最亮点，也可以用来降低胡椒噪声。

10.4.3　最小值滤波器

最小值滤波器用像素邻域中灰度值的最小值作为当前像素值，数学描述如下。

$$f(x,y) = \min_{(r,c) \in S_{xy}} \{g(r,c)\}$$

最小值滤波器相当于灰度腐蚀，图像的亮特征减少、暗特征变大。最小值滤波器可以用来找图像中的最暗点，也可以用来降低盐粒噪声。

10.4.4　中点滤波器

中点滤波器用像素邻域中灰度值的最大值与最小值的均值作为当前像素值，数学描述如下。

$$f(x,y) = \left(\max_{(r,c) \in S_{xy}} \{g(r,c)\} + \min_{(r,c) \in S_{xy}} \{g(r,c)\} \right) / 2$$

中点滤波器是统计排序滤波器与平均滤波器的结合，适合处理随机分布的噪声，如高斯噪声和均匀噪声。注意中点的值与中值 median 一般是不同的。

10.4.5　修正阿尔法均值滤波器

修正阿尔法均值滤波器类似去掉最高分和最低分后计算平均分的方法。数学描述：在像素邻域中删除 d 个最小值和 d 个最大值，计算剩余像素 $g_R(r,c)$ 的算术平均值。

$$f(x,y) = \frac{1}{mn-2d} \sum_{(r,c) \in S_R} g_R(r,c)$$

式中，m、n 表示滤波器的尺寸；d 的取值范围是 $[0, mn/2-1]$。d 的大小对处理效果影响很大，当 $d=0$ 时简化为算术平均滤波器；当 $d=mn/2-1$ 时简化为中值滤波器；当 d 取其他值时，适合处理多种混合噪声，如高斯噪声和椒盐噪声。

【例程 1004】空间滤波之高斯低通滤波器和中值滤波器

本例程分别使用高斯低通滤波器和中值滤波器处理一幅带有椒盐噪声的图像。椒盐噪声也称脉冲噪声，是随机出现的白点或黑点。

```python
# 【1004】空间滤波之中值滤波器
import cv2 as cv
from matplotlib import pyplot as plt

if __name__ == '__main__':
    img = cv.imread("../images/Fig1002.png", flags=0)  # 读取灰度图像

    # (1) 高斯低通滤波器
    ksize = (11,11)
    GaussBlur = cv.GaussianBlur(img, ksize, 0)
    # (2) 中值滤波器
    medianBlur = cv.medianBlur(img, ksize=3)
```

```
plt.figure(figsize=(9, 3.5))
plt.subplot(131), plt.axis('off'), plt.title("1. Original")
plt.imshow(img, cmap='gray', vmin=0, vmax=255)
plt.subplot(132), plt.axis('off'), plt.title("2. GaussianFilter")
plt.imshow(GaussBlur, cmap='gray', vmin=0, vmax=255)
plt.subplot(133), plt.axis('off'), plt.title("3. MedianBlur(size=3)")
plt.imshow(medianBlur, cmap='gray', vmin=0, vmax=255)
plt.tight_layout()
plt.show()
```

程序说明

（1）运行结果，高斯低通滤波器和中值滤波器的滤波图像如图 10-4 所示。图 10-4(1)所示的原始图像带有少量椒盐噪声。

（2）图 10-4(2)所示为使用高斯低通滤波器处理的图像，只能模糊图像而弱化噪点，不能消除椒盐噪点。

（3）图 10-4(3)所示为使用中值滤波器处理的图像，消除椒盐噪声的效果很好。

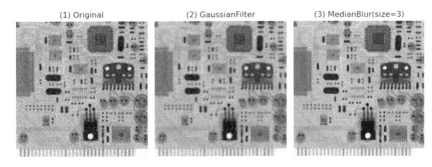

图 10-4　高斯低通滤波器和中值滤波器的滤波图像

【例程 1005】空间滤波之统计排序滤波器

OpenCV 中没有提供中值滤波器、最大值滤波器、最小值滤波器、中点滤波器和修正阿尔法均值滤波器的实现函数，本例程给出这些滤波器的实现方法。

```
# 【1005】空间滤波之统计排序滤波器
import cv2 as cv
import numpy as np
from matplotlib import pyplot as plt

if __name__ == '__main__':
    img = cv.imread("../images/Fig1002.png", flags=0)  # 读取灰度图像
    hImg, wImg = img.shape[:2]

    # 边界填充
    m, n = 3, 3  # 统计排序滤波器的尺寸
    hPad, wPad = int((m-1)/2), int((n-1)/2)
    imgPad = cv.copyMakeBorder(img, hPad, hPad, wPad, wPad, cv.BORDER_REFLECT)

    imgMedianF = np.zeros(img.shape)  # 中值滤波器
    imgMaximumF = np.zeros(img.shape)  # 最大值滤波器
```

```python
imgMinimumF = np.zeros(img.shape)  # 最小值滤波器
imgMiddleF = np.zeros(img.shape)  # 中点滤波器
imgAlphaF = np.zeros(img.shape)  # 修正阿尔法均值滤波器
for h in range(hImg):
    for w in range(wImg):
        # 当前像素的邻域
        neighborhood = imgPad[h:h+m, w:w+n]
        padMax = np.max(neighborhood)  # 邻域最大值
        padMin = np.min(neighborhood)  # 邻域最小值
        # (1) 中值滤波器 (Median filter)
        imgMedianF[h,w] = np.median(neighborhood)
        # (2) 最大值滤波器 (Maximum filter)
        imgMaximumF[h,w] = padMax
        # (3) 最小值滤波器 (Minimum filter)
        imgMinimumF[h,w] = padMin
        # (4) 中点滤波器 (Middle filter)
        imgMiddleF[h,w] = int(padMax/2 + padMin/2)
        # 注意不能写成 int[(padMax+padMin)/2]，以免数据溢出
        # (5) 修正阿尔法均值滤波器 (Modified alpha-mean filter)
        d = 2  # 修正值
        neighborSort = np.sort(neighborhood.flatten())  # 邻域像素按灰度值排序
        sumAlpha = np.sum(neighborSort[d:m*n-d-1])  # 删除 d 个最大灰度值, d 个
最小灰度值
        imgAlphaF[h,w] = sumAlpha / (m*n-2*d)  # 对剩余像素进行算术平均

plt.figure(figsize=(9, 6.5))
plt.subplot(231), plt.axis('off'), plt.title("1. Original")
plt.imshow(img, cmap='gray', vmin=0, vmax=255)
plt.subplot(232), plt.axis('off'), plt.title("2. Median filter")
plt.imshow(imgMedianF, cmap='gray', vmin=0, vmax=255)
plt.subplot(233), plt.axis('off'), plt.title("3. Maximum filter")
plt.imshow(imgMaximumF, cmap='gray', vmin=0, vmax=255)
plt.subplot(234), plt.axis('off'), plt.title("4. Minimum filter")
plt.imshow(imgMinimumF, cmap='gray', vmin=0, vmax=255)
plt.subplot(235), plt.axis('off'), plt.title("5. Middle filter")
plt.imshow(imgMiddleF, cmap='gray', vmin=0, vmax=255)
plt.subplot(236), plt.axis('off'), plt.title("6. Modified alpha-mean")
plt.imshow(imgAlphaF, cmap='gray', vmin=0, vmax=255)
plt.tight_layout()
plt.show()
```

程序说明

（1）运行结果，统计排序滤波器的滤波图像如图 10-5 所示。图 10-5(1)所示的原始图像带有少量椒盐噪声。

（2）图 10-5(2)所示为中值滤波图像，图 10-5(6)所示为修正阿尔法均值滤波图像，这两种滤波器处理及消除椒盐噪声的效果很好。

（3）图 10-5(3)所示为最大值滤波图像，可以消除椒粒噪声（黑色脉冲点），但对盐粒噪声（白色脉冲点）无效。图 10-5(4)所示为最小值滤波图像，可以消除盐粒噪声，但对椒粒噪声无效。图 10-5(5)所示为中点滤波图像，只能弱化椒粒噪声和盐粒噪声。

需要说明的是，图中某些滤波图像效果较差，并不能全面地反映该滤波器的性能，只能说明该滤波器不适合处理某些类型的噪声。

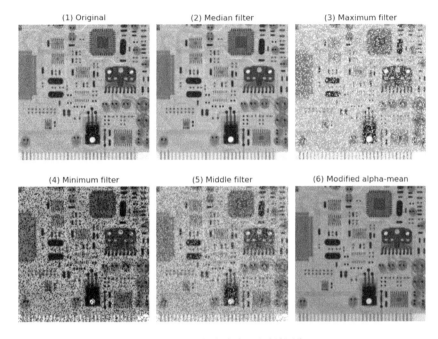

图 10-5　统计排序滤波器的滤波图像

10.5　空间滤波之自适应滤波器

均值滤波器和统计滤波器都没有考虑图像本身的特征。自适应滤波器能根据像素邻域中的统计特性而变化，通常性能更好，但计算量也更大。

10.5.1　自适应局部降噪滤波器

均值和方差是随机变量的最基本的统计量，方差 σ_η^2 能反映图像的全局对比度。在像素点 (x, y) 的邻域 S_{xy} 中，均值 $z_{S_{xy}}$ 能反映邻域的局部平均灰度，方差 $\sigma_{S_{xy}}^2$ 能反映像素邻域的图像对比度。

自适应局部降噪滤波器的数学描述如下。

$$f(x, y) = g(x, y) - \frac{\sigma_\eta^2}{\sigma_{S_{xy}}^2} \Big[g(x, y) - z_{S_{xy}} \Big]$$

10.5.2　自适应中值滤波器

中值滤波器的窗口尺寸是固定的，不能同时兼顾去噪和保护图像细节。自适应中值滤波器能通过动态调整滤波器的窗口尺寸，处理较大的脉冲噪声，平滑非脉冲噪声，尽可能地保护图像边缘的细节信息。

自适应中值滤波器的实现步骤如下。

（1）判断在当前滤波器窗口所得到的中值 zmed 是否是噪声。

（2）如果判断中值 zmed 是噪声，则增大窗口尺寸，从较大窗口获得非噪声的中值。

自适应中值滤波器在图像噪声的概率较低时，可使用较小的窗口尺寸，以提高计算速度；而在噪声的概率较高时，可通过增大窗口尺寸，来改善滤波效果。

【例程 1006】空间滤波之自适应局部降噪滤波器与均值滤波器

本例程用于自适应局部降噪滤波器与均值滤波器的比较。

```python
# 【1006】空间滤波之自适应局部降噪滤波器与均值滤波器
import cv2 as cv
import numpy as np
from matplotlib import pyplot as plt

if __name__ == '__main__':
    img = cv.imread("../images/Fig1003.png", flags=0)  # 读取灰度图像
    hImg, wImg = img.shape[:2]

    # 边界填充
    m, n = 5, 5  # 滤波器尺寸，m×n 矩形邻域
    hPad, wPad = int((m-1)/2), int((n-1)/2)
    imgPad = cv.copyMakeBorder(img, hPad, hPad, wPad, wPad, cv.BORDER_REFLECT)
    # 估计原始图像的噪声方差 varImg
    mean, stddev = cv.meanStdDev(img)  # 图像均值，方差
    varImg = stddev ** 2
    # 自适应局部降噪
    epsilon = 1e-8
    imgAdaptLocal = np.zeros(img.shape)
    for h in range(hImg):
        for w in range(wImg):
            neighborhood = imgPad[h:h+m, w:w+n]  # 邻域 Sxy，m×n
            meanSxy, stddevSxy = cv.meanStdDev(neighborhood)  # 邻域局部均值
            varSxy = stddevSxy**2  # 邻域局部方差
            ratioVar = min(varImg / (varSxy + epsilon), 1.0)  # 加性噪声 varImg<varSxy
            imgAdaptLocal[h,w] = img[h,w] - ratioVar * (img[h,w] - meanSxy)

    # 均值滤波器，用于比较
    imgAriMean = cv.boxFilter(img, -1, (m, n))

    plt.figure(figsize=(9, 3.5))
    plt.subplot(131), plt.axis('off'), plt.title("1. Original")
    plt.imshow(img, cmap='gray', vmin=0, vmax=255)
    plt.subplot(132), plt.axis('off'), plt.title("2. Box filter")
    plt.imshow(imgAriMean, cmap='gray', vmin=0, vmax=255)
    plt.subplot(133), plt.axis('off'), plt.title("3. Adaptive local filter")
    plt.imshow(imgAdaptLocal, cmap='gray', vmin=0, vmax=255)
    plt.tight_layout()
    plt.show()
```

程序说明

运行结果，自适应局部降噪滤波器与均值滤波器的比较如图 10-6 所示。图 10-6(1)所示的原始图像带有高斯噪声。图 10-6(2)所示为均值滤波器的滤波图像。图 10-6(3)所示为自适应局部降噪滤波器的滤波图像，自适应局部降噪滤波器的性能优于均值滤波器。

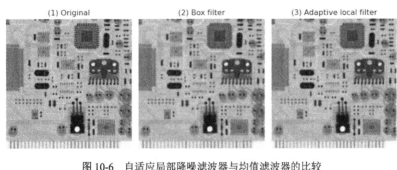

图 10-6　自适应局部降噪滤波器与均值滤波的比较

【例程 1007】空间滤波之中值滤波器与自适应中值滤波器

本例程用于中值滤波器与自适应中值滤波器的比较。

```python
# 【1007】空间滤波之中值滤波器与自适应中值滤波器
import cv2 as cv
import numpy as np
from matplotlib import pyplot as plt

if __name__ == '__main__':
    img = cv.imread("../images/Fig1003.png", flags=0)  # 读取灰度图像
    hImg, wImg = img.shape[:2]
    print(hImg, wImg)

    # 边界填充
    smax = 7  # 允许最大的窗口尺寸
    m, n = smax, smax  # 滤波器尺寸，m×n 矩形邻域
    hPad, wPad = int((m-1)/2), int((n-1)/2)
    imgPad = cv.copyMakeBorder(img, hPad, hPad, wPad, wPad, cv.BORDER_REFLECT)

    imgMedianFilter = np.zeros(img.shape)  # 比较，中值滤波器
    imgAdaptMedFilter = np.zeros(img.shape)  # 自适应中值滤波器
    for h in range(hPad, hPad+hImg):
        for w in range(wPad, wPad+wImg):
            # (1) 中值滤波器 (Median filter)
            ksize = 3  # 固定邻域窗口尺寸
            kk = ksize//2  # 邻域半径
            win = imgPad[h-kk:h+kk+1, w-kk:w+kk+1]  # 邻域 Sxy, m×n
            imgMedianFilter[h-hPad, w-wPad] = np.median(win)

            # (2) 自适应中值滤波器 (Adaptive median filter)
            ksize = 3  # 自适应邻域窗口初值
            zxy = img[h-hPad, w-wPad]
            while True:
                k = ksize//2
                win = imgPad[h-k:h+k+1, w-k:w+k+1]  # 邻域 Sxy(ksize)
                zmin, zmed, zmax = np.min(win), np.median(win), np.max(win)
                if zmin < zmed < zmax:  # zmed 不是噪声
                    if zmin < zxy < zmax:
                        imgAdaptMedFilter[h-hPad, w-wPad] = zxy
```

```
        else:
            imgAdaptMedFilter[h-hPad, w-wPad] = zmed
        break
    else:
        if ksize >= smax:  # 达到最大窗口
            imgAdaptMedFilter[h-hPad, w-wPad] = zmed
            break
        else:  # 未达到最大窗口
            ksize = ksize + 2  # 增大窗口尺寸

plt.figure(figsize=(9, 3.5))
plt.subplot(131), plt.axis('off'), plt.title("1. Original")
plt.imshow(img, cmap='gray', vmin=0, vmax=255)
plt.subplot(132), plt.axis('off'), plt.title("2. Median filter")
plt.imshow(imgMedianFilter, cmap='gray', vmin=0, vmax=255)
plt.subplot(133), plt.axis('off'), plt.title("3. Adaptive median filter")
plt.imshow(imgAdaptMedFilter, cmap='gray', vmin=0, vmax=255)
plt.tight_layout()
plt.show()
```

程序说明

运行结果，中值滤波器与自适应中值滤波器的比较如图 10-7 所示。图 10-7(1)所示的原始图像带有少量椒盐噪声。图 10-7(2)所示为中值滤波器的滤波图像。图 10-7(3)所示为自适应中值滤波器的滤波图像，自适应中值滤波器性能优于中值滤波器。

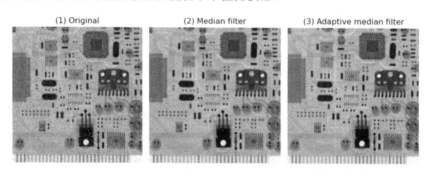

图 10-7　中值滤波器与自适应中值滤波器的比较

10.6　空间滤波之双边滤波器

双边滤波器要同时考虑空间域信息和灰度相似性，在过滤噪声的同时有效地保持边缘的清晰和锐利，用于人像处理，具有美颜效果。

针对高斯滤波的边缘模糊问题，双边滤波器增加了一个反映像素强度差异的方差，以保护边缘清晰。双边滤波器的数学描述如下。

$$w(s,t) = G(s,t) = e^{-\left[(s-k)^2+(t-l)^2\right]/2\sigma_s^2} e^{-\|f(s,t)-f(k,l)\|^2/2\sigma_r^2}$$

式中，σ_s 与 σ_r 分别表示滤波器核在坐标空间的方差与在颜色空间的方差。

双边滤波器的权值是空间域距离权值和像素值域差异度权值的乘积，输出结果既依赖于当前邻域的像素值，又取决于当前像素与邻域像素的灰度差。平坦区域的像素差值越小，空间域权重起的作用越大，相当于高斯模糊；边缘区域的像素差值越大，值域权重起的作用越大，从而保持了边缘的细节。

OpenCV 中的函数 cv.bilateralFilter 用于实现双边滤波算法。

函数原型

cv.bilateralFilter(src, d, sigmaColor, sigmaSpace[, dst, borderType]) → dst

参数说明

◎　src：输入图像，允许为单通道图像或三通道图像。

◎　dst：输出图像，大小和通道数与 src 相同。

◎　d：滤波器核的邻域直径。

◎　sigmaColor：滤波器核在颜色空间的方差，反映灰度差的影响强度。

◎　sigmaSpace：滤波器核在坐标空间的方差，相当于高斯核标准差。

◎　borderType：边界扩充类型，可选项，不支持 BORDER_WRAP。

注意问题

（1）当 $d > 0$ 时，邻域直径忽略 sigmaSpace，为 d；当 $d \leqslant 0$ 时，邻域直径由 sigmaSpace 计算。

（2）大型双边滤波器的运算速度非常慢，建议在实时程序中使用 $d = 5$，在需要强噪声过滤的离线程序中可以使用 $d = 9$。

【例程 1008】空间滤波之高斯滤波器与双边滤波器

本例程分别使用高斯滤波器与双边滤波器处理一幅添加噪声的 Lena 图像。

```python
# 【1008】空间滤波之高斯滤波器与双边滤波器
import cv2 as cv
import numpy as np
from matplotlib import pyplot as plt

if __name__ == '__main__':
    img = cv.imread("../images/LenaGauss.png", flags=0)  # 读取灰度图像
    hImg, wImg = img.shape[:2]
    print(hImg, wImg)

    # (1) 高斯滤波核
    ksize = (11, 11)  # 高斯滤波器的尺寸
    imgGaussianF = cv.GaussianBlur(img, ksize, 0, 0)
    # (2) 双边滤波器
    imgBilateralF = cv.bilateralFilter(img, d=5, sigmaColor=40, sigmaSpace=10)

    plt.figure(figsize=(9, 3.5))
    plt.subplot(131), plt.axis('off'), plt.title("1. Original")
    plt.imshow(img, cmap='gray', vmin=0, vmax=255)
    plt.subplot(132), plt.axis('off'), plt.title("2. GaussianFilter")
    plt.imshow(imgGaussianF, cmap='gray', vmin=0, vmax=255)
    plt.subplot(133), plt.axis('off'), plt.title("3. BilateralFilter")
    plt.imshow(imgBilateralF, cmap='gray', vmin=0, vmax=255)
```

```
plt.tight_layout()
plt.show()
```

程序说明

（1）运行结果，高斯滤波器与双边滤波器的比较如图 10-8 所示。图 10-8(1)所示为在原始图像中添加高斯噪声，图 10-8(2)所示为高斯滤波器的滤波图像，图 10-8(3)所示为双边滤波器的滤波图像。

（2）高斯滤波器的滤波图像边缘模糊，双边滤波器能有效地保持边缘清晰。

图 10-8　高斯滤波器与双边滤波器的比较

10.7　空间滤波之钝化掩蔽

图像锐化也称高通滤波，可以通过微分运算（有限差分）实现，得到图像灰度的变化值。高通滤波具有高频通过低频衰减的特性，可以增强图像的灰度跳变部分，广泛应用于电子印刷、医学成像和工业检测。

简单地，用原始图像减去其平滑后的钝化图像，就可以实现图像锐化，称为钝化掩蔽。

令 g_{smooth} 表示原始图像的平滑图像，则钝化掩蔽图像 g_{mask} 的数学描述如下。

$$g_{mask}(x,y) = g(x,y) - g_{smooth}(x,y)$$

将原始图像与钝化掩蔽图像相加，可以实现钝化掩蔽或高提升滤波：

$$f(x,y) = g(x,y) + kg_{mask}(x,y), k > 0$$

当 $k > 1$ 时，实现高提升滤波；当 $k = 1$ 时，实现钝化掩蔽；当 $k < 1$ 时，减弱钝化掩蔽。

【例程 1009】空间滤波之钝化掩蔽与高提升滤波

本例程给出空间滤波之钝化掩蔽的方法，比较系数 k 的影响。

```
# 【1009】空间滤波之钝化掩蔽与高提升滤波
import cv2 as cv
from matplotlib import pyplot as plt

if __name__ == '__main__':
    img = cv.imread("../images/LenaGauss.png", flags=0)  # 读取灰度图像
    print(img.shape[:2])

    # (1) 对原始图像进行高斯平滑
    imgGauss = cv.GaussianBlur(img, (11, 11), sigmaX=5.0)
    # (2) 掩蔽模板：从原始图像中减去平滑图像
```

```
maskPassivate = cv.subtract(img, imgGauss)
# (3) 掩蔽模板与原始图像相加
# k<1 减弱钝化掩蔽
maskWeak = cv.multiply(maskPassivate, 0.5)
passivation1 = cv.add(img, maskWeak)
# k=1 钝化掩蔽
passivation2 = cv.add(img, maskPassivate)
# k>1 高提升滤波
maskEnhance = cv.multiply(maskPassivate, 2.0)
passivation3 = cv.add(img, maskEnhance)

plt.figure(figsize=(9, 6.5))
titleList = ["1. Original", "2. GaussSBlur", "3. PassivateMask",
             "4. Passivation(k=0.5)", "5. Passivation(k=1.0)", "6.
Passivation(k=2.0)"]
imgList = [img, imgGauss, maskPassivate, passivation1, passivation2, passivation3]
for i in range(6):
    plt.subplot(2,3,i+1), plt.title(titleList[i])
    plt.axis('off'), plt.imshow(imgList[i], 'gray')
plt.tight_layout()
plt.show()
```

程序说明

（1）运行结果，图像的钝化掩蔽和高提示滤波如图 10-9 所示。图 10-9(1)所示为原始 Lena 图像。图 10-9(2)所示为高斯滤波图像。图 10-9(3)所示为掩蔽模板，由原始图像减去高斯滤波图像得到。

（2）图 10-9(4)～(6)所示分别为由原始图像与掩蔽模板相加得到的图像。图 10-9(4)中的 $k<1$，减弱了钝化掩蔽；图 10-9(5)中的 $k=1$，实现了钝化掩蔽；图 10-9(6)中的 $k>1$，实现了高提升滤波。

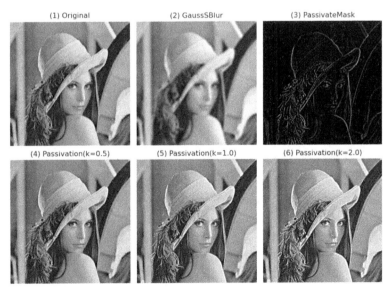

图 10-9　图像的钝化掩蔽和高提示滤波

10.8 空间滤波之 Laplacian 算子

图像模糊可以通过积分运算实现；图像锐化可以通过微分运算（有限差分）实现。

拉普拉斯算子（Laplacian 算子）是最简单的各向同性梯度算子之一，能突出图像中灰度的急剧变化，抑制灰度平坦变化区域，产生暗背景下的灰色边缘和不连续图像。Laplacian 算子是二阶导数，具有旋转不变性，可以检测不同方向的边缘，常用于图像的边缘检测。

对于二维图像，Laplacian 算子的数学描述如下。

$$g(x,y) = \nabla^2 f(x,y) = \frac{\partial^2 f(x,y)}{\partial x^2} + \frac{\partial^2 f(x,y)}{\partial y^2}$$

将该方程离散化，就得到拉普拉斯卷积核 K_1 和考虑对角项的拉普拉斯卷积核 K_2：

$$K_1 = \begin{bmatrix} 0 & 1 & 0 \\ 1 & -4 & 1 \\ 0 & 1 & 0 \end{bmatrix}, K_2 = \begin{bmatrix} 1 & 1 & 1 \\ 1 & -8 & 1 \\ 1 & 1 & 1 \end{bmatrix}$$

Laplacian 算子可以通过卷积操作实现，也可以直接使用函数 cv.Laplacian 实现。函数 cv.Laplacian 能通过 x 轴和 y 轴方向的二阶导数计算图像的拉普拉斯变换。

函数原型

cv.Laplacian(src, ddepth[, dst, ksize, scale, delta, borderType]) → dst

参数说明

◎ src：输入图像，允许为单通道图像或多通道图像。

◎ dst：输出图像，大小和通道数与 src 相同。

◎ ddepth：输出图像的数据类型，–1 表示数据类型与 src 相同。

◎ ksize：滤波器的孔径大小，是正奇数，可选项，默认值为 1。

◎ scale：缩放系数，可选项，默认值为 1。

◎ delta：偏移量，可选项，默认值为 0。

◎ borderType：边界扩充类型，可选项，不支持 BORDER_WRAP。

注意问题

（1）函数要基于 Sobel 算子计算的 X 轴和 Y 轴方向的一阶导数来计算 Laplacian 算子。

（2）当 ksize 默认值为 1 时，使用 3*3 的拉普拉斯卷积核 K_1。

（3）梯度运算结果有正负值，推荐将输出图像的数据类型 ddepth 设为 CV_32F/CV_64F，但此时值域范围很大，不能直接显示，可以用函数 cv.convertScaleAbs 拉伸到[0,255]再显示。

【例程 1010】空间滤波之 Laplacian 算子

本例程用于讲解 Laplacian 算子的使用，常用于图像的边缘检测。

```python
# 【1010】空间滤波之 Laplacian 算子
import cv2 as cv
import numpy as np
from matplotlib import pyplot as plt

if __name__ == '__main__':
    img = cv.imread("../images/Fig1001.png", flags=0)
```

```
# (1) 使用函数 cv.filter2D 计算 Laplacian K1、K2
LapLacianK1 = np.array([[0, 1, 0], [1, -4, 1], [0, 1, 0]])  # Laplacian K1
imgLapK1 = cv.filter2D(img, -1, LapLacianK1, cv.BORDER_REFLECT)
LapLacianK2 = np.array([[1, 1, 1], [1, -8, 1], [1, 1, 1]])  # Laplacian K2
imgLapK2 = cv.filter2D(img, -1, LapLacianK2, cv.BORDER_REFLECT)

# (2) 使用函数 cv.Laplacian 计算 Laplacian
imgLaplacian = cv.Laplacian(img, cv.CV_32F, ksize=3)  # 输出为浮点型数据
absLaplacian = cv.convertScaleAbs(imgLaplacian)  # 拉伸到 [0,255]
print(type(imgLaplacian[0,0]), type(absLaplacian[0,0]))

plt.figure(figsize=(9, 3.5))
plt.subplot(131), plt.axis('off'), plt.title("1. Original")
plt.imshow(img, cmap='gray', vmin=0, vmax=255)
plt.subplot(132), plt.axis('off'), plt.title("2. Laplacian(float)")
plt.imshow(imgLaplacian, cmap='gray', vmin=0, vmax=255)
plt.subplot(133), plt.axis('off'), plt.title("3. laplacian(abs)")
plt.imshow(absLaplacian, cmap='gray', vmin=0, vmax=255)
plt.tight_layout()
plt.show()
```

程序说明

（1）运行结果，Laplacian 算子变换图像如图 10-10 所示。图 10-10(1)所示为原始图像，图 10-10(2)所示为 CV_32F 类型的 Laplacian 算子变换结果图像，只显示了数值在[0,255]之间的像素。

（2）图 10-10(3)所示为将 Laplacian 算子变换结果拉伸到[0,255]后的显示图像，可以有效获得原始图像的边缘信息。

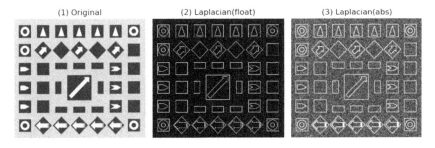

图 10-10　Laplacian 算子变换图像

10.9　空间滤波之 Sobel 算子与 Scharr 算子

10.9.1　Sobel 算子

Sobel 算子是一种离散微分算子，结合了高斯平滑和微分求导。Sobel 算子计算简单、速度快，抗噪性较好，但只能计算单一方向。

Sobel 算子利用局部差分寻找边缘，可以先分别计算水平、垂直方向的梯度 G_x、G_y，再求总梯度 G，其数学描述如下。

$$G = \sqrt{G_x^2 + G_y^2}$$

在图像处理中，可以用绝对值近似平方根来提高计算速度。

$$G = \left|G_x\right| + \left|G_y\right|$$

Sobel 算子由平滑算子和差分算子卷积得到，水平卷积核 K_x 和垂直卷积核 K_y 的数值如下。

$$K_x = \begin{bmatrix} -1 & 0 & 1 \\ -2 & 0 & 2 \\ -1 & 0 & 1 \end{bmatrix}, \quad K_y = \begin{bmatrix} -1 & -2 & -1 \\ 0 & 0 & 0 \\ 1 & 2 & 1 \end{bmatrix}$$

10.9.2 Scharr 算子

Scharr 算子是 Sobel 算子在 ksize=3 时的优化，比 Sobel 算子的精度更高。

Scharr 算子与 Sobel 算子的区别在于平滑部分，中心元素占的权重更大，相当于使用了标准差较小的高斯函数。Scharr 算子的水平卷积核 K_x 和垂直卷积核 K_y 的数值如下。

$$K_x = \begin{bmatrix} -3 & 0 & 3 \\ -10 & 0 & 10 \\ -3 & 0 & 3 \end{bmatrix}, \quad K_y = \begin{bmatrix} -3 & 10 & 3 \\ 0 & 0 & 10 \\ 3 & 10 & 3 \end{bmatrix}$$

Sobel 算子与 Scharr 算子可以通过卷积操作实现，也可以直接使用函数实现。函数 cv.Sobel 使用 Sobel 算子计算 x 轴或 y 轴方向的梯度，函数 cv.Scharr 使用 Scharr 算子计算 x 轴或 y 轴方向的梯度。

函数原型

cv.Sobel(src, ddepth, dx, dy[, dst, ksize, scale, delta, borderType])→ dst

cv.Scharr(src, ddepth, dx, dy[, dst, scale, delta, borderType]) → dst

参数说明

◎ src：输入图像。

◎ dst：输出图像，大小和通道数与 src 相同。

◎ ddepth：输出图像的数据类型，-1 表示数据类型与 src 相同。

◎ dx：x 轴方向的求导阶数，可以取 0、1、2。

◎ dy：y 轴方向的求导阶数，可以取 0、1、2。

◎ ksize：卷积核的尺寸，可选项，默认值为 3，可取 1、3、5、7。

◎ scale：缩放系数，可选项，默认值为 1。

◎ delta：偏移量，可选项，默认值为 0。

◎ borderType：边界扩充类型，可选项，不支持 BORDER_WRAP。

注意问题

（1）梯度运算结果有正负值，不宜使用无符号数据类型。如果输出图像的数据类型为 CV_8U，则会将微分运算产生的负数截断为 0。

（2）推荐将输出图像的数据类型设为 CV_32F/CV_64F，可以用函数 cv.convertScaleAbs 将其转换为 CV_8U。

（3）计算水平方向梯度时，要设置 dx=1,dy=0；计算垂直方向梯度时，要设置 dx=0,dy=1。

（4）当 ksize=-1 时，函数会自动调用 Scharr 算子来计算 Sobel 算子。

【例程 1011】空间滤波之 Sobel 算子

本例程用于讲解 Sobel 算子的使用，常用于图像的边缘检测。

```python
# 【1011】空间滤波之 Sobel 算子
import cv2 as cv
import numpy as np
from matplotlib import pyplot as plt

if __name__ == '__main__':
    img = cv.imread("../images/Fig1001.png", flags=0)
    print(img.shape[:2])

    # (1) 使用函数 cv.filter2D 实现
    kernSobelX = np.array([[-1, 0, 1], [-2, 0, 2], [-1, 0, 1]])
    kernSobelY = np.array([[-1, -2, -1], [0, 0, 0], [1, 2, 1]])
    SobelX = cv.filter2D(img, -1, kernSobelX)
    SobelY = cv.filter2D(img, -1, kernSobelY)

    # (2) 使用函数 cv.Sobel 实现
    imgSobelX = cv.Sobel(img, cv.CV_16S, 1, 0)  # X 轴方向
    imgSobelY = cv.Sobel(img, cv.CV_16S, 0, 1)  # Y 轴方向
    absSobelX = cv.convertScaleAbs(imgSobelX)  # 转回 uint8
    absSobelY = cv.convertScaleAbs(imgSobelY)  # 转回 uint8
    SobelXY = cv.add(absSobelX, absSobelY)  # 用绝对值近似平方根

    plt.figure(figsize=(9, 6))
    plt.subplot(231), plt.axis('off'), plt.title("1. Original")
    plt.imshow(img, cmap='gray', vmin=0, vmax=255)
    plt.subplot(232), plt.axis('off'), plt.title("2. SobelX(float)")
    plt.imshow(imgSobelX, cmap='gray', vmin=0, vmax=255)
    plt.subplot(233), plt.axis('off'), plt.title("3. SobelY(float)")
    plt.imshow(imgSobelY, cmap='gray', vmin=0, vmax=255)
    plt.subplot(234), plt.axis('off'), plt.title("4. SobelXY(abs)")
    plt.imshow(SobelXY, cmap='gray')
    plt.subplot(235), plt.axis('off'), plt.title("5. SobelX(abs)")
    plt.imshow(absSobelX, cmap='gray', vmin=0, vmax=255)
    plt.subplot(236), plt.axis('off'), plt.title("6. SobelY(abs)")
    plt.imshow(absSobelY, cmap='gray', vmin=0, vmax=255)
    plt.tight_layout()
    plt.show()
```

程序说明

（1）运行结果，用 Sobel 算子提取图像边缘如图 10-11 所示。图 10-11(1)所示为原始图像，图 10-11(2)和图 10-11(3)所示分别为 X 轴、Y 轴方向的 Sobel 算子图像。由于 CV_16S 有正负号，图像中只能显示[0,255]之间的正向梯度值。

（2） 图 10-11(5)和图 10-11(6)所示分别为将图 10-11(2)和图 10-11(3)所示的 X 轴、Y 轴的 Sobel 算子拉伸到[0,255]后的显示图像，图像中显示了正向和负向的梯度值。

（3） 图 10-11(4)所示为由图 10-11(5)和图 10-11(6)计算得出的总梯度，获取了图像在水平和垂直方向的边缘。

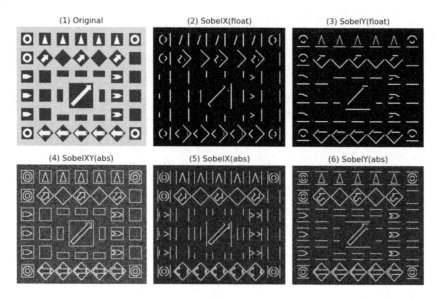

图 10-11　用 Sobel 算子提取图像边缘

【例程 1012】空间滤波之 Scharr 算子

本例程用于讲解 Scharr 算子的使用，常用于图像的边缘检测。

```python
# 【1012】空间滤波之 Scharr 算子
import cv2 as cv
import numpy as np
from matplotlib import pyplot as plt

if __name__ == '__main__':
    img = cv.imread("../images/Fig1001.png", flags=0)

    # (1) 使用函数 cv.filter2D 实现
    kernScharrX = np.array([[-3, 0, 3], [-10, 0, 10], [-3, 0, 3]])
    kernScharrY = np.array([[-3, 10, -3], [0, 0, 10], [3, 10, 3]])
    ScharrX = cv.filter2D(img, -1, kernScharrX)
    ScharrY = cv.filter2D(img, -1, kernScharrY)

    # (2) 使用函数 cv.Scharr 实现
    imgScharrX = cv.Scharr(img, cv.CV_32F, 1, 0)  # 水平方向
    imgScharrY = cv.Scharr(img, cv.CV_32F, 0, 1)  # 垂直方向
    absScharrX = cv.convertScaleAbs(imgScharrX)  # 转回 uint8
    absScharrY = cv.convertScaleAbs(imgScharrY)  # 转回 uint8
    ScharrXY = cv.add(absScharrX, absScharrY)  # 用绝对值近似平方根
```

```
plt.figure(figsize=(9, 3.2))
plt.subplot(131), plt.axis('off'), plt.title("1. ScharrX(abs)")
plt.imshow(absScharrX, cmap='gray', vmin=0, vmax=255)
plt.subplot(132), plt.axis('off'), plt.title("2. ScharrY(abs)")
plt.imshow(absScharrY, cmap='gray', vmin=0, vmax=255)
plt.subplot(133), plt.axis('off'), plt.title("3. ScharrXY")
plt.imshow(ScharrXY, cmap='gray', vmin=100, vmax=255)
plt.tight_layout()
plt.show()
```

程序说明

（1）运行结果，用 Scharr 算子提取图像边缘如图 10-12 所示。图 10-12(1)和图 10-12(2)所示分别为 X 轴和 Y 轴方向 Scharr 算子的图像。图 10-12(3)所示为由图 10-12(1)和图 10-12(2)计算得到的总梯度，获取了图像在水平和垂直方向的边缘。

（2）Scharr 算子比 Sobel 算子的精度更高，与使用 Sobel 算子的图 10-11 相比，图 10-12 检测到的边缘细节更加丰富，因此图像中的白色噪点更多。

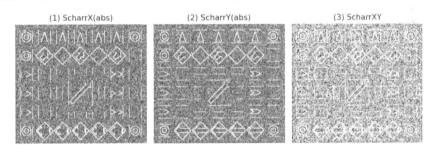

图 10-12　用 Scharr 算子提取图像边缘

10.10　图像金字塔

图像金字塔是一系列来源于同一张原始图像、以金字塔形状排列、分辨率逐步降低的图像集合，以多分辨率解释图像的结构。

通过对原始图像进行多尺度采样，生成多个不同分辨率的图像，把高分辨率的原始图像放在底部，越往上图像越小越模糊，把最小的图像放在顶部，形成图像金字塔。从底层图像中可以看清更多细节，从顶层图像中可以看到更多轮廓特征。

10.10.1　高斯金字塔

高斯金字塔（Gaussian Pyramid）用于向下采样，分辨率逐级降低。

高斯金字塔通过高斯平滑和向下采样获得一系列下采样图像：将原始图像作为最底层图像 G0（第 0 层），进行高斯平滑，对高斯平滑图像进行向下采样（去除偶数行和列），得到上一层的图像 G1，重复高斯平滑和向下采样操作得到上一层图像，反复迭代，形成一个金字塔形的图像集合。

高斯金字塔通过向上采样操作放大图像：先将图像的高度和宽度加倍扩充，新增的行和列以 0 填充；再用相同的卷积核对扩充图像进行卷积操作，得到放大的近似图像。

OpenCV 中的向下采样函数 cv.pyrDown 和向上采样函数 cv.pyrUp 用于实现图像的重采样。向下采样也称下采样或降采样，向上采样也称上采样或升采样。

函数原型

cv.pyrDown(src[, dst, dstsize, borderType]) → dst

cv.pyrUp(src[, dst, dstsize, borderType]) → dst

参数说明

◎   src：输入图像。

◎   dst：输出图像，大小和通道数与 src 相同。

◎   dstsize：输出图像的尺寸，可选项。

◎   borderType：边界扩充类型，可选项，不支持 BORDER_CONSTANT。

注意问题

（1）向下采样函数默认输出图像的宽度和高度是 src 的 1/2。向上采样函数默认输出图像的宽度和高度是 src 的两倍。

（2）向下采样函数使用 5×5 的高斯核对图像进行高斯平滑。

（3）向下采样分辨率逐级降低，向上采样分辨率逐级升高。向上采样和向下采样是不可逆的，将向下采样的图像还原回原来尺寸时会丢失高频信息，使图片变模糊。

10.10.2　拉普拉斯金字塔

为了保存构建高斯金字塔所丢失的高频信息，先将高斯金字塔的每层图像，减去其下采样，再上采样复原始图像，得到一系列差分图像，称为拉普拉斯金字塔（Laplacian Pyramid）。

对每层图像 $G(i)$ 先下采样再上采样，计算与该图像的残差 $L(i)$。

$$L(i) = G(i) - \mathrm{PyrUp}\big[G(i+1)\big]$$

拉普拉斯金字塔是高斯金字塔的差分图像，保存了高斯金字塔丢失的高频信息，因此可以配合高斯金字塔精确还原图片信息。图像金字塔的建立与图像复原过程如图 10-13 所示。从最低分辨率图像上采样，逐次加入每个尺度的残差信息，最终可以复原高分辨率的原始图像。

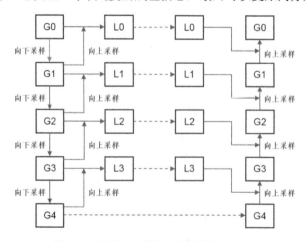

图 10-13　图像金字塔的建立与图像复原过程

　　拉普拉斯金字塔能将源图像分解到不同的频带，在相同显示尺寸下比较不同分辨率的拉普拉斯图像，低分辨率的拉普拉斯图像保留了较大尺度的基本纹理，而高分辨率的拉普拉斯图像保留了较小尺度的精细纹理。

【例程 1013】高斯金字塔

　　本例程用于讲解高斯金字塔的建立，理解高斯金字塔的结构。

```python
# 【1013】高斯金字塔
import cv2 as cv
import numpy as np
from matplotlib import pyplot as plt

if __name__ == '__main__':
    img = cv.imread("../images/Fig0301.png", flags=1)
    print(img.shape)

    # 图像向下采样
    pyrG0 = img.copy()  # G0 (512,512)
    pyrG1 = cv.pyrDown(pyrG0)  # G1 (256,256)
    pyrG2 = cv.pyrDown(pyrG1)  # G2 (128,128)
    pyrG3 = cv.pyrDown(pyrG2)  # G3 (64,64)
    print(pyrG0.shape, pyrG1.shape, pyrG2.shape, pyrG3.shape)

    # 图像向上采样
    pyrU3 = pyrG3.copy()  # U3 (64,64)
    pyrU2 = cv.pyrUp(pyrU3)  # U2 (128,128)
    pyrU1 = cv.pyrUp(pyrU2)  # U1 (256,256)
    pyrU0 = cv.pyrUp(pyrU1)  # U0 (512,512)
    print(pyrU3.shape, pyrU2.shape, pyrU1.shape, pyrU0.shape)

    plt.figure(figsize=(9, 5))
    plt.subplot(241), plt.axis('off'), plt.title("G0 "+str(pyrG0.shape[:2]))
    plt.imshow(cv.cvtColor(pyrG0, cv.COLOR_BGR2RGB))
    plt.subplot(242), plt.axis('off'), plt.title("->G1 "+str(pyrG1.shape[:2]))
    down1 = np.ones_like(img, dtype=np.uint8)*128
    down1[:pyrG1.shape[0], :pyrG1.shape[1], :] = pyrG1
    plt.imshow(cv.cvtColor(down1, cv.COLOR_BGR2RGB))
    plt.subplot(243), plt.axis('off'), plt.title("->G2 "+str(pyrG2.shape[:2]))
    down2 = np.ones_like(img, dtype=np.uint8)*128
    down2[:pyrG2.shape[0], :pyrG2.shape[1], :] = pyrG2
    plt.imshow(cv.cvtColor(down2, cv.COLOR_BGR2RGB))
    plt.subplot(244), plt.axis('off'), plt.title("->G3 "+str(pyrG3.shape[:2]))
    down3 = np.ones_like(img, dtype=np.uint8)*128
    down3[:pyrG3.shape[0], :pyrG3.shape[1], :] = pyrG3
    plt.imshow(cv.cvtColor(down3, cv.COLOR_BGR2RGB))
    plt.subplot(245), plt.axis('off'), plt.title("U0 "+str(pyrU0.shape[:2]))
    up0 = np.ones_like(img, dtype=np.uint8)*128
    up0[:pyrU0.shape[0], :pyrU0.shape[1], :] = pyrU0
```

```
plt.imshow(cv.cvtColor(up0, cv.COLOR_BGR2RGB))
plt.subplot(246), plt.axis('off'), plt.title("<-U1 " + str(pyrU1.shape[:2]))
up1 = np.ones_like(img, dtype=np.uint8)*128
up1[:pyrU1.shape[0], :pyrU1.shape[1], :] = pyrU1
plt.imshow(cv.cvtColor(up1, cv.COLOR_BGR2RGB))
plt.subplot(247), plt.axis('off'), plt.title("<-U2 " + str(pyrU2.shape[:2]))
up2 = np.ones_like(img, dtype=np.uint8)*128
up2[:pyrU2.shape[0], :pyrU2.shape[1], :] = pyrU2
plt.imshow(cv.cvtColor(up2, cv.COLOR_BGR2RGB))
plt.subplot(248), plt.axis('off'), plt.title("<-U3 " + str(pyrU3.shape[:2]))
up3 = np.ones_like(img, dtype=np.uint8)*128
up3[:pyrU3.shape[0], :pyrU3.shape[1], :] = pyrU3
plt.imshow(cv.cvtColor(up3, cv.COLOR_BGR2RGB))
plt.tight_layout()
plt.show()
```

程序说明

运行结果，高斯金字塔如图 10-14 所示。

（1）上一行图片所示为高斯金字塔的效果图，从左向右由原始图像 G0 逐级向下采样，图像尺寸逐级减半，分辨率降低，丢失了图像的细节信息。

（2）下一行图片从右向左所示为由重采样图像 U3（G3）逐级向上采样，图像尺寸逐级加倍，得到放大的近似图像。

（3）虽然升采样图像 U0 的尺寸与原始图像 G0 相同，但丢失了高频信息，使图片变得模糊。

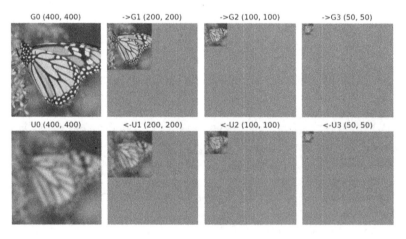

图 10-14　高斯金字塔

【例程 1014】拉普拉斯金字塔

本例程用于讲解拉普拉斯金字塔的建立，以及由拉普拉斯金字塔精确复原始图像。

```
# 【1014】拉普拉斯金字塔
import cv2 as cv
import numpy as np
from matplotlib import pyplot as plt

if __name__ == '__main__':
```

```python
img = cv.imread("../images/Fig0301.png", flags=1)
gray = cv.cvtColor(img, cv.COLOR_BGR2GRAY)

# 图像向下取样，构造高斯金字塔
pyrG0 = img.copy()  # G0 (512,512)
pyrG1 = cv.pyrDown(pyrG0)  # G1 (256,256)
pyrG2 = cv.pyrDown(pyrG1)  # G2 (128,128)
pyrG3 = cv.pyrDown(pyrG2)  # G3 (64,64)
pyrG4 = cv.pyrDown(pyrG3)  # G4 (32,32)
print("pyrG:", pyrG0.shape[:2], pyrG1.shape[:2], pyrG2.shape[:2],
pyrG3.shape[:2], pyrG4.shape[:2])

# 构造拉普拉斯金字塔，高斯金字塔的每层减去其上层图像的上采样
pyrL0 = pyrG0 - cv.pyrUp(pyrG1)  # L0 (512,512)
pyrL1 = pyrG1 - cv.pyrUp(pyrG2)  # L1 (256,256)
pyrL2 = pyrG2 - cv.pyrUp(pyrG3)  # L2 (128,128)
pyrL3 = pyrG3 - cv.pyrUp(pyrG4)  # L3 (64,64)
print("pyrL:", pyrL0.shape[:2], pyrL1.shape[:2], pyrL2.shape[:2],
pyrL3.shape[:2])

# 向上采样恢复高分辨率图像
rebuildG3 = pyrL3 + cv.pyrUp(pyrG4)
rebuildG2 = pyrL2 + cv.pyrUp(rebuildG3)
rebuildG1 = pyrL1 + cv.pyrUp(rebuildG2)
rebuildG0 = pyrL0 + cv.pyrUp(rebuildG1)
print("rebuild:", rebuildG0. shape[:2], rebuildG1. shape[:2],
rebuildG2.shape[:2], rebuildG3. shape[:2])
print("diff of rebuild: ", np.mean(abs(rebuildG0 - img)))

plt.figure(figsize=(10, 8))
plt.subplot(341), plt.axis('off'), plt.title("GaussPyramid
"+str(pyrG0.shape[:2]))
plt.imshow(cv.cvtColor(pyrG0, cv.COLOR_BGR2RGB))
plt.subplot(342), plt.axis('off'), plt.title("G1 "+str(pyrG1.shape[:2]))
plt.imshow(cv.cvtColor(pyrG1, cv.COLOR_BGR2RGB))
plt.subplot(343), plt.axis('off'), plt.title("G2 "+str(pyrG2.shape[:2]))
plt.imshow(cv.cvtColor(pyrG2, cv.COLOR_BGR2RGB))
plt.subplot(344), plt.axis('off'), plt.title("G3 "+str(pyrG3.shape[:2]))
plt.imshow(cv.cvtColor(pyrG3, cv.COLOR_BGR2RGB))
plt.subplot(345), plt.axis('off'), plt.title("LaplacePyramid " +
str(pyrL0.shape[:2]))
plt.imshow(cv.cvtColor(pyrL0, cv.COLOR_BGR2RGB))
plt.subplot(346), plt.axis('off'), plt.title("L1 "+str(pyrL1.shape[:2]))
plt.imshow(cv.cvtColor(pyrL1, cv.COLOR_BGR2RGB))
plt.subplot(347), plt.axis('off'), plt.title("L2 "+str(pyrL2.shape[:2]))
plt.imshow(cv.cvtColor(pyrL2, cv.COLOR_BGR2RGB))
plt.subplot(348), plt.axis('off'), plt.title("L3 "+str(pyrL3.shape[:2]))
plt.imshow(cv.cvtColor(pyrL3, cv.COLOR_BGR2RGB))
plt.subplot(349), plt.axis('off'), plt.title("LaplaceRebuild " +
str(rebuildG0.shape[:2]))
plt.imshow(cv.cvtColor(rebuildG0, cv.COLOR_BGR2RGB))
```

```
plt.subplot(3, 4, 10), plt.axis('off'), plt.title("R1 "+str(rebuildG1.shape[:2]))
plt.imshow(cv.cvtColor(rebuildG1, cv.COLOR_BGR2RGB))
plt.subplot(3, 4, 11), plt.axis('off'), plt.title("R2 "+str(rebuildG2.shape[:2]))
plt.imshow(cv.cvtColor(rebuildG2, cv.COLOR_BGR2RGB))
plt.subplot(3, 4, 12), plt.axis('off'), plt.title("R3 "+str(rebuildG3.shape[:2]))
plt.imshow(cv.cvtColor(rebuildG3, cv.COLOR_BGR2RGB))
plt.tight_layout()
plt.show()
```

运行结果

```
pyrG: (400, 400) (200, 200) (100, 100) (50, 50) (25, 25)
pyrL: (400, 400) (200, 200) (100, 100) (50, 50)
rebuild: (400, 400) (200, 200) (100, 100) (50, 50)
diff of rebuild: 0.0
```

程序说明

（1）运行结果，基于拉普拉斯金字塔的图像复原如图 10-15 所示。第一行图片从左向右与图 10-14 相同，是由原始图像逐级向下采样得到的高斯金字塔图像。虽然图中的各子图显示大小相同，但各子图的尺寸逐级减半，分辨率降低。

（2）第二行图片所示为拉普拉斯金字塔图像，从左向右对应高斯金字塔的差分图像，保存了每个尺度的残差信息。

（3）第三行图片从右向左，由最低分辨率图像 G4（未绘制到图中）逐级向上采样并加入残差信息，最终得到精确复原图像 R0，与原始图像 G0 完全相同。

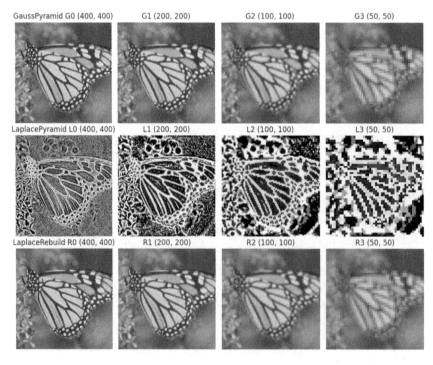

图 10-15　基于拉普拉斯金字塔的图像复原

## 第 11 章

傅里叶变换与频域滤波

空间图像滤波是图像与滤波器核的卷积，而空间卷积的傅里叶变换是频域中相应变换的乘积。因此，频域图像滤波是通过频域滤波器（传递函数）与图像的傅里叶变换相乘得到的。频域中的滤波概念更加直观，滤波器设计也更容易。

本章内容概要

◎ 学习二维离散傅里叶变换的实现方法，介绍快速傅里叶变换的原理。

◎ 学习频域滤波的基本步骤，以及构造滤波器传递函数的基本方法。

◎ 学习常用的频域滤波器，如理想滤波器、高斯滤波器、巴特沃斯滤波器。

◎ 介绍低通、高通、带通、带阻滤波器的关系，构造选择性滤波器。

◎ 认识和比较空间滤波与频域滤波。

11.1 图像的傅里叶变换

图像处理通常使用(x, y)表示离散的空间域坐标变量，而用(u, v)表示离散的频率域变量。二维离散傅里叶变换（DFT）和离散傅里叶逆变换（IDFT）的数学描述如下。

$$F(u, v) = \sum_{x=0}^{M-1} \sum_{y=0}^{N-1} f(x, y) e^{-j2\pi(ux/M + vy/N)}$$

$$f(x, y) = \frac{1}{MN} \sum_{u=0}^{M-1} \sum_{v=0}^{N-1} F(u, v) e^{j2\pi(ux/M + vy/N)}$$

式中，$f(x, y)$是空间域的图像；$F(u, v)$是图像的傅里叶变换；f是虚数单位；M、N是图像的宽度与高度。

离散傅里叶变换的结果是复数形式，也可以是极坐标形式，如下。

$$F(u, v) = R(u, v) + jI(u, v) = |F(u, v)| e^{j\emptyset(u, v)}$$

为了便于分析，傅里叶变换可以表示为幅度谱和相位谱。傅里叶幅度谱（Fourier amptitude spectrum）表示如下。

$$|F(u, v)| = \left[R^2(u, v) + I^2(u, v) \right]^{1/2}$$

式中，R是F的实部；I是F的虚部。

傅里叶相位谱（Fourier Phase Spectrum）表示如下。

$$\emptyset(u, v) = \arctan\left[I(u, v) / R(u, v) \right]$$

傅里叶功率谱（Fourier Power Spectrum）表示如下。

$$P(u, v) = |F(u, v)|^2 = R^2(u, v) + I^2(u, v)$$

11.1.1　用 OpenCV 实现傅里叶变换

OpenCV 中的函数 cv.dft 用于傅里叶变换或傅里叶逆变换，函数 cv.idft 用于傅里叶逆变换。

函数原型

cv.dft(src[, dst, flags, nonzeroRows]) → dst

cv.idft(src[, dst, flags, nonzeroRows]) → dst

参数说明

◎　src：输入数组，为浮点型的一维或二维 Numpy 数组。

◎　dst：输出数组，图像尺寸与深度由 flags 确定。

◎　flags：转换标志，可选项，可以组合使用。

　　➢　DFT_INVERSE：进行傅里叶逆变换。

　　➢　DFT_SCALE：结果缩放，用傅里叶逆变换除以数组元素数，与 DFT_INVERSE 组合使用。

　　➢　DFT_ROWS: 对每行单独进行傅里叶变换，常用于三维或高维变换。

　　➢　DFT_COMPLEX_OUTPUT：进行傅里叶变换，结果是复数矩阵。

　　➢　DFT_REAL_OUTPUT：进行傅里叶逆变换，生成实输出数组。

　　➢　DFT_COMPLEX_INPUT：指定输入为复数矩阵。

◎　nonzeroRows：非零行标志，可选项，默认值为 0。

注意问题

（1）输入图像的数据类型必须是浮点型（CV_32F/CV_64F），其他格式必须先转换为浮点型，也可以直接用 Numpy 方法转换为 np.float32 类型。

（2）函数 cv.dft 默认进行傅里叶变换，也可以通过标志 DFT_INVERSE 实现傅里叶逆变换：cv.idft(src, dst, flags) 等价于 cv.dft(src, dst, cv.DFT_INVERSE)。

（3）函数能根据转换标志 flags 和输入数组维数选择不同的操作。

　　➢　如果输入的是一维数组，或设置了 DFT_ROWS，则进行一维傅里叶变换；否则进行二维傅里叶变换。

　　➢　如果输入数组是实数，且未设置 DFT_INVERSE，则进行傅里叶变换。

　　➢　如果输入数组是实数，且设置了 DFT_INVERSE，则进行傅里叶逆变换。

　　➢　如果输入数组是复数，且未设置 DFT_INVERSE 或 DFT_REAL_OUTPUT，则进行傅里叶变换，输出结果是与输入大小相同的复数矩阵。

　　➢　如果输入数组是复数，且设置了 DFT_INVERSE 和 DFT_REAL_OUTPUT，则进行傅里叶逆变换，输出结果是与输入数组大小相同的实数矩阵。

（4）傅里叶变换的结果是复数矩阵，包括实部和虚部。

　　➢　如果设置了 DFT_COMPLEX_OUTPUT，那么输出值 dft[:,:]是复数矩阵，大小与 src 相同。

　　➢　默认方法是将变换结果的实部和虚部分别保存为两个通道，实部为第一通道 dft[:,:,0]，虚部为第二通道 dft[:,:,1]，此时 src 是二维数组，dst 是三维数组。

（5）src 只能是一维或二维 Numpy 数组，不能直接处理多通道彩色图像。

（6）当傅里叶变换的实部和虚部保存为两个通道时，这两个通道都是实数矩阵，可以使用函数 cv.magnitude 计算傅里叶幅度谱 $|F(u,v)|$。

（7）当傅里叶逆变换的实部和虚部保存为两个通道时，这两个通道都是实数矩阵，使用函数 cv.magnitude 计算幅值后，还要用函数 cv.normalize 进行归一化。

（8）傅里叶幅度谱和傅里叶功率谱的动态范围非常大，在图像中显示时会丢失大量细节，通常采用对数变换进行处理：ampLog=np.log(1+amp)。

11.1.2　用 Numpy 实现傅里叶变换

Numpy 中提供了快速傅里叶变换（FFT）包，可以实现傅里叶变换处理。函数 numpy.fft.fft2 用于实现二维离散傅里叶变换，函数 numpy.fft.ifft2 用于实现二维离散傅里叶逆变换。

函数原型

numpy.fft.fft2(*a*, *s*=None, axes=(−2,−1), norm=None) → out

numpy.fft.ifft2(*a*, *s*=None, axes=(−2,−1), norm=None) → out

参数说明

◎　*a*：输入数组，是 Numpy 数组，可以是复数数组。

◎　out：输出数组，是 Numpy 数组，是复数数组。

◎　*s*：整数序列，能指定输出数组的形状，可选项。

◎　axes：计算傅里叶变换的轴，是元组类型，可选项，默认使用最后两个轴。

◎　norm：归一化参数，可选项，默认方法为 backward。

注意问题

（1）函数 numpy.fft.fft2（缩写为 np.fft.fft2）和函数 numpy.fft.ifft2（缩写为 np.fft.ifft2）可通过快速傅里叶变换计算多维数组中任意轴的 *n* 维离散傅里叶变换和逆变换，默认对输入数组的最后两个轴计算变换，即二维离散傅里叶变换。

（2）如果参数 axes 只有一个元素，则进行一维傅里叶变换。

（3）归一化参数 norm 表示使用前向/后向变换对的方向及使用何种归一化因子，可选方法：{backward, ortho, forward}。

（4）傅里叶变换或逆变换的结果是复数，函数输出数组 out 是形为(*h*,*w*)的复数数组。注意 OpenCV 默认将傅里叶变换的实部与虚部分别保存在两个通道，这两个通道都是实数数组；而 Numpy 将变换结果以复数形式保存在一个通道，是复数数组。

11.1.3　频谱中心化

在傅里叶频谱图像中，高频分量在频谱图像的中心，低频分量在频谱图像的四角。

为了便于观察和处理，通常对频谱进行中心化处理，将低频分量移到频谱中心，高频分量移到四角。完成频域滤波后，通过逆操作将中心化的频谱移回，得到复原的傅里叶频谱。

Numpy 中的函数 numpy.fft.shift（缩写为 np.fft.shift）用于将傅里叶变换的低频分量移到频谱中心，函数 numpy.fft.ifftshift（缩写为 np.fft.ifftshift）是其逆操作，用于将低频分量从频谱中心移回四角。

函数原型

numpy.fft.fftshift(*x*, axes=None]) → *y*

numpy.fft.ifftshift(*x*, axes=None]) → *y*

参数说明

◎ *x*：输入频谱，是 Numpy 数组。

◎ *y*：移位后的频谱，是 Numpy 数组。

◎ axes：整数或表示数组形状的元组，可选项，默认值为 None。

【例程 1101】用 OpenCV 函数实现二维离散傅里叶变换

本例程使用 OpenCV 函数实现二维离散傅里叶变换。

```
# 【1101】用 OpenCV 函数实现二维离散傅里叶变换
import cv2 as cv
import numpy as np
from matplotlib import pyplot as plt


if __name__ == '__main__':
    # (1) 创建原始图像
    img = cv.imread("../images/Fig1101.png", flags=0)  # 读取灰度图像

    # (2) 图像的傅里叶变换
    imgFloat = img.astype(np.float32)  # 将图像转换成 float32
    dft = cv.dft(imgFloat, flags=cv.DFT_COMPLEX_OUTPUT)  # (512, 512,2)
    dftShift = np.fft.fftshift(dft)  # 将低频分量移到频谱中心

    # (3) 图像的傅里叶逆变换
    iShift = np.fft.ifftshift(dftShift)  # 将低频分量移回四角
    # idft = cv.dft(iShift, flags=cv.DFT_INVERSE)  # (512, 512,2)
    idft = cv.idft(iShift)  # (512, 512,2)
    idftAmp = cv.magnitude(idft[:, :, 0], idft[:, :, 1])  # 重建图像
    rebuild = np.uint8(cv.normalize(idftAmp, None, 0, 255, cv.NORM_MINMAX))
    print("img: {}, dft:{}, idft: {}".format(img.shape, dft.shape, idft.shape))

    # (4) 傅里叶频谱的显示
    dftAmp = cv.magnitude(dft[:,:,0], dft[:,:,1])  # 幅度谱，未中心化
    ampLog = np.log(1 + dftAmp)  # 幅度谱对数变换，以便显示
    shiftDftAmp = cv.magnitude(dftShift[:,:,0], dftShift[:,:,1])  # 幅度谱中心化
    shiftAmpLog = np.log(1 + shiftDftAmp)  # 中心化幅度谱对数变换
    phase = np.arctan2(dft[:,:,1], dft[:,:,0])  # 相位谱(弧度制)
    dftPhi = phase / np.pi * 180  # 转换为角度制 [-180, 180]
    print("img min/max: {}, {}".format(imgFloat.min(), imgFloat.max()))
    print("dftMag min/max: {:.1f}, {:.1f}".format(dftAmp.min(), dftAmp.max()))
    print("dftPhi min/max: {:.1f}, {:.1f}".format(dftPhi.min(), dftPhi.max()))
    print("ampLog min/max: {:.1f}, {:.1f}".format(ampLog.min(), ampLog.max()))
    print("rebuild min/max: {}, {}".format(rebuild.min(), rebuild.max()))

    plt.figure(figsize=(9, 6))
    plt.subplot(231), plt.title("1. Original")
```

```
plt.imshow(img, cmap='gray'), plt.axis('off')
plt.subplot(232), plt.title("2. DFT Phase"), plt.axis('off')
plt.imshow(dftPhi, cmap='gray'), plt.axis('off')
plt.subplot(233), plt.title("3. DFT amplitude")
plt.imshow(dftAmp, cmap='gray'), plt.axis('off')
plt.subplot(234), plt.title("4. LogTrans of amplitude")
plt.imshow(ampLog, cmap='gray'), plt.axis('off')
plt.subplot(235), plt.title("5. Shift to center")
plt.imshow(shiftAmpLog, cmap='gray'), plt.axis('off')
plt.subplot(236), plt.title("6. Rebuild image with IDFT")
plt.imshow(rebuild, cmap='gray'), plt.axis('off')
plt.tight_layout()
plt.show()
```

运行结果

```
img: (512, 512), dft:(512, 512, 2), idft:(512, 512, 2)
img min/max: 0.0, 252.0
dftMag min/max: 52.3, 48426100.0
dftPhi min/max: -180.0, 180.0
ampLog min/max: 4.0, 17.7
rebuildmin/max: 0, 255
```

程序说明

（1）运行结果表明，原始图像 img 的形状是(512,512)，而离散傅里叶变换 dft 与离散傅里叶逆变换 idft 的形状为(512,512,2)，实部与虚部分别保存在两个通道。

（2）运行结果，二维图像的离散傅里叶变换与离散傅里叶逆变换如图 11-1 所示。图 11-1(1)所示为原始图像，图 11-1(2)所示为相位谱，图 11-1(3)所示为幅度谱，图 11-1(4)所示为对图 11-1(3)进行对数变换的幅度谱，图 11-1(5)所示为对图 11-1(4)进行中心化处理的结果，图 11-1(6)所示为傅里叶逆变换的复原图像。

（3）图 11-1(3)显示的幅度谱并非完全是黑色的，在图像的四角位置都有细微的亮区域（其实也看不见），但由于幅度谱 dftMag 动态范围太大而难以清晰地显示。

（4）图 11-1(4)对幅度谱进行了对数变换，压缩了动态范围，显示了频谱细节，低频分量（白色亮点两条）处于图像的四角。

（5）图 11-1(5)进行了中心化处理，将低频分量移动到图像中心，便于频域处理。

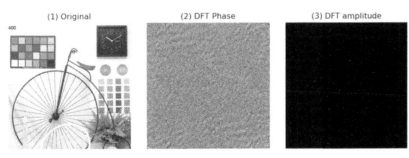

图 11-1　二维图像的离散傅里叶变换与离散傅里叶逆变换

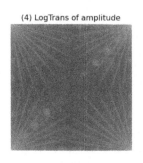 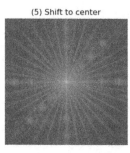 

图 11-1　二维图像的离散傅里叶变换与离散傅里叶逆变换（续）

【例程 1102】用 Numpy 函数实现二维傅里叶变换

本例程使用 Numpy 函数实现二维傅里叶变换。

```python
# 【1102】用 Numpy 函数实现二维傅里叶变换
import cv2 as cv
import numpy as np
from matplotlib import pyplot as plt

if __name__ == '__main__':
    # (1) 创建原始图像
    img = cv.imread("../images/Fig1101.png", flags=0)  # 读取灰度图像

    # (2) np.fft.fft2 实现二维傅里叶变换
    # fft = np.fft.fft2(img.astype(np.float32))
    fft = np.fft.fft2(img)  # 傅里叶变换, fft 是复数数组 (512, 512)
    fftShift = np.fft.fftshift(fft)  # 中心化, 将低频分量移到频谱中心

    # (3) np.fft.ifft2 实现二维傅里叶逆变换
    iFftShift = np.fft.ifftshift(fftShift)  # 逆中心化, 将低频分量逆转换回四角
    ifft = np.fft.ifft2(iFftShift)  # 傅里叶逆变换, ifft 是复数数组 (512, 512)
    rebuild = np.abs(ifft)  # 重建图像, 复数的模
    print("img: {}, fft:{}, ifft:{}".format(img.shape, fft.shape, ifft.shape))

    # (4) 傅里叶频谱的显示
    fftAmp = np.abs(fft)  # 复数的模, 幅度谱
    ampLog = np.log(1 + fftAmp)  # 幅度谱对数变换
    shiftFftAmp = np.abs(fftShift)  # 中心化幅度谱
    shiftAmpLog = np.log(1 + shiftFftAmp)  # 中心化幅度谱对数变换
    # phase = np.arctan2(fft.imag, fft.real)  # 计算相位角(弧度)
    phase = np.angle(fft)  # 复数的幅角(弧度)
    fftPhi = phase / np.pi * 180  # 转换为角度制 [-180, 180]
    print("img min/max: {}, {}".format(img.min(), img.max()))
    print("fftAmp min/max: {:.1f}, {:.1f}".format(fftAmp.min(), fftAmp.max()))
    print("fftPhi min/max: {:.1f}, {:.1f}".format(fftPhi.min(), fftPhi.max()))
    print("ampLog min/max: {:.1f}, {:.1f}".format(ampLog.min(), ampLog.max()))
    print("rebuild min/max: {:.1f}, {:.1f}".format(rebuild.min(),
rebuild.max()))

    plt.figure(figsize=(9, 6))
```

```
plt.subplot(231), plt.title("1. Original")
plt.imshow(img, cmap='gray'), plt.axis('off')
plt.subplot(232), plt.title("2. FFT Phase"), plt.axis('off')
plt.imshow(fftPhi, cmap='gray'), plt.axis('off')
plt.subplot(233), plt.title("3. FFT amplitude")
plt.imshow(fftAmp, cmap='gray'), plt.axis('off')
plt.subplot(234), plt.title("4. LogTrans of amplitude")
plt.imshow(ampLog, cmap='gray'), plt.axis('off')
plt.subplot(235), plt.title("5. Shift to center")
plt.imshow(shiftAmpLog, cmap='gray'), plt.axis('off')
plt.subplot(236), plt.title("6. Rebuild image with IFFT")
plt.imshow(rebuild, cmap='gray'), plt.axis('off')
plt.tight_layout()
plt.show()
```

运行结果

```
img: (512, 512), fft:(512, 512), ifft:(512, 512)
img min/max: 0, 252
fftAmp min/max: 52.3, 48426102.0
fftPhi min/max: -180.0, 180.0
ampLog min/max: 4.0, 17.7
rebuild min/max: 0.0, 252.0
```

程序说明

（1）本例程使用 Numpy 函数的快速傅里叶变换包实现傅里叶变换，运行结果与【例程 1101】用 OpenCV 函数实现二维离散傅里叶变换的运行结果完全相同。

（2）注意在使用 Numpy 函数进行傅里叶变换或逆变换时，输出结果 fft 是与原始图像 img 形状相同的复数数组，通过函数 np.abs(fft) 计算复数的模可以得到幅度谱 fftAmp。

11.2 快速傅里叶变换

对于大小为 MN 的图像，傅里叶变换在理论上需要 $O(MN)^2$ 次运算，非常耗时。快速傅里叶变换是离散傅里叶变换的快速算法，只需要 $O[MN\log(MN)]$ 次运算，运算速度非常快。

在 OpenCV 中，对于行数和列数都可以分解为 $2^p 3^q 5^r$（p、q、r 为整数）的矩阵，函数 cv.dft 采用快速傅里叶变换，可以提高运行速度。因此，推荐将图像的尺寸扩充为 2、3、5 的整数倍。

OpenCV 中的函数 cv.getOptimalDFTSize 用于根据输入的数组长度计算快速傅里叶变换的最优扩充尺寸。

函数原型

cv.getOptimalDFTSize(versize[,]) → retval

参数说明

◎ versize：数组长度，是整型数值。

◎ retval：返回值，表示快速傅里叶变换最优扩充的数组长度，是整型数值。

注意问题

（1）参数 versize 和 retval 都是整型数值，不允许为数组、元组或列表。对于二维图像，要分别以图像的高度 h 和宽度 w 作为输入参数，计算对应的最优扩充尺寸。

（2）计算快速傅里叶变换的最优扩充尺寸后，使用函数 cv.copyMakeBorder 复制图像和扩充边界，以满足快速傅里叶变换的矩阵分解条件。在完成傅里叶变换后，用 Numpy 切片恢复原始尺寸的图像。

【例程 1103】用 OpenCV 函数实现快速傅里叶变换

本例程通过最优尺寸扩充实现快速傅里叶变换，并比较 OpenCV、Numpy 与快速傅里叶变换的运行速度。

```python
# 【1103】用 OpenCV 函数实现快速傅里叶变换
import cv2 as cv
import numpy as np

if __name__ == '__main__':
    # (1) 创建原始图像
    img = np.zeros((1101, 1821), np.uint8)
    cv.rectangle(img, (100, 100), (900,900), 128, -1)  # 白色
    cv.circle(img, (500, 500), 306, 225, -1)  # -1 表示内部填充

    # (2) 用 Numpy 函数实现快速傅里叶变换
    timeBegin = cv.getTickCount()
    fft = np.fft.fft2(img)  # 傅里叶变换, fft 是复数数组
    timeEnd = cv.getTickCount()
    time = (timeEnd - timeBegin) / cv.getTickFrequency()
    print("FFT with size {} by Numpy: {} sec".format(img.shape, round(time, 4)))

    # (3) OpenCV 非最优尺寸的图像傅里叶变换
    imgFloat = img.astype(np.float32)  # 将图像转换成 float32
    timeBegin = cv.getTickCount()
    dft = cv.dft(imgFloat, flags=cv.DFT_COMPLEX_OUTPUT)  # (1101, 1820,2)
    timeEnd = cv.getTickCount()
    time = (timeEnd - timeBegin) / cv.getTickFrequency()
    print("DFT with size {} by OpenCV: {} sec".format(img.shape, round(time, 4)))

    # (4) OpenCV 最优尺寸扩充的快速傅里叶变换
    timeBegin = cv.getTickCount()
    height, width = img.shape[:2]  # 高度，宽度
    hPad = cv.getOptimalDFTSize(height)  # 离散傅里叶变换最优尺寸
    wPad = cv.getOptimalDFTSize(width)
    imgOpt = np.zeros((hPad, wPad), np.float32)  # 初始化扩充图像
    imgOpt[:height, :width] = imgFloat  # 下侧和右侧补 0
    dftOpt = cv.dft(imgOpt, cv.DFT_COMPLEX_OUTPUT)  # 傅里叶变换
    timeEnd = cv.getTickCount()
    time = (timeEnd - timeBegin) / cv.getTickFrequency()
    print("DFT with optimized {} by OpenCV: {} sec".format(imgOpt.shape,
round(time, 4)))
```

运行结果

```
FFT with size (1101, 1821) by Numpy: 0.306 sec
DFT with size (1101, 1821) by OpenCV: 0.0516 sec
DFT with optimized size (1125, 1875) by OpenCV: 0.0275 sec
```

程序说明

（1）如同 OpenCV 官方介绍的那样，OpenCV 函数实现傅里叶变换的速度比 Numpy 函数快。

（2）图像先进行离散傅里叶变换最优尺寸扩充，再进行快速傅里叶变换，显著提高了傅里叶变换的运行速度。

（3）本章部分例程中为了突出要点、简化程序，没有使用快速傅里叶变换，但推荐在实践中使用快速傅里叶变换。

11.3　频域滤波的基本步骤

傅里叶变换的目的是将图像从空间域转换到频域，在频域内进行图像处理。

空间取样和频率间隔是相互对应的，频域中的样本间隔与空间样本间隔及样本数量的乘积成反比。空间滤波器和频域滤波器也是相互对应的，二者能形成如下的傅里叶变换对。

$$(f \otimes h)(x,y) \leftrightarrow (FH)(u,v)$$

因此，计算两个函数的空间卷积，可以直接在空间域计算，也可以在频域计算。先计算每个函数的傅里叶变换，再将两个变换相乘，最后进行傅里叶逆变换转换回空间域。

频域图像滤波首先要对原始图像 $f(x,y)$ 做傅里叶变换 $F(u,v)$；然后用滤波器传递函数 $H(u,v)$ 对傅里叶变换的频谱进行处理，做傅里叶逆变换返回空间域，得到滤波图像 $g(x,y)$。具体变换过程如下。

$$f(x,y) \xrightarrow{\text{DFT}} F(u,v) \xrightarrow{H(u,v)} G(u,v) \xrightarrow{\text{IDFT}} g(x,y)$$

频域图像滤波的基本步骤如下。

（1）对原始图像 $f(x,y)$ 进行傅里叶变换和中心化，得到 $F(u,v)$。

（2）将图像的傅里叶变换 $F(u,v)$ 与滤波器传递函数 $H(u,v)$ 相乘，得到滤波频谱 $G(u,v)$。

（3）对 $G(u,v)$ 进行逆中心化和傅里叶逆变换，得到滤波图像 $g(x,y)$。

使用尺寸最优扩充的快速傅里叶变换时，还包括变换前的图像扩充和变换后的图像裁剪。

【例程 1104】频域图像滤波的基本步骤

本例程以理想低通滤波器为例，示范频域图像滤波的基本步骤。

设计低通滤波器的过程，是构造二维掩模图像的过程。简单地，构造一个中心开窗的遮罩图像，在黑色图像的中心区域设有白色窗口，就构成了一个低通滤波器。

```python
# 【1104】频域图像滤波的基本步骤
import cv2 as cv
import numpy as np
from matplotlib import pyplot as plt


def ideaLPF(height, width, radius=10):  # 理想低通滤波器
    u, v = np.mgrid[-1:1:2.0/height, -1:1:2.0/width]
```

```
    Dist = cv.magnitude(u, v)
    D0 = radius/height  # 滤波器半径
    kernel = np.zeros((height, width), np.uint8)
    kernel[Dist <= D0] = 1
    return kernel


if __name__ == '__main__':
    # img = cv.imread("../images/Fig0515a.tif", flags=0)  # 读取为灰度图像
    img = cv.imread("../images/Fig1101.png", flags=0)  # 读取灰度图像
    height, width = img.shape[:2]  # (688,688)

    # (1) 对图像进行傅里叶变换，并将低频分量移动到中心
    imgFloat = img.astype(np.float32)  # 将图像转换成 float32
    dft = cv.dft(imgFloat, flags=cv.DFT_COMPLEX_OUTPUT)  # (512,512,2)
    dftShift = np.fft.fftshift(dft)  # (512,512,2)

    r = [30, 60, 90]  # 低通滤波器的半径
    plt.figure(figsize=(9, 6))
    for i in range(3):
        # (2) 构造低通滤波器
        mask = ideaLPF(height, width, r[i])  # 理想低通滤波器
        maskDual = cv.merge([mask, mask])  # 拼接为两个通道：(h,w,2)
        # maskAmp = cv.magnitude(mask, mask)  # 幅度谱

        # (3) 修改傅里叶变换实现频域图像滤波
        dftMask = dftShift * maskDual  # 两个通道分别为实部和虚部

        # (4) 逆中心化后进行傅里叶逆变换
        iShift = np.fft.ifftshift(dftMask)  # 将低频逆转换回图像四角
        iDft = cv.idft(iShift)  # 傅里叶逆变换
        iDftMag = cv.magnitude(iDft[:,:,0], iDft[:,:,1])  # 重建图像
        imgLPF = np.uint8(cv.normalize(iDftMag, None, 0, 255, cv.NORM_MINMAX))

        plt.subplot(2,3,i+1), plt.title("Mask (r={})".format(r[i]))
        plt.axis('off'), plt.imshow(mask, cmap='gray')
        plt.subplot(2,3,i+4), plt.title("LPF image (r={})".format(r[i]))
        plt.axis('off'), plt.imshow(imgLPF, cmap='gray')

    print(img.shape, dft.shape, maskDual.shape)
    plt.tight_layout()
    plt.show()
```

程序说明

（1）OpenCV 中的傅里叶变换结果保存为实部和虚部两个通道，dft 的形状为(h,w,2)。因此要把单通道滤波器 mask 拼接为两个通道的 maskDual，才能将 dft 与 maskDual 相乘。

（2）傅里叶变换和傅里叶逆变换的结果都包括实部和虚部，使用函数 cv.magnitude 转换为幅度谱才能得到显示图像。

（3）函数 cv.dft 的可选参数较多，在设置转换类型标志时不能省略关键字 flags。

（4）运行结果，频域滤波之理想低通滤波器如图 11-2 所示。从图中可以发现，低通滤波器的截止频率越小，保留的低频信息越少，滤除的高频信息越多，图像越模糊。这与空间域低通滤波的结果是一致的。

（5）注意，滤波器传递函数与图像傅里叶变换进行乘法运算时，不能使用函数 cv.multiply，因其是饱和运算。

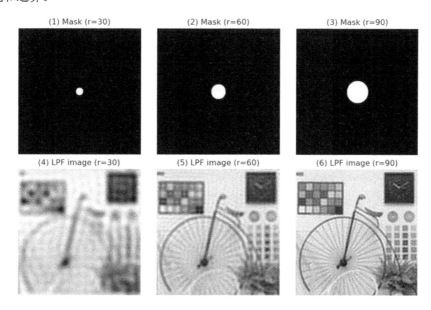

图 11-2　频域滤波之理想低通滤波器

11.4　频域滤波之低通滤波

11.4.1　低通滤波器的传递函数

频域滤波的核心是构造滤波器的传递函数。

空间滤波器和频域滤波器实际上是相互对应的，有些空间滤波器在频域通过傅里叶变换实现会更方便、更快速。以高斯滤波器为例，空间域高斯卷积核的尺寸与尺度因子的平方 σ^2 成正比，每个像素的计算量为 $O(\sigma^2)$，而频域高斯滤波器与尺度因子 σ 无关。

理想低通滤波器（ILPF）的传递函数如下。

$$H_{\mathrm{ILPF}}(u,v) = \begin{cases} 1, & D(u,v) \leqslant D_0 \\ 0, & D(u,v) > D_0 \end{cases}$$

式中，D_0 是截止频率；$D(u,v)$ 是点 (u,v) 到滤波器中心的距离。

高斯低通滤波器（GLPF）的传递函数如下。

$$H_{\mathrm{GLPF}}(u,v) = \mathrm{e}^{-D(u,v)^2/2D_0^2}$$

巴特沃斯低通滤波器（BLPF）的传递函数如下。

$$H_{\mathrm{BLPF}}(u,v) = \frac{1}{1 + \left[D(u,v)/D_0\right]^{2n}}$$

式中，n 是滤波器的阶数，可以调节巴特沃斯低通滤波器的形状。当 n 较小时，巴特沃斯低通滤波器的形状接近高斯低通滤波器；当 n 较大时，巴特沃斯低通滤波器的形状接近理想低通滤波器。

理想低通滤波器、高斯低通滤波器和巴特沃斯低通滤波器是三种常用的频域滤波器，覆盖了从尖锐跳变到平缓变化的范围。

【例程 1105】低通滤波器的传递函数

本例程通过理想低通滤波器、巴特沃斯低通滤波器和高斯低通滤波器的传递函数，比较低通滤波器的图像显示效果、几何形状和径向剖面。

```python
# 【1105】低通滤波器的传递函数
import cv2 as cv
import numpy as np
from matplotlib import pyplot as plt

def IdeaLPF(height, width, radius=10):  # 理想低通滤波器
    u, v = np.mgrid[-1:1:2.0/height, -1:1:2.0/width]
    Dist = cv.magnitude(u, v)  # 距离
    D0 = radius / height  # 滤波器半径
    kernel = np.zeros((height, width), np.uint8)
    kernel[Dist <= D0] = 1
    return kernel

def ButterworthLPF(height, width, radius=10, n=2):  # 巴特沃斯低通滤波器
    # Butterworth: kern = 1/(1+(D/D0)^2n)
    u, v = np.mgrid[-1:1:2.0/height, -1:1:2.0/width]
    Dist = cv.magnitude(u, v)  # 距离
    D0 = radius/height  # 滤波器半径
    kernel = 1.0 / (1.0 + np.power(Dist/D0, 2*n))
    return kernel

def GaussianLPF(height, width, radius=10):  # 高斯低通滤波器
    # Gaussian: kern = exp(-D^2/(2*D0^2))
    u, v = np.mgrid[-1:1:2.0/height, -1:1:2.0/width]
    Dist = cv.magnitude(u, v)  # 距离
    D0 = radius / height  # 滤波器半径
    kernel = np.exp(-(Dist**2)/(2*D0**2))
    return kernel

if __name__ == '__main__':
    height, width = 128, 128
    r = 32

    ILPF = IdeaLPF(height, width, radius=r)
    BLPF = ButterworthLPF(height, width, radius=r, n=2)
    GLPF = GaussianLPF(height, width, radius=r)
    filters = ["ILPF", "BLPF", "GLPF"]
    u, v = np.mgrid[-1:1:2.0/width, -1:1:2.0/height]
```

```python
fig = plt.figure(figsize=(9, 8))
for i in range(3):
    filterLP = eval(filters[i]).copy()
    ax1 = fig.add_subplot(3, 3, 3*i+1)
    ax1.imshow(filterLP, 'gray')
    ax1.set_title(filters[i]), ax1.set_xticks([]), ax1.set_yticks([])
    ax2 = plt.subplot(3,3,3*i+2, projection='3d')
    ax2.set_title("transfer function")
    ax2.plot_wireframe(u, v, filterLP, rstride=100, linewidth=0.2, color='c')
    ax2.set_xticks([]), ax2.set_yticks([]), ax2.set_zticks([])
    ax3 = plt.subplot(3,3,3*i+3)
    profile = filterLP[:, width//2]
    ax3.plot(profile), ax3.set_title("profile")
    ax3.set_xticks([]), ax3.set_yticks([])

plt.tight_layout()
plt.show()
```

程序说明

理想低通滤波器、巴特沃斯低通滤波器和高斯低通滤波器的比较如图 11-3 所示，左列图片所示为低通滤波器的图像显示效果，中间列图片所示为滤波器传递函数的三维曲面图，右列图片所示为低通滤波器的剖面图。

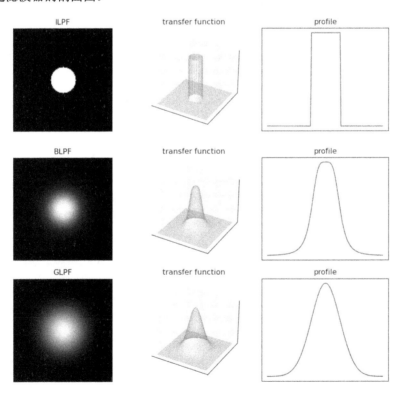

图 11-3　理想低通滤波器、巴特沃斯低通滤波器和高斯低通滤波器的比较

11.4.2 频域滤波的详细步骤

频域滤波的详细步骤如下。

（1）获取图像：读取原始图像，将数据类型转换为 CV_32F。

（2）图像扩充：计算离散傅里叶变换的最优尺寸，对图像右侧、下侧补 0。

（3）傅里叶变换：用函数 cv.dft 进行快速傅里叶变换。

（4）中心化：用函数 np.fft.fftshift 将低频分量移位到中心。

（5）构造滤波器：构造低通滤波器传递函数。

（6）频域变换：修改傅里叶变换，实现频域滤波。

（7）逆中心化：用函数 np.fft.ifftshift 将低频分量移回图像四角。

（8）傅里叶逆变换：用函数 cv.idft 进行快速傅里叶逆变换。

（9）图像还原：截取左上角的原始图像尺寸，并将数据类型转换为 CV_8U。

【例程 1106】频域低通滤波的详细步骤

本例程以高斯低通滤波器为例，演示频域低通滤波的详细步骤。

```python
# 【1106】频域低通滤波的详细步骤
import cv2 as cv
import numpy as np
from matplotlib import pyplot as plt

def GaussianLPF(height, width, radius=10):  # 高斯低通滤波器
    # Gaussian: kern = exp(-D^2/(2*D0^2))
    u, v = np.mgrid[-1:1:2.0/height, -1:1:2.0/width]
    Dist = cv.magnitude(u, v)  # 距离
    D0 = radius / height  # 滤波器半径
    kernel = np.exp(-(Dist**2)/(2*D0**2))
    return kernel


if __name__ == '__main__':
    # (1) 读取原始图像 (h,w)
    img = cv.imread("../images/Fig1101.png", flags=0)  # 灰度图像
    imgFloat = np.float32(img[:501,:487])  # 将图像转换成 float32
    # 此处截取图像尺寸为[501,487]并非必需，只是为了比较离散傅里叶变换最优扩充的影响
    hImg, wImg = imgFloat.shape[:2]  # (510, 495)

    # (2) 图像扩充：计算离散傅里叶变换的最优尺寸，对图像右侧、下侧补0, (hImg,wImg)->(hPad,wPad)
    hPad = cv.getOptimalDFTSize(hImg)  # 离散傅里叶变换最优尺寸
    wPad = cv.getOptimalDFTSize(wImg)
    imgPadded = cv.copyMakeBorder(imgFloat,0,hPad-hImg,0,wPad-wImg,cv.BORDER_CONSTANT)

    # (3) 快速傅里叶变换：实部为 dft[:,:,0], 虚部为 dft[:,:,0]
    dftImg = cv.dft(imgPadded, flags=cv.DFT_COMPLEX_OUTPUT)  # 离散傅里叶变换
    (hPad,wPad,2)

    # (4) 中心化：将低频分量移动到中心
    dftShift = np.fft.fftshift(dftImg)  # (hPad,wPad,2)
```

```
# (5) 构造低通滤波器传递函数，扩展为两个通道
# filterLP = ButterworthLPF(hPad, wPad, radius=50)  # 巴特沃斯低通滤波器
filterLP = GaussianLPF(hPad, wPad, radius=50)  # 高斯低通滤波器
filterDual = cv.merge([filterLP, filterLP])  # 拼接为两个通道: (hPad,wPad,2)

# (6) 频域变换：修改傅里叶变换，实现频域滤波
dftFiltered = dftShift * filterDual  # 频域滤波 (hPad,wPad,2)

# (7) 逆中心化：将低频分量逆转移回图像四角
iShift = np.fft.ifftshift(dftFiltered)  # (hPad,wPad,2)

# (8) 傅里叶逆变换，使用幅度谱恢复图像
iDft = cv.idft(iShift)  # 傅里叶逆变换 (hPad,wPad,2)
iDftMag = cv.magnitude(iDft[:,:,0], iDft[:,:,1])  # 重建图像 (hPad,wPad)

# (9) 截取左上角，数据类型转换为 CV_8U
clipped = iDftMag[:hImg, :wImg]  # 切片获得原始图像尺寸 (h,w)
imgLPF = np.uint8(cv.normalize(clipped, None, 0, 255, cv.NORM_MINMAX))

print("imgFloat:{}".format(imgFloat.shape))  # (501, 487)
print("imgPadded:{}".format(imgPadded.shape))  # (512, 500)
print("dftImp:{}".format(dftImg.shape))  # (512, 500,2)
print("filterLP:{}".format(filterLP.shape))  # (512, 500)
print("filterDual:{}".format(filterDual.shape))  # (512, 500,2)
print("dftFiltered:{}".format(dftFiltered.shape))  # (512, 500,2)
print("iShift:{}".format(iShift.shape))  # (512, 500,2)
print("iDftAmp:{}".format(iDftMag.shape))  # (512, 500)
print("imgLPF:{}".format(imgLPF.shape))  # (501, 487)


fig = plt.figure(figsize=(9, 5))
plt.subplot(241), plt.axis('off'), plt.title("1. Original")
plt.imshow(img, cmap='gray')
plt.subplot(242), plt.axis('off'), plt.title("2. Optimized padded")
plt.imshow(imgPadded, cmap='gray')
plt.subplot(243), plt.axis('off'), plt.title("3. DFT Amplitude")
dftAmp = cv.magnitude(dftImg[:,:,0], dftImg[:,:,1])  # 幅度谱
ampLog = np.log(1.0 + dftAmp)  # 幅度谱对数变换
plt.imshow(ampLog, cmap='gray')
plt.subplot(244), plt.axis('off'), plt.title("4. Shift to center")
shiftDftAmp = cv.magnitude(dftShift[:,:,0], dftShift[:,:,1])
shiftAmpLog = np.log(1 + shiftDftAmp)  # 中心化幅度谱对数变换
plt.imshow(shiftAmpLog, cmap='gray')
plt.subplot(245), plt.axis('off'), plt.title("5. Gaussian LPF")
plt.imshow(filterLP, cmap='gray')
plt.subplot(246), plt.axis('off'), plt.title("6. GLPF DFT")
LPFDftAmp = cv.magnitude(dftFiltered[:,:,0], dftFiltered[:,:,1])
LPFDftAmpLog = np.log(1.0 + LPFDftAmp)
plt.imshow(LPFDftAmpLog, cmap='gray')
plt.subplot(247), plt.title("7. GLPF IDFT"), plt.axis('off')
plt.imshow(iDftMag, cmap='gray')
```

```
plt.subplot(248), plt.title("8. GLPF image"), plt.axis('off')
plt.imshow(imgLPF, cmap='gray')
plt.tight_layout()
plt.show()
```

运行结果

```
imgFloat:(501, 487)
imgPadded:(512, 500)
dftImp:(512, 500, 2)
filterLP:(512, 500)
filterDual:(512, 500, 2)
dftFiltered:(512, 500, 2)
iShift:(512, 500, 2)
iDftAmp:(512, 500)
imgLPF:(501, 487)
```

程序说明

（1）运行结果，频域低通滤波的详细步骤如图 11-4 所示。图 11-4(1)所示为原始图像，为了比较快速最优尺寸扩充的影响，将原始图像的尺寸取为(501,487)。

（2）图 11-4(2)所示为最优尺寸扩充图像，图像尺寸被扩充到(512,500)，注意图中右侧和下侧各有一条黑边。

（3）傅里叶变换的结果 dftImg 的形状为(512,500,2)，实部和虚部保存在两个通道。

（4）图 11-4(3)所示为傅里叶变换的幅度谱图像，幅度谱的动态范围很大，图中进行了对数变换，以便显示。幅度谱的亮点和线段集中于图像四角，反映了图像的低频信息。

（5）图 11-4(4)所示为中心化的傅里叶幅度谱，将图 11-4(3)中的低频分量移动到了图像中心。

（6）图 11-4(5)所示为高斯低通滤波器的图像显示效果，注意例程中将高斯滤波器扩展为了两通道，与两通道的傅里叶变换结果相匹配。

（7）图 11-4(6)所示为使用高斯滤波器对图 11-4(4)进行滤波的结果，图像中心的低频信息被保留，远离图像中心的高频信息被抑制或滤除。

（8）图 11-4(7)所示为对图 11-4(6)的滤波结果进行傅里叶逆变换得到的滤波图像，注意滤波图像的尺寸是(512,500)，因此，图中右侧和下侧仍然各有一条黑边。

（9）图 11-4(8)所示为截取图 11-4(7)的左上角，还原到原始图像尺寸(501,487)的滤波图像。

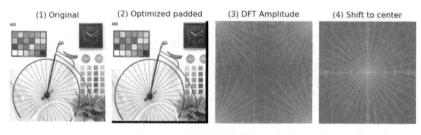

图 11-4 频域低通滤波的详细步骤

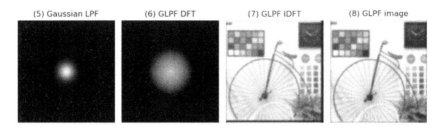

图 11-4 频域低通滤波的详细步骤（续）

11.5 频域滤波之高通滤波

图像边缘存在灰度的急剧变化与高频分量有关，可以在频域通过高通滤波实现图像锐化。

简单地，用 1 减去低通滤波器的传递函数，就可以得到相应的高通滤波器的传递函数，如下。

$$H_{\mathrm{HP}}(u,v) = 1 - H_{\mathrm{LP}}(u,v)$$

式中，$H_{\mathrm{HP}}(u,v)$、$H_{\mathrm{LP}}(u,v)$ 分别表示高通滤波器、低通滤波器的传递函数。

理想高通滤波器（IHPF）的传递函数如下。

$$H_{\mathrm{IHPF}}(u,v) = \begin{cases} 0, & D(u,v) \leq D_0 \\ 1, & D(u,v) > D_0 \end{cases}$$

高斯高通滤波器（GHPF）的传递函数如下。

$$H_{\mathrm{GHPF}}(u,v) = 1 - \mathrm{e}^{-D(u,v)^2 / 2D_0^2}$$

巴特沃斯高通滤波器（BHPF）的传递函数如下。

$$H_{\mathrm{BHPF}}(u,v) = \frac{1}{1 + \left[D_0 / D(u,v) \right]^{2n}}$$

式中，n 是滤波器的阶数。在 n 较小时，巴特沃斯高通滤波器的形状接近高斯高通滤波器；在 n 较大时，巴特沃斯高通滤波器的形状接近理想高通滤波器。

【例程 1107】频域滤波器的封装函数

本例程给出了频域实现图像高通滤波的方法，并对函数进行封装以方便使用。

函数 DftFilter 不仅可以用于各种高通滤波器，也可以用于低通、带通和带阻滤波器。只要给出自定义滤波器的传递函数，在函数 DftFilter 中增加调用接口，就可以实现自定义频域滤波。

```
# 【1107】频域滤波器的封装函数
import cv2 as cv
import numpy as np
from matplotlib import pyplot as plt

def IdeaHPF(height, width, radius=10):  # 理想高通滤波器传递函数
    u, v = np.mgrid[-1:1:2.0/height, -1:1:2.0/width]
    Dist = cv.magnitude(u, v)  # 距离
    D0 = radius / height  # 滤波器半径
    kernel = np.ones((height, width), np.uint8)
```

```
        kernel[Dist <= D0] = 0
        return kernel

    def ButterworthHPF(height, width, radius=10, n=2.0):  # 巴特沃斯高通滤波器传递函数
        # 巴特沃斯高通滤波器：kernel = 1/(1+(D0/D)^2n)
        u, v = np.mgrid[-1:1:2.0/height, -1:1:2.0/width]
        Dist = cv.magnitude(u, v)  # 距离
        D0 = radius/height  # 滤波器半径
        epsilon = 1e-8  # 防止被 0 除
        kernel = 1.0 / (1.0 + np.power(D0/(Dist+epsilon), 2*n))
        return kernel

    def GaussianHPF(height, width, radius=10):  # 高斯高通滤波器传递函数
        # 高斯高通滤波器：kernel = 1 - exp(-D²/(2D0²))
        u, v = np.mgrid[-1:1:2.0/height, -1:1:2.0/width]
        Dist = cv.magnitude(u, v)  # 距离
        D0 = radius / height  # 滤波器半径
        kernel = 1 - np.exp(-(Dist**2)/(2*D0**2))
        return kernel

    def DftFilter(image, D0=10, flag="GaussianHPF"):  # 最优扩充的快速傅里叶变换
        # (1) 离散傅里叶变换最优尺寸扩充，右侧、下侧补 0，(h,w)→(hPad,wPad,2)
        height, width = image.shape[:2]
        hPad = cv.getOptimalDFTSize(height)  # 离散傅里叶变换最优尺寸
        wPad = cv.getOptimalDFTSize(width)
        imgPadded = cv.copyMakeBorder(image, 0, hPad-height, 0, wPad-width,
cv.BORDER_CONSTANT)
        # (2) 快速傅里叶变换
        dftImg = cv.dft(imgPadded, flags=cv.DFT_COMPLEX_OUTPUT)  # 离散傅里叶变换
(hPad,wPad,2)
        # (3) 将低频分量移动到中心
        dftShift = np.fft.fftshift(dftImg)  # (hPad,wPad,2)
        # (4) 构造频域滤波器传递函数
        if flag=="GaussianHPF":  # 高斯高通滤波器
            filterHP = GaussianHPF(hPad, wPad, radius=D0)  # Gaussian 传递函数接口
        elif flag=="ButterworthHPF":  # 巴特沃斯高通滤波器
            filterHP = ButterworthHPF(hPad, wPad, radius=D0, n=2.25)
        else:  # 理想高通滤波器
            filterHP = IdeaHPF(hPad, wPad, radius=D0)
        filterDual = cv.merge([filterHP, filterHP])  # 拼接为两个通道：(hPad,wPad,2)
        # (5) 频域修改傅里叶变换实现滤波
        dftFiltered = dftShift * filterDual  # 频域滤波 (hPad,wPad,2)
        # (6) 将低频逆移回图像四角，傅里叶逆变换
        iShift = np.fft.ifftshift(dftFiltered)  # 将低频逆转换回图像四角
        # (7) 傅里叶逆变换，使用幅度谱恢复图像
        iDft = cv.idft(iShift)  # 傅里叶逆变换 (hPad,wPad,2)
        iDftMag = cv.magnitude(iDft[:, :, 0], iDft[:, :, 1])  # 重建图像 (hPad,wPad)
        # (8) 截取左上角，数据类型转换为 CV_8U
        clipped = iDftMag[:height, :width]  # 切片获得原始图像尺寸 (h,w)
```

```
        imgFiltered = np.uint8(cv.normalize(clipped, None, 0, 255, cv.NORM_MINMAX))
        return imgFiltered

if __name__ == '__main__':
    # 读取原始图像
    img = cv.imread("../images/Fig1001.png", flags=0)  # 灰度图像
    imgFloat = img.astype(np.float32)  # 将图像转换成 float32
    height, width = img.shape[:2]  # (450 512)

    # 理想高通滤波器
    IdeaHPF1 = DftFilter(imgFloat, D0=20, flag="IdeaHPF")
    IdeaHPF2 = DftFilter(imgFloat, D0=100, flag="IdeaHPF")
    # 高斯高通滤波器
    GaussianHPF1 = DftFilter(imgFloat, D0=20, flag="GaussianHPF")
    GaussianHPF2 = DftFilter(imgFloat, D0=100, flag="GaussianHPF")
    # 巴特沃斯高通滤波器
    ButterworthHPF1 = DftFilter(imgFloat, D0=20, flag="ButterworthHPF")
    ButterworthHPF2 = DftFilter(imgFloat, D0=100, flag="ButterworthHPF")

    plt.figure(figsize=(9, 6))
    plt.subplot(231), plt.title("1. IdeaHPF (D0=20)"), plt.axis('off')
    plt.imshow(IdeaHPF1, cmap='gray')
    plt.subplot(232), plt.title("2. GasussianHPF (D0=20)"), plt.axis('off')
    plt.imshow(GaussianHPF1, cmap='gray')
    plt.subplot(233), plt.title("3. ButterworthHPF (D0=20)"), plt.axis('off')
    plt.imshow(ButterworthHPF1, cmap='gray')
    plt.subplot(234), plt.title("4. IdeaHPF (D0=100)"), plt.axis('off')
    plt.imshow(IdeaHPF2, cmap='gray')
    plt.subplot(235), plt.title("5. GasussianHPF (D0=100)"), plt.axis('off')
    plt.imshow(GaussianHPF2, cmap='gray')
    plt.subplot(236), plt.title("6. ButterworthHPF (D0=100)"), plt.axis('off')
    plt.imshow(ButterworthHPF2, cmap='gray')
    plt.tight_layout()
    plt.show()
```

程序说明

（1）本例程给出了理想高通滤波器、巴特沃斯高通滤波器和高斯高通滤波器的传递函数，通过傅里叶变换实现了频域高通滤波。用户也可以参考例程函数 GaussianHPF 添加自定义的滤波器传递函数。

（2）运行结果，频域高通滤波器的比较如图 11-5 所示。图 11-5(1)和图 11-5(4)所示为理想高通滤波的图像，图 11-5(2)和图 11-5(5)所示为高斯高通滤波的图像，图 11-5(3)和图 11-5(6)所示为巴特沃斯高通滤波的图像。

（3）图 11-5(1)～(3)所示为 D0=20 的高通滤波图像，图 11-5(4)～(6)所示为 D0=100 的高通滤波图像。图 11-5(4)～(6)过滤掉了更多的低频分量，使图像中的边缘信息更加清晰。

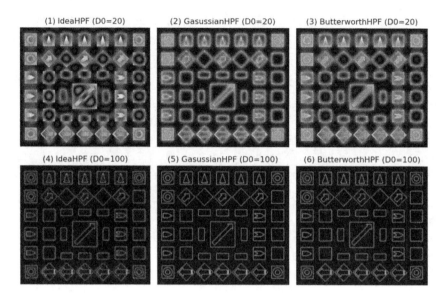

图 11-5　频域高通滤波器的比较

11.6　频域滤波之 Laplacian 算子

11.6.1　Laplacian 算子

Laplacian 算子是二阶导数，具有旋转不变性，可以检测不同方向的边缘，在图像处理中的应用非常广泛。

Laplacian 算子在空间域表示为各向同性的卷积核，在频域以传递函数描述，如下。

$$H_{\text{Laplacian}}(u,v) = -4\pi^2\left(u^2+v^2\right) = -4\pi^2 D^2(u,v)$$

式中，$D(u,v)$ 是点 (u,v) 到滤波器中心的距离。

由 Laplacian 算子的传递函数可以看出，Laplacian 算子是典型的高通滤波器。

11.6.2　梯度算子的传递函数

空间滤波器和频域滤波器实际上是相互对应的，也是可以相互转换的。空间滤波的核心是卷积核，频域滤波的核心是构造滤波器的传递函数。

在空间滤波中，除 Laplacian 算子外还讨论了 Sobel 算子、Scharr 算子，但在频域滤波中却很少提及。这是因为空间滤波中的平滑（模糊）/锐化的概念，与频域滤波中的低通滤波/高通滤波虽然相似，也有密切联系，但在本质上却是不同的。平滑滤波相当于低通滤波，但图像锐化与高通滤波是不同的。

对空间滤波器核进行傅里叶变换，能得到空间滤波器在频域的传递函数，可以清晰和直观地理解二者的联系和区别。

【例程 1108】梯度算子的传递函数

本例程给出由空间滤波器核计算频域传递函数的子程序，比较常用空间滤波器和梯度算子的传递函数。

```python
# 【1108】梯度算子的传递函数
import cv2 as cv
import numpy as np
from matplotlib import pyplot as plt

def getTransferFun(kernel, r):  # 计算滤波器核的传递函数
    hPad, wPad = r-kernel.shape[0]//2, r-kernel.shape[1]//2
    kernPadded = cv.copyMakeBorder(kernel, hPad, hPad, wPad, wPad,
cv.BORDER_CONSTANT)
    kernFFT = np.fft.fft2(kernPadded)
    fftShift = np.fft.fftshift(kernFFT)
    kernTrans = np.log(1 + np.abs(fftShift))
    transNorm = np.uint8(cv.normalize(kernTrans, None, 0, 255, cv.NORM_MINMAX))
    return transNorm

if __name__ == '__main__':
    radius = 64
    plt.figure(figsize=(9, 5.5))

    # (1) 盒式滤波器
    plt.subplot(241), plt.axis('off'), plt.title("1. BoxFilter")
    kernBox = np.ones((5,5), np.float32)  # 盒式滤波器核
    HBox = getTransferFun(kernBox, radius)  # 盒式滤波器传递函数
    plt.imshow(HBox, cmap='gray', vmin=0, vmax=255)

    # (2) 高斯低通滤波器
    plt.subplot(242), plt.axis('off'), plt.title("2. Gaussian")
    kernX = cv.getGaussianKernel(5, 0)  # 一维高斯核
    kernGaussian = kernX * kernX.T  # 二维高斯核
    HGaussian = getTransferFun(kernGaussian, radius)  # 高斯低通传递函数
    plt.imshow(HGaussian, cmap='gray', vmin=0, vmax=255)

    # (3) Laplacian K1
    plt.subplot(243), plt.axis('off'), plt.title("3. Laplacian K1")
    kernLaplacian1 = np.array([[0, 1, 0], [1, -4, 1], [0, 1, 0]]) # Laplacian K1
    hLaplacian1 = getTransferFun(kernLaplacian1, radius) # Laplacian K1 传递函数
    plt.imshow(hLaplacian1, cmap='gray', vmin=0, vmax=255)

    # (4) Laplacian K2
    plt.subplot(244), plt.axis('off'), plt.title("4. Laplacian K2")
    kernLaplacian2 = np.array([[1, 1, 1], [1, -8, 1], [1, 1, 1]]) # Laplacian K2
    hLaplacian2 = getTransferFun(kernLaplacian2, radius) # Laplacian K2 传递函数
    plt.imshow(hLaplacian2, cmap='gray', vmin=0, vmax=255)

    # (5) Sobel 算子，X 轴方向
    plt.subplot(245), plt.axis('off'), plt.title("5. Sobel-X")
    kernSobelX = np.array([[-1, 0, 1], [-2, 0, 2], [-1, 0, 1]])
    HSobelX = getTransferFun(kernSobelX, radius) # Sobel-X 传递函数
    plt.imshow(HSobelX, cmap='gray', vmin=0, vmax=255)
```

```
# (6) Sobel 算子，Y 轴方向
plt.subplot(246), plt.axis('off'), plt.title("6. Sobel-Y")
kernSobelY = np.array([[-1, -2, -1], [0, 0, 0], [1, 2, 1]])
HSobelY = getTransferFun(kernSobelY, radius)  # Sobel-Y 传递函数
plt.imshow(HSobelY, cmap='gray', vmin=0, vmax=255)

# (7) Scharr 算子，X 轴方向
plt.subplot(247), plt.axis('off'), plt.title("7. Scharr-X")
kernScharrX = np.array([[-3, 0, 3], [-10, 0, 10], [-3, 0, 3]])
HScharrX = getTransferFun(kernScharrX, radius)  # Scharr-X 传递函数
plt.imshow(HScharrX, cmap='gray', vmin=0, vmax=255)

# (8) Scharr 算子，Y 轴方向
plt.subplot(248), plt.axis('off'), plt.title("8. Scharr-Y")
kernScharrY = np.array([[-3, -10, -3], [0, 0, 0], [3, 10, 3]])
HScharrY = getTransferFun(kernScharrY, radius)  # Scharr-Y 传递函数
plt.imshow(HScharrY, cmap='gray', vmin=0, vmax=255)

plt.tight_layout()
plt.show()
```

程序说明

（1）运行结果，梯度算子的传递函数如图 11-6 所示。图中比较了盒式滤波器、高斯低通滤波器和 Laplacian 算子、Sobel 算子、Scharr 算子传递函数的空间图像。

（2）低通滤波器的特点是低频通过、高频抑制，图 11-6(1)所示的盒式滤波器基本上符合低通滤波器的特征。

（3）高通滤波器的特点是高频通过、低频抑制，图 11-6(3)和图 11-6(4)所示的 Laplacian 算子完全符合这一特征，是典型的高通滤波器，而图 11-6(5)~(8)所示的 Sobel 算子、Scharr 算子显然不是高通滤波器。

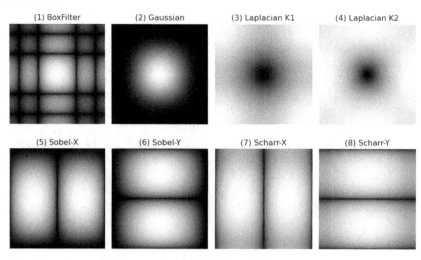

图 11-6 梯度算子的传递函数

【例程 1109】频域滤波之 Laplacian 算子

本例程用于讲解 Laplacian 算子在频域的实现方法。

本例程使用【例程 1107】中频域滤波的程序框架，增加了 Laplacian 算子作为滤波器的选项，以此演示自定义滤波器的详细步骤。

```python
# 【1109】频域滤波之 Laplacian 算子
import cv2 as cv
import numpy as np
from matplotlib import pyplot as plt

def LaplacianHPF(height, width):  # Laplacian 算子滤波器传递函数
    # Laplacian: kern = -4*Pi^2*D^2
    u, v = np.mgrid[-1:1:2.0/height, -1:1:2.0/width]
    D = np.sqrt(u**2 + v**2)
    kernel = -4.0 * np.pi**2 * D**2
    # kernel = -4.0 * np.pi**2 * (u**2 + v**2)
    return kernel

def DftFilter(image, D0=10, flag="LaplacianHPF"):  #  最优扩充的快速傅里叶变换
    # (1) 离散傅里叶变换最优尺寸扩充，右侧、下侧补 0, (h,w)→(hPad,wPad,2)
    height, width = image.shape[:2]
    hPad = cv.getOptimalDFTSize(height)  # 离散傅里叶变换最优尺寸
    wPad = cv.getOptimalDFTSize(width)
    imgPadded = cv.copyMakeBorder(image, 0, hPad-height, 0, wPad-width,
cv.BORDER_CONSTANT)
    # (2) 快速傅里叶变换
    dftImg = cv.dft(imgPadded, flags=cv.DFT_COMPLEX_OUTPUT)  # 离散傅里叶变换
(hPad,wPad,2)
    # (3) 将低频分量移动到中心
    dftShift = np.fft.fftshift(dftImg)  # (hPad,wPad,2)
    # (4) 构造频域滤波器传递函数
    if flag=="LaplacianHPF":  # Laplacian
        filterHP = LaplacianHPF(hPad, wPad)  # Laplacian 算子传递函数接口
    filterDual = cv.merge([filterHP, filterHP])  # 拼接为两个通道: (hPad,wPad,2)
    # (5) 频域修改傅里叶变换实现滤波
    dftFiltered = dftShift * filterDual  # 频域滤波 (hPad,wPad,2)
    # (6) 将低频逆移回图像四角，傅里叶逆变换
    iShift = np.fft.ifftshift(dftFiltered)  # 将低频逆转换回图像四角
    # (7) 傅里叶逆变换，使用幅度谱恢复图像
    iDft = cv.idft(iShift)  # 傅里叶逆变换 (hPad,wPad,2)
    iDftMag = cv.magnitude(iDft[:, :, 0], iDft[:, :, 1])  # 重建图像 (hPad,wPad)
    # (8) 截取左上角，转换为 CV_8U
    clipped = iDftMag[:height, :width]  # 切片获得原始图像尺寸 (h,w)
    imgFiltered = np.uint8(cv.normalize(clipped, None, 0, 255, cv.NORM_MINMAX))
    return imgFiltered

if __name__ == '__main__':
    # (1) 读取原始图像
    img = cv.imread("../images/Fig1001.png", flags=0)  # 灰度图像
```

```
imgFloat = img.astype(np.float32)  # 将图像转换成 float32
height, width = img.shape[:2]

# (2) 空间域 拉普拉斯变换
imgSLap = cv.Laplacian(img, -1, ksize=3)

# (3) 频域 拉普拉斯变换
imgFLap = DftFilter(imgFloat, flag="LaplacianHPF")
logFlap = np.log(1+np.float32(imgFLap))

plt.figure(figsize=(9, 3.2))
plt.subplot(131), plt.title("1. Original")
plt.axis('off'), plt.imshow(img, cmap='gray')
plt.subplot(132), plt.title("2. Spatial Laplacian")
imgSLap = np.clip(imgSLap,20,255)
plt.axis('off'), plt.imshow(imgSLap, cmap='gray')
plt.subplot(133), plt.title("3. Freauency Laplacian")
imgFLap = np.clip(imgFLap,20,80)
plt.axis('off'), plt.imshow(imgFLap, cmap='gray')
plt.tight_layout()
plt.show()
```

程序说明

（1）本例程使用【例程 1107】的程序框架，增加了 Laplacian 算子传递函数，并在函数 DftFilter 中修改调用接口。

（2）运行结果，频域滤波之 Laplacian 算子如图 11-7 所示。图 11-7(1)所示为原始图像，图 11-7(2)所示为用空间卷积实现拉普拉斯变换，图 11-7(3)所示为在频域实现拉普拉斯变换。空间与频域的拉普拉斯变换是一致的。

（3）为了便于显示和印刷，对结果进行了截断处理。

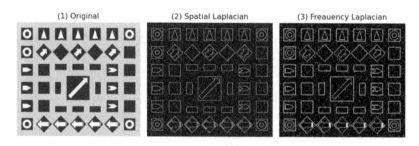

图 11-7　频域滤波之 Laplacian 算子

11.7　频域滤波之选择性滤波器

空间线性滤波器和频域线性滤波器都可以分为四类：低通滤波器、高通滤波器、带通滤波器和带阻滤波器。高通滤波和低通滤波都是在整个频率矩形上操作的，带通滤波和带阻滤波则是对特定频带进行处理，属于选择性滤波。

11.7.1 带阻滤波器和带通滤波器

周期噪声类似冲击脉冲，在傅里叶功率谱上表现为高能量的亮斑。带阻滤波器能对频域空间的频带进行滤除或衰减，可以用于处理受到周期噪声污染的图像，如图像中的莫尔条纹、交流信号。

频域的高通滤波器可以由低通滤波器推导而来，带阻滤波器的传递函数可以通过低通滤波器和高通滤波器的组合来构建。

理想带阻滤波器（IBSF，业内常用 IBRF 表示）的传递函数如下。

$$H_{\text{IBRF}}\left(u,v\right) = \begin{cases} 0, & C_0 - W/2 \leqslant D\left(u,v\right) \leqslant C_0 + W/2 \\ 1, & \text{其他} \end{cases}$$

高斯带阻滤波器（GBRF）的传递函数如下。

$$H_{\text{GBRF}}\left(u,v\right) = 1 - e^{-\left[\left(D^2\left(u,v\right) - C_0^2\right)/\left(D\left(u,v\right)W\right)\right]^2}$$

巴特沃斯带阻滤波器（BBRF）的传递函数如下。

$$H_{\text{BBRF}}\left(u,v\right) = \frac{1}{1 + \left[\dfrac{D\left(u,v\right)W}{D^2\left(u,v\right) - C_0^2}\right]^{2n}}$$

带通滤波器的传递函数可以通过带阻滤波器来构建：

$$H_{\text{BP}}\left(u,v\right) = 1 - H_{\text{BR}}\left(u,v\right)$$

11.7.2 陷波滤波器

陷波滤波器能阻止或通过预定的频率矩形邻域中的频率。

陷波滤波器属于带阻滤波器，在阻塞频带上沿频率轴开槽，得到非常狭窄的带阻宽度，可以在某个频率点迅速衰减输入信号，以达到阻碍此频率信号通过的滤波效果。利用这种特性，可以有效地消除或抑制图像中的周期性噪声，复原原始图像。

陷波滤波器的传递函数可以用中心平移的高通滤波器的乘积构造，如下。

$$H_{\text{NR}}\left(u,v\right) = \prod_{k=1}^{Q} H_k\left(u,v\right) H_{-k}\left(u,v\right)$$

其中，滤波器的距离计算公式如下。

$$\begin{cases} D_k\left(u,v\right) = \sqrt{\left(u - u_k - M/2\right)^2 + \left(v - v_k - N/2\right)^2} \\ D_{-k}\left(u,v\right) = \sqrt{\left(u + u_k - M/2\right)^2 + \left(v + v_k - N/2\right)^2} \end{cases}$$

带阻滤波器与陷波滤波器的区别：带阻滤波器能对频域空间的频带进行滤除或衰减，而陷波滤波器能精准地对频域空间中的特定频点进行过滤，可以避免损失该频点所在频带中包含的有效信息。

【例程 1110】频域滤波之带阻滤波器的设计

本例程用于讲解频域滤波中带阻滤波器的应用。

仅就编程实现而言，只要在此前的程序框架中增加带阻滤波器传递函数，修改调用接口，就可以实现带阻滤波器；但是从带阻滤波器的应用角度来说，如何确定阻塞频带的具体参数，才是真正需要解决的问题。

图像中的周期性噪声污染，在傅里叶频谱图中表现为高能量的亮斑。从图中找到亮斑并定位，就可以选择带阻滤波器的阻塞频带。用户通过鼠标交互，在频谱图中选一个矩形，使亮斑位于矩形之内、频谱图中心亮点位于矩形之外，程序就可以自动找出亮斑的准确位置，并设置适当的阻塞频带。

```python
# 【1110】频域滤波之带阻滤波器的设计
import cv2 as cv
import numpy as np
from matplotlib import pyplot as plt

def GaussianBRF(hImg, wImg, radius=10, win=5):  # 高斯带阻滤波器
    u, v = np.mgrid[-1:1:2.0/hImg, -1:1:2.0/wImg]
    D = cv.magnitude(u, v) * hImg/2  # 距离
    C0 = radius  # 滤波器半径
    kernel = 1 - np.exp(-(D-C0)**2 / (win**2))
    return kernel


if __name__ == '__main__':
    # (1) 读取原始图像
    img = cv.imread("../images/Fig1102.png", flags=0)  # flags=0 读取为灰度图像
    hImg, wImg = img.shape[:2]
    print("img.shape: ", img.shape[:2])

    # (2) 图像的傅里叶变换
    imgFloat = img.astype(np.float32)  # 转换成实型
    dftImg = cv.dft(imgFloat, flags=cv.DFT_COMPLEX_OUTPUT)  # (hImg,wImg,2)
    dftShift = np.fft.fftshift(dftImg)  # 中心化
    shiftDftAmp = cv.magnitude(dftShift[:,:,0], dftShift[:,:,1])  # 幅度谱
    dftAmpLog = np.uint8(cv.normalize(np.log(1 + shiftDftAmp), None, 0, 255,
cv.NORM_MINMAX))

    # (3) 鼠标交互框选频谱中的亮斑
    rect = cv.selectROI("DftAmp", dftAmpLog)  # 鼠标左键拖动选择矩形框
    print("selectROI:", rect)  # 元组 (xmin, ymin, w, h)
    x, y, w, h = rect  # 框选矩形区域 (ymin:ymin+h, xmin:xmin+w)
    imgROI = np.zeros(img.shape[:2], np.uint8)  # 创建掩模图像
    imgROI[y:y+h, x:x+w] = 1  # 框选矩形区域作为掩模窗口
    minVal, maxVal, minLoc, maxLoc = cv.minMaxLoc(dftAmpLog, mask=imgROI)  # 查
找最大值位置
    cx, cy = maxLoc[0]-wImg//2, maxLoc[1]-hImg//2  # 以图像中心为原点的坐标
    print("Position of maximum: cx={}, cy={}".format(cx, cy))
    dftLabelled = dftAmpLog.copy()
    cv.rectangle(dftLabelled, (x,y), (x+w,y+h), (0,0,255), 2)  # 在频谱图上标记矩形框

    # (4) 构造高斯带阻滤波器传递函数
    cBand = np.sqrt(cx**2+cy**2)  # 计算带阻频带中心
```

```
    print("Center of frequency band: {:.1f}".format(cBand))
    brFilter = GaussianBRF(hImg, wImg, radius=cBand, win=8)  # 高斯带阻滤波器
    filterDual = cv.merge([brFilter, brFilter])  # 拼接为两个通道: (hImg,wImg,2)

    # (5) 带阻滤波和傅里叶逆变换
    dftBRF = dftShift * filterDual  # 带阻滤波 (hImg,wImg,2)
    iShift = np.fft.ifftshift(dftBRF)  # 去中心化
    idft = cv.idft(iShift)  # (hImg,wImg,2)
    idftAmp = cv.magnitude(idft[:, :, 0], idft[:, :, 1])  # 重建图像
    rebuild = np.uint8(cv.normalize(idftAmp, None, 0, 255, cv.NORM_MINMAX))

    plt.figure(figsize=(9, 6))
    plt.subplot(231), plt.title("1. Original")
    plt.axis('off'), plt.imshow(img, cmap='gray')
    plt.subplot(232), plt.title("2. Amplitude spectrum")
    plt.axis('off'), plt.imshow(dftAmpLog, cmap='gray')
    plt.arrow(360, 340, -20, -20, width=5, shape='full')  # 绘制箭头
    plt.arrow(240, 200, 20, 20, width=5, shape='full')  # 绘制箭头
    plt.subplot(233), plt.title("3. Rectangular box")
    plt.axis('off'), plt.imshow(dftLabelled, cmap='gray')
    plt.subplot(234), plt.title("4. GBR Filter")
    plt.axis('off'), plt.imshow(brFilter, cmap='gray')
    plt.subplot(235), plt.title("5. Filtered spectrum")
    ampFiltered = cv.magnitude(dftBRF[:,:,0], dftBRF[:,:,1])  # 幅度谱
    ampLog = np.uint8(cv.normalize(np.log(1+ampFiltered), None, 0, 255,
cv.NORM_MINMAX))
    plt.axis('off'), plt.imshow(ampLog, cmap='gray')
    plt.subplot(236), plt.title("6. Rebuild image")
    plt.imshow(rebuild, cmap='gray'), plt.axis('off')
    plt.tight_layout()
    plt.show()
```

运行结果

```
img.shape: (540, 600)
selectROI: (306, 280, 30, 26)
Position of maximum: cx=19, cy=17
Center of frequency band: 25.5
```

程序说明

（1）本例程的关键在于鼠标交互从频谱图中框选周期性噪声产生的亮斑。框选亮斑时并不要求十分精准，只要使亮斑位于矩形之内、频谱中心亮点位于矩形之外。噪声产生的亮斑在频谱图中是共轭对称的，只要框选其中任意一个亮斑即可。

（2）运行结果，频域滤波之带阻滤波器如图 11-8 所示。图 11-8(1)所示为受到周期噪声污染的图像。图 11-8(2)所示为图 11-8(1)的傅里叶频谱图，图中除原点外在箭头指示处还存在一对对称分布的亮点，这是周期性干扰噪声产生的亮斑。图 11-8(3)所示为用户使用鼠标在频谱图上框选矩形，将噪声产生的亮斑框在矩形内。图 11-8(4)所示为由噪声产生的亮斑位置确定的高斯带阻滤波器。图 11-8(5)所示为使用带阻滤波器滤波后的频谱图。

（3）图 11-8(6)所示为由图 11-8(5)所示的滤波频谱进行傅里叶逆变换得到的滤波图像。滤波图像有效地消除了图 11-8(1)中的周期性噪声，但图像的清晰度降低，这是由于带阻滤波器在消除噪声的同时，也抑制了阻塞频带上的有效信息，使图像损失了细节。

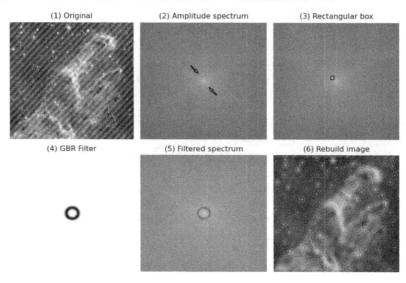

图 11-8　频域滤波之带阻滤波器

【例程 1111】频域滤波之陷波滤波器的设计

本例程使用陷波滤波器，处理被正弦干扰污染的图像，滤除周期噪声。相对地，使用陷波带通滤波器，可以提取图像中的周期噪声。

本例程与【例程 1110】的框架完全相同，差异仅在于使用不同的滤波器，以便比较带阻滤波器与陷波滤波器的区别。

在实际应用中，频谱图可能存在多对噪声产生的亮斑，对此可以在例程的框架下循环遍历、逐个处理，直至消除所有噪声产生的亮斑；也可以先获取所有噪声产生的亮斑的位置，构造总陷波滤波器，再对图像进行滤波处理，这种方法的计算量较小。

```python
# 【1111】频域滤波之陷波滤波器的设计
import cv2 as cv
import numpy as np
from matplotlib import pyplot as plt


def BNRFilter(hImg, wImg, radius=10, xk=10, yk=10, n=2):  # 巴特沃斯陷波滤波器
    M, N = wImg, hImg
    x, y = np.meshgrid(np.arange(M), np.arange(N))  # (hImg, wImg)
    Dm = np.sqrt((x-xk-M//2)**2 + (y-yk-N//2)**2)
    Dp = np.sqrt((x+xk-M//2)**2 + (y+yk-N//2)**2)
    D0 = radius
    eps = 1e-8  # 防止被 0 除
    n2 = 2*n
    kernel = (1 / (1 + (D0/(Dm+eps))**n2)) * (1 / (1+(D0/(Dp+eps))**n2))
    return kernel
```

```python
if __name__ == '__main__':
    # (1) 读取原始图像
    img = cv.imread("../images/Fig1102.png", flags=0)  # 读取灰度图像
    hImg, wImg = img.shape[:2]
    print("img.shape: ", img.shape[:2])

    # (2) 图像的傅里叶变换
    imgFloat = img.astype(np.float32)  # 转换成实型
    dftImg = cv.dft(imgFloat, flags=cv.DFT_COMPLEX_OUTPUT)  # (hImg,wImg,2)
    dftShift = np.fft.fftshift(dftImg)  # 中心化
    shiftDftAmp = cv.magnitude(dftShift[:,:,0], dftShift[:,:,1])  # 幅度谱
    dftAmpLog = np.uint8(cv.normalize(np.log(1 + shiftDftAmp), None, 0, 255,
cv.NORM_MINMAX))

    # (3) 鼠标交互框选频谱中的亮斑
    rect = cv.selectROI("DftAmp", dftAmpLog)  # 鼠标左键拖动选择矩形框
    print("selectROI:", rect)  # 元组 (xmin, ymin, w, h)
    x, y, w, h = rect  # 框选矩形区域 (ymin:ymin+h, xmin:xmin+w)
    imgROI = np.zeros(img.shape[:2], np.uint8)  # 创建掩模图像
    imgROI[y:y+h, x:x+w] = 1  # 框选矩形区域作为掩模窗口
    minVal, maxVal, minLoc, maxLoc = cv.minMaxLoc(dftAmpLog, mask=imgROI)  # 查
找最大值位置
    cx, cy = maxLoc[0]-wImg//2, maxLoc[1]-hImg//2  # 以图像中心为原点的坐标
    print("Position of maximum: cx={}, cy={}".format(cx, cy))
    dftLabelled = dftAmpLog.copy()
    cv.rectangle(dftLabelled, (x, y), (x+w, y+h), (0,0,255), 2)  # 在频谱图上标记
矩形框

    # (4) 构造巴特沃斯陷波滤波器传递函数
    print("Notch center: cx={}, cy={}".format(cx, cy))
    nrFilter = BNRFilter(hImg, wImg, radius=10, xk=cx, yk=cy, n=2)  # 巴特沃斯陷
波滤波器
    filterDual = cv.merge([nrFilter, nrFilter])  # 拼接为两个通道: (hImg,wImg,2)

    # (5) 陷波滤波和傅里叶逆变换
    dftNRF = dftShift * filterDual  # 陷波滤波
    iShift = np.fft.ifftshift(dftNRF)  # 去中心化
    idft = cv.idft(iShift)  # (hImg,wImg,2)
    idftAmp = cv.magnitude(idft[:, :, 0], idft[:, :, 1])  # 重建图像
    rebuild = np.uint8(cv.normalize(idftAmp, None, 0, 255, cv.NORM_MINMAX))

    plt.figure(figsize=(9, 6))
    plt.subplot(231), plt.title("1. Original")
    plt.axis('off'), plt.imshow(img, cmap='gray')
    plt.subplot(232), plt.title("2. Amplitude spectrum")
    plt.axis('off'), plt.imshow(dftAmpLog, cmap='gray')
    plt.arrow(360, 335, -20, -20, width=5, shape='full')  # 绘制箭头
    plt.arrow(240, 200, 20, 20, width=5, shape='full')  # 绘制箭头
    plt.subplot(233), plt.title("3. Rectangular box")
    plt.axis('off'), plt.imshow(dftLabelled, cmap='gray')
    plt.subplot(234), plt.title("4. BNR Filter")
```

```
    plt.axis('off'), plt.imshow(nrFilter, cmap='gray')
    plt.subplot(235), plt.title("5. Filtered spectrum")
    ampFiltered = cv.magnitude(dftNRF[:,:,0], dftNRF[:,:,1])  # 幅度谱
    ampLog = np.uint8(cv.normalize(np.log(1+ampFiltered), None, 0, 255,
cv.NORM_MINMAX))
    plt.axis('off'), plt.imshow(ampLog, cmap='gray')
    plt.subplot(236), plt.title("6. Rebuild image")
    plt.imshow(rebuild, cmap='gray'), plt.axis('off')
    plt.tight_layout()
    plt.show()
```

运行结果

```
img.shape:  (540, 600)
selectROI: (260, 233, 30, 28)
Position of maximum: cx=-19, cy=-17
Notch center: cx=-19, cy=-17
```

程序说明

（1）本例程框架与【例程 1110】相同，程序的使用方法也相同，区别仅在于使用不同类型的滤波器。运行结果，频域滤波之陷波滤波器如图 11-9 所示，各子图的内容与图 11-8 是一致的。

（2）比较图 11-8(4)与图 11-9(4)所示的滤波器、图 11-8(5)与图 11-9(5)所示的滤波后的快速傅里叶变换图像，可以直观和清晰地看到带阻滤波器与陷波滤波器的区别。

（3）比较图滤波图像，图 11-9(6)所示的滤波图像比图 11-8(6)所示的滤波图像更清晰，这是由于陷波滤波器可以保留阻塞频带的有效信息，减少了图像细节的损失。

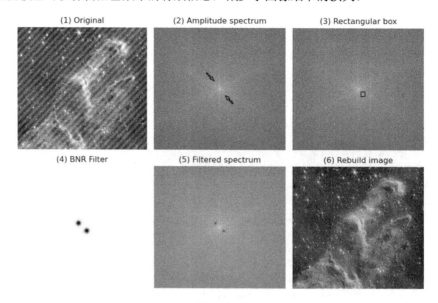

图 11-9　频域滤波之陷波滤波器

## 第 12 章

形态学图像处理

形态学图像处理是基于形状的图像处理，基本思想是利用各种形状的结构元进行形态学运算，从图像中提取表达和描绘区域形状的结构信息。形态学运算的数学原理是集合运算，处理对象是黑色背景的二值对象或深色背景的灰度对象。

本章内容概要

◎ 学习形态学运算的基本操作：腐蚀、膨胀及各种形态学高级运算。

◎ 介绍灰度形态学运算。

◎ 理解形态学结构元的意义，比较结构元对形态学运算的影响，构造自定义结构元。

◎ 学习常用的形态学算法，如边界提取和线条细化。

◎ 理解形态学重建的思想和原理，介绍形态学重建的应用，如边界清除、孔洞填充、骨架提取、粒径分离、粒度测定和角点检测。

12.1 腐蚀运算和膨胀运算

12.1.1 腐蚀和膨胀

腐蚀和膨胀是形态学处理的基本操作。图像的形态学处理基于黑色像素的集合，研究对象是黑色背景的二值图像，因此腐蚀和膨胀都是针对白色部分而言的。

腐蚀运算是求局部最小值的操作，将 0 值扩充到邻近像素。膨胀运算是求局部最大值的操作，将 1 值扩充到邻近像素。腐蚀运算和膨胀运算的数学描述如下。

$$\text{erode}(\text{src}) = \min_{(x',y') \in \text{element}} \{\text{src}(x+x', y+y')\}$$

$$\text{dilate}(\text{src}) = \max_{(x',y') \in \text{element}} \{\text{src}(x+x', y+y')\}$$

腐蚀使图像中的白色高亮部分被腐蚀，邻域被蚕食，白色区域比原始图像更小。膨胀使图像中的白色高亮部分被膨胀，邻域扩张，白色区域比原始图像更大。

腐蚀可以用来去掉毛刺与孤立点，提取骨干信息。膨胀可以填补图像缺陷，用来扩充边缘、填充小孔，连接两个分开的物体。

腐蚀和膨胀的结合可以产生更加丰富的应用。例如，在去除噪声时可以先进行腐蚀，在去掉白噪声的同时使前景对象变小；再进行膨胀，此时噪声已经被去除，膨胀可以使前景增大，恢复对象的大小。

OpenCV 中的函数 cv.erode 用于实现腐蚀运算，函数 cv.dilate 用于实现膨胀运算。

函数 cv.erode 能使用结构元侵蚀图像，在邻域上取最小值；函数 cv. dilate 能使用结构元膨胀图像，在邻域上取最大值。

函数原型

cv.erode(src, kernel[, dst, anchor, iterations, borderType, borderValue]) → img cv.dilate(src, kernel[, dst, anchor, iterations, borderType, borderValue]) → img

参数说明

◎ src：输入图像，是 Numpy 数组，允许为单通道图像或多通道图像。

◎ dst：输出图像，大小和类型与 src 相同。

◎ kernel：结构元，null 表示使用 3×3 的矩形结构元。

◎ anchor：锚点位置，可选项，默认值为(-1,-1)，表示以结构元中心为锚点。

◎ iterations：重复操作次数，可选项，默认值为 1。

◎ borderType：边界扩充类型，可选项，不支持 BORDER_WRAP。

◎ borderValue：边界填充值，默认值为 0，表示黑色填充。

注意问题

（1）输入图像允许为单通道图像或多通道图像，多通道图像对每个通道都会独立处理。

（2）函数支持就地操作（In-place Operation），指直接对函数的输入图像进行修改，输入图像会被覆盖和修改。

（3）函数支持迭代操作，可以重复进行多次腐蚀或膨胀操作。

（4）结构元可以使用函数 cv.getStructuringElement 生成，也可以自定义 Numpy 数组构造。

（5）形态学基本操作是基于二值图像的，但函数 cv.erode 与函数 cv.dilate 可以支持对灰度图像进行灰度腐蚀和灰度膨胀，详见 12.3 节内容。

（6）在形态学运算中，处理边界像素时要用到边界外部的像素点，因此需要进行边界扩充。边界扩充类型与函数 cv.copyMakeBorder 中的定义相同，默认选项为 BORDER_DEFAULT，这也适于本章其他函数中的参数 borderType。

12.1.2　形态学处理的结构元

结构元（Structuring Element，SE）是一个沿像素点滑动的运算模板，类似卷积运算中的卷积核，只是将卷积运算变成了集合运算。结构元可以是任意形状的，常用的有矩形、圆形和十字形。

OpenCV 中的函数 cv.getStructuringElement 用于生成指定大小和形状的结构元。

函数原型

cv.getStructuringElement(shape, ksize[, anchor=Point(-1,-1)]) → retval

参数说明

◎ shape：结构元的形状。

➤ MORPH_RECT：矩形结构元，是所有元素为 1 的矩阵。

➤ MORPH_CROSS：十字形结构元，是十字轴线为 1、其他为 0 的矩阵。

➤ MORPH_ELLIPSE：椭圆形结构元，是椭圆内部为 1、外部为 0 的矩阵。

◎ ksize：结构元的尺寸，格式为元组(w,h)，推荐选择奇数值。

◎ anchor：锚点位置，可选项，默认值为(-1,-1)，表示以结构元中心为锚点。

◎ retval：返回值，结构元，是二维 Numpy 数组。

注意问题

（1）结构元是二维数组，相当于掩模模板，数组元素的值是 0 或 1。

（2）矩形、圆形或十字形的结构元不是指二维数组的形状，而是指二维数组中数值为 1 的像素集合的形状是矩形、圆形或十字形。

（3）结构元的尺寸和形状会影响形态学运算的效果，需要根据具体问题来选择和设计。

（4）如同可以自定义卷积核，用户也可以自定义任意形状的结构元。

【例程 1201】形态学运算之腐蚀与膨胀

本例程用于腐蚀运算和膨胀运算，并比较结构元尺寸和循环次数的影响。

```python
# 【1201】形态学运算之腐蚀与膨胀
import cv2 as cv
import numpy as np
from matplotlib import pyplot as plt

if __name__ == '__main__':
    img = cv.imread("../images/Fig1201.png", flags=0)
    _, imgBin = cv.threshold(img, 20, 255, cv.THRESH_BINARY | cv.THRESH_OTSU)
# 二值处理

    # 图像腐蚀
    ksize1 = (3, 3)  # 结构元尺寸 3×3
    kernel1 = np.ones(ksize1, dtype=np.uint8)  # 矩形结构元
    imgErode1 = cv.erode(imgBin, kernel=kernel1)  # 图像腐蚀
    kernel2 = np.ones((9, 9), dtype=np.uint8)
    imgErode2 = cv.erode(imgBin, kernel=kernel2)
    imgErode3 = cv.erode(imgBin, kernel=kernel1, iterations=2)  # 腐蚀两次
    # 图像膨胀
    ksize1 = (3, 3)  # 结构元尺寸 3×3
    kernel1 = cv.getStructuringElement(cv.MORPH_RECT, ksize1)  # 矩形结构元
    imgDilate1 = cv.dilate(imgBin, kernel=kernel1)  # 图像膨胀
    kernel2 = cv.getStructuringElement(cv.MORPH_RECT, (9, 9))  # 矩形结构元
    imgDilate2 = cv.dilate(imgBin, kernel=kernel2)
    imgDilate3 = cv.dilate(imgBin, kernel=kernel1, iterations=2)  # 膨胀两次
    # 对腐蚀图像进行膨胀
    dilateErode = cv.dilate(imgErode2, kernel=kernel2)  # 图像膨胀

    plt.figure(figsize=(9, 5))
    plt.subplot(241), plt.axis('off'), plt.title("1. Original")
    plt.imshow(imgBin, cmap='gray', vmin=0, vmax=255)
    plt.subplot(242), plt.title("2. Eroded size=(3,3)"), plt.axis('off')
    plt.imshow(imgErode1, cmap='gray')
    plt.subplot(243), plt.title("3. Eroded size=(9,9)"), plt.axis('off')
    plt.imshow(imgErode2, cmap='gray')
    plt.subplot(244), plt.title("4. Eroded size=(3,3)*2"), plt.axis('off')
    plt.imshow(imgErode3, cmap='gray')
    plt.subplot(245), plt.axis('off'), plt.title("5. Eroded & Dilated")
```

```
plt.imshow(dilateErode, cmap='gray')
plt.subplot(246), plt.title("6. Dilated size=(3,3)"), plt.axis('off')
plt.imshow(imgDilate1, cmap='gray')
plt.subplot(247), plt.title("7. Dilated size=(9,9)"), plt.axis('off')
plt.imshow(imgDilate2, cmap='gray')
plt.subplot(248), plt.title("8. Dilated size=(3,3)*2"), plt.axis('off')
plt.imshow(imgDilate3, cmap='gray')
plt.tight_layout()
plt.show()
```

程序说明

（1）运行结果，形态学运算之腐蚀与膨胀如图 12-1 所示。图 12-1(1)所示为原始图像，图 12-1(2)～(4)所示为腐蚀运算的结果，图 12-1(6)～(8)所示为膨胀运算的结果，图 12-1(5)所示为先腐蚀后膨胀运算的结果。腐蚀和膨胀都是针对白色部分而言的。

（2）腐蚀运算使白色部分被腐蚀，白色区域缩小，消除了细线和噪点（见图 12-1(2)～(4)）；膨胀运算使白色部分被膨胀，白色区域扩大，狭缝和孔洞被连接或填充（见图 12-1(6)～(8)）。

（3）图 12-1(5)使用相同的结构元先腐蚀后膨胀，可以消除细线、毛刺和孤立点，保持其他部分的形状和大小。

（4）图 12-1(2)和图 12-1(3)的比较说明了结构元尺寸对腐蚀效果的影响，图 12-1(6)和图 12-1(7)的比较说明了结构元尺寸对膨胀效果的影响。

（5）腐蚀与膨胀都支持迭代操作，相当于使用了更大尺寸的结构元，图 12-1(4)和图 12-1(8)为迭代操作的效果。

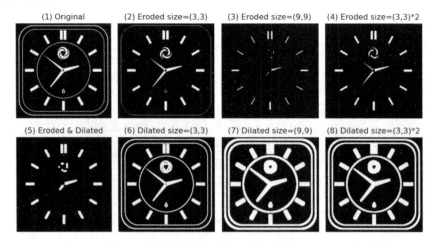

图 12-1　形态学运算之腐蚀与膨胀

12.2　形态学运算函数

腐蚀和膨胀是形态学运算的基础。腐蚀和膨胀相对于补集和反射彼此对偶，二者的组合产生了各种形态学高级运算。形态学高级运算的对象是黑色背景的二值图像。

12.2.1 形态学高级运算

1．开运算

开运算是先腐蚀后膨胀的过程，通常用于去除噪点、断开狭颈、消除细长的突出、平滑物体边界，但不改变面积，数学描述如下。

$$\text{open}(\text{src}) = \text{dilate}\left[\text{erode}(\text{src})\right]^4$$

开运算本质上是一种几何滤波器，结构元的形状决定提取的特征结构，结构元的大小决定滤波效果。

2．闭运算

闭运算是先膨胀后腐蚀的过程，通常用于弥合狭窄的断裂和细长的沟壑，消除小孔，填补轮廓中的缝隙，消除噪点，连接相邻的部分，数学描述如下。

$$\text{close}(\text{src}) = \text{erode}\left[\text{dilate}(\text{src})\right]$$

闭运算通过填充图像的凹角来实现图像滤波，结构元的形状会导致不同的分割，结构元的大小决定滤波效果。

3．形态学梯度运算

形态学梯度运算通过计算膨胀图像与腐蚀图像之差，得到图像的轮廓，通常用于提取物体边缘，数学描述如下。

$$\text{morphgrad}(\text{src}) = \text{dilate}(\text{src}) - \text{erode}(\text{src})$$

4．顶帽运算

顶帽运算通过开运算从图像中删除物体，得到仅保留已删除分量的图像。开运算能删除暗背景下的亮区域，顶帽运算能得到原始图像中的亮区域，又称白帽变换，数学描述如下。

$$\text{tophat}(\text{src}) = \text{src} - \text{open}(\text{src})$$

顶帽运算主要用于灰度形态学处理，可以提取图像的噪声信息；也用于校正不均匀光照的影响，用来分离比邻近点亮的斑块。

5．底帽运算

底帽运算能通过闭运算从图像中删除物体，得到仅保留已删除分量的图像。闭运算能删除亮背景下的暗区域，底帽算子能得到原始图像中的暗区域，又称黑帽变换，数学描述如下。

$$\text{blackhat}(\text{src}) = \text{close}(\text{src}) - \text{src}$$

底帽运算主要用于灰度形态学处理，突出比原始图像轮廓周围的区域更暗的区域，而且效果与结构元的大小相关，因此可以分离比邻近点暗的斑块。

6．击中-击不中变换

击中-击不中变换是形态检测的基本工具，可以实现对象的细化和剪枝操作，常用于物体的识别和图像细化。

击中-击不中操作定义了两个结构元 B1、B2，结构元 B1 对图像进行腐蚀、结构元 B2 对图像的补集进行腐蚀，两者的结果相减称为击中-击不中变换。在实际运算中是先进行两次腐蚀运算，然后取交集。

击中-击不中变换的作用类似模板匹配。结构元 B1 代表当前位置必须具有的形状，结构元 B2 代表当前位置不能具有的形状。只有符合要求的形状，才会保留在最终结果中。

12.2.2 形态学处理函数

OpenCV 中形态学处理的通用函数 cv.morphologyEx，可通过操作类型的设置实现各种形态学运算算法。

函数 cv.morphologyEx 以腐蚀和膨胀作为基本操作，进行指定的形态学运算。

函数原型

cv.morphologyEx(src, op, kernel[, dst, anchor, iterations, borderType, borderValue]) → img

参数说明

◎ src：输入图像，是 Numpy 数组，允许为单通道图像或多通道图像。

◎ dst：输出图像，大小和类型与 src 相同。

◎ op：操作类型。

  ➢ MORPH_ERODE：腐蚀运算。

  ➢ MORPH_DILATE：膨胀运算。

  ➢ MORPH_OPEN：开运算，先腐蚀后膨胀。

  ➢ MORPH_CLOSE：闭运算，先膨胀后腐蚀。

  ➢ MORPH_GRADIENT：形态学梯度运算，膨胀图像与腐蚀图像之差。

  ➢ MORPH_TOPHAT：顶帽运算，原始图像与开运算图像之差。

  ➢ MORPH_BLACKHAT：底帽运算，闭运算图像与原始图像之差。

  ➢ MORPH_HITMISS：击中-击不中变换。

◎ kernel：结构元，null 表示使用 3×3 矩形结构元。

◎ anchor：锚点位置，可选项，默认值为(-1,-1)，以结构元中心为锚点。

◎ iterations：重复操作次数，可选项，默认值为 1。

◎ borderType：边界扩充类型，可选项，不支持 BORDER_WRAP。

◎ borderValue：边界填充值，默认值为 0，表示黑色填充。

注意问题

（1）函数 cv.morphologyEx 是形态学处理的通用接口，通过参数 op 可设置形态学操作类型，进行相应的形态学运算和变换。

（2）对所有的操作类型 op 都支持就地操作，部分操作类型可以通过设置重复次数，就地进行多次迭代操作。

（3）重复操作次数 iterations 是进行腐蚀和膨胀操作的次数，注意两次迭代的开运算相当于应用"腐蚀→腐蚀→膨胀→膨胀"，而不是"腐蚀→膨胀→腐蚀→膨胀"。

（4）基本的形态学处理是基于二值图像的，但函数 cv.morphologyEx 也支持对灰度图像进行灰度形态学处理。

（5）击中-击不中变换仅支持二值图像，其他操作类型支持二值图像或灰度图像。

【例程 1202】形态学运算之开运算与闭运算

本例程用于介绍开运算与闭运算的使用方法。开运算相当于"腐蚀→膨胀"处理，闭运算相当于"膨胀→腐蚀"处理。

```python
# 【1202】形态学运算之开运算与闭运算
import cv2 as cv
import numpy as np
from matplotlib import pyplot as plt

if __name__ == '__main__':
    img = cv.imread("../images/Fig1201.png", flags=0)
    _, imgBin = cv.threshold(img, 0, 255, cv.THRESH_BINARY_INV |
cv.THRESH_OTSU)  # 二值处理

    # 图像腐蚀
    ksize = (5, 5)  # 结构元尺寸
    element = cv.getStructuringElement(cv.MORPH_RECT, ksize)  # 矩形结构元
    imgErode = cv.erode(imgBin, kernel=element)  # 腐蚀
    # 对腐蚀图像进行膨胀
    imgDilateErode = cv.dilate(imgErode, kernel=element)  # 腐蚀→膨胀
    # 图像的开运算
    imgOpen = cv.morphologyEx(imgBin, cv.MORPH_OPEN, kernel=element)

    # 图像膨胀
    ksize = (5, 5)  # 结构元尺寸
    element = cv.getStructuringElement(cv.MORPH_RECT, ksize)  # 矩形结构元
    imgDilate = cv.dilate(imgBin, kernel=element)  # 膨胀
    # 对膨胀图像进行腐蚀
    imgErodeDilate = cv.erode(imgDilate, kernel=element)  # 膨胀→腐蚀
    # 图像的闭运算
    imgClose = cv.morphologyEx(imgBin, cv.MORPH_CLOSE, kernel=element)

    plt.figure(figsize=(9, 5))
    plt.subplot(241), plt.axis('off'), plt.title("1. Original")
    plt.imshow(imgBin, cmap='gray', vmin=0, vmax=255)
    plt.subplot(242), plt.title("2. Eroded"), plt.axis('off')
    plt.imshow(imgErode, cmap='gray')
    plt.subplot(243), plt.axis('off'), plt.title("3. Eroded & dilated")
    plt.imshow(imgDilateErode, cmap='gray')
    plt.subplot(244), plt.title("4. Opening"), plt.axis('off')
    plt.imshow(imgOpen, cmap='gray')
    plt.subplot(245), plt.axis('off'), plt.title("5. Binary")
    plt.imshow(imgBin, cmap='gray', vmin=0, vmax=255)
    plt.subplot(246), plt.title("6. Dilated"), plt.axis('off')
    plt.imshow(imgDilate, cmap='gray')
    plt.subplot(247), plt.axis('off'), plt.title("7. Dilated & eroded")
    plt.imshow(imgErodeDilate, cmap='gray')
    plt.subplot(248), plt.title("8. Closing"), plt.axis('off')
    plt.imshow(imgClose, cmap='gray')
```

```
    plt.tight_layout()
    plt.show()
```

程序说明

（1）运行结果，形态学运算之开运算与闭运算如图 12-2 所示。图 12-2(1)所示为原始图像，图 12-2(5)所示为原始图像的反转图。

（2）图 12-2(2)所示为腐蚀运算的结果，图 12-2(3)所示为腐蚀后膨胀运算的结果，图 12-2(4)所示为开运算的结果，图 12-2(3)与图 12-2(4)是相同的，表明开运算等价于先腐蚀后膨胀运算。

（3）图 12-2(6)所示为膨胀运算的结果，图 12-2(7)所示为膨胀后腐蚀运算的结果，图 12-2(8)所示为闭运算的结果，图 12-2(7)与图 12-2(8)是相同的，表明闭运算等价于先膨胀后腐蚀运算。

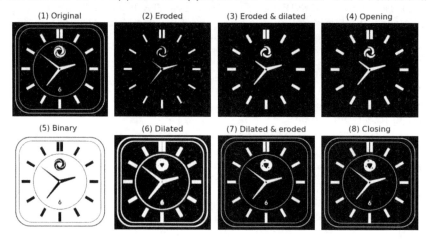

图 12-2　形态学运算之开运算与闭运算

【例程 1203】形态学运算之形态学梯度运算

本例程用于介绍形态学梯度运算的使用方法。形态学梯度运算可以提取图像的边缘，但容易引入噪声，先进行开运算再进行形态学梯度运算，可以有效去除噪点。

```python
# 【1203】形态学运算之形态学梯度运算
import cv2 as cv
import numpy as np
from matplotlib import pyplot as plt

if __name__ == '__main__':
    img = cv.imread("../images/Fig0703.png", flags=0)  # 读取灰度图像
    _, imgBin = cv.threshold(img, 0, 255, cv.THRESH_BINARY | cv.THRESH_OTSU)  # 二值处理

    # 图像的形态学梯度运算
    element = cv.getStructuringElement(cv.MORPH_RECT, (3,3))  # 矩形结构元
    imgGrad = cv.morphologyEx(imgBin, cv.MORPH_GRADIENT, kernel=element)  # 形态学梯度运算

    # 开运算 → 形态学梯度运算
    imgOpen = cv.morphologyEx(imgBin, cv.MORPH_OPEN, kernel=element)  # 开运算
    imgOpenGrad = cv.morphologyEx(imgOpen, cv.MORPH_GRADIENT, kernel=element)
```

形态学梯度运算

```
plt.figure(figsize=(9, 3.5))
plt.subplot(131), plt.axis('off'), plt.title("1. Original")
plt.imshow(img, cmap='gray', vmin=0, vmax=255)
plt.subplot(132), plt.title("2. MORPH_GRADIENT"), plt.axis('off')
plt.imshow(imgGrad, cmap='gray', vmin=0, vmax=255)
plt.subplot(133), plt.title("3. Opening -> Gradient"), plt.axis('off')
plt.imshow(imgOpenGrad, cmap='gray', vmin=0, vmax=255)
plt.tight_layout()
plt.show()
```

程序说明

运行结果，形态学运算之形态学梯度运算如图 12-3 所示。图 12-3(1)所示为原始图像。图 12-3(2)所示为形态学梯度运算的结果，与梯度算子的作用类似，形态学梯度运算可以提取图像的边缘。图 12-3(3)所示为先进行开运算，再进行形态学梯度运算的结果。形态学梯度运算对噪声敏感，先进行开运算可以有效去除噪点。

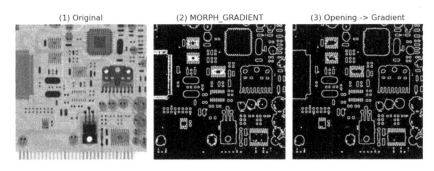

图 12-3　形态学运算之形态学梯度运算

【例程 1204】用击中-击不中变换进行特征识别

本例程使用击中-击不中变换进行特征识别。击中-击不中变换类似模板匹配，可以从图像中提取符合要求的形状。

```
# 【1204】用击中-击不中变换进行特征识别
import cv2 as cv
import numpy as np
from matplotlib import pyplot as plt

if __name__ == '__main__':
    img = cv.imread("../images/Fig1202.png", flags=0)  # 读取灰度图像
    _, binary = cv.threshold(img, 127, 255, cv.THRESH_BINARY_INV |
cv.THRESH_OTSU)  # 二值处理
    kern = cv.getStructuringElement(cv.MORPH_ELLIPSE, (7, 7))  # 圆形结构元
    imgBin = cv.morphologyEx(binary, cv.MORPH_CLOSE, kern)  # 封闭孔洞
    # 击中-击不中变换
    kernB1 = cv.getStructuringElement(cv.MORPH_ELLIPSE, (12, 12))
    imgHMT1 = cv.morphologyEx(imgBin, cv.MORPH_HITMISS, kernB1)
    kernB2 = cv.getStructuringElement(cv.MORPH_ELLIPSE, (20, 20))
    imgHMT2 = cv.morphologyEx(imgBin, cv.MORPH_HITMISS, kernB2)
```

```
plt.figure(figsize=(9, 3.3))
plt.subplot(131), plt.axis('off'), plt.title("1. Original")
plt.imshow(img, cmap='gray', vmin=0, vmax=255)
plt.subplot(132), plt.title("2. HITMISS (12,12)"), plt.axis('off')
plt.imshow(cv.bitwise_not(imgHMT1), cmap='gray', vmin=0, vmax=255)
plt.subplot(133), plt.title("3. HITMISS (20,20)"), plt.axis('off')
plt.imshow(cv.bitwise_not(imgHMT2), cmap='gray', vmin=0, vmax=255)
plt.tight_layout()
plt.show()
```

程序说明

运行结果，用击中-击不中变换进行特征识别如图 12-4 所示。图 12-4(1)所示为原始图像。图 12-4(2)所示为使用(12,12)的圆形结构元进行击中-击不中变换处理，可以匹配主要的线路信息。图 12-4(3)所示为使用(20,20)的圆形结构元进行击中-击不中变换处理，可以匹配骨干节点而剔除线路。

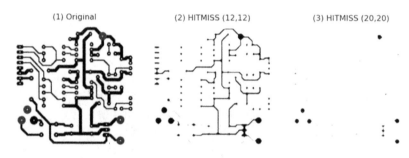

图 12-4 用击中-击不中变换进行特征识别

12.3 灰度形态学运算

灰度形态学是指将形态学操作从二值图像扩展到灰度图像。灰度形态学运算有灰度腐蚀、灰度膨胀、灰度开运算、灰度闭运算、灰度顶帽算子和灰度底帽算子等。

把图像像素点的灰度值视为高度，不同的灰度级表示不同的高度，整个图像就像一张高低起伏的地形图。灰度值大的明亮区域相当于高山，灰度值小的黑暗区域相当于深谷，明暗交界的边缘相当于悬崖。

OpenCV 提供的函数 cv.erode、cv.dilate 与 cv. morphologyEx 也支持对灰度图像进行灰度腐蚀和灰度膨胀。当输入图像 src 为灰度图像时，函数会自动按照灰度形态学运算来处理。

12.3.1 灰度腐蚀与灰度膨胀

灰度腐蚀是指在由结构元确定的邻域中求灰度级的最小值。腐蚀后的图像比原始图像暗，使比结构元小的区域中的亮特征减少，暗特征增大。

灰度膨胀是指在由结构元确定的邻域中求灰度级的最大值。膨胀后的图像比原始图像亮，使比结构元小的区域中的暗特征减少，亮特征增大。

12.3.2　灰度开运算与灰度闭运算

灰度开运算先腐蚀再膨胀，可以去除相对结构元素较小的亮细节，保持整体的灰度和较大的亮区域不变。

灰度闭运算先膨胀再腐蚀，可以去除相对结构元素较小的暗细节，保持整体的灰度和较大的暗区域不变。

12.3.3　灰度顶帽算子和灰度底帽算子

灰度图像的顶帽算子定义为：原始图像减去灰度开运算图像的结果。灰度开运算可以删除暗背景下的亮区域，顶帽算子可以得到原始图像的亮区域。

类似地，灰度图像的底帽算子定义为：用灰度闭运算图像减去原始图像的结果。灰度闭运算可以删除亮背景下的暗区域，底帽算子可以得到原始图像的暗区域。

【例程 1205】灰度形态学运算的原理图

本例程以一维信号的灰度形态学运算来分析灰度形态学的工作原理，可以更加直观地理解各种操作算子的作用效果。

```python
# 【1205】灰度形态学运算的原理图
import cv2 as cv
import numpy as np
from matplotlib import pyplot as plt


if __name__ == '__main__':
    lens = 640
    t = np.arange(1, lens + 1)  # start, end, step
    y = 2 * np.sin(0.01 * t) + np.sin(0.02 * t) + np.sin(0.05 * t) + np.pi
    y2D = np.reshape(y, (-1,1))  # (640,1)
    img = np.uint8(cv.normalize(y2D, None, 0, 255, cv.NORM_MINMAX))

    lenSE = 50
    element = cv.getStructuringElement(cv.MORPH_RECT, (1, lenSE))  # 条形结构元
    imgErode = cv.erode(img, element)  # 灰度腐蚀
    imgDilate = cv.dilate(img, element)  # 灰度膨胀
    imgOpen = cv.morphologyEx(img, cv.MORPH_OPEN, element)  # 灰度开运算
    imgClose = cv.morphologyEx(img, cv.MORPH_CLOSE, element)  # 灰度闭运算
    imgThat = cv.morphologyEx(img, cv.MORPH_TOPHAT, element)  # 灰度顶帽算子
    imgBhat = cv.morphologyEx(img, cv.MORPH_BLACKHAT, element)  # 灰度底帽算子

    print(t.shape, y.shape, img.shape, element.shape)
    print(img.max(), img.min())
    plt.figure(figsize=(9, 6))
    plt.subplot(231), plt.xticks([]), plt.yticks([])
    plt.title("1. Gray erosion profile")
    plt.plot(img, 'k--', imgErode, 'b-')  # 灰度腐蚀
    plt.subplot(232), plt.xticks([]), plt.yticks([])
    plt.title("2. Gray opening profile")
    plt.plot(img, 'k--', imgOpen, 'b-')  # 灰度开运算
    plt.subplot(233), plt.xticks([]), plt.yticks([])
```

```
plt.title("3. Gray tophat profile")
plt.plot(img, 'k--', imgThat, 'b-')    # 灰度顶帽算子
plt.subplot(234), plt.xticks([]), plt.yticks([])
plt.title("4. Gray dilation profile")
plt.plot(img, 'k--', imgDilate, 'b-')   # 灰度膨胀
plt.subplot(235), plt.xticks([]), plt.yticks([])
plt.title("5. Gray closing profile")
plt.plot(img, 'k--', imgClose, 'b-')    # 灰度闭运算
plt.subplot(236), plt.xticks([]), plt.yticks([])
plt.title("6. Gray blackhat profile")
plt.plot(img, 'k--', imgBhat, 'b-')    # 灰度底帽算子
plt.tight_layout()
plt.show()
```

程序说明

（1）运行结果，灰度形态学运算的原理示意图如图 12-5 所示。图中横坐标为空间坐标轴，纵坐标为信号幅值，也可以理解为一维图像的灰度值。将图像的灰度值视为地形图的高度值，虚线表示原始图像的灰度值，实线表示形态学运算后的灰度值。

（2）图 12-5(1)所示为灰度腐蚀原理图，图 12-5(4)所示为灰度膨胀原理图，图 12-5(2)所示为灰度开运算原理图，图 12-5(5)所示为灰度闭运算原理图，图 12-5(3)所示为灰度顶帽算子原理图，图 12-5(6)所示为灰度底帽算子原理图。

（3）一维灰度图像对结构元的灰度开运算类似从下方向上推动结构元（见图 12-5(2)）。灰度图像对结构元的灰度闭运算类似从上方向下推动结构元（见图 12-5(5)）。

（4）灰度顶帽算子与灰度底帽算子都是用于消除背景强度的影响的。灰度顶帽算子是从原信号中减去基波（见图 12-5(3)）。灰度底帽算子具有饱和与反相性质，相当于用基波减去原信号（见图 12-5(6)）。

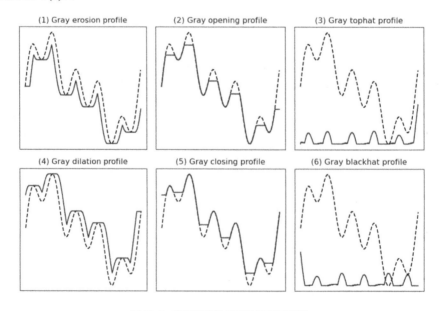

图 12-5　灰度形态学运算的原理示意图

【例程 1206】灰度形态学运算

本例程用于介绍灰度腐蚀、灰度膨胀、灰度开运算、灰度闭运算和灰度梯度运算的使用方法。

```python
# 【1206】灰度形态学运算
import cv2 as cv
import numpy as np
from matplotlib import pyplot as plt

if __name__ == '__main__':
    img = cv.imread("../images/Fig1101.png", flags=0)  # 灰度图像

    element = cv.getStructuringElement(cv.MORPH_RECT, (3, 3))  # 矩形结构元
    imgErode = cv.erode(img, element)  # 灰度腐蚀
    imgDilate = cv.dilate(img, element)  # 灰度膨胀
    imgOpen = cv.morphologyEx(img, cv.MORPH_OPEN, element)  # 灰度开运算
    imgClose = cv.morphologyEx(img, cv.MORPH_CLOSE, element)  # 灰度闭运算
    imgGrad = cv.morphologyEx(img, cv.MORPH_GRADIENT, element)  # 灰度梯度运算

    plt.figure(figsize=(9, 6))
    plt.subplot(231), plt.axis('off'), plt.title("1. Original")
    plt.imshow(img, cmap='gray', vmin=0, vmax=255)
    plt.subplot(232), plt.title("2. Grayscale erosion"), plt.axis('off')
    plt.imshow(imgErode, cmap='gray', vmin=0, vmax=255)
    plt.subplot(233), plt.title("3. Grayscale dilation"), plt.axis('off')
    plt.imshow(imgDilate, cmap='gray', vmin=0, vmax=255)
    plt.subplot(234), plt.title("4. Grayscale opening"), plt.axis('off')
    plt.imshow(imgOpen, cmap='gray', vmin=0, vmax=255)
    plt.subplot(235), plt.title("5. Grayscale closing"), plt.axis('off')
    plt.imshow(imgClose, cmap='gray', vmin=0, vmax=255)
    plt.subplot(236), plt.title("6. Grayscale gradient"), plt.axis('off')
    plt.imshow(imgGrad, cmap='gray', vmin=0, vmax=255)
    plt.tight_layout()
    plt.show()
```

程序说明

（1）运行结果，灰度形态学运算的处理结果如图 12-6 所示。图 12-6(1)所示为原始图像，图 12-6(2)所示为灰度腐蚀的结果，图 12-6(3)所示为灰度膨胀的结果，图 12-6(4)所示为灰度开运算的结果，图 12-6(5)所示为灰度闭运算的结果，图 12-6(6)所示为灰度梯度运算的结果。

（2）观察图像右上角的时钟，在图 12-6(2)和图 12-6(4)中指针和数字几乎消失了，说明亮特征减少、暗特征增大。观察图像左下角的车轮辐条，在图 12-6(3)和图 12-6(5)中消失了，说明暗特征减少、亮特征增大。观察图像右侧的一组方块，在图 12-6(2)和图 12-6(4)中颜色加深了，在图 12-6(3)和图 12-6(5)中颜色变浅了。

（3）灰度梯度运算提取了图像的边缘（见图 12-6(6)），但观察右下角的花草可以看出，对比度较低的物体，灰度梯度较小，因此不能有效地提取其边缘。

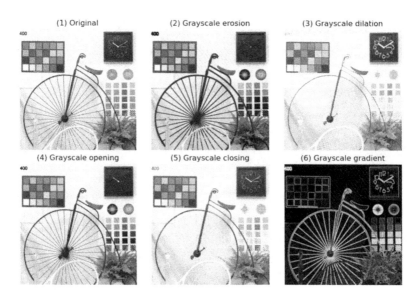

图 12-6　灰度形态学运算的处理结果

【例程 1207】灰度顶帽算子校正光照影响

本例程使用灰度顶帽算子校正暗背景的不均匀光照，抑制暗背景下的亮区域，以获得原始图像的亮区域。

```
# 【1207】灰度顶帽算子校正光照影响
import cv2 as cv
import numpy as np
from matplotlib import pyplot as plt

if __name__ == '__main__':
    img = cv.imread("../images/Fig1203.png", flags=0)  # 灰度图像

    # 直接用 OTSU 最优阈值处理方法进行二值处理
    _, imgBin1 = cv.threshold(img, 0, 255, cv.THRESH_BINARY | cv.THRESH_OTSU)
# 二值化处理

    # 灰度顶帽算子后用 OTSU 最优阈值处理方法进行二值处理
    element = cv.getStructuringElement(cv.MORPH_RECT, (80, 80))  # 矩形结构元
    imgThat = cv.morphologyEx(img, cv.MORPH_TOPHAT, element)  # 灰度顶帽算子
    ret, imgBin2 = cv.threshold(imgThat, 0, 255, cv.THRESH_BINARY |
cv.THRESH_OTSU)  # 二值处理

    fig = plt.figure(figsize=(9, 6))
    plt.subplot(231), plt.title("1. Original"), plt.axis('off')
    plt.imshow(img, cmap='gray', vmin=0, vmax=255)
    plt.subplot(234), plt.title("4. Tophat"), plt.axis('off')
    plt.imshow(imgThat, cmap='gray', vmin=0, vmax=255)
    plt.subplot(233), plt.title("3. Original binary"), plt.axis('off')
    plt.imshow(imgBin1, cmap='gray', vmin=0, vmax=255)
    plt.subplot(236), plt.title("6. Tophat binary"), plt.axis('off')
    plt.imshow(imgBin2, cmap='gray', vmin=0, vmax=255)
```

```
h = np.arange(0, img.shape[1])
w = np.arange(0, img.shape[0])
xx, yy = np.meshgrid(h, w)  # 转换为网格点集（二维数组）
ax1 = plt.subplot(232, projection='3d')
ax1.plot_surface(xx, yy, img, cmap='coolwarm')
ax1.set_xticks([]), ax1.set_yticks([]), ax1.set_zticks([])
ax1.set_title("2. Original grayscale")
ax2 = plt.subplot(235, projection='3d')
ax2.plot_surface(xx, yy, imgThat, cmap='coolwarm')
ax2.set_xticks([]), ax2.set_yticks([]), ax2.set_zticks([])
ax2.set_title("5. Tophat grayscale")
plt.tight_layout()
plt.show()
```

程序说明

运行结果，灰度顶帽算子校正光照影响如图 12-7 所示。

（1）图 12-7(1)所示原始图像是不均匀光照的暗背景图片，图像上方的暗色区域比较明显。图 12-7(2)所示为原始图像灰度值的三维曲面图，z 轴表示灰度值大小，可以直观地看出背景亮度存在明显的台阶。

（2）图 12-7(3)所示为直接用 OTSU 最优阈值处理方法对图 12-7(1)进行阈值处理，无论在上方暗区域还是在下方亮区域，都存在部分果粒不能完整地从背景中提取出来。

（3）图 12-7(4)所示为图 12-7(1)进行灰度顶帽算子的结果，减弱了图像中亮端和暗端的差别。图 12-7(5)所示为灰度顶帽算子图灰度值的三维曲面图，灰度顶帽算子有效地校正了背景亮度。图 12-7(6)所示为图 12-7(4)的阈值分割图像，亮区域和暗区域中所有的果粒都能被正确地分割出来。

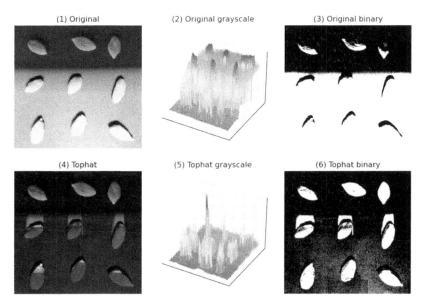

图 12-7　灰度顶帽算子校正光照影响

【例程 1208】灰度底帽算子校正光照影响

本例程使用灰度底帽算子校正亮背景不均匀光照的影响，抑制暗背景下的亮区域，以获得原始图像的暗区域。

```python
# 【1208】灰度底帽算子校正光照影响
import cv2 as cv
import numpy as np
from matplotlib import pyplot as plt

if __name__ == '__main__':
    img = cv.imread("../images/Fig1204.png", flags=0)  # 灰度图像
    _, imgBin1 = cv.threshold(img, 0, 255, cv.THRESH_BINARY_INV |
cv.THRESH_OTSU)  # 二值处理

    # 底帽运算
    r = 80  # 特征尺寸，由目标大小确定
    element = cv.getStructuringElement(cv.MORPH_ELLIPSE, (r, r))  # 圆形结构元
    imgBhat = cv.morphologyEx(img, cv.MORPH_BLACKHAT, element)  # 底帽运算
    _, imgBin2 = cv.threshold(imgBhat, 20, 255, cv.THRESH_BINARY)  # 二值处理
    # 闭运算去除圆环的噪点
    element = cv.getStructuringElement(cv.MORPH_ELLIPSE, (9, 9))  # 圆形结构元
    imgSegment = cv.morphologyEx(imgBin2, cv.MORPH_CLOSE, element)  # 闭运算

    fig = plt.figure(figsize=(9, 6))
    plt.subplot(231), plt.title("1. Original"), plt.axis('off')
    plt.imshow(img, cmap='gray', vmin=0, vmax=255)
    plt.subplot(234), plt.title("4. Blackhat"), plt.axis('off')
    plt.imshow(imgBhat, cmap='gray', vmin=0, vmax=255)
    plt.subplot(233), plt.title("3. Original binary"), plt.axis('off')
    plt.imshow(imgBin1, cmap='gray', vmin=0, vmax=255)
    plt.subplot(236), plt.title("6. Blackhat binary"), plt.axis('off')
    plt.imshow(imgSegment, cmap='gray', vmin=0, vmax=255)
    h = np.arange(0, img.shape[1])
    w = np.arange(0, img.shape[0])
    xx, yy = np.meshgrid(h, w)  # 转换为网格点集（二维数组）
    ax1 = plt.subplot(232, projection='3d')
    ax1.plot_surface(xx, yy, img, cmap='coolwarm')
    ax1.set_xticks([]), ax1.set_yticks([]), ax1.set_zticks([])
    ax1.set_title("2. Original grayscale")
    ax2 = plt.subplot(235, projection='3d')
    ax2.plot_surface(xx, yy, imgBhat, cmap='coolwarm')
    ax2.set_xticks([]), ax2.set_yticks([]), ax2.set_zticks([])
    ax2.set_title("5. Blackhat grayscale")
    plt.tight_layout()
    plt.show()
```

程序说明

运行结果，灰度底帽算子校正光照影响如图 12-8 所示。

（1）图 12-8(1)所示的原始图像是不均匀光照的亮背景图片，图像右侧的暗区域比较明显。图 12-8(2)所示为原始图像灰度值的三维曲面图，z 轴表示灰度值大小，可以直观地看出背景亮度差异很大。

（2）图 12-8(3)所示为直接用 OTSU 最优阈值处理方法对图 12-8(1)进行阈值处理，由于背景亮度差异的影响，右侧暗区域无法分割前景。

（3）图 12-8(4)所示为灰度底帽算子的结果，减弱了图像中亮端和暗端背景的差别。图 12-8(5)所示为灰度底帽算子图灰度值的三维曲面图，灰度底帽算子有效地校正了背景亮度。图 12-8(6)所示为图 12-8(3)的阈值分割图像，亮区域和暗区域中的所有硬币都能被正确地分割出来。

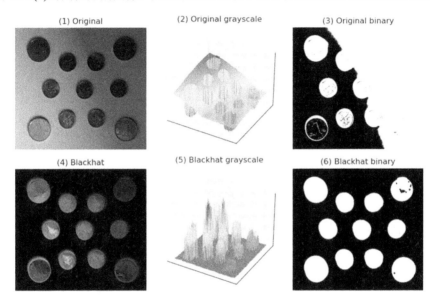

图 12-8　灰度底帽算子校正光照影响

12.4　形态学算法之边界提取

边界提取的原理是通过对目标图像进行腐蚀和膨胀处理，比较结果图像与原始图像的差别来实现边界提取。

内边界的提取可以先利用图像的腐蚀处理得到原始图像的一个收缩结果，然后将收缩结果与目标图像进行异或运算，实现差值部分的提取。类似地，外边界的提取可以先对图像进行膨胀处理，然后用膨胀处理结果与原目标图像进行异或运算，也就是求膨胀处理结果与原目标图像的差集。

【例程 1209】形态学算法之边界提取

本例程使用形态学算法对图像中的目标进行边界提取。

常用的结构元是 3×3 矩形结构元，而 5×5 矩形结构元往往可以得到 2～3 个像素宽度的边界。

```
# 【1209】形态学算法之边界提取
import cv2 as cv
import numpy as np
from matplotlib import pyplot as plt
```

```python
if __name__ == '__main__':
    img = cv.imread("../images/Fig0801.png", flags=0)  # 读取灰度图像
    _, imgBin = cv.threshold(img, 0, 255, cv.THRESH_BINARY | cv.THRESH_OTSU)  #
二值处理
    # _, imgBin = cv.threshold(img, 0, 255, cv.THRESH_BINARY_INV |
cv.THRESH_OTSU)  # 二值处理

    # 3×3 矩形结构元
    element = cv.getStructuringElement(cv.MORPH_RECT, (3, 3))
    imgErode1 = cv.erode(imgBin, kernel=element)  # 图像腐蚀
    imgBound1 = imgBin - imgErode1  # 图像边界提取
    # 5×5 矩形结构元
    element = cv.getStructuringElement(cv.MORPH_RECT, (9, 9))
    imgErode2 = cv.erode(imgBin, kernel=element)  # 图像腐蚀
    imgBound2 = imgBin - imgErode2  # 图像边界提取

    plt.figure(figsize=(9, 3.3))
    plt.subplot(131), plt.axis('off'), plt.title("1. Original")
    plt.imshow(imgBin, cmap='gray', vmin=0, vmax=255)
    plt.subplot(132), plt.title("2. Boundary extraction (3,3)"), plt.axis('off')
    plt.imshow(imgBound1, cmap='gray', vmin=0, vmax=255)
    plt.subplot(133), plt.title("3. Boundary extraction (9,9)"), plt.axis('off')
    plt.imshow(imgBound2, cmap='gray', vmin=0, vmax=255)
    plt.tight_layout()
    plt.show()
```

程序说明

运行结果，形态学算法之边界提取如图 12-9 所示。图 12-9(1)所示为原始图像。图 12-9(2)所示为使用(3,3)的矩形结构元进行边界提取，可以获得精细的边缘图像。图 12-9(3)所示为使用(9,9)的矩形结构元进行边界提取，可以提取宽度较大的边界。

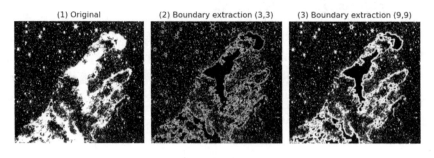

图 12-9 形态学算法之边界提取

12.5 形态学算法之直线提取

通过自定义的结构元素，使结构元对输入图像的一些对象敏感，而对另一些对象不敏感，就可以滤去敏感对象、保留不敏感对象。

　　构造反映水平线或垂直线特征的结构元，通过开运算可以提取图像中的水平线与垂直线。结构元的尺寸和形状，要与提取对象的结构相匹配。水平线的结构元，是宽度与水平线特征相当、高度为 1 的矩形结构元，即形为(wLine,1)的 Numpy 数组。垂直线的结构元，是高度与垂直线特征相当、宽度为 1 的矩形结构元，即形为(1,hLine)的 Numpy 数组。

【例程 1210】形态学算法之水平线和垂直线提取

本例程使用形态学算法提取水平线和垂直线。

```python
# 【1210】形态学算法之水平线和垂直线提取
import cv2 as cv
import numpy as np
from matplotlib import pyplot as plt


if __name__ == '__main__':
    img = cv.imread("../images/Fig1001.png", flags=0)  # 读取为灰度图像
    _, imgBin = cv.threshold(img, 0, 255, cv.THRESH_BINARY_INV |
cv.THRESH_OTSU)  # 二值处理
    h, w = imgBin.shape[0], imgBin.shape[1]

    # 提取水平线
    hline = cv.getStructuringElement(cv.MORPH_RECT, ((w//16), 1), (-1, -1))  #
水平结构元
    imgOpenHline = cv.morphologyEx(imgBin, cv.MORPH_OPEN, hline)  # 开运算提取水
平结构
    imgHline = cv.bitwise_not(imgOpenHline)  # 恢复白色背景

    # 提取垂直线
    vline = cv.getStructuringElement(cv.MORPH_RECT, (1, (h//16)), (-1, -1))  #
垂直结构元
    imgOpenVline = cv.morphologyEx(imgBin, cv.MORPH_OPEN, vline)  # 开运算提取垂
直结构
    imgVline = cv.bitwise_not(imgOpenVline)

    # 删除水平线和垂直线
    lineRemoved = imgBin - imgOpenHline  # 删除水平线（白底为 0）
    lineRemoved = lineRemoved - imgOpenVline  # 删除垂直线
    imgRebuild = cv.bitwise_not(lineRemoved)  # 恢复白色背景

    plt.figure(figsize=(9, 3))
    plt.subplot(141), plt.axis('off'), plt.title("1. Original")
    plt.imshow(img, cmap='gray', vmin=0, vmax=255)
    plt.subplot(142), plt.title("2. Horizontal line"), plt.axis('off')
    plt.imshow(imgHline, cmap='gray', vmin=0, vmax=255)
    plt.subplot(143), plt.title("3. Vertical line"), plt.axis('off')
    plt.imshow(imgVline, cmap='gray', vmin=0, vmax=255)
    plt.subplot(144), plt.title("4. H/V line removed"), plt.axis('off')
    plt.imshow(imgRebuild, cmap='gray', vmin=0, vmax=255)
    plt.tight_layout()
    plt.show()
```

程序说明

（1）运行结果，形态学算法之水平线和垂直线提取如图 12-10 所示。图 12-10(1)所示为原始图像，图 12-10(2)所示为提取的水平线，图 12-10(3)所示为提取的垂直线，图 12-10(4)所示为从图 12-10(1)中删除水平线和垂直线的结果。

（2）注意：对于菱形或三角形中的水平线和垂直线，能否被提取取决于结构元的特征尺寸，小于结构元特征尺寸的形状会被忽略。

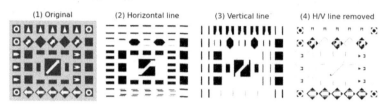

图 12-10　形态学算法之水平线和垂直线提取

12.6　形态学算法之线条细化

线条细化是将图像的线条从多像素宽度减小到单位像素宽度的过程。线条细化可以突出目标的形状特点和拓扑结构，减少冗余的数据和信息。线条细化广泛应用于文字识别、零件形状识别、指纹分类、印刷电路板检测和染色体分析等领域。

线条细化过程指对图像不断重复地逐层删除边界像素，使目标物体和线条有规律地缩小，但是图形的拓扑结构不变，目标图像边界线的连接性、方向性和特征点不变。

【例程 1211】形态学算法之线条细化

本例程提供的线条细化算法，是基于像素 8 邻域的取值来判断能否删除该点的。内部点不能删除、孤立点不能删除、直线端点不能删除，边界点如果删除后不增加连通分量则可以删除。

```python
# 【1211】形态学算法之线条细化
import cv2 as cv
import numpy as np
from matplotlib import pyplot as plt


def linesThinning (image):
    # 背景为白色(255)，被细化物体为黑色(0)
    array = [0, 0, 1, 1, 0, 0, 1, 1, 1, 1, 0, 1, 1, 1, 0, 1, \
            1, 1, 0, 0, 1, 1, 1, 1, 0, 0, 0, 0, 0, 0, 0, 1, \
            0, 0, 1, 1, 0, 0, 1, 1, 1, 1, 0, 1, 1, 1, 0, 1, \
            1, 1, 0, 0, 1, 1, 1, 1, 0, 0, 0, 0, 0, 0, 0, 1, \
            1, 1, 0, 0, 1, 1, 1, 0, 0, 0, 0, 0, 0, 0, 0, 0, \
            0, 0, 0, 0, 0, 0, 0, 0, 0, 0, 0, 0, 0, 0, 0, 0, \
            1, 1, 0, 0, 1, 1, 0, 0, 1, 1, 0, 1, 1, 1, 0, 1, \
            0, 0, 0, 0, 0, 0, 0, 0, 0, 0, 0, 0, 0, 0, 0, 0, \
            0, 0, 1, 1, 0, 0, 1, 1, 1, 1, 0, 1, 1, 1, 0, 1, \
            1, 1, 0, 0, 1, 1, 1, 1, 0, 0, 0, 0, 0, 0, 0, 1, \
            0, 0, 1, 1, 0, 0, 1, 1, 1, 1, 0, 1, 1, 1, 0, 1, \
            1, 1, 0, 0, 1, 1, 1, 1, 0, 0, 0, 0, 0, 0, 0, 0, \
            1, 1, 0, 0, 1, 1, 0, 0, 0, 0, 0, 0, 0, 0, 0, 0, \
```

```
            1, 1, 0, 0, 1, 1, 1, 1, 0, 0, 0, 0, 0, 0, 0, 0, \
            1, 1, 0, 0, 1, 1, 0, 0, 1, 1, 0, 1, 1, 1, 0, 0, \
            1, 1, 0, 0, 1, 1, 1, 0, 1, 1, 0, 0, 1, 0, 0, 0]

    h, w = image.shape[0], image.shape[1]
    imgThin = image.copy()
    for i in range(h):
        for j in range(w):
            if image[i, j] == 0:
                a = np.ones((9,), dtype=np.int16)
                for k in range(3):
                    for l in range(3):
                        if -1<(i-1+k)< h and -1<(j-1+l)<w and imgThin[i-1+k, j-
1+l] == 0:
                            a[k*3+l] = 0
                sum = a[0]*1 + a[1]*2 + a[2]*4 + a[3]*8 + a[5]*16 + a[6]*32 +
a[7]*64 + a[8]*128
                imgThin[i, j] = array[sum] * 255
    return imgThin

  if __name__ == '__main__':
    img = cv.imread("../images/Fig1202.png", flags=0)  # 读取为灰度图像

    # (1) 阈值处理后线条细化处理
    _, binary = cv.threshold(img, 0, 255, cv.THRESH_BINARY | cv.THRESH_OTSU)  # 二值处理
    imgThin = linesThinning(binary)  # 线条细化算法

    # (2) 孔洞填充后线条细化处理
    element = cv.getStructuringElement(cv.MORPH_RECT, (7, 7))  # 矩形结构元
    imgOpen = cv.morphologyEx(binary, cv.MORPH_OPEN, kernel=element)  # 填充孔洞
    imgThin2 = linesThinning(imgOpen)  # 线条细化算法

    plt.figure(figsize=(9, 3.2))
    plt.subplot(131), plt.axis('off'), plt.title("1. Original")
    plt.imshow(img, cmap='gray', vmin=0, vmax=255)
    plt.subplot(132), plt.axis('off'), plt.title("2. Thinned with holes")
    plt.imshow(imgThin, cmap='gray', vmin=0, vmax=255)
    plt.subplot(133), plt.axis('off'), plt.title("3. Thinned lines")
    plt.imshow(imgThin2, cmap='gray', vmin=0, vmax=255)
    plt.tight_layout()
    plt.show()
```

程序说明

（1）运行结果，形态学算法之线条细化如图 12-11 所示。图 12-11(1)所示为印制电路板
（PCB）线路图。

（2）图 12-11(2)所示为对图 12-11(1)直接进行线条细化处理的结果。图中的孔洞对线条细
化有些影响，这也说明线条细化不会改变图形的拓扑结构。

（3）图 12-11(3)所示为先通过形态学处理封闭了图 12-11(1)中的孔洞，再进行线条细化处
理，避免了孔洞的影响。

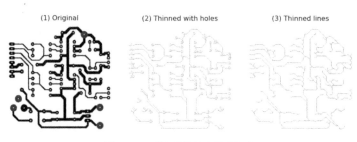

图 12-11　形态学算法之线条细化

12.7　形态学重建之边界清除

图像的形态学重建涉及两幅二值图像和一个结构元：标记图像 F 是重建的起点，模板图像 I 用来约束重建，结构元 B 定义连通性，通常使用 3×3 矩形结构元。形态学重建算法都是迭代收敛算法，计算量很大，一般用于离线处理。

形态学重建算法是重要而典型的算法，通过迭代的膨胀可以恢复和约束重建过程，精确地提取和恢复特定的目标形状或性质。

通常，模板图像 I 就是待处理的图像或其反转图，是黑色背景的二值图像。标记图像 F_0 是在黑色图像的基础上，复制了模板图像 I 的某些特征点，如图像的边界点。形态学重建的过程，是不断对标记图像 F_k 先膨胀，再用模板图像 I 对膨胀结果进行恢复，如此循环直至达到稳定的收敛状态。收敛的标记图像 F_k，就是提取或恢复的目标图像。

形态学重建过程的叙述比较晦涩，下面结合具体应用案例进一步介绍。

从图像中提取目标是图像处理的基本任务，检测和处理接触边界是常用的形态学算法。基于形态学重建的边界清除算法，需要处理一幅黑色背景图像，识别并清除与边界接触的白色前景，只保留与边界没有接触的白色前景。

边界清除算法使用黑色背景图像作为模板图像保护前景的像素。很多图像的背景是白色的，将其反转为黑色背景，使用原始图像的补集 I^C 作为模板图像。构造初始的标记图像 F_0，其边界像素由模板图像 I^C 复制，其他区域的像素值为 0。标记图像 F_0 边界上的白色像素，是与边界接触白色前景的特征点。

形态学重建约束膨胀过程的数学描述如下。

$$F_k = (F_{k-1} \oplus B) \cap I^C, \, k = 1, 2, 3, \cdots$$

标记图像 F_k 中的白色从边界开始，不断向内膨胀，直到充满与边界接触的白色前景，使算法达到收敛，此时的标记图像 F_{Final} 就是需要清除的与边界接触的白色前景。在迭代过程中，不断地用模板图像 I^C 恢复重建，以保护黑色背景像素不被膨胀过程破坏，这就是约束膨胀的含义。

通过形态学重建实现边界清除的基本步骤如下。

（1）构造一个黑色的标记图像 F_0，但其边界由模板图像 I^C 的边界像素复制。

（2）用连通性结构元 B 对标记图像 F_k 进行膨胀。

（3）用模板图像 I^C 与膨胀的标记图像的交集作为新的标记图像 F_{k+1}，以约束膨胀结果。

（4）重复以上步骤，直到算法收敛。收敛的标记图像 F_{Final} 就是需要清除的前景区域。

【例程 1212】形态学重建之边界清除

本例程使用形态学重建的边界清除算法，将血细胞图片中与边界接触的细胞清除，以便对图片中的完整细胞进行计数或分析。

```python
# 【1212】形态学重建之边界清除
import cv2 as cv
import numpy as np
from matplotlib import pyplot as plt

if __name__ == '__main__':
    img = cv.imread("../images/Fig1205.png", flags=0)  # 灰度图像
    _, imgBin = cv.threshold(img, 205, 255, cv.THRESH_BINARY_INV)  # 二值处理 (黑色背景)
    imgBinInv = cv.bitwise_not(imgBin)  # 二值图像的补集 (白色背景)，用于构造标记图像

    # 构造标记图像:
    F0 = np.zeros(img.shape, np.uint8)  # 边界为 imgBin，其他全黑
    F0[:, 0] = imgBin[:, 0]
    F0[:, -1] = imgBin[:, -1]
    F0[0, :] = imgBin[0, :]
    F0[-1, :] = imgBin[-1, :]

    # 形态学重建
    Flast = F0.copy()  # F(k) 初值
    element = cv.getStructuringElement(cv.MORPH_CROSS, (3, 3))
    iter = 0
    while True:
        dilateF = cv.dilate(Flast, kernel=element)  # 标记图像膨胀
        Fnew = cv.bitwise_and(dilateF, imgBin)  # 原始图像作为模板约束重建
        if (Fnew == Flast).all():  # 收敛判断 F(k+1)=F(k)?
            break  # 结束迭代，Fnew 是收敛的标记图像
        else:
            Flast = Fnew.copy()  # 更新 F(k)
        iter += 1  # 迭代次数
        if iter == 5:
            imgF1 = Fnew  # 显示中间结果
        elif iter == 50:
            imgF50 = Fnew  # 显示中间结果
    print("iter=", iter)
    imgRebuild = cv.bitwise_and(imgBin, cv.bitwise_not(Fnew))  # 计算边界清除后的图像

    plt.figure(figsize=(9, 5.6))
    plt.subplot(231), plt.axis("off"), plt.title("1. Original")
    plt.imshow(img, cmap='gray')
    plt.subplot(232), plt.axis("off"), plt.title(r"2. Template ($I^c$)")
    plt.imshow(imgBin, cmap='gray')  # 黑色背景
    plt.subplot(233), plt.axis("off"), plt.title("3. Initial marker")
    plt.imshow(imgF1, cmap='gray')  # 初始标记图像
    plt.subplot(234), plt.axis("off"), plt.title("4. Marker (iter=50)")
```

```
plt.imshow(imgF50, cmap='gray')  # 迭代标记图像
plt.subplot(235), plt.axis("off"), plt.title("5. Final marker")
plt.imshow(Fnew, cmap='gray')  # 收敛标记图像
plt.subplot(236), plt.axis("off"), plt.title("6. Rebuild image")
plt.imshow(cv.bitwise_not(imgRebuild), cmap='gray')
plt.tight_layout()
plt.show()
```

程序说明

运行结果，用形态学重建的边界清除算法清除与边界接触的细胞如图 12-12 所示。

（1）图 12-12(1)所示为原始图像。图 12-12(2)所示为对图 12-12(1)进行阈值处理并反转的图像，作为模板图像。

（2）图 12-12(3)所示为初始标记图像 F_0，图像复制了图 12-12(2)的四条边，其他像素都是黑色的。图 12-12(4)所示为迭代 50 次的标记图像 F_k，白色区域在边界接触细胞的范围内不断膨胀。图 12-12(5)所示为算法收敛时的标记图像 F_{Final}，白色区域充满了边界接触细胞。

（3）图 12-12(2)与图 12-12(5)的交集，就是清除边界细胞的结果，反转后得到了图 12-12(6)所示的重建图像。

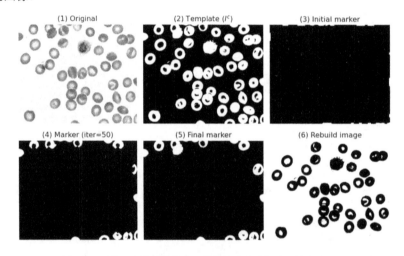

图 12-12　用形态学重建的边界清除算法清除与边界接触的细胞

12.8　形态学重建之孔洞填充

12.8.1　孔洞填充算法

孔洞填充是一种常用的形态学重建算法。基于形态学重建的孔洞填充，不需要预先标记孔洞位置，就可以自动实现孔洞填充。

孔洞是指被前景像素包围的背景区域。具体而言，在黑色背景图像中的白色对象内部存在黑色的孔洞，需要对这些黑色的孔洞进行填充。很多原始图像 I 的背景是白色的，要将其反转为黑色背景图像 I^C 作为待处理图像。

使用白色的原始图像 I 作为模板图像，构造初始的标记图像 F_0，其边界像素由模板图像 I 复制，其他区域的像素值为 0。标记图像 F_0 边界上的白色像素，是图像背景的特征点。

形态学重建约束膨胀过程的数学描述如下。

$$F_k = (F_{k-1} \oplus B) \cap I, \, k = 1, 2, 3, \cdots$$

标记图像 F_k 中的白色从边界开始，不断向内膨胀，直到充满原始图像中前景外部的背景区域，使算法达到收敛，此时的标记图像 F_{Final} 就是前景外部的背景区域。在迭代过程中，不断用模板图像 I 恢复重建，以保护前景像素不被膨胀过程破坏，这就是约束膨胀的含义。

通过形态学重建来实现孔洞填充的基本步骤如下。

（1）构造一个黑色的标记图像 F_0，但其边界由模板图像 I 的边界像素复制。

（2）用连通性结构元 B 对标记图像 F_k 进行膨胀。

（3）用模板图像 I 与膨胀的标记图像的交集作为新的标记图像 F_{k+1}，以约束膨胀结果。

（4）重复以上步骤，直到算法收敛。收敛的标记图像 F_{Final} 就是前景外部的背景区域，F_{Final} 的补集就是孔洞填充图像。

孔洞填充算法的本质，并不是去寻找和填充图像中的孔洞位置，而是要获取白色前景外部的黑色背景区域。标记图像从图像边界开始不断向内膨胀，如果膨胀侵入了白色前景区域，则用模板图像恢复，以保持白色前景区域不被破坏。如此循环，直至膨胀充满白色前景外部的黑色背景区域，就是收敛的标记图像 F_k，这是形态学重建的核心思想。

12.8.2　泛洪填充算法

OpenCV 中还提供了一种泛洪填充算法，以实现孔洞填充，也称漫水填充法。泛洪填充算法的原理是将像素点的灰度值视为高度，整个图像就像一张高低起伏的地形图，向洼地注水会淹没低洼区域，由此实现孔洞填充。

函数 cv.floodFill 可以实现泛洪填充算法，经常被用来标记或分离图像中的孔洞。

函数原型

cv.floodFill(image, mask, seedPoint, newVal[, loDiff[, upDiff[, flags]]]) → retval, image, mask, rect

参数说明

◎　image：输入图像，允许为单通道图像或三通道图像，是 8 位整型或浮点型数据。

◎　retval：输出图像，大小和类型与 image 相同。

◎　mask：掩模图像，是单通道二值图像，比 image 宽 2 个像素、高 2 个像素。

◎　seedPoint：起始像素点。

◎　newVal：重绘背景区域颜色的灰度值，是整型数据。

◎　rect：返回重绘区域的最小边界矩形。

◎　loDiff：可选项，当前选定像素与其连通区相邻像素中的一个像素，或者与加入该连通区的一个 seedPoint 像素，两者之间的最大下行差异值。

◎　upDiff：可选项，当前选定像素与其连通区相邻像素中的一个像素，或者与加入该连通区的一个 seedPoint 像素，两者之间的最大上行差异值。

◎　flags：标志位，可选项，是 32 位整型数据，由 3 部分组成：0～7 位表示邻接性（4 邻接或 8 邻接），8～15 位表示 mask 的填充颜色，16～31 位表示填充模式。

　　➢　FLOODFILL_FIXED_RANGE：如果设置，则考虑当前像素和种子像素之间的差异，否则考虑相邻像素之间的差异。

> ➢ FLOODFILL_MASK_ONLY：如果设置，则不改变原始图像，并忽略 newVal，只使用上述 8～16 位标志位中指定的值填充掩码。本选项仅在具有掩模图像时适用。

注意问题

（1）函数支持就地操作，仅当 flags 设为 FLOODFILL_MASK_ONLY 时不用修改输入图像，否则输入图像会被修改。

（2）掩模尺寸比输入图像大，图像 image 中的像素(x,y)对应掩模中的像素$(x+1,y+1)$。

（3）泛洪填充不能跨越掩模中的非 0 像素点，因此可以用图像的边缘检测结果作为掩模图像来阻止边缘填充。

（4）泛洪填充算法可以用特定颜色 newVal 来填充连通区域。

【例程 1213】形态学重建之孔洞填充

本例程使用形态学重建的孔洞填充算法，对血细胞图片中的细胞孔洞进行填充。

```python
# 【1213】形态学重建之孔洞填充
import cv2 as cv
import numpy as np
from matplotlib import pyplot as plt

if __name__ == '__main__':
    img = cv.imread("../images/Fig1205.png", flags=0)  # 灰度图像
    _, imgBin = cv.threshold(img, 205, 255, cv.THRESH_BINARY_INV)  # 二值处理（黑色背景）
    imgBinInv = cv.bitwise_not(imgBin)  # 二值图像的补集（白色背景），用于构造标记图像

    # 构造标记图像:
    F0 = np.zeros(imgBinInv.shape, np.uint8)  # 边界为 imgBinInv，其他全黑
    F0[:, 0] = imgBinInv[:, 0]
    F0[:, -1] = imgBinInv[:, -1]
    F0[0, :] = imgBinInv[0, :]
    F0[-1, :] = imgBinInv[-1, :]

    # 形态学重建
    Flast = F0.copy()  # F(k)
    element = cv.getStructuringElement(cv.MORPH_CROSS, (3, 3))
    iter= 0
    while True:
        dilateF = cv.dilate(Flast, kernel=element)  # 标记图像膨胀
        Fnew = cv.bitwise_and(dilateF, imgBinInv)  # 以原始图像的补集作为模板约束重建
        if (Fnew==Flast).all():  # 收敛判断，F(k+1)=F(k)？
            break  # 结束迭代，Fnew 是收敛的标记图像
        else:
            Flast = Fnew.copy()  # 更新 F(k)
        iter += 1  # 迭代次数
        if iter==2: imgF1 = Fnew  # 显示中间结果
        elif iter==100: imgF100 = Fnew  # 显示中间结果
    print("iter=", iter)
    imgRebuild = cv.bitwise_not(Fnew)  # F(k) 的补集是孔洞填充的重建结果
```

```
plt.figure(figsize=(9, 5.6))
plt.subplot(231), plt.axis("off"), plt.title("1. Original")
plt.imshow(img, cmap='gray')
plt.subplot(232), plt.axis("off"), plt.title("2. Template")
plt.imshow(imgBinInv, cmap='gray')   # 白色背景
plt.subplot(233), plt.axis("off"), plt.title("3. Initial marker")
plt.imshow(imgF1, cmap='gray')
plt.subplot(234), plt.axis("off"), plt.title("4. Marker (iter=100)")
plt.imshow(imgF100, cmap='gray')
plt.subplot(235), plt.axis("off"), plt.title("5. Final Marker")
plt.imshow(Fnew, cmap='gray')
plt.subplot(236), plt.axis("off"), plt.title("6. Rebuild image")
plt.imshow(imgRebuild, cmap='gray')
plt.tight_layout()
plt.show()
```

程序说明

运行结果，用形态学重建的孔洞填充算法填充细胞内的孔洞如图 12-13 所示。

（1）图 12-13(1)所示为原始图像。图 12-13(2)所示为对图 12-13(1)进行阈值处理并反转的图像，作为模板图像，图中部分细胞有孔洞，但我们并不清楚细胞或孔洞的位置。

（2）图 12-13(3)所示为初始的标记图像 F_0，图像复制了图 12-13(2)的四条边，其他像素都是黑色的。图 12-13(4)所示为迭代 100 次后的标记图像 F_k，白色区域在细胞外部不断膨胀。图 12-13(5)所示为算法收敛时的标记图像 F_{Final}，白色区域充满了细胞外部区域，这就是图 12-13(1)的孔洞填充结果。

（3）图 12-13(6)所示为图 12-13(5)的反转图像，是对黑色背景待处理图像的孔洞填充结果。不论血细胞内部孔洞的位置、大小和形状如何，都能被正确地填充。

（4）注意图 12-13(6)所示的上下右三边各有一个细胞的孔洞没有填充，是因为该细胞与边界接触，因此未被判定为需要填充的孔洞。

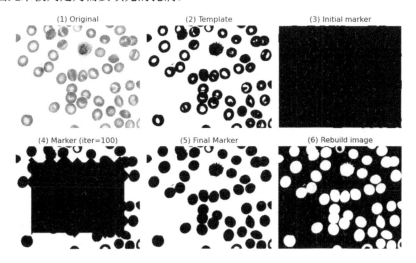

图 12-13 用形态学重建的孔洞填充算法填充细胞内的孔洞

【例程 1214】用泛洪填充算法实现孔洞填充

本例程使用 OpenCV 泛洪填充算法进行孔洞填充。

```python
# 【1214】用泛洪填充算法实现孔洞填充
import cv2 as cv
import numpy as np
from matplotlib import pyplot as plt

if __name__ == '__main__':
    img = cv.imread("../images/Fig1205.png", flags=0)  # 灰度图像
    _, imgBinInv = cv.threshold(img, 205, 255, cv.THRESH_BINARY)  # 二值处理（白色背景）
    imgBin = cv.bitwise_not(imgBinInv)  # 二值图像的补集（黑色背景），填充基准

    h, w = imgBin.shape[:2]
    mask = np.zeros((h+2, w+2), np.uint8)  # 掩模图像比图像宽 2 个像素、高 2 个像素
    imgFloodfill = imgBin.copy()  # 输入孔洞图像，返回填充孔洞
    cv.floodFill(imgFloodfill, mask, (0,0), newVal=225)  # 从背景像素原点 (0,0) 开始
    imgRebuild = cv.bitwise_and(imgBinInv, imgFloodfill)  # 孔洞填充结果图像

    plt.figure(figsize=(9, 3.2))
    plt.subplot(131), plt.axis('off'), plt.title("1. Binary invert")
    plt.imshow(imgBin, cmap='gray', vmin=0, vmax=255)
    plt.subplot(132), plt.title("2. Filled holes"), plt.axis('off')
    plt.imshow(imgFloodfill, cmap='gray', vmin=0, vmax=255)
    plt.subplot(133), plt.title("3. Rebuild image"), plt.axis('off')
    plt.imshow(imgRebuild, cmap='gray', vmin=0, vmax=255)
    plt.tight_layout()
    plt.show()
```

程序说明

（1）运行结果，用泛洪填充算法填充细胞内的孔洞如图 12-14 所示。图 12-14(1)所示为对原始图像的反转图，作为形态学重建的基础。

（2）图 12-14(2)所示为泛洪填充函数的返回值，填充的孔洞表示为黑色。图 12-14(1)中的黑色背景区域以灰度 newVal=225 进行填充，以便区分背景与填充的孔洞。

（3）孔洞填充结果图像如图 12-14(3)所示，是图 12-14(1)的补集（白色背景）与图 12-14(2)的交集。例程中没有使用掩模图像，因此对边缘的孔洞也进行了填充。

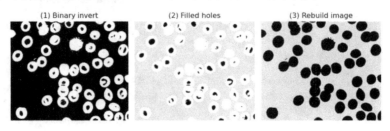

图 12-14　用泛洪填充算法填充细胞内的孔洞

12.9 形态学重建之骨架提取

形态学骨架（Morphological Skeleton）是一种细化结构，指图像的骨骼部分。骨架可以描述物体的几何形状和拓扑结构，是目标物体重要的拓扑描述。

通过形态学重建的开运算实现骨架算法的基本步骤如下。

（1）将黑色背景的二值图像作为初始的标记图像 F_0，并创建一个空的骨骼图像 S。

（2）用连通性结构元 B 对标记图像 F_k 进行开运算，并将开运算中被删除的像素添加到骨骼图像 S 中。

（3）重复以上步骤，直到标记图像 F_k 被完全腐蚀为黑色图像，算法收敛。此时的骨骼图像 S 就是提取的骨架。

【例程 1215】形态学重建之骨架提取

本例程使用形态学重建实现骨架提取。

```python
# 【1215】形态学重建之骨架提取
import cv2 as cv
import numpy as np
from matplotlib import pyplot as plt

if __name__ == '__main__':
    img = cv.imread("../images/Fig1206.png", flags=0)  # 读取为灰度图像
    _, imgBin = cv.threshold(img, 127, 255, cv.THRESH_BINARY)  # 二值处理

    element = cv.getStructuringElement(cv.MORPH_CROSS, (3, 3))  # 十字形结构元
    skeleton = np.zeros(imgBin.shape, np.uint8)  # 创建空骨架图
    Fk = cv.erode(imgBin, element)  # 标记图像 Fk 的初值
    while True:
        imgOpen = cv.morphologyEx(Fk, cv.MORPH_OPEN, element)  # 开运算
        subSkel = cv.subtract(Fk, imgOpen)  # 获得本次骨架的子集
        skeleton = cv.bitwise_or(skeleton, subSkel)  # 将删除的像素添加到骨架图
        if cv.countNonZero(Fk) == 0:  # 收敛判断 Fk=0?
            break  # 结束迭代
        else:
            Fk = cv.erode(Fk, element)  # 更新 Fk
    skeleton = cv.dilate(skeleton, element)  # 膨胀以便显示，非必需步骤
    result = cv.bitwise_xor(img, skeleton)

    plt.figure(figsize=(9, 3.2))
    plt.subplot(131), plt.axis('off'), plt.title("1. Original")
    plt.imshow(img, cmap='gray')
    plt.subplot(132), plt.axis('off'), plt.title("2. Skeleton")
    plt.imshow(cv.bitwise_not(skeleton), cmap='gray')
    plt.subplot(133), plt.axis('off'), plt.title("3. Stacked")
    plt.imshow(result, cmap='gray')
    plt.tight_layout()
    plt.show()
```

程序说明

运行结果，形态学重建之骨架提取如图 12-15 所示。图 12-15(1)所示为原始的二值图像。图 12-15(2)所示为算法收敛时的骨骼图像，即提取的骨架图。图 12-15(3)所示为将图 12-15(2)叠加到图 12-15(1)上所得的图，更清晰地显示了提取骨架的效果。

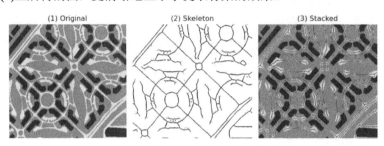

图 12-15　形态学重建之骨架提取

12.10　形态学重建之粒径分离

粒径分离需要识别和分离不同尺寸的颗粒，是粒径测定的前处理过程。

通过形态学重建实现粒径分离算法的基本步骤如下。

（1）用反映粒径特征的结构元对图像进行腐蚀运算，作为标记图像 F_0。

（2）用连通性结构元 B 对标记图像 F_k 进行膨胀恢复。

（3）用原始图像作为模板约束重建，与膨胀恢复图像进行交集运算，作为新的标记图像 F_{k+1}。

（4）重复以上步骤，直到算法收敛。

收敛的标记图像 F_{Final} 就是粒度分离的结果，由图像 F_{Final} 还可以计算其对偶结果。

【例程 1216】形态学重建之粒径分离

本例程基于形态学重建实现图像中不同粒度目标的分离。

```
# 【1216】形态学重建之粒径分离
import cv2 as cv
import numpy as np
from matplotlib import pyplot as plt

def morphRebuild(F0, template):
    element = cv.getStructuringElement(cv.MORPH_CROSS, (3,3))
    Flast = F0  # F0，重建标记
    while True:
        dilateF = cv.dilate(Flast, kernel=element)  # 标记图像膨胀
        Fnew = cv.bitwise_and(dilateF, template)  # 模板约束重建
        if (Fnew==Flast).all():  # 收敛判断，F(k+1)=F(k)?
            break  # 结束迭代
        else:
            Flast = Fnew  # 更新 F(k)
    imgRebuild = Fnew  # 收敛的标记图像 F(k)
    return imgRebuild

if __name__ == '__main__':
```

```python
    img = cv.imread("../images/Fig1207.png", flags=0)  # 灰度图像
    _, imgBin = cv.threshold(img, 205, 255, cv.THRESH_BINARY_INV |
cv.THRESH_OTSU)  # 二值处理 (黑色背景)
    imgBinInv = cv.bitwise_not(imgBin)  # 二值图像的补集 (白色背景)

    # (1) 垂直特征结构元
    element = cv.getStructuringElement(cv.MORPH_RECT, (1,60))  # 垂直特征结构元,
高度为 60 像素
    imgErode = cv.erode(imgBin, kernel=element)  # 腐蚀结果作为标记图像
    imgRebuild1 = morphRebuild(imgErode, imgBin)  # 形态学重建
    imgDual1 = cv.bitwise_and(imgBin, cv.bitwise_not(imgRebuild1))  # 由 F(k) 的
补集获得

    # (2) 水平特征结构元
    element = cv.getStructuringElement(cv.MORPH_RECT, (60,1))  # 水平特征结构元,
长度为 60 像素
    imgErode = cv.erode(imgBin, kernel=element)  # 腐蚀结果作为标记图像
    imgRebuild2 = morphRebuild(imgErode, imgBin)  # 形态学重建

    # (3) 圆形特征结构元
    element = cv.getStructuringElement(cv.MORPH_ELLIPSE, (60,60))  # 水平特征结构
元, 长度为 60 像素
    imgErode = cv.erode(imgBin, kernel=element)  # 腐蚀结果作为标记图像
    imgRebuild3 = morphRebuild(imgErode, imgBin)  # 形态学重建

    plt.figure(figsize=(9, 6))
    plt.subplot(231), plt.axis("off"), plt.title("1. Original")
    plt.imshow(img, cmap='gray')
    plt.subplot(232), plt.axis("off"), plt.title("2. Binary")
    plt.imshow(imgBin, cmap='gray')
    plt.subplot(233), plt.axis("off"), plt.title("3. Initial marker")
    plt.imshow(imgErode, cmap='gray')
    plt.subplot(234), plt.axis("off"), plt.title("4. Rebuild1 (1,60)")
    plt.imshow(imgRebuild1, cmap='gray')
    plt.subplot(235), plt.axis("off"), plt.title("5. Rebuild2 (60,1)")
    plt.imshow(imgRebuild2, cmap='gray')
    plt.subplot(236), plt.axis("off"), plt.title("6. Rebuild3 (60,60)")
    plt.imshow(imgRebuild3, cmap='gray')
    plt.tight_layout()
    plt.show()
```

程序说明

运行结果, 形态学重建之粒径分离如图 12-16 所示。

（1） 图 12-16(1)所示为原始图像。图 12-16(2)所示为对图 12-16(1)进行阈值处理并反转的图像。

（2） 结构元的设计决定了分离效果, 根据分离对象的形状和尺寸特征构造结构元。图 12-16(3)所示为使用(60,60)的圆形结构元, 对图 12-16(2)进行腐蚀的结果。图中小于结构元的图形都已经完全被腐蚀, 而大直径的圆形颗粒中保留了部分像素, 以此作为标记图像的初值 F_0, 进行约束膨胀来重建大直径的圆形。

（3）图 12-16(4)所示为使用(1,60)的垂直结构元的重建图像，即分离结果。图 12-16(5)所示为使用(60,1)的水平结构元的重建图像。图 12-16(6)所示为使用(60,60)的圆形结构元的重建图像。

（4）例程中还给出了重建图像的对偶结果 imgDuall，是被删除图形的重建图像。

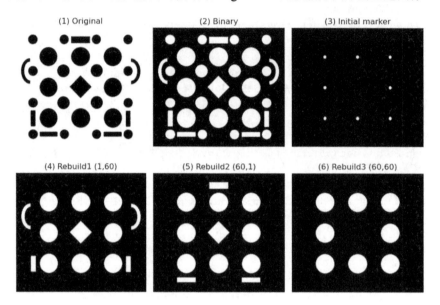

图 12-16　形态学重建之粒径分离

12.11　基于形态学的粒度测定

粒度测度是指确定图像中颗粒的大小分布，属于判断图像中颗粒尺寸分布的邻域。

由于颗粒通常并不是整齐地分隔排列的，要通过逐个颗粒识别来计算颗粒数量非常困难。基于形态学的粒度测定，原理就是对于比背景亮且形状规则的颗粒，使用逐渐增大的结构元对图像进行开运算。

对于每次开运算得到的图像，称为表面区域。由于开运算会减小图像中的亮特征，使表面区域随结构元的增大而减小，由此得到一个一维阵列。计算一维阵列中相邻两个元素的差并绘图，曲线中的峰值代表图像中主要大小颗粒的分布。

【例程 1217】基于形态学的粒度测定

本例程是基于形态学的粒度测定，通过使用逐渐增大的结构元对图像执行开操作。

设置一个半径从小到大的结构元序列，依次对其做开操作，并且统计图像的总灰度值，计算相邻灰度值的差。当结构元尺寸与圆形颗粒尺寸吻合时，会产生一个局部灰度高峰。比较不同尺寸的灰度差序列，峰值所对应的尺寸就是圆形颗粒的大致尺寸。

```
# 【1217】基于形态学的粒度测定
import cv2 as cv
import numpy as np
from matplotlib import pyplot as plt


if __name__ == '__main__':
```

```
    img = cv.imread("../images/Fig1208.png", flags=0)  # 灰度图像
    _, imgBin = cv.threshold(img, 205, 255, cv.THRESH_BINARY_INV |
cv.THRESH_OTSU)  # 二值处理 (黑色背景)
    plt.figure(figsize=(9, 6))
    plt.subplot(231), plt.axis("off"), plt.title("Original")
    plt.imshow(img, cmap='gray')

    # 用不同半径圆形结构元进行开运算
    rList = [14, 21, 28, 35, 42]
    for i in range(5):
        size = rList[i] * 2 + 1
        element = cv.getStructuringElement(cv.MORPH_ELLIPSE, (size, size))  # 圆
形结构元
        imgOpen = cv.morphologyEx(imgBin, cv.MORPH_OPEN, element)
        plt.subplot(2, 3, i + 2), plt.title("Opening (r={})".format(rList[i]))
        plt.imshow(cv.bitwise_not(imgOpen), cmap='gray'), plt.axis("off")
    plt.tight_layout()
    plt.show()

    # 计算圆形直径的半径分布
    maxSize = 42
    sumSurf = np.zeros(maxSize)
    deltaSum = np.zeros(maxSize)
    for r in range(5, maxSize):
        size = r * 2 + 1
        element = cv.getStructuringElement(cv.MORPH_ELLIPSE, (size, size))  # 圆
形结构元
        imgOpen = cv.morphologyEx(img, cv.MORPH_OPEN, element)
        sumSurf[r] = np.concatenate(imgOpen).sum()
        deltaSum[r] = sumSurf[r-1] - sumSurf[r]
        print(r, sumSurf[r], deltaSum[r])
    r = range(maxSize)
    plt.figure(figsize=(6, 4))
    plt.plot(r[6:], deltaSum[6:], 'b-o')
    plt.title("Delta of surface area")
    plt.yticks([])
    plt.show()
```

程序说明

运行结果，基于形态学算法进行不同半径的粒度筛分如图 12-17。不同半径的粒度分布统计图如图 12-18 所示。

（1）图 12-17(1)所示为原始图像，图 12-17(2)～(6)所示为使用不同直径的圆形结构元对原始图像进行腐蚀的结果。小于圆形结构元尺寸的圆形都被完全腐蚀，而大于圆形结构元尺寸的圆形得以保留。不同直径的圆形结构元，相当于不同粒径的筛子，起到了筛分作用。

（2）图 12-18 所示的横坐标是粒度半径 r，纵坐标是半径 r 所对应的像素值。图中出现了 3 个明显的峰值，峰值对应的尺寸就是图中圆形颗粒的特征半径。

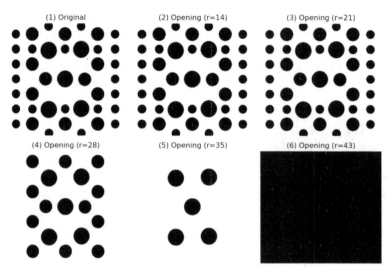

图 12-17　基于形态学算法进行不同半径的粒度筛分

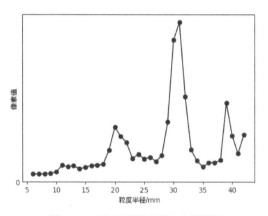

图 12-18　不同半径的粒度分布统计图

12.12　形态学算法之边缘检测和角点检测

形态学边缘检测的原理：图像中的物体在膨胀时扩张，在腐蚀时收缩，变化区域都发生在物体边缘。图像的形态学梯度运算，是膨胀图像与腐蚀图像之差，可以得到图像的轮廓，通常用于提取物体边缘。

基于形态学的边缘检测和角点检测的基本步骤如下。

（1）先用十字形结构元膨胀，使图像在水平和垂直方向膨胀，而在 45 度、135 度的斜向没有膨胀；再用菱形核对膨胀结果进行腐蚀，使膨胀结果在水平和垂直方向被腐蚀，而在 45 度、135 度的斜向也有腐蚀。

（2）先用 X 形结构元膨胀，使图像在水平、垂直方向和 45 度、135 度斜向都发生膨胀；再用正方形核对膨胀结果进行腐蚀，使原始图像的角点被恢复，而水平、垂直方向的边缘被腐蚀。

（3）两者相减，得到角点检测的结果。

【例程 1218】基于形态学的边缘检测和角点检测

本例程基于形态学算法检测图像中的边缘和角点。

```python
# 【1218】基于形态学的边缘检测和角点检测

import cv2 as cv
import numpy as np
from matplotlib import pyplot as plt

if __name__ == '__main__':
    # 基于灰度形态学的复杂背景图像重建
    img = cv.imread("../images/Fig1209.png", flags=1)
    imgSign = img.copy()
    imgGray = cv.cvtColor(img, cv.COLOR_BGR2GRAY)

    # 边缘检测
    element = cv.getStructuringElement(cv.MORPH_RECT, (3, 3))
    imgEdge = cv.morphologyEx(imgGray, cv.MORPH_GRADIENT, element)  # 形态学梯度

    # 构造 9×9 结构元，包括十字形结构元、菱形结构元、方形结构元和 X 形结构元
    cross = cv.getStructuringElement(cv.MORPH_CROSS, (9, 9))  # 构造十字形结构元
    square = cv.getStructuringElement(cv.MORPH_RECT, (9, 9))  # 构造方形结构元
    xShape = cv.getStructuringElement(cv.MORPH_CROSS, (9, 9))  # 构造 X 形结构元
    diamond = cv.getStructuringElement(cv.MORPH_CROSS, (9, 9))  # 构造菱形结构元
    diamond[1, 1] = diamond[3, 3] = 1
    diamond[1, 3] = diamond[3, 1] = 1
    print(diamond)

    imgDilate1 = cv.dilate(imgGray, cross)  # 用十字形结构元膨胀原始图像
    imgErode1 = cv.erode(imgDilate1, diamond)  # 用菱形结构元腐蚀图像

    imgDilate2 = cv.dilate(imgGray, xShape)  # 用 X 形结构元膨胀原始图像
    imgErode2 = cv.erode(imgDilate2, square)  # 用方形结构元腐蚀图像

    imgDiff = cv.absdiff(imgErode2, imgErode1)  # 将两幅闭运算的图像相减获得角点
    retval, thresh = cv.threshold(imgDiff, 40, 255, cv.THRESH_BINARY)  # 二值处理

    # 在原始图像上用半径为 5 的圆圈标记角点
    for j in range(thresh.size):
        y = int(j / thresh.shape[0])
        x = int(j % thresh.shape[0])
        if (thresh[x, y] == 255):
            cv.circle(imgSign, (y, x), 5, (255, 0, 255))

    plt.figure(figsize=(9, 3.5))
    plt.subplot(131), plt.title("1. Original"), plt.axis('off')
    plt.imshow(cv.cvtColor(img, cv.COLOR_BGR2RGB))
    plt.subplot(132), plt.title("2. Morph edge"), plt.axis('off')
    plt.imshow(cv.bitwise_not(imgEdge), cmap='gray', vmin=0, vmax=255)
```

```
plt.subplot(133), plt.title("3. Morph corner"), plt.axis('off')
plt.imshow(cv.cvtColor(imgSign, cv.COLOR_BGR2RGB))
plt.tight_layout()
plt.show()
```

程序说明

运行结果，基于形态学的边缘检测和角点检测运行结果如图 12-19 所示。

图 12-19(1)所示为原始图像，图 12-19(2)所示为使用形态学算法检测边缘的结果，图 12-19(3)所示为使用形态学算法检测角点的结果。

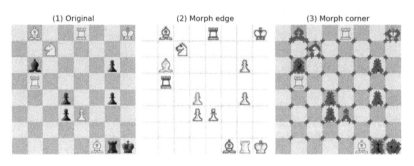

图 12-19　基于形态学的边缘检测和角点检测运行结果

## 第 13 章

图像变换、重建与复原

图像变换是指利用图像在变换空间的特殊性质，通过数学变换将图像从一个空间变换到另一个空间，以便进行分析和处理。图像复原是指利用退化过程的先验知识，沿着图像退化的逆过程复原，补偿退化过程造成的失真，由退化图像恢复并重建原始图像，以改善图像质量。

本章内容概要

◎ 学习极坐标变换、霍夫变换和雷登变换。

◎ 学习基于霍夫变换的直线检测和圆检测方法。

◎ 介绍基于雷登变换的反投影图像重建。

◎ 介绍退化图像复原的算法，如逆滤波、维纳滤波和最小二乘法滤波算法。

13.1 直角坐标与极坐标变换

在二维平面中，确定一个点的位置需要两个独立的参数。二维图像由像素点组成的矩阵来描述，在直角坐标系中用行与列来确定像素的位置。

常用的曲线，如圆和椭圆的方程在极坐标系下都具有特殊的性质，与角度相关的算法通常都需要使用极坐标系。直角坐标与极坐标的相互转化，是很多图像处理算法的基础。

OpenCV 中的函数 cv.cartToPolar 用于将直角坐标（笛卡儿坐标）转换为极坐标，函数 cv.polarToCart 用于将极坐标转换为直角坐标（笛卡儿坐标）。函数 cv.magnitude 与函数 cv.phase 用于计算直角坐标的幅值与相位。

函数原型

cv.cartToPolar(x, y[, magnitude, angle, angleInDegrees]) → magnitude, angle

cv.polarToCart(magnitude, angle[, x, y, angleInDegrees]) → x, y

cv.magnitude(x, y[, magnitude]) → magnitude

cv.phase(x, y[, angle, angleInDegrees]) → angle

函数 cv.cartToPolar 能实现将原点移动到变换中心后的直角坐标向极坐标的转换，函数 cv.polarToCart 能实现将原点移动到变换中心后的极坐标向直角坐标的转换。转换公式如下。

$$\begin{cases} \mathrm{mag}(I) = \sqrt{x(I)^2 + y(I)^2} \\ \mathrm{ang}(I) = \arctan 2\left[y(I), x(I)\right] \cdot \left[180/\pi\right] \end{cases}$$

参数说明

◎ x、y：直角坐标系的横坐标、纵坐标，是 Numpy 数组，浮点型数据。

◎ magnitude、angle：极坐标系的幅值、角度，是 Numpy 数组，浮点型数据。

◎ angleInDegrees：角度选项，默认值为 0，表示弧度制，可选值 1 表示角度制。

注意问题

（1）函数 cv.cartToPolar 的返回值 magnitude、angle 与输入值 x、y 的尺寸和类型相同，函数 cv.polarToCart 的返回值 x、y 与输入值 magnitude、angle 的尺寸和类型相同。

（2）函数 cv.cartToPolar 输入参数中的可选项 magnitude、angle 用于指定变换中心的极坐标。类似地，函数 cv.polarToCart 输入参数中的可选项 x、y 用于指定变换中心的直角坐标。

（3）极坐标与直角坐标的变换在数学上是可逆的，但在函数变换时存在精度误差，角度计算精度约为 0.3 度，坐标计算精度约为 e^{-6}。

【例程 1301】极坐标中的环形图案和文字校正

以圆心为变换中心，直角坐标系中的圆周像素在极坐标系中显示为一条直线。

本例程通过极坐标变换将环形图案变换到极坐标系，实现环形布局文字图案的校正。

```
# 【1301】极坐标中的环形图案和文字校正
import cv2 as cv
import numpy as np
from matplotlib import pyplot as plt


if __name__ == '__main__':
    img = cv.imread("../images/Fig1301.png")  # 读取彩色图像(BGR)
    h, w = img.shape[:2]  # 图像的高度和宽度

    cx, cy = int(w/2), int(h/2)  # 以图像中心点作为变换中心
    maxR = max(cx, cy)  # 最大变换半径
    imgPolar = cv.linearPolar(img, (cx, cy), maxR, cv.INTER_LINEAR)
    imgPR = cv.rotate(imgPolar, cv.ROTATE_90_COUNTERCLOCKWISE)
    imgRebuild = np.hstack((imgPR[:,w//2:], imgPR[:,:w//2]))
    print(img.shape, imgRebuild.shape)

    plt.figure(figsize=(9, 3.5))
    plt.subplot(131), plt.axis('off'), plt.title("1. Original")
    plt.imshow(cv.cvtColor(img, cv.COLOR_BGR2RGB))
    plt.subplot(132), plt.axis('off'), plt.title("2. Polar Transform")
    plt.imshow(cv.cvtColor(imgPolar, cv.COLOR_BGR2RGB))
    plt.subplot(133), plt.axis('off'), plt.title("3. Polar Rebuild")
    plt.imshow(cv.cvtColor(imgRebuild, cv.COLOR_BGR2RGB))
    plt.tight_layout()
    plt.show()
```

程序说明

（1）运行结果，极坐标中的环形图案和文字校正如图 13-1 所示。图 13-1(1)所示为原始图像，图中的文字和图案环绕排列。

（2）图 13-1(2)所示为对图 13-1(1)以圆心为中心进行极坐标变换的结果，极坐标的角度与半径分别对应直角坐标的纵坐标与横坐标。

（3）图 13-1(3)所示为对图 13-1(2)进行旋转和平移处理的结果。原始图像中环形排列的文字，在图 13-1(3)所示的变换图像中水平排列，便于识别和检测。

图 13-1　极坐标中的环形图案和文字校正

13.2　霍夫变换直线检测

霍夫变换（Hough Transformation）是图像处理中重要的特征检测技术。霍夫变换是指通过坐标空间变换，将图像空间中的特征形状映射到参数空间的点上形成峰值，从而把特征形状检测问题转化成统计峰值问题。

直线在直角坐标系和极坐标系下的表达式分别如下。

$$y = kx + b$$

$$x\cos\theta + y\sin\theta = \rho$$

直角坐标系中通过点 (x_i, y_i) 的一条直线，在极坐标系中对应一个点 (ρ_θ, θ)。通过点 (x_i, y_i) 的直线有无数条，在极坐标系中都对应为一条正弦曲线。

霍夫变换直线检测的原理是在极坐标系中追踪图像中每个点所对应曲线的交点。如果经过点 (ρ_θ, θ) 的曲线数量大于设定的阈值，就认为检测到了图像中的一条直线。

霍夫变换直线检测的具体实现步骤如下。

（1）在参数空间 (ρ, θ) 建立一个二维数组作为累加器（计数器）。

（2）遍历目标的所有像素，将每个像素映射到参数空间的对应点，使对应点的累加器加 1。

（3）找出累加器的最大值，获得最大值点的位置 (ρ_θ, θ)。

（4）将参数空间中最大值点的位置 (ρ_θ, θ) 映射回直角坐标系，得到对应的直线。

OpenCV 中的函数 cv.HoughLines 用于实现标准霍夫变换，检测图像中的直线并输出直线的参数 (ρ, θ)；函数 cv.HoughLinesP 用于实现概率霍夫变换，检测直线并输出线段的顶点坐标。

函数原型

cv.HoughLines(image, rho, theta, threshold[, lines, srn, stn, min_theta, max_theta]) → lines

cv.HoughLinesP(image, rho, theta, threshold[, lines=None, minLineLength=0, maxLineGap=0]　) → lines

参数说明

◎　image：输入图像，是 Numpy 数组，8 位单通道的二值图像。

◎　lines：输出的检测结果，是 Numpy 数组，浮点型数据。函数 cv.HoughLines 输出的检测结果的形状为 $(n,1,2)$，函数 cv.HoughLinesP 输出的检测结果的形状为 $(n,1,4)$。

◎　rho：距离分辨率（单位为像素）。

◎　theta：角度分辨率（单位为弧度）。

◎　threshold：累加器阈值，小于阈值的直线被忽略。

◎ srn：可选项，多尺度霍夫变换中距离分辨率 rho 的除数。

◎ stn：可选项，多尺度霍夫变换中角度分辨率 theta 的除数。

◎ min_theta：可选项，直线检测的起始角度，取值范围为(0,max_theta)。

◎ max_theta：可选项，直线检测的终止角度，取值范围为(min_theta,pi)。

◎ minLineLength：可选项，检测线段的长度阈值，小于该长度的线段会被忽略。

◎ maxLineGap：可选项，线段上像素间的最大间隙，大于该间隙的像素会被忽略。

注意问题

（1）输入图像必须是二值图像，像素值为 0/1 或 0/255。在霍夫变换之前，通常要对图像进行边缘检测或阈值处理。霍夫变换函数能检测二值图像中的白色直线。

（2）函数 cv.HoughLines 中 lines 的形状为$(n,1,2)$，n 是检测的直线数量。每行$(i,1,:)$有两个元素(ρ_i,θ_i)，分别表示第 i 条直线的参数。ρ_i 是原点$(0,0)$到直线的距离，θ_i 是弧度表示的旋转角度，指直线的垂线与 x 轴的夹角。

（3）函数 cv.HoughLinesP 中 lines 的形状为$(n,1,4)$，n 是检测的直线数量。每行$(i,1,:)$有 4 个元素(x_1,y_1,x_2,y_2)，分别表示第 i 条线段端点的坐标(x_1,y_1)和(x_2,y_2)。

（4）直线检测结果易受参数设置的影响，特别是距离分辨率、角度分辨率和累加器阈值的影响。

（5）由于图像中的直线宽度往往是几个像素，且直线中像素点的坐标可能存在精度误差，视觉上的一条直线经常会被检测为多条直线并输出。

【例程 1302】霍夫变换直线检测

本例程先使用 Canny 算子进行边缘检测，再使用霍夫变换进行直线检测。例程比较了函数 cv.HoughLines 与函数 cv.HoughLinesP 的用法，注意其返回值的区别。

```python
# 【1302】霍夫变换直线检测
import cv2 as cv
import numpy as np
from matplotlib import pyplot as plt

if __name__ == '__main__':
    img = cv.imread("../images/Fig1201.png", flags=1)  # 彩色图像
    gray = cv.cvtColor(img, cv.COLOR_BGR2GRAY)  # 灰度图像
    hImg, wImg = gray.shape

    # (1) Canny 算子进行边缘检测，TL、TH 为低阈值、高阈值
    TL, ratio = 60, 3  # ratio=TH/TL
    imgGauss = cv.GaussianBlur(gray, (5, 5), 0)
    imgCanny = cv.Canny(imgGauss, TL, TL*ratio)

    # (2) 霍夫变换进行直线检测
    imgEdge1 = cv.convertScaleAbs(img, alpha=0.25, beta=192)
    lines = cv.HoughLines(imgCanny, 1, np.pi/180, threshold=100)  # (n, 1, 2)
    print("cv.HoughLines: ", lines.shape)  # 每行元素 (i,1,:) 表示直线参数 rho 和 theta
    for i in range(lines.shape[0]//2):  # 绘制部分检测直线
        rho, theta = lines[i, 0, :]  # lines 每行两个元素
```

```
        if (theta<(np.pi/4)) or (theta>(3*np.pi/4)):  # 直线与图像上下相交
            pt1 = (int(rho/np.cos(theta)), 0)  # (x,0)，直线与顶侧的交点
            pt2 = (int((rho - hImg*np.sin(theta))/np.cos(theta)), hImg)  #
(x,h)，直线与底侧的交点
            cv.line(imgEdge1, pt1, pt2, (255,127,0), 2)  # 绘制直线
        else:  # 直线与图像左右相交
            pt1 = (0, int(rho/np.sin(theta)))  # (0,y)，直线与左侧的交点
            pt2 = (wImg, int((rho - wImg*np.cos(theta))/np.sin(theta)))  # (w,y)，
直线与右侧的交点
            cv.line(imgEdge1, pt1, pt2, (127,0,255), 2)  # 绘制直线
        # print("rho={}, theta={:.1f}".format(rho, theta))

    # (3) 累积概率霍夫变换
    imgEdge2 = cv.convertScaleAbs(img, alpha=0.25, beta=192)
    minLineLength = 30  # 检测直线的最小长度
    maxLineGap = 10  # 直线上像素的最大间隔
    lines = cv.HoughLinesP(imgCanny, 1, np.pi/180, 60, minLineLength,
maxLineGap)  # lines: (n,1,4)
    print("cv.HoughLinesP: ", lines.shape)  # 每行元素 (i,1,:) 表示参数 x1, y1,
x2, y2
    for line in lines:
        x1, y1, x2, y2 = line[0]  # 返回值每行是 1 个 4 元组，表示直线端点 (x1, y1, x2,
y2)
        cv.line(imgEdge2, (x1,y1), (x2,y2), (255,0,0), 2)  # 绘制直线
        # print("(x1,y1)=({},{}), (x2,y2)=({},{})".format(x1, y1, x2, y2))

    plt.figure(figsize=(9, 3.3))
    plt.subplot(131), plt.axis('off'), plt.title("1. Canny edges")
    plt.imshow(cv.bitwise_not(imgCanny), cmap='gray')
    plt.subplot(132), plt.axis('off'), plt.title("2. cv.HoughLines")
    plt.imshow(cv.cvtColor(imgEdge1, cv.COLOR_RGB2BGR))
    plt.subplot(133), plt.axis('off'), plt.title("3. cv.HoughLinesP")
    plt.imshow(cv.cvtColor(imgEdge2, cv.COLOR_RGB2BGR))
    plt.tight_layout()
    plt.show()
```

运行结果

```
cv.HoughLines:  (45, 1, 2)
rho=481.0, theta=1.6
rho=16.0, theta=1.6
…
cv.HoughLinesP:  (37, 1, 4)
(x1,y1)=(100,462),  (x2,y2)=(422,462)
(x1,y1)=(93,12),  (x2,y2)=(430,12)
…
```

程序说明

（1）运行结果，用霍夫变换进行直线检测如图 13-2 所示。图 13-2(1)所示为用 Canny 算子进行边缘检测得到的二值图像。图 13-2(2)和图 13-2(3)所示分别为用函数 cv.HoughLines 与

cv.HoughLinesP 对图 13-2(1)进行霍夫变换直线检测的结果。为了使检测的直线显示清楚，对原始图像的颜色进行了淡化。

（2）由运行结果的输出值可知，函数 cv.HoughLines 的返回值是直线参数，要计算直线与图像边界的交点后才能绘制直线（见图 13-2(2)）。

（3）由运行结果的输出值可知，函数 cv.HoughLinesP 的返回值是线段端点的坐标，可直接将线段绘制在图像上（见图 13-2(3)）。

（4）图像中的一条直线可能被检测为多条相近的直线。参考运行结果的输出值可知，图 13-2(2)中绘制了 22 条检测直线，图 13-2(3)中绘制了 37 条检测线段。

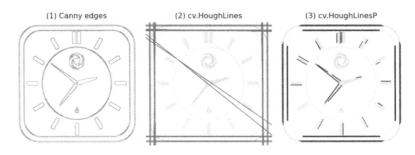

图 13-2　用霍夫变换进行直线检测

13.3　霍夫变换圆检测

霍夫变换也可以用于对圆进行检测。

圆需要用 3 个参数描述：$C(x_0, y_0, r)$，其中 (x_0, y_0) 是圆心坐标，r 是半径。将直角坐标 (x, y) 转换到三维空间坐标 (ρ_θ, θ, r)。直角坐标系中通过点 (x_i, y_i) 的一个圆，对应三维空间的一个点 (ρ_θ, θ, r)。通过点 (x_i, y_i) 的所有的圆，在三维空间中对应为一条三维曲线。

霍夫变换圆检测的原理：认为图像中每个非零点都可能是圆上的一点。在三维空间坐标系进行累加度量，如果经过点 (ρ_θ, θ, r) 的曲线数量大于阈值，则认为检测到了图像中的一个圆。

霍夫变换圆检测的具体实现步骤如下。

（1）使用 Canny 算子对图像进行边缘检测得到二值图像，使用 Sobel 算子计算所有像素的邻域梯度。

（2）遍历边缘检测二值图像中的非零像素点，将每个像素映射到参数空间的对应点，使对应点的累加器加 1。

（3）查找累加器的最大值，获得最大值点的位置 (ρ_θ, θ)，映射到直角坐标系中求出圆心坐标。

（4）针对某一个圆心 (ρ_θ, θ) 估计半径。

OpenCV 中的函数 cv.HoughCircles 用于霍夫变换检测图像中的圆。

函数原型

cv.HoughCircles(image, method, dp, minDist[, circles, param1, param2, minRadius, maxRadius]) → circles

参数说明

◎　image：输入图像，是 Numpy 数组，8 位单通道灰度图像。

◎　circles：输出检测结果，是 Numpy 数组，形状为(1,n,3)，浮点型数据。

◎　method：检测方法选项。
  ➢　HOUGH_GRADIENT：梯度基本方法。
  ➢　HOUGH_GRADIENT_ALT：梯度改进方法，精度较高。
◎　dp：累加器分辨率与图像分辨率的反比。
◎　minDist：圆心之间的最小距离。
◎　param1：使用 Canny 算子进行边缘检测的高阈值 TH，默认值为 100。
◎　param2：累加器的阈值，大于阈值的圆会被检测输出，默认值为 100。
◎　minRadius：最小检测半径，默认值为 0。
◎　maxRadius：最大检测半径，默认值为 0。

注意问题

（1）函数使用 Canny 算子对输入图像进行边缘检测，因此要求输入图像为灰度图像。

（2）输出检测结果 circles 的形状为$(1,n,3)$，n 是检测到的圆的数量。每行$(1,i,:)$有 3 个元素 (x_i,y_i,r)，表示第 i 个圆的参数。(x_i,y_i) 是圆心坐标，r 是半径。

（3）参数 dp=1 表示累加器的分辨率与原始图像相同，dp=2 表示累加器的分辨率只有原始图像的一半。对于 HOUGH_GRADIENT_ALT 推荐 dp=1.5。

（4）参数 minDist 太大可能漏检，太小可能重复误检，推荐将其设为特征半径的 1/5。

（5）参数 param1 表示 Canny 算子边缘检测的高阈值 TH，低阈值 TL 是 TH 的 1/2。

（6）函数检测圆心的性能很好，但对半径的检测精度不高。通过参数 minRadius、maxRadius 指定检测半径的范围，可以提高检测的速度和精度。

【例程 1303】霍夫变换圆检测

本例程使用霍夫变换检测边缘图像中的圆。

```
# 【1303】霍夫变换圆检测
import cv2 as cv
import numpy as np
from matplotlib import pyplot as plt

if __name__ == '__main__':
    img = cv.imread("../images/Fig1204.png", flags=1)  # 彩色图像
    gray = cv.cvtColor(img, cv.COLOR_BGR2GRAY)  # 灰度图像
    imgGauss = cv.GaussianBlur(gray, (3, 3), 0)

    # (1) Canny 算子边缘检测，TL 和 TH 为低阈值和高阈值
    TL, TH = 25, 50  # ratio=2
    imgCanny = cv.Canny(imgGauss, TL, TH)

    # (2) 霍夫变换圆检测
    circles = cv.HoughCircles(imgGauss, cv.HOUGH_GRADIENT, 1, 40, param1=50,
param2=30, minRadius=20, maxRadius=80)
    circlesVal = np.uint(np.squeeze(circles))  # 删除数组维度，(1,12,3)→(12,3)
    print(circles.shape, circlesVal.shape)

    # (3) 将检测到的圆绘制在原始图像中
```

```
imgFade = cv.convertScaleAbs(img, alpha=0.5, beta=128)
for i in range(len(circlesVal)):
    x, y, r = circlesVal[i]
    print("i={}, x={}, y={}, r={}".format(i, x, y, r))
    cv.circle(imgFade, (x,y), r, (255, 0, 0), 2)  # 绘制圆
    cv.circle(imgFade, (x,y), 2, (0, 0, 255), 8)  # 圆心

plt.figure(figsize=(9, 3.2))
plt.subplot(131), plt.axis('off'), plt.title("1. Original")
plt.imshow(gray, cmap='gray')
plt.subplot(132), plt.axis('off'), plt.title("2. Canny edge2")
plt.imshow(cv.bitwise_not(imgCanny), cmap='gray')
plt.subplot(133), plt.axis('off'), plt.title("3. Hough circles")
plt.imshow(cv.cvtColor(imgFade, cv.COLOR_RGB2BGR))
plt.tight_layout()
plt.show()
```

程序说明

（1）运行结果，用霍夫变换进行圆检测如图 13-3 所示。图 13-3(1)所示为原始图像，图 13-3(2)所示为用 Canny 算子进行边缘检测得到的二值图像。

（2）图 13-3(3)所示为进行霍夫变换圆检测的结果，程序正确检出了图中所有的硬币。圆检测结果中还有少量不准确的结果，是图像中阴影和硬币上纹路的影响所致。调整参数 minRadius 的值，可以提高准确性。

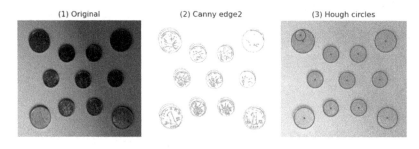

图 13-3　用霍夫变换进行圆检测

13.4　雷登变换与反投影图像重建

图像重建的基本思想：通过检测物体的投影数据，重建物体的实际内部构造。

断层成像的原理：由射线穿透物体的透视投影响应计算物体的断层图，重建物体的形状和内部结构。计算机断层扫描（CT）是断层程序的典型应用，利用射线在穿过人体组织时的吸收率不同，在成像面上得到不同的投射强度。从多个不同方向和角度对物体进行扫描，通过反投影算法获取物体内部结构的切片，堆叠这些切片就可以得到人体的三维表示。

13.4.1　投影和雷登变换

雷登变换是三维重建的数学基础。

直线 $y = ax + b$ 在法线方向的平行射线束的投影可以表示为一组直线。

$$x\cos\theta + y\sin\theta = \rho$$

平行射线束的投影表示为一组直线，如图 13-4 所示。对于连续变量，沿直线对函数 $f(x,y)$ 进行积分，就能得到雷登变换函数。如下：

$$g(\rho,\theta) = \int_{-\infty}^{+\infty} \int_{-\infty}^{+\infty} f(x,y)\delta(x\cos\theta + y\sin\theta - \rho)\mathrm{d}x\mathrm{d}y$$

雷登变换的离散形式如下：

$$g(\rho,\theta) = \sum_{x}\sum_{y} f(x,y)\delta(\cos\theta + y\sin\theta - \rho)$$

式中，x、y 是直角坐标；ρ、θ 是变换空间坐标；δ 是冲击函数；$g(\rho,\theta)$ 是函数 $f(x,y)$ 的雷登变换函数。

以 (ρ,θ) 为坐标，将雷登变换函数 $g(\rho,\theta)$ 显示为图像，称为正弦图（Sinogram）。

雷登变换将二维空间 (x,y) 映射到另一个直线空间 (ρ,θ)，利用反雷登变换可以进行三维图像重建。

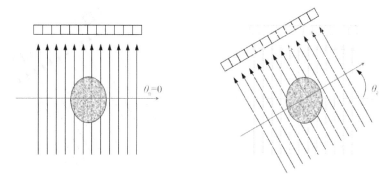

图 13-4　平行射线束的投影表示为一组直线

13.4.2　反投影和图像重建

摄像机 P 能将空间中的点 x 映射为图像平面的图像点 m，采集得到图像数据，这种投影关系称为摄像机的正向投影，简称投影。反向投影是针对图像平面的图像点 m 而言的，图像点 m 的反投影是指在摄像机 P 作用下映射到图像点 m 的所有空间点的集合。

反投影的一个点形成部分图像的过程：将直线 $L(\rho_j,\theta_k)$ 复制到图像上，直线上每个点的灰度值是 $g(\rho_j,\theta_k)$。遍历投影信号中的每个点，得到

$$f_\theta(x,y) = g(\rho,\theta) = g(\cos\theta + y\sin\theta)$$

对所有反投影图像积分，得到重建图像。如下：

$$f(x,y) = \int_0^\pi f_\theta(x,y)\mathrm{d}\theta$$

其离散形式就是由正弦图得到如下的反投影图像的。

$$f(x,y) = \sum_{\theta=0}^\pi f_\theta(x,y)$$

【例程 1304】离散雷登变换正弦图

本例程通过离散雷登变换计算正弦图。

```python
# 【1304】离散雷登变换正弦图
import cv2 as cv
import numpy as np
from matplotlib import pyplot as plt

def disRadonTransform(image, steps):
    hImg, wImg = image.shape[:2]
    channels = len(image[0])
    center = (hImg//2, wImg//2)
    resCV = np.zeros((channels, channels), dtype=np.float32)
    for s in range(steps):
        # 以 center 为中心旋转，逆时针旋转角度为 ang，黑色填充
        ang = -s*180/steps
        MatRot = cv.getRotationMatrix2D(center, ang, 1.0)
        rotationCV = cv.warpAffine(image, MatRot, (hImg, wImg), borderValue=0)
        resCV[:, s] = sum(rotationCV.astype(np.float32))
    transRadon = cv.normalize(resCV, None, 0, 255, cv.NORM_MINMAX)
    return transRadon

if __name__ == '__main__':
    # 生成原始图像
    img1 = np.zeros((512,512), np.uint8)
    cv.rectangle(img1, (50,100), (100,150), 255, -1)
    cv.rectangle(img1, (50,200), (100,300), 255, -1)
    cv.rectangle(img1, (50,350), (100,400), 255, -1)
    cv.rectangle(img1, (226,150), (336,352), 255, -1)

    img2 = np.zeros((512,512), np.uint8)
    cv.circle(img2, (200, 150), 30, 255, -1)   # 绘制圆
    cv.circle(img2, (312, 150), 30, 255, -1)   # 绘制圆
    cv.ellipse(img2, (256,320), (100,50), 0, 0, 360, 255, 30)   # 绘制椭圆

    img3 = cv.imread("../images/Fig1302.png", flags=0)   # 灰度图像

    # 离散雷登变换
    imgRadon1 = disRadonTransform(img1, img1.shape[0])
    imgRadon2 = disRadonTransform(img2, img2.shape[0])
    imgRadon3 = disRadonTransform(img3, img3.shape[0])
    print(img1.shape, imgRadon1.shape)

    plt.figure(figsize=(9, 6))
    plt.subplot(231), plt.axis('off')   # 绘制原始图像
    plt.title("1. Demo image 1"), plt.imshow(img1, 'gray')
    plt.subplot(232), plt.axis('off')   # 绘制原始图像
    plt.title("2. Demo image 2"), plt.imshow(img2, 'gray')
    plt.subplot(233), plt.axis('off')   # 绘制原始图像
    plt.title("3. Demo image 3"), plt.imshow(img3, 'gray')
    plt.subplot(234), plt.axis('off')   # 绘制 sinogram 图
    plt.title("4. Radon transform 1"), plt.imshow(imgRadon1, 'gray')
    plt.subplot(235), plt.axis('off')   # 绘制 sinogram 图
    plt.title("5. Radon transform 2"), plt.imshow(imgRadon2, 'gray')
```

```
plt.subplot(236), plt.axis('off')  # 绘制 sinogram 图
plt.title("6. Radon transform 3"), plt.imshow(imgRadon3, 'gray')
plt.tight_layout()
plt.show()
```

程序说明

（1）运行结果，离散雷登变换的正弦图如图 13-5 所示。图 13-5(1)～(3)所示为原始图像，图 13-5(4)～(6)所示为对应的离散雷登变换正弦图。

（2）为了消除 CT 系统中的安装误差，需要使用已知结构的标准样品对 CT 系统进行参数标定。图 13-5(1)与图 13-5(2)所示为模拟 CT 系统的标定模板，不同形状、位置和密度的样品，在离散雷登变换正弦图中对应不同的正弦曲线族。

（3）图 13-5(3)所示为一张脑部 CT 切片图，图 13-5(6)所示为其离散雷登变换正弦图。显然，对于复杂结构的实物，离散雷登变换正弦图是无法直接进行分析和解释的。

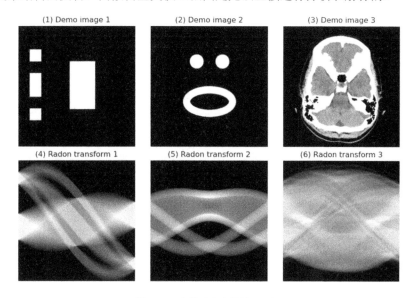

图 13-5　离散雷登变换的正弦图

【例程 1305】雷登变换正弦图通过反投影重建图像

本例程用于对雷登变换正弦图，直接通过反投影重建图像。

```
# 【1305】雷登变换正弦图通过反投影重建图像
import cv2 as cv
import numpy as np
from matplotlib import pyplot as plt

def disRadonTransform(image, steps):
    hImg, wImg = image.shape[:2]
    channels = len(image[0])
    center = (hImg//2, wImg//2)
    resCV = np.zeros((channels, channels), dtype=np.float32)
    for s in range(steps):
        # 以 center 为中心旋转，逆时针旋转角度为 ang，黑色填充
        ang = -s*180/steps
```

```
        MatRot = cv.getRotationMatrix2D(center, ang, 1.0)
        rotationCV = cv.warpAffine(image, MatRot, (hImg, wImg), borderValue=0)
        resCV[:, s] = sum(rotationCV.astype(np.float32))
    transRadon = cv.normalize(resCV, None, 0, 255, cv.NORM_MINMAX)
    return transRadon

def invRadonTransform(image, steps):   # 雷登变换正弦图反投影
    hImg, wImg = image.shape[:2]
    channels = len(image[0])
    center = (hImg//2, wImg//2)
    # steps = min(hImg,wImg)
    res = np.zeros((steps, channels, channels))
    for s in range(steps):
        expandDims = np.expand_dims(image[:, s], axis=0)
        repeat = expandDims.repeat(channels, axis=0)
        ang = s*180/steps
        MatRot = cv.getRotationMatrix2D(center, ang, 1.0)
        res[s] = cv.warpAffine(repeat, MatRot, (hImg, wImg), borderValue=0)
    invTransRadon = np.sum(res, axis=0)
    return invTransRadon


if __name__ == '__main__':
    # 读取原始图像
    img1 = np.zeros((512,512), np.uint8)
    cv.circle(img1, (200, 150), 30, 255, -1)   # 绘制圆
    cv.circle(img1, (312, 150), 30, 255, -1)   # 绘制圆
    cv.ellipse(img1, (256,320), (100,50), 0, 0, 360, 255, 30)   # 绘制椭圆
    img2 = cv.imread("../images/Fig1302.png", flags=0)   # 灰度图像

    # 雷登变换
    imgRadon1 = disRadonTransform(img1, img1.shape[0])
    imgRadon2 = disRadonTransform(img2, img2.shape[0])

    # 雷登变换正弦图反投影
    imgInvRadon1 = invRadonTransform(imgRadon1, imgRadon1.shape[0])
    imgInvRadon2 = invRadonTransform(imgRadon2, imgRadon2.shape[0])

    plt.figure(figsize=(9, 6))
    plt.subplot(231), plt.title("1. Demo image 1")
    plt.axis('off'), plt.imshow(img1, 'gray')   # 绘制原始图像
    plt.subplot(232), plt.title("2. Radon transform 1")
    plt.axis('off'), plt.imshow(imgRadon1, 'gray')   # 绘制 sinogram 图
    plt.subplot(233), plt.title("3. Inverse RadonTrans 1")
    plt.axis('off'), plt.imshow(imgInvRadon1, 'gray')
    plt.subplot(234), plt.title("4. Demo image 1")
    plt.axis('off'), plt.imshow(img2, 'gray')
    plt.subplot(235), plt.title("5. Radon transform 2")
    plt.axis('off'), plt.imshow(imgRadon2, 'gray')
    plt.subplot(236), plt.title("6. Inverse RadonTrans 2")
    plt.axis('off'), plt.imshow(imgInvRadon2, 'gray')
```

```
plt.tight_layout()
plt.show()
```

程序说明

（1）运行结果，由雷登变换正弦图反投影重建图像如图 13-6 所示。图 13-6(1)所示为模拟 CT 系统的标定模板，图 13-6(4)所示为脑部 CT 切片图，图 13-6(2)和图 13-6(5)所示分别为图 13-6(1)和图 13-6(4)的雷登变换正弦图。

（2）图 13-6(3)和图 13-6(6)所示分别为由图 13-6(2)和图 13-6(5)的雷登变换正弦图，通过反投影得到的重建图像。反投影重建图像虽然能反映物体的基本形状，但图像非常模糊，这正是早期 CT 系统输出图片的效果。

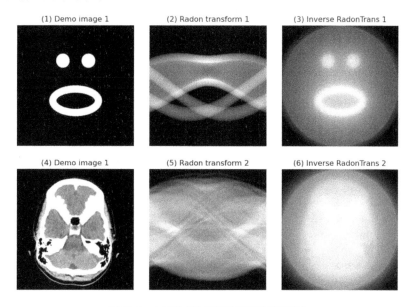

图 13-6　由雷登变换正弦图反投影重建图像

13.5　雷登变换滤波反投影图像重建

直接由雷登变换正弦图重建反投影图像会出现严重模糊（见图 13-6）。

滤波反投影重建方法是指在反投影前进行滤波，抑制点扩散函数引起的伪影，可以有效地改善反投影重建的图像质量。

以 $f(x, y)$ 表示需要重建的图像，$F(u, v)$ 的二维傅里叶逆变换如下：

$$f(x, y) = \int_{-\infty}^{+\infty} \int_{-\infty}^{+\infty} F(u, v) e^{j2\pi(ux+vy)} du dv$$

利用傅里叶切片定理，可以得到

$$f(x, y) = \int_{0}^{\pi} \int_{-\infty}^{+\infty} |\omega| G(\omega, \theta) e^{j2\pi\omega\rho} d\omega d\theta$$

式中，$|\omega|$ 是一个不可积的斜坡（斜率）函数（Slope Function），可以对斜坡加窗进行限制。简单地，使用 Sinc 函数对斜坡滤波器进行截断产生 SL 滤波器。如下：

$$h_{\mathrm{SL}}(n\delta) = -\frac{2}{\pi^2 \delta^2 (4n^2 - 1)}, n = 0, \pm 1, \pm 2, \cdots$$

使用空间卷积实现 $f(x,y)$ 的重建：

$$f(x,y) = \int_0^\pi \left[\int_{-\infty}^{+\infty} g(\rho,\theta) s(x\cos\theta + y\sin\theta - \rho) \mathrm{d}\rho \right] \mathrm{d}\theta$$

这表明，将对应的投影 $g(\rho,\theta)$ 与斜坡滤波器传递函数 $s(\rho)$ 的傅里叶逆变换进行卷积，可以得到角度 θ 的各个反投影，整个反投影图像可以通过对所有反投影图像积分得到。

【例程 1306】雷登变换正弦图通过滤波反投影重建图像

本例程用于对雷登变换正弦图，通过滤波反投影重建图像。在反投影前使用 SL 滤波器进行滤波，能有效改善重建的图像质量。

```python
# 【1306】雷登变换正弦图通过滤波反投影重建图像
import cv2 as cv
import numpy as np
from matplotlib import pyplot as plt

def disRadonTransform(image, steps):
    hImg, wImg = image.shape[:2]
    channels = len(image[0])
    center = (hImg//2, wImg//2)
    resCV = np.zeros((channels, channels), dtype=np.float32)
    for s in range(steps):
        # 以 center 为中心旋转，逆时针旋转角度为 ang，黑色填充
        ang = -s*180/steps
        MatRot = cv.getRotationMatrix2D(center, ang, 1.0)
        rotationCV = cv.warpAffine(image, MatRot, (hImg, wImg), borderValue=0)
        resCV[:, s] = sum(rotationCV.astype(np.float32))
    transRadon = cv.normalize(resCV, None, 0, 255, cv.NORM_MINMAX)
    return transRadon

def invRadonTransform(image, steps):  # 雷登变换正弦图反投影
    hImg, wImg = image.shape[:2]
    channels = len(image[0])
    center = (hImg//2, wImg//2)
    # steps = min(hImg,wImg)
    res = np.zeros((steps, channels, channels))
    for s in range(steps):
        expandDims = np.expand_dims(image[:, s], axis=0)
        repeat = expandDims.repeat(channels, axis=0)
        ang = s*180/steps
        MatRot = cv.getRotationMatrix2D(center, ang, 1.0)
        res[s] = cv.warpAffine(repeat, MatRot, (hImg, wImg), borderValue=0)
    invTransRadon = np.sum(res, axis=0)
    return invTransRadon

def SLFilter(N, d):  # SL 滤波器，Sinc 函数对斜坡滤波器进行截断
    rangeN = np.arange(N)
    filterSL = - 2 / (np.pi**2 * d**2 * (4*(rangeN-N/2)**2 - 1))
    return filterSL
```

```
def filterInvRadonTransform(image, steps):  # 滤波反投影重建图像
    hImg, wImg = image.shape[:2]
    channels = len(image[0])
    center = (channels//2, channels//2)
    # steps = min(hImg,wImg)
    res = np.zeros((steps, channels, channels))
    filterSL = SLFilter(channels, 1)  # SL 滤波器
    for s in range(steps):
        sImg = image[:, s]  # 投影值
        sImgFiltered = np.convolve(filterSL, sImg, "same")  # 投影值和 SL 滤波器卷积
        filterExpandDims = np.expand_dims(sImgFiltered, axis=0)
        filterRepeat = filterExpandDims.repeat(hImg, axis=0)
        ang = s*180/steps
        MatRot = cv.getRotationMatrix2D(center, ang, 1.0)
        res[s] = cv.warpAffine(filterRepeat, MatRot, (hImg, wImg), borderValue=0)
    filterInvRadon = np.sum(res, axis=0)
    return filterInvRadon


if __name__ == '__main__':
    # 读取原始图像
    img1 = np.zeros((512,512), np.uint8)
    cv.circle(img1, (200, 150), 30, 255, -1)  # 绘制圆
    cv.circle(img1, (312, 150), 30, 255, -1)  # 绘制圆
    cv.ellipse(img1, (256,320), (100,50), 0, 0, 360, 255, 30)  # 绘制椭圆

    img2 = cv.imread("../images/Fig1302.png", flags=0)  # 灰度图像

    # 雷登变换
    imgRadon1 = disRadonTransform(img1, img1.shape[0])
    imgRadon2 = disRadonTransform(img2, img2.shape[0])

    # 雷登变换正弦图反投影
    imgInvRadon1 = invRadonTransform(imgRadon1, imgRadon1.shape[0])
    imgInvRadon2 = invRadonTransform(imgRadon2, imgRadon2.shape[0])

    # 滤波反投影重建图像
    imgFilterInvRadon1 = filterInvRadonTransform(imgRadon1, imgRadon1.shape[0])
    imgFilterInvRadon2 = filterInvRadonTransform(imgRadon2, imgRadon2.shape[0])

    plt.figure(figsize=(9, 6))
    plt.subplot(231), plt.title("1. Demo image 1")
    plt.axis('off'), plt.imshow(img1, 'gray')
    plt.subplot(232), plt.title("2. Inv-Radon Transform 1")
    plt.axis('off'), plt.imshow(imgInvRadon1, 'gray')
    plt.subplot(233), plt.title("3. Filterd Inv-Radon 1")
    plt.axis('off'), plt.imshow(imgFilterInvRadon1, 'gray')
    plt.subplot(234), plt.title("4. Demo image 2")
    plt.axis('off'), plt.imshow(img2, 'gray')
    plt.subplot(235), plt.title("5. Inv-Radon Transform2")
    plt.axis('off'), plt.imshow(imgInvRadon2, 'gray')
```

```
plt.subplot(236), plt.title("6. Filterd Inv-Radon 2")
plt.axis('off'), plt.imshow(imgFilterInvRadon2, 'gray')
plt.tight_layout()
plt.show()
```

程序说明

（1）运行结果，雷登变换正弦图通过滤波反投影重建图像如图 13-7 所示。图 13-7(1)所示为模拟 CT 系统的标定模板，图 13-7(4)所示为脑部 CT 切片图，雷登变换正弦图参见【例程 1305】。

（2）图 13-7(2)和图 13-7(5)所示为由雷登变换正弦图通过反投影获得的重建图像，图像非常模糊。

（3）图 13-7(3)和图 13-7(6)所示为由雷登变换正弦图通过滤波反投影获得的重建图像。在反投影前使用斜坡滤波器抑制点扩散，可以有效消除伪影，改善反投影重建的图像质量。

得到本例程的结果时，作者感受到了强烈的震撼，这种震撼是无法用语言来表达的。对比图 13-7(5)与图 13-7(6)，可以看出新一代 CT 技术的重要进步，而这只是滤波算法应用的差别。

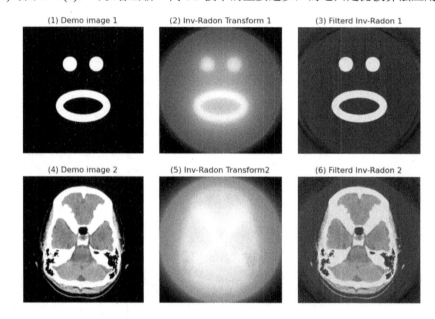

图 13-7 雷登变换正弦图通过滤波反投影重建图像

13.6 退化图像复原之逆滤波

图像复原方法是以退化模型为基础，沿着质量降低的逆过程来重现真实的原始图像的，通过滤波方法能去除图像模糊，改善图像质量。

图像复原是指对图像退化的过程进行估计，补偿退化过程造成的失真，也就是沿着质量降低的逆过程重现真实的原始图像。

典型的图像复原方法先根据图像退化的先验知识建立退化模型，再以退化模型为基础采用逆过程的方法处理，获得原始图像的最优估值，从而改善图像质量。

简单地，对图像退化过程建模并估计模型参数，通过逆滤波就可以直接实现图像复原。

用退化图像的傅里叶变换除以退化函数的傅里叶变换，就得到原始图像的傅里叶变换估计：

$$\hat{F}(u,v) = \frac{G(u,v)}{H(u,v)}$$

实际退化图像是退化算子与加性噪声项共同作用的结果。逆滤波对加性噪声特别敏感，如果信噪比很低，则要将频率限制到原点附近进行分析。

【例程 1307】湍流模糊退化图像的逆滤波

湍流是自然界中普遍存在的复杂流动现象。光线受到湍流效应的影响，会出现光强闪烁、光束方向漂移、光束宽度扩展及接收面上相位的起伏，造成图像模糊和抖动，甚至扭曲变形。

通过大气湍流退化模型可以生成退化图像：

$$H'(u,v) = \mathrm{e}^{-k\left(u^2+v^2\right)^{5/6}}$$

使用湍流模糊退化模型进行逆滤波，逆滤波模型与生成退化图像的退化模型相反：

$$H(u,v) = \mathrm{e}^{-k\left[\left(u-M/2\right)^2+\left(v-N/2\right)^2\right]^{5/6}}$$

式中，M、N 是图像的宽度和高度。

由于信噪比很低，直接使用退化模型 $H(u,v)$ 进行全逆滤波的效果很差。用理想低通滤波器将频率截止到 D0，可以获得较好的复原效果。

```python
# 【1307】湍流模糊退化图像的逆滤波
import cv2 as cv
import numpy as np
from matplotlib import pyplot as plt

def turbulenceBlur(img, k=0.001):
    # 湍流模糊退化模型: H(u,v) = exp(-k(u^2+v^2)^5/6)
    M, N = img.shape[1], img.shape[0]  # width、height
    u, v = np.meshgrid(np.arange(M), np.arange(N))
    radius = (u-M//2)**2 + (v-N//2)**2
    kernel = np.exp(-k * np.power(radius, 5/6))
    return kernel

def getDegradedImg(image, Huv, D0=0):  # 根据退化模型生成退化图像
    # (1) 傅里叶变换，中心化
    fft = np.fft.fft2(image.astype(np.float32))  # 傅里叶变换
    fftShift = np.fft.fftshift(fft)  # 中心化
    # (2) 在频率域修改傅里叶变换
    fftShiftFilter = fftShift * Huv  # Guv = Fuv · Huv
    # (3) 逆中心化，傅里叶逆变换
    invShift = np.fft.ifftshift(fftShiftFilter)  # 逆中心化
    imgIfft = np.fft.ifft2(invShift)  # 傅里叶逆变换，返回值是复数数组
    imgDegraded = np.uint8(cv.normalize(np.abs(imgIfft), None, 0, 255,
cv.NORM_MINMAX))
    return imgDegraded

def ideaLPFilter(img, radius=10):  # 理想低通滤波器
    M, N = img.shape[1], img.shape[0]  # width、height
    u, v = np.meshgrid(np.arange(M), np.arange(N))
    D = np.sqrt((u-M//2)**2 + (v-N//2)**2)
```

```python
    kernel = np.zeros(img.shape[:2], np.float32)
    kernel[D<=radius] = 1.0
    return kernel

def invFilterTurb(image, Huv, D0=0):  # 基于模型的逆滤波
    # (1) 傅里叶变换，中心化
    fftImg = np.fft.fft2(image.astype(np.float32))  # 傅里叶变换
    fftShift = np.fft.fftshift(fftImg)  # 中心化
    # (2) 在频率域修改傅里叶变换
    if D0==0:
        fftShiftFilter = fftShift / Huv  # Guv = Fuv / Huv
    else:  # 理想低通滤波器在 D0 截止
        lpFilter = ideaLPFilter(image, radius=D0)
        fftShiftFilter = fftShift / Huv * lpFilter  # Guv = Fuv / Huv
    # (3) 逆中心化，傅里叶逆变换
    invShift = np.fft.ifftshift(fftShiftFilter)  # 逆中心化
    imgIfft = np.fft.ifft2(invShift)  # 傅里叶逆变换，返回值是复数数组
    imgRestored = np.uint8(cv.normalize(np.abs(imgIfft), None, 0, 255,
cv.NORM_MINMAX))
    return imgRestored


if __name__ == '__main__':
    # 读取原始图像
    img = cv.imread("../images/Fig1303.png", 0)

    # 生成湍流模糊图像
    Hturb = turbulenceBlur(img, k=0.003)  # 湍流传递函数
    imgTurb = np.abs(getDegradedImg(img, Hturb, 0.0))
    hImg, wImg = img.shape[:2]
    print(hImg, wImg)
    print(imgTurb.max(), imgTurb.min())

    # 逆滤波
    imgRestored = invFilterTurb (imgTurb, Hturb, hImg)  # Huv
    imgRestored1 = invFilterTurb (imgTurb, Hturb, D0=40)  # 在 D0 之外截止
    imgRestored2 = invFilterTurb (imgTurb, Hturb, D0=60)
    imgRestored3 = invFilterTurb (imgTurb, Hturb, D0=80)

    plt.figure(figsize=(9, 6))
    plt.subplot(231), plt.title("1. Original")
    plt.axis('off'), plt.imshow(img, 'gray')
    plt.subplot(232), plt.title("2. Turbulence blur")
    plt.axis('off'), plt.imshow(imgTurb, 'gray')
    plt.subplot(233), plt.title("3. Inverse filter (D0=full)")
    plt.axis('off'), plt.imshow(imgRestored, 'gray')
    plt.subplot(234), plt.title("4. Inverse filter (D0=40)")
    plt.axis('off'), plt.imshow(imgRestored1, 'gray')
    plt.subplot(235), plt.title("5. Inverse filter (D0=60)")
    plt.axis('off'), plt.imshow(imgRestored2, 'gray')
    plt.subplot(236), plt.title("6. Inverse filter (D0=80)")
    plt.axis('off'), plt.imshow(imgRestored3, 'gray')
```

```
plt.tight_layout()
plt.show()
```

程序说明

（1）运行结果，使用逆滤波复原湍流模糊退化图像如图 13-8 所示。图 13-8(1)所示为原始图像。图 13-8(2)所示为湍流模糊图像，模拟湍流模糊的影响。

（2）图 13-8(3)所示为使用湍流模糊退化模型对图 13-8(2)进行全逆滤波的结果。由于信噪比很低，噪声非常强烈，全逆滤波无法完全复原图像。

（3）图 13-8(4)～(6)所示为用理想低通滤波器将频率截止到 D0 后获得的复原图像，改善了图像的视觉效果。

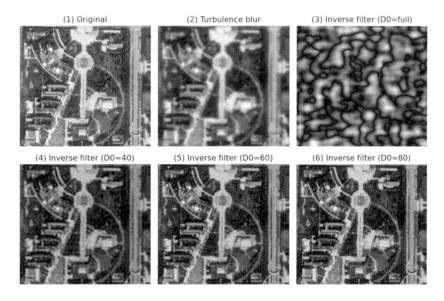

图 13-8　使用逆滤波复原湍流模糊退化图像

13.7　退化图像复原之维纳滤波

逆滤波对加性噪声特别敏感，复原图像的质量经常难以满足使用需要。Wiener 针对含有噪声的模糊图像，提出了线性图像复原方法，被称为维纳滤波。

信噪比是信息承载信号功率（未退化的原始图像）水平与噪声功率水平的测度。维纳滤波的目标是寻找原始图像 f 的估计 $\hat{f}$，使均方误差 e^2 最小：

$$e^2 = E\left\{\left(f - \hat{f}\right)^2\right\}$$

最小均方误差滤波的传递函数描述如下：

$$G(u,v) = \frac{H^*(u,v)S(u,v)}{\left|H(u,v)\right|^2 S(u,v) + N(u,v)}$$

当处理白噪声时，噪声的功率谱 $\left|N(u,v)\right|^2$ 是一个常数。未退化图像和噪声的功率谱通常是未知的且很难估计，退化图像的功率谱可用下式近似：

$$\hat{F}(u,v) = \frac{1}{H(u,v)} \frac{\left|H(u,v)\right|^2}{\left|H(u,v)\right|^2 + K} G(u,v)$$

【例程 1308】运动模糊退化图像的维纳滤波

本例程在不含噪声和含有加性噪声两种情况下，基于运动模糊退化模型生成退化图像，使用逆滤波和维纳滤波复原运动模糊退化图像，比较两种滤波器的性能。

```python
# 【1308】运动模糊退化图像的维纳滤波
import cv2 as cv
import numpy as np
from matplotlib import pyplot as plt

def motionDSF(image, angle, dist):  # 运动模糊退化模型
    hImg, wImg = image.shape[:2]
    xCenter = (wImg-1)/2
    yCenter = (hImg-1)/2
    sinVal = np.sin(angle * np.pi / 180)
    cosVal = np.cos(angle * np.pi / 180)
    PSF = np.zeros((hImg, wImg))  # 点扩散函数
    for i in range(dist):  # 将对应角度上 motion_dis 个点置成 1
        xOffset = round(sinVal * i)
        yOffset = round(cosVal * i)
        PSF[int(xCenter-xOffset), int(yCenter+yOffset)] = 1
    return PSF / PSF.sum()  # 归一化

def getBlurredImg(image, PSF, eps=1e-6):  # 对图片进行运动模糊
    fftImg = np.fft.fft2(image.astype(np.float32))  # 傅里叶变换
    # fftShift = np.fft.fftshift(fft)  # 中心化
    fftPSF = np.fft.fft2(PSF) + eps
    fftFilter = fftImg * fftPSF  # Guv = Fuv · Huv
    ifftBlurred = np.fft.ifft2(fftFilter)  # 傅里叶逆变换
    blurred = np.fft.ifftshift(ifftBlurred)  # 逆中心化
    imgBlurred = np.abs(blurred)
    return imgBlurred

def invFilterMotion(image, PSF, eps):  # 运动模糊的逆滤波
    fftImg = np.fft.fft2(image.astype(np.float32))  # 傅里叶变换
    # fftShift = np.fft.fftshift(fft)  # 中心化
    fftPSF = np.fft.fft2(PSF) + eps  # 已知噪声功率
    fftInvFiltered = fftImg / fftPSF  # Fuv = Huv / Guv
    ifftInvFiltered = np.fft.ifft2(fftInvFiltered)  # 傅里叶逆变换
    invFiltered = np.fft.fftshift(ifftInvFiltered)  # 逆中心化
    return np.abs(invFiltered)

def WienerFilterMotion(image, PSF, eps, K=0.01):  # 维纳滤波，K=0.01
    fftImg = np.fft.fft2(image.astype(np.float32))  # 傅里叶变换
    # fftPSF = np.fft.fft2(PSF) + eps  # 已知噪声功率
    fftPSF = np.fft.fft2(PSF)  # 未知噪声功率
    WienerFilter = np.conj(fftPSF) / (np.abs(fftPSF)**2 + K)  # Wiener 滤波器的
```

传递函数

```
    fftImgFiltered = fftImg * WienerFilter  # Fuv = Huv·Filter
    ifftWienerFiltered = np.fft.ifft2(fftImgFiltered)  # 傅里叶逆变换
    WienerFiltered = np.fft.fftshift(ifftWienerFiltered)  # 逆中心化
    return np.abs(WienerFiltered)


if __name__ == '__main__':
    # 读取原始图像
    img = cv.imread("../images/Fig1304.png", flags=0)
    hImg, wImg = img.shape[:2]

    # (1) 不含噪声运动模糊退化图像的复原
    # 生成不含噪声的运动模糊图像
    PSF = motionDSF(img, 30, 60)  # 运动模糊函数
    imgBlurred = getBlurredImg(img, PSF, 1e-6)  # 不含噪声的运动模糊图像
    # 退化图像复原
    imgInvF = invFilterMotion(imgBlurred, PSF, 1e-6)  # 对运动模糊图像进行逆滤波
    imgWienerF = WienerFilterMotion(imgBlurred, PSF, 1e-6)  # 对运动模糊图像进行维
纳滤波

    # (2) 加性噪声运动模糊退化图像的复原
    # 生成带有噪声的运动模糊图像
    mu, scale = 0.0, 0.5  # 高斯噪声的均值和标准差
    noiseGauss = np.random.normal(loc=mu, scale=scale, size=img.shape)  # 高斯噪声
    imgBlurNoisy = np.add(imgBlurred, noiseGauss)  # 添加高斯噪声
    # 退化图像复原
    imgInvFNoisy = invFilterMotion(imgBlurNoisy, PSF, scale)  # 对噪声模糊图像进行
逆滤波
    imgWienerFNoisy = WienerFilterMotion(imgBlurNoisy, PSF, scale)  # 对噪声模糊
图像进行逆滤波维纳滤波

    plt.figure(figsize=(9, 6))
    plt.subplot(231), plt.title("1. Motion blurred")
    plt.axis('off'), plt.imshow(imgBlurred, 'gray')
    plt.subplot(232), plt.title("2. Inverse filter")
    plt.axis('off'), plt.imshow(imgInvF, 'gray')
    plt.subplot(233), plt.title("3. Wiener filter")
    plt.axis('off'), plt.imshow(imgWienerF, 'gray')
    plt.subplot(234), plt.title("4. Noisy motion blurred")
    plt.axis('off'), plt.imshow(imgBlurNoisy, 'gray')
    plt.subplot(235), plt.title("5. Noisy inverse filter")
    plt.axis('off'), plt.imshow(imgInvFNoisy, 'gray')
    plt.subplot(236), plt.title("6. Noisy Wiener filter")
    plt.axis('off'), plt.imshow(imgWienerFNoisy, 'gray')
    plt.tight_layout()
    plt.show()
```

程序说明

运行结果，使用逆滤波和维纳滤波复原运动模糊图像如图 13-9 所示。

（1）图 13-9(1)所示为不含噪声的运动模糊退化图像，图 13-9(2)所示为使用逆滤波对 13-9(1)进行复原的图像，图 13-9(3)所示为使用维纳滤波对 13-9(1)进行复原的图像。对于不含噪声的运动模糊退化图像，如果已知运动模糊退化模型，使用逆滤波可以完美地复原退化图像，其性能优于维纳滤波。

（2）考虑实际运动模糊退化图像往往含有加性噪声，图 13-9(4)所示为含有加性噪声的运动模糊退化图像，视觉效果与图 13-9(1)的差别并不大。

（3）图 13-9(5)所示为使用逆滤波对图 13-9(4)进行复原的图像，图 13-9(6)所示为使用维纳滤波对图 13-9(4)进行复原的图像。对于含有加性噪声的运动模糊退化图像，即使已知运动模糊退化模型的结构与参数，逆滤波后的噪声还是非常强烈，完全无法复原图像，而维纳滤波的复原图像很好，噪声的影响很小。

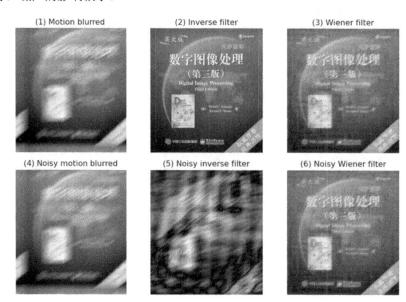

图 13-9　使用逆滤波和维纳滤波复原运动模糊图像

13.8　退化图像复原之最小二乘法滤波

维纳滤波的最优估计是对多幅图像在平均意义上而言的，适合处理一组在相同或相似条件下获得的图像。对于单幅图像而言，可以通过约束最小二乘法滤波求每幅图像的最优估计。

约束最小二乘法滤波是以图像的二阶导数作为平滑效果的度量，解决退化函数对噪声的敏感性问题的，以寻求对每幅图像的最优估计。优化目标函数的数学描述如下：

$$\min C = \sum_x \sum_y \left[\nabla^2 f(x,y) \right]^2$$

$$\text{s.t.:} \left\| g - H\hat{f} \right\|^2 = \left\| \eta \right\|^2$$

约束最小二乘法滤波通过求目标函数 C 的最小值，得到最好的平滑效果，作为退化图像的最佳复原。

$$\hat{F}(u,v) = \frac{H^*(u,v)}{\left|H(u,v)\right|^2 + \gamma\left|P(u,v)\right|^2}G(u,v)$$

式中，$P(u,v)$ 是拉普拉斯核的傅里叶变换，注意 $P(u,v)$ 与 $H^*(u,v)$ 的尺寸必须大小相等。

约束最小二乘法滤波只需要噪声方差和均值的估计，相对比较容易实现。在图像受到强度较高的加性噪声污染时，约束最小二乘法滤波的处理效果通常会优于维纳滤波。

【例程 1309】使用维纳滤波和约束最小二乘法滤波复原运动模糊图像

本例程对含有不同幅度方差加性噪声的运动模糊退化图像，使用维纳滤波与约束最小二乘法滤波进行复原，比较两种滤波器的性能。

```python
# 【1309】使用维纳滤波和约束最小二乘法滤波复原运动模糊图像
import cv2 as cv
import numpy as np
from matplotlib import pyplot as plt

def motionDSF(image, angle, dist):  # 运动模糊退化模型
    hImg, wImg = image.shape[:2]
    xCenter = (wImg-1)/2
    yCenter = (hImg-1)/2
    sinVal = np.sin(angle * np.pi / 180)
    cosVal = np.cos(angle * np.pi / 180)
    PSF = np.zeros((hImg, wImg))  # 点扩散函数
    for i in range(dist):  # 将对应角度上 motion_dis 个点置成 1
        xOffset = round(sinVal * i)
        yOffset = round(cosVal * i)
        PSF[int(xCenter-xOffset), int(yCenter+yOffset)] = 1
    return PSF / PSF.sum()  # 归一化

def getBlurredImg(image, PSF, eps=1e-6):  # 对图片进行运动模糊
    fftImg = np.fft.fft2(image.astype(np.float32))  # 傅里叶变换
    # fftShift = np.fft.fftshift(fft)  # 中心化
    fftPSF = np.fft.fft2(PSF) + eps
    fftFilter = fftImg * fftPSF # Guv = Fuv · Huv
    ifftBlurred = np.fft.ifft2(fftFilter)  # 傅里叶逆变换
    imgBlurred = np.fft.ifftshift(ifftBlurred)  # 逆中心化
    # imgBlurred = np.uint8(cv.normalize(np.abs(invShift), None, 0, 255,
cv.NORM_MINMAX))
    return np.abs(imgBlurred)

def WienerFilterMotion(image, PSF, eps, K=0.01):  # 维纳滤波，K=0.01
    fftImg = np.fft.fft2(image.astype(np.float32))  # 傅里叶变换
    # fftPSF = np.fft.fft2(PSF) + eps  # 已知噪声功率
    fftPSF = np.fft.fft2(PSF)  # 未知噪声功率
    WienerFilter = np.conj(fftPSF) / (np.abs(fftPSF)**2 + K)  # Wiener 滤波器的
传递函数
    fftImgFiltered = fftImg * WienerFilter # Fuv = Huv · Filter
    ifftWienerFiltered = np.fft.ifft2(fftImgFiltered)  # 傅里叶逆变换
    WienerFiltered = np.fft.fftshift(ifftWienerFiltered)  # 逆中心化
```

```
        return np.abs(WienerFiltered)

    def getPuv(image):  # 生成 P(u,v)
        h, w = image.shape[:2]
        hPad, wPad = h-3, w-3
        pxy = np.array([[0, -1, 0], [-1, 4, -1], [0, -1, 0]])  # Laplacian kernel
        pxyPad = np.pad(pxy, ((hPad//2, hPad-hPad//2), (wPad//2, wPad-wPad//2)),
mode='constant')
        fftPuv = np.fft.fft2(pxyPad)
        return fftPuv

    def CLSFilterMotion(image, PSF, eps, gamma=0.01):  # 约束最小二乘法滤波
        fftImg = np.fft.fft2(image.astype(np.float32))  # 傅里叶变换
        # fftPSF = np.fft.fft2(PSF) + eps  # 已知噪声功率
        fftPSF = np.fft.fft2(PSF)  # 未知噪声功率
        conj = fftPSF.conj()
        fftPuv = getPuv(image)
        CLSFilter = conj / (np.abs(fftPSF)**2 + gamma * (np.abs(fftPuv)**2))
        fftImgFiltered = fftImg * CLSFilter  # Fuv = Huv·Filter
        ifftCLSFiltered = np.fft.ifft2(fftImgFiltered)  # 傅里叶逆变换
        CLSFiltered = np.fft.fftshift(ifftCLSFiltered)  # 逆中心化
        return np.abs(CLSFiltered)

    if __name__ == '__main__':
        # 读取原始图像
        img = cv.imread("../images/Fig1304.png", flags=0)
        hImg, wImg = img.shape[:2]
        # 生成不含噪声的运动模糊图像
        PSF = motionDSF(img, 30, 60)  # 运动模糊函数
        imgBlurred = getBlurredImg(img, PSF, 1e-6)  # 不含噪声的运动模糊图像
        # 生成带有噪声的运动模糊图像
        mu, std1 = 0.0, 0.1  # 高斯噪声的均值和标准差
        noiseGauss = np.random.normal(loc=mu, scale=std1, size=img.shape)  # 高斯噪声
        imgBlurNoisy1 = np.add(imgBlurred, noiseGauss)  # 添加高斯噪声
        mu, std2 = 0.0, 1.0  # 高斯噪声的均值和标准差
        noiseGauss = np.random.normal(loc=mu, scale=std2, size=img.shape)  # 高斯噪声
        imgBlurNoisy2 = np.add(imgBlurred, noiseGauss)  # 添加高斯噪声

        # 运动模糊退化图像的维纳滤波
        imgWienerF1 = WienerFilterMotion(imgBlurNoisy1, PSF, std1)
        imgWienerF2 = WienerFilterMotion(imgBlurNoisy2, PSF, std2)

        # 运动模糊退化图像的约束最小二乘法滤波
        imgCLSFilter1 = CLSFilterMotion(imgBlurNoisy1, PSF, std1)
        imgCLSFilter2 = CLSFilterMotion(imgBlurNoisy2, PSF, std2)

        plt.figure(figsize=(9, 6))
        plt.subplot(231), plt.title("1. Motion blurred (std=0.1)")
        plt.axis('off'), plt.imshow(imgBlurNoisy1, 'gray')
        plt.subplot(232), plt.title("2. Wiener filter (std=0.1)")
        plt.axis('off'), plt.imshow(imgWienerF1, 'gray')
```

```
plt.subplot(233), plt.title("3. CLS filter (std=0.1)")
plt.axis('off'), plt.imshow(imgCLSFilter1, 'gray')
plt.subplot(234), plt.title("4. Motion blurred (std=1.0)")
plt.axis('off'), plt.imshow(imgBlurNoisy2, 'gray')
plt.subplot(235), plt.title("5. Wiener filter (std=1.0)")
plt.axis('off'), plt.imshow(imgWienerF2, 'gray')
plt.subplot(236), plt.title("6. CLS filter (std=1.0)")
plt.axis('off'), plt.imshow(imgCLSFilter2, 'gray')
plt.tight_layout()
plt.show()
```

程序说明

运行结果，使用维纳滤波和约束最小二乘法滤波复原运动模糊图像如图 13-10 所示。图 13-10(1)
与图 13-10(4)所示为含有不同强度加性噪声的运动模糊退化图像，图 13-10(2)与图 13-10(5)所示
为使用维纳滤波进行复原的图像，图 13-10(3)与图 13-10(6)所示为使用约束最小二乘法滤波进行
复原的图像。在已知运动模糊退化模型的条件下，约束最小二乘法滤波对单幅图像的复原效果
优于维纳滤波。

图 13-10　使用维纳滤波和约束最小二乘法滤波复原运动模糊图像

第四部分

计算机视觉

## 第14章

边缘检测与图像轮廓

边缘是图像的基本特征。边缘检测根据灰度的突变检测边缘，检测到的边缘通常是零散的片段，并不是连续的整体，要从图像中提取目标物体，就要将边缘像素连接构成连续闭合的轮廓。边缘主要作为图像的特征使用，而轮廓主要用来分析物体的形态。

本章内容概要

◎ 理解边缘检测的原理，学习使用梯度算子进行边缘检测。

◎ 学习使用 LoG 算子、DoG 算子和 Canny 算子进行边缘检测。

◎ 学习查找轮廓的方法，绘制轮廓图像。

◎ 介绍轮廓的属性、基本参数和形状特征。

14.1 边缘检测之梯度算子

基于图像灰度的不连续性，可以根据灰度的突变检测边界。导数可以用来检测灰度的局部突变：一阶导数通常产生粗边缘；二阶导数的响应强烈，对精细细节（如细线、孤立点和噪声）的响应更强。

边缘检测的一般步骤如下。

（1）平滑滤波：梯度计算容易受噪声影响，要先使用平滑滤波去除图像噪声。

（2）锐化滤波：锐化能突出灰度变化的区域，便于检测边界。

（3）边缘判定：通过阈值或灰度变换，剔除干扰噪声，获得边缘点。

（4）边缘连接：将间断的边缘连接成有意义的完整边缘，同时去除假边缘。

边缘检测的基本方法基于一阶或二阶导数，常用的梯度算子，如 Roberts 算子、Prewitt 算子、Sobel 算子、Scharr 算子和 Laplacian 算子，都可以用于边缘检测。

【例程 1401】边缘检测之梯度算子

本例程用于介绍常用边缘检测梯度算子的使用方法，比较不同梯度算子的检测效果。

```python
# 【1401】边缘检测之梯度算子
import cv2 as cv
import numpy as np
from matplotlib import pyplot as plt

if __name__ == '__main__':
    img = cv.imread("../images/Fig1401.png", flags=0)  # 灰度图像
    imgBlur = cv.blur(img, (3, 3))  # Blur 平滑

    # Laplacian 算子
    kern_Laplacian_K1 = np.array([[0, 1, 0], [1, -4, 1], [0, 1, 0]])
    kern_Laplacian_K2 = np.array([[1, 1, 1], [1, -8, 1], [1, 1, 1]])
    kern_Laplacian_K3 = np.array([[-1, 2, -1], [-1, 2, -1], [-1, 2, -1]])  # 90
```

```
degree
    kern_Laplacian_K4 = np.array([[-1, -1, 2], [-1, 2, -1], [2, -1, -1]])  # -45
degree
    LaplacianK1 = cv.filter2D(imgBlur, -1, kern_Laplacian_K1)
    imgLaplacianK1 = cv.normalize(LaplacianK1, None, 0, 255, cv.NORM_MINMAX)
    LaplacianK2 = cv.filter2D(imgBlur, -1, kern_Laplacian_K2)
    imgLaplacianK2 = cv.normalize(LaplacianK2, None, 0, 255, cv.NORM_MINMAX)

    # Roberts 算子
    kern_Roberts_x = np.array([[1, 0], [0, -1]])
    kern_Roberts_y = np.array([[0, -1], [1, 0]])
    imgRobertsX = cv.filter2D(img, -1, kern_Roberts_x)
    imgRobertsY = cv.filter2D(img, -1, kern_Roberts_y)
    imgRoberts = cv.convertScaleAbs(np.abs(imgRobertsX) + np.abs(imgRobertsY))

    # Prewitt 算子
    kern_Prewitt_x = np.array([[1, 1, 1], [0, 0, 0], [-1, -1, -1]])
    kern_Prewitt_y = np.array([[-1, 0, 1], [-1, 0, 1], [-1, 0, 1]])
    imgPrewittX = cv.filter2D(img, -1, kern_Prewitt_x)
    imgPrewittY = cv.filter2D(img, -1, kern_Prewitt_y)
    imgPrewitt = cv.convertScaleAbs(np.abs(imgPrewittX) + np.abs(imgPrewittY))

    # Sobel 算子
    kern_Sobel_x = np.array([[1, 2, 1], [0, 0, 0], [-1, -2, -1]])
    kern_Sobel_y = np.array([[-1, 0, 1], [-2, 0, 2], [-1, 0, 1]])
    imgSobelX = cv.filter2D(img, -1, kern_Sobel_x)
    imgSobelY = cv.filter2D(img, -1, kern_Sobel_y)
    imgSobel = cv.convertScaleAbs(np.abs(imgSobelX) + np.abs(imgSobelY))

    plt.figure(figsize=(12, 8))
    plt.subplot(341), plt.title('Original')
    plt.axis('off'), plt.imshow(img, cmap='gray')
    plt.subplot(345), plt.title('Laplacian_K1')
    plt.axis('off'), plt.imshow(imgLaplacianK1, cmap='gray')
    plt.subplot(349), plt.title('Laplacian_K2')
    plt.axis('off'), plt.imshow(imgLaplacianK2, cmap='gray')
    plt.subplot(342), plt.title('Roberts')
    plt.axis('off'), plt.imshow(imgRoberts, cmap='gray')
    plt.subplot(346), plt.title('Roberts_X')
    plt.axis('off'), plt.imshow(imgRobertsX, cmap='gray')
    plt.subplot(3, 4, 10), plt.title('Roberts_Y')
    plt.axis('off'), plt.imshow(imgRobertsY, cmap='gray')
    plt.subplot(343), plt.title('Prewitt')
    plt.axis('off'), plt.imshow(imgPrewitt, cmap='gray')
    plt.subplot(347), plt.title('Prewitt_X')
    plt.axis('off'), plt.imshow(imgPrewittX, cmap='gray')
    plt.subplot(3, 4, 11), plt.title('Prewitt_Y')
    plt.axis('off'), plt.imshow(imgPrewittY, cmap='gray')
    plt.subplot(344), plt.title('Sobel')
    plt.imshow(imgSobel, cmap='gray'), plt.axis('off')
    plt.subplot(348), plt.title('Sobel_X')
```

```
plt.axis('off'), plt.imshow(imgSobelX, cmap='gray')
plt.subplot(3, 4, 12), plt.title('Sobel_Y')
plt.axis('off'), plt.imshow(imgSobelY, cmap='gray')
plt.tight_layout()
plt.show()
```

程序说明

（1）运行结果，不同梯度算子边缘检测的性能比较如图 14-1 所示。例程比较了 Laplacian 算子和 Roberts 算子、Prewitt 算子、Sobel 算子进行边缘检测的结果。

（2）Roberts 算子、Prewitt 算子和 Sobel 算子只能按水平方向或垂直方向进行边缘检测，合成得到全方向的边缘检测结果。

（3）Laplacian 算子的 K1、K2 都是全方向梯度算子，可以同时检测水平方向和垂直方向的边缘。

（4）比较边缘检测的性能，主要是考察检测算子能否正确、完整地检测图像中各方向的强边缘和弱边缘，而与边缘响应强度关系不大。图中 Laplacian 算子检测到的边缘最丰富，说明其边缘检测性能更好。

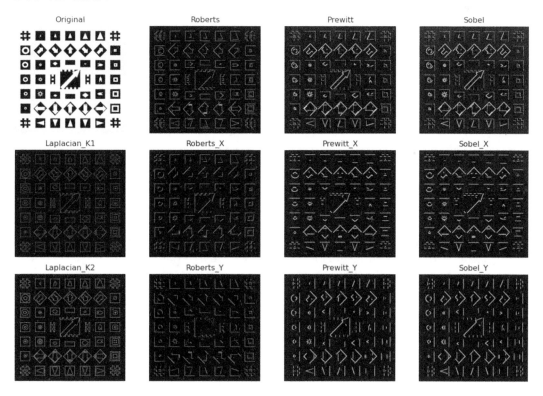

图 14-1　不同梯度算子边缘检测的性能比较

14.2　边缘检测之 LoG 算子

Marr-Hildreth 是改进的边缘检测算子，是平滑算子与 Laplacian 算子的结合，因而兼具平滑和二阶微分的作用，定位精度高、边缘连续性好、计算速度快。

Marr-Hildreth 算子的原理：由于灰度变化与图像尺度无关，因此可以使用不同尺度的微分算子进行边缘检测，大尺度微分算子可以检测模糊的边缘，小尺度微分算子可以检测清晰的细节。

滤波器 $\nabla^2 G$ 可以很好地满足该条件，其数学描述如下：

$$\nabla^2 G(x, y, \sigma) = \left(\frac{x^2 + y^2 - 2\sigma^2}{\sigma^4} \right) e^{-(x^2 + y^2)/2\sigma^2}$$

式中，∇^2 是 Laplacian 算子；$G(x, y, \sigma)$ 是模糊尺度为 σ 的二维高斯函数。上式就是高斯拉普拉斯算子（Laplacian of Gaussian），又称 LoG 算子。

当 LoG 卷积核的尺度因子 σ 取不同值时，可以检测不同尺度下的图像边缘。减小模糊尺度有利于检测影像细节，增大模糊尺度有利于检测轮廓。

LoG 算子的具体实现：可以先对图像做高斯平滑，再做拉普拉斯变换；也可以利用卷积运算的结合律，先计算高斯拉普拉斯卷积核，再与图像卷积，以提高计算速度。Marr-Hildreth 算子使用高斯拉普拉斯卷积核与图像卷积后，通过寻找过零点确定边缘位置。

【例程 1402】边缘检测之 LoG 算子

本例程使用 LoG 算子进行边缘检测。

例程使用近似 LoG 卷积核、计算 LoG 卷积核、高斯滤波后使用 Laplacian 算子这三种实现方法。虽然从计算复杂度来说计算 LoG 卷积核与图像进行卷积的计算量最小，但由于 OpenCV 没有提供 LoG 算子的库函数，实际程序测试中基于 OpenCV 函数计算高斯滤波和 Laplacian 算子方法不仅实现方便，而且速度更快。

```python
# 【1402】边缘检测之 LoG 算子
import cv2 as cv
import numpy as np
from matplotlib import pyplot as plt

def ZeroDetect(img):  # 判断零交叉点
    h, w = img.shape[0], img.shape[1]
    zeroCrossing = np.zeros_like(img, np.uint8)
    for x in range(0, w - 1):
        for y in range(0, h - 1):
            if img[y][x] < 0:
                if (img[y][x - 1] > 0) or (img[y][x + 1] > 0) \
                        or (img[y - 1][x] > 0) or (img[y + 1][x] > 0):
                    zeroCrossing[y][x] = 255
    return zeroCrossing

if __name__ == '__main__':
    img = cv.imread("../images/Fig1401.png", flags=0)  # 灰度图像
    imgBlur = cv.boxFilter(img, -1, (3, 3))  # Blur 平滑去噪

    # (1) 近似 LoG 卷积核 (5×5)
    kernel_MH5 = np.array([
        [0, 0, -1, 0, 0],
        [0, -1, -2, -1, 0],
        [-1, -2, 16, -2, -1],
        [0, -1, -2, -1, 0],
```

```
        [0, 0, -1, 0, 0]])
    from scipy import signal
    imgMH5 = signal.convolve2d(imgBlur, kernel_MH5, boundary='symm',
mode='same')  # 卷积计算
    # kFlipMH5 = cv.flip(kernel_MH5, -1)  # 翻转卷积核
    # imgMH5 = cv.filter2D(img, -1, kFlipMH5)  # 注意不能使用函数 cv.filter2D 实现
    zeroMH5 = ZeroDetect(imgMH5)  # 判断零交叉点


    # (2) 由高斯标准差计算 LoG 卷积核
    sigma = 3  # 高斯标准差，模糊尺度
    size = int(2 * round(3*sigma)) + 1  # 根据高斯标准差确定窗口大小，3*sigma 占比 99.7%
    print("sigma={:d}, size={}".format(sigma, size))
    x, y = np.meshgrid(np.arange(-size/2+1, size/2+1), np.arange(-size/2+1,
size/2+1))  # 生成网格
    norm2 = x*x + y*y
    sigma2, sigma4 = np.power(sigma, 2), np.power(sigma, 4)
    kernelLoG = ((norm2 - (2.0*sigma2))/sigma4) * np.exp(-norm2/(2.0*sigma2))
# 计算 LoG 卷积核
    imgLoG = signal.convolve2d(imgBlur, kernelLoG, boundary='symm', mode='same')
# 卷积计算
    zeroCross1 = ZeroDetect(imgLoG)  # 判断零交叉点


    # (3) 高斯滤波后使用 Laplacian 算子
    imgGauss = cv.GaussianBlur(imgBlur, (0,0), sigmaX=2)
    imgGaussLap = cv.Laplacian(imgGauss, cv.CV_32F, ksize=3)
    zeroCross2 = ZeroDetect(imgGaussLap)  # 判断零交叉点


    plt.figure(figsize=(9, 6))
    plt.subplot(231), plt.title("1. LoG (sigma=0.5)")
    plt.axis('off'), plt.imshow(imgMH5, cmap='gray')
    plt.subplot(234), plt.title("4. Zero crossing (size=5)")
    plt.axis('off'), plt.imshow(zeroMH5, cmap='gray')
    plt.subplot(232), plt.title("2. LoG (sigma=2)")
    plt.axis('off'), plt.imshow(cv.convertScaleAbs(imgGaussLap), cmap='gray')
    plt.subplot(235), plt.title("5. Zero crossing (size=13)")
    plt.axis('off'), plt.imshow(zeroCross2, cmap='gray')
    plt.subplot(233), plt.title("3. LoG (sigma=3)")
    plt.axis('off'), plt.imshow(imgLoG, cmap='gray')
    plt.subplot(236), plt.title("6. Zero crossing (size=19)")
    plt.axis('off'), plt.imshow(zeroCross1, cmap='gray')
    plt.tight_layout()
    plt.show()
```

程序说明

（1）运行结果，用不同模糊尺度的 LoG 算子进行边缘检测如图 14-2 所示。图 14-2(1)～(3)所示为不同尺度因子 σ（代码中用 sigma 表示）下的 LoG 算子的处理图像，图 14-2(4)～(6)所示为对 LoG 算子图像进行零检测的结果。

（2）比较图 14-2(1)～(3)与图 14-2(4)～(6)，对梯度图像进行过零检测，可以准确地定位边缘像素点。

（3）比较图 14-2(4)～(6)：图 14-2(4)使用的模糊尺度较小，检测到的噪点很多，并不能说明小尺度检测不准确，反而说明其具有更强的细节检测性能。随着模糊尺度增大，微细的边缘逐渐丢失，但大尺寸的轮廓更明显。图 14-2(6)中几乎没有噪点和细微特征，保留了较大尺度的轮廓特征，说明通过调节 LoG 算子的尺度因子 σ，可以检测不同尺度的图像特征。

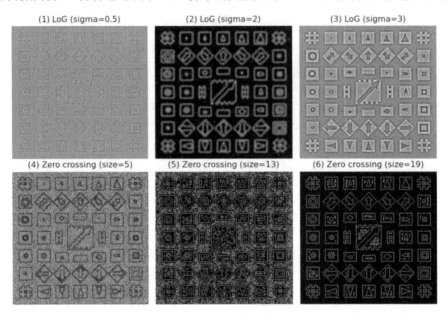

图 14-2 用不同模糊尺度的 LoG 算子进行边缘检测

14.3 边缘检测之 DoG 算子

高斯差分（Difference of Gaussian，DoG）算子，是指两个不同尺度高斯滤波器的差分。

$$\mathrm{DoG}(x,y) = G(x,y,k\sigma) - G(x,y,\sigma)$$

14.2 节介绍的 LoG 算子的计算量较大，可以进行数学变换，简化如下：

$$\sigma\nabla^2 G(x,y) = \frac{\partial G}{\partial \sigma} \approx \frac{G(x,y,k\sigma) - G(x,y,\sigma)}{k\sigma - \sigma}$$

$$G(x,y,k\sigma) - G(x,y,\sigma) \approx (k-1)\sigma^2\nabla^2 G(x,y)$$

上式的右侧与 LoG 算子只相差一个常系数 $(k-1)$，并不影响性能，说明 DoG 算子可以近似等于 LoG 算子。

DoG 算子与 LoG 算子的形状类似，只是幅度不同，但 DoG 算子计算复杂度低，便于工程实现，因此经常使用 DoG 算子代替 LoG 算子。在具体处理中，DoG 算子可以通过图像在不同参数下的高斯滤波结果相减来实现。

不同频率的低通滤波器相减可以得到带通滤波器。高斯滤波器是低通滤波器，因此 DoG 算子是带通滤波器。这就从理论上解释了 DoG 算子可以检测特定频段的信号特征。对于二维图像，某一尺度上的特征检测可以通过对两个相邻尺度空间的高斯图像的差分实现。

DoG 算子不仅实现简单、计算速度快，而且对噪声、尺度、仿射变化和旋转等具有很强的鲁棒性，是重要的特征检测方法。

【例程 1403】边缘检测之 LoG 算子与 DoG 算子

本例程使用 LoG 算子与 DoG 算子进行边缘检测。

```python
# 【1403】边缘检测之 LoG 算子与 DoG 算子
import cv2 as cv
import numpy as np
from matplotlib import pyplot as plt

if __name__ == '__main__':
    img = cv.imread("../images/Fig1401.png", flags=0)  # 灰度图像

    # (1) 高斯核低通滤波器，当 sigmaY 缺省时，sigmaY=sigmaX
    GaussBlur1 = cv.GaussianBlur(img, (0,0), sigmaX=1.0)  # sigma=1.0
    GaussBlur2 = cv.GaussianBlur(img, (0,0), sigmaX=2.0)  # sigma=2.0
    GaussBlur3 = cv.GaussianBlur(img, (0,0), sigmaX=4.0)  # sigma=4.0
    GaussBlur4 = cv.GaussianBlur(img, (0,0), sigmaX=8.0)  # sigma=8.0

    # (2) LoG 算子
    GaussLap1 = cv.Laplacian(GaussBlur2, cv.CV_32F, ksize=3)
    GaussLap2 = cv.Laplacian(GaussBlur3, cv.CV_32F, ksize=3)
    GaussLap3 = cv.Laplacian(GaussBlur4, cv.CV_32F, ksize=3)
    imgLoG1 = np.uint8(cv.normalize(GaussLap1, None, 0, 255, cv.NORM_MINMAX))
    imgLoG2 = np.uint8(cv.normalize(GaussLap2, None, 0, 255, cv.NORM_MINMAX))
    imgLoG3 = np.uint8(cv.normalize(GaussLap3, None, 0, 255, cv.NORM_MINMAX))

    # (3) DoG 算子
    imgDoG1 = cv.subtract(GaussBlur2, GaussBlur1)  # s2/s1=2.0/1.0
    imgDoG2 = cv.subtract(GaussBlur3, GaussBlur2)  # s3/s2=4.0/2.0
    imgDoG3 = cv.subtract(GaussBlur4, GaussBlur3)  # s4/s3=8.0/4.0

    plt.figure(figsize=(9, 6))
    plt.subplot(231), plt.title("1. LoG (sigma=2.0)")
    plt.axis('off'), plt.imshow(imgLoG1, cmap='gray')
    plt.subplot(232), plt.title("2. LoG (sigma=4.0)")
    plt.axis('off'), plt.imshow(imgLoG2, cmap='gray')
    plt.subplot(233), plt.title("3. LoG (sigma=8.0)")
    plt.axis('off'), plt.imshow(imgLoG3, cmap='gray')
    plt.subplot(234), plt.title("4. DoG (s2/s1=2.0/1.0)")
    plt.axis('off'), plt.imshow(imgDoG1, cmap='gray')
    plt.subplot(235), plt.title("5. DoG (s2/s1=4.0/2.0)")
    plt.axis('off'), plt.imshow(imgDoG2, cmap='gray')
    plt.subplot(236), plt.title("6. DoG (s2/s1=8.0/4.0)")
    plt.axis('off'), plt.imshow(imgDoG3, cmap='gray')
    plt.tight_layout()
    plt.show()
```

程序说明

（1）运行结果，用 LoG 算子与 DoG 算子进行边缘检测如图 14-3 所示。

（2）图 14-3(1)～(3)所示为不同模糊尺度的 LoG 算子的检测结果，图 14-3(4)～(6)所示为不同模糊尺度的 DoG 算子的检测结果。随着模糊尺度的增大，对细微特征的检测性能降低了，但对较大尺度特征的检测更加显著了。

（3）DoG 算子是 LoG 算子的近似，检测结果是相似的，图中显示效果的差异只是由于灰度拉伸处理的不同。

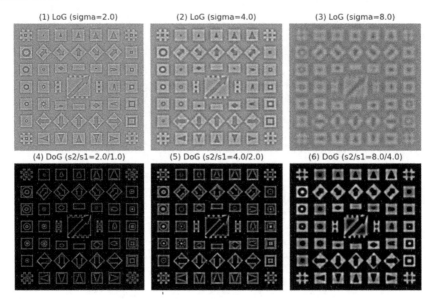

图 14-3　用 LoG 算子与 DoG 算子进行边缘检测

14.4　边缘检测之 Canny 算子

Canny 边缘检测算法是最优秀和最流行的边缘检测算法之一，不容易受噪声影响，能够识别图像中的弱边缘和强边缘，并能结合强、弱边缘的位置关系给出图像整体的边缘信息。

Canny 算子要求在提高边缘敏感性的同时抑制噪声，包括如下三个基本目标。

（1）错误率低，对边缘的错判率和漏判率低。

（2）定位性能好，检测的边缘点要尽可能地接近实际边缘的中心。

（3）单一边缘有且只有一个准确的响应，并尽可能地抑制虚假边缘。

Canny 边缘检测算法的基本步骤如下。

（1）使用高斯滤波器使图像平滑。

（2）用一阶有限差分计算梯度幅值和方向。

（3）对梯度幅值进行非极大值抑制（NMS）。

（4）通过双阈值处理和连通性分析检测和连接边缘。

OpenCV 中的函数 cv.Canny 用于实现 Canny 边缘检测。

函数原型

cv.Canny(image, threshold1, threshold2[, edges, apertureSize, L2gradient]) → edges

参数说明

◎　image：输入图像，是 8 位灰度图像，不适用彩色图像。

◎　edges：输出边缘图像，是 8 位单通道图像，大小与 image 相同。

◎　threshold1：第一阈值 TL，是浮点型数据。

◎　threshold2：第二阈值 TH，是浮点型数据。

◎　apertureSize：Sobel 卷积核的孔径，可选项，默认值为 3。

◎　L2gradient：标志符，可选项，默认值 True 表示 L2 范数，False 表示 L1 范数。

注意问题

（1）第一阈值 TL 用于边缘连接，第二阈值 TH 用于控制强边缘，推荐阈值比 TL / TH = 2～3。

（2）L2gradient 表示计算梯度幅值的方法，L2 范数是指对平方和求平方根，L1 范数是指绝对值之和。

【例程 1404】边缘检测之 DoG 算、LoG 算子与 Canny 算子

本例程使用 DoG 算、LoG 算子与 Canny 算子进行边缘检测。

```python
# 【1404】边缘检测之 Canny 算子
import cv2 as cv
import numpy as np
from matplotlib import pyplot as plt

if __name__ == '__main__':
    img = cv.imread("../images/Fig1401.png", flags=0)  # 灰度图像

    # (1) DoG 算子
    GaussBlur1 = cv.GaussianBlur(img, (0,0), sigmaX=1.0)  # sigma=1.0
    GaussBlur2 = cv.GaussianBlur(img, (0,0), sigmaX=2.0)  # sigma=2.0
    imgDoG1 = cv.subtract(GaussBlur2, GaussBlur1)  # s2/s1=2.0/1.0

    # (2) LoG 算子
    GaussLap1 = cv.Laplacian(GaussBlur1, cv.CV_32F, ksize=3)
    imgLoG1 = np.uint8(cv.normalize(GaussLap1, None, 0, 255, cv.NORM_MINMAX))

    # (3) Canny 算子
    TL, TH = 50, 150
    imgCanny = cv.Canny(img, TL, TH)

    plt.figure(figsize=(9, 3.3))
    plt.subplot(131), plt.title("1. LoG (sigma=2.0)")
    plt.axis('off'), plt.imshow(imgLoG1, cmap='gray')
    plt.subplot(132), plt.title("2. DoG (s2/s1=2.0/1.0)")
    plt.axis('off'), plt.imshow(imgDoG1, cmap='gray')
    plt.subplot(133), plt.title("3. Canny (TH/TL=150/50)")
    plt.axis('off'), plt.imshow(imgCanny, cmap='gray')
    plt.tight_layout()
    plt.show()
```

程序说明

运行结果，Canny 算子与 LoG、DoG 算子的比较如图 14-4 所示。图 14-4(1)所示为 LoG 算子的检测结果，图 14-4(2)所示为 DoG 算子的检测结果，图 14-4(3)所示为 Canny 算子的检测结果。Canny 算子的表现非常优秀，对图像从细微尺度到较大尺度的边缘的检测性能都很好。

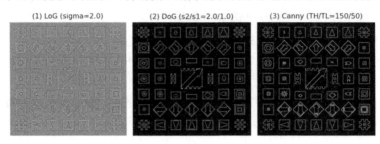

图 14-4 Canny 算子与 LoG、DoG 算子的比较

14.5 边缘连接

在实际应用中，由于噪声、光照等原因会引起边缘断裂，使边缘检测的结果并不是完全的、完整的边缘检测结果。通过边缘连接方法，可以将边缘像素组合为有意义的边缘或区域边界。

边缘连接方法可以分为边缘连接的局部处理方法和全局处理方法。边缘连接的局部处理方法是指通过分析每个边缘像素点的邻域，根据预定义的准则将所有相似的点连接起来，形成同类像素的边缘。

边缘连接的局部处理方法主要基于梯度向量的幅值 M 和方向 α 进行边缘像素的相似性判断。

$$\left|M(s,t)-M(x,y)\right|<E$$
$$\left|\alpha(s,t)-\alpha(x,y)\right|<A$$

式中，E 是梯度向量的幅度阈值，A 是角度阈值。

对图像的每个像素进行检测，如果既符合幅值条件又符合方向条件，则将边缘像素(s,t) 连接到像素(x,y)。

一种简化的边缘连接的局部处理方法如下。

（1）计算输入图像 $f(x,y)$ 的梯度向量的幅值 $M(x,y)$ 和方向 $\alpha(x,y)$。

（2）基于梯度向量的幅值和方向进行阈值处理，得到二值图像 $g(x,y)$。

（3）对二值图像 $g(x,y)$ 逐行扫描并填充水平间隙。

（4）对二值图像 $g(x,y)$ 逐列扫描并填充垂直间隙。

必要时，还可以对二值图像 $g(x,y)$ 在其他方向扫描并填充间隙。

【例程 1405】边缘连接的局部处理方法

本例程使用边缘连接的局部处理方法，基于梯度向量的幅值和角度实现边缘连接。

```
# 【1405】边缘连接的局部处理方法
import cv2 as cv
import numpy as np
from matplotlib import pyplot as plt
```

```python
if __name__ == '__main__':
    img = cv.imread("../images/Fig1201.png", flags=0)  # flags=0 读取为灰度图像
    hImg, wImg = img.shape

    # (1) Sobel 算子计算梯度
    gx = cv.Sobel(img, cv.CV_32F, 1, 0, ksize=3)  # SobelX 水平梯度
    gy = cv.Sobel(img, cv.CV_32F, 0, 1, ksize=3)  # SobelY 垂直梯度
    mag, angle = cv.cartToPolar(gx, gy, angleInDegrees=1)  # 梯度向量的幅值和角度
    angle = np.abs(angle-180)  # 角度转换 (0,360)→(0,180)
    print(mag.max(), mag.min(), angle.max(), angle.min())

    # (2) 边缘像素的相似性判断
    TM = 0.2 * mag.max()  # 将 TM 设为最大梯度的 20%
    A, Ta = 90, 44  # A=90 水平扫描, Ta = 30
    edgeX = np.zeros((hImg, wImg), np.uint8)  # 水平边缘
    X, Y = np.where((mag>TM) & (angle>=A-Ta) & (angle<=A+Ta))  # 幅值和方向条件
    edgeX[X, Y] = 255  # 水平边缘二值处理
    edgeY = np.zeros((hImg, wImg), np.uint8)  # 垂直边缘
    X, Y = np.where((mag>TM) & ((angle<=Ta) | (angle>=180-Ta)))  # 幅值和方向条件
    edgeY[X, Y] = 255  # 垂直边缘二值处理

    # (3) 合成水平边缘与垂直边缘
    edgeConnect = cv.bitwise_or(edgeX, edgeY)

    plt.figure(figsize=(9, 3.3))
    plt.subplot(131), plt.title("1. Original")
    plt.axis('off'), plt.imshow(img, cmap='gray')
    plt.subplot(132), plt.title("2. Gradient magnitude")
    plt.axis('off'), plt.imshow(np.uint8(mag), cmap='gray')
    plt.subplot(133), plt.title("3. Edge connect")
    plt.axis('off'), plt.imshow(edgeConnect, cmap='gray')
    plt.tight_layout()
    plt.show()
```

程序说明

运行结果，基于梯度向量局部处理的连接边缘像素如图 14-5 所示。

图 14-5(1)所示为原始图像，图 14-5(2)所示为使用 Sobel 算子检测到的边缘，图 14-5(3)所示为基于边缘像素相似性填充间隙的结果，通过边缘连接获得了更加完整和有效的边缘图形。

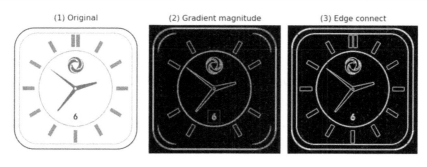

图 14-5　基于梯度向量局部处理的连接边缘像素

14.6 轮廓的查找与绘制

轮廓是一系列相连的像素点组成的曲线，代表物体的基本外形。轮廓常用于形状分析和物体的检测和识别。

边缘检测根据灰度的突变检测边缘，但检测到的边缘通常是零散的片段，并未构成整体。从背景中分离目标，要将边缘像素连接构成轮廓，也就是说，轮廓是连续的，边缘不一定是连续的。边缘主要作为图像的特征使用，而轮廓主要用来分析物体的形态。

14.6.1 查找图像轮廓

OpenCV 中的函数 cv.findContours 用于从黑色背景的二值图像中寻找轮廓。

函数原型

cv.findContours(image, mode, method[, contours, hierarchy, offset]) → contours, hierarchy

参数说明

◎ image：输入图像，是 8 位单通道二值图像。

◎ mode：轮廓查找模式。

   ➤ RETR_EXTERNAL：只查找最外层的轮廓。

   ➤ RETR_LIST：查找所有轮廓，不建立层次关系。

   ➤ RETR_CCOMP：查找所有轮廓，组织为两层，顶层是外部轮廓。

   ➤ RETR_TREE：查找所有轮廓，并重建嵌套轮廓的完整层次结构。

◎ method：轮廓的表示方法。

   ➤ CHAIN_APPROX_NONE：输出轮廓所有的像素点(x,y)。

   ➤ CHAIN_APPROX_SIMPLE：对于水平线/垂直线/对角线，只保留线段端点。

   ➤ CHAIN_APPROX_TC89_L1：应用 Teh-Chin 链近似算法 L1。

   ➤ CHAIN_APPROX_TC89_KCOS：应用 Teh-Chin 链近似算法 KCOS。

◎ contours：查找到的所有轮廓，是列表格式，每个轮廓以点的坐标向量表示。

◎ hierarchy：轮廓的层次结构，是 Numpy 数组，形状为$(1,L,4)$。

◎ offset：偏移量，可选项。

注意问题

（1）查找轮廓是针对黑色背景中的白色目标而言的，以得到白色目标的轮廓。如果背景为亮色和浅色，如白纸黑字的印刷书籍，要在查找轮廓前进行反色处理。

（2）函数将输入图像按二值图像处理，所有非 0 像素都会被视为 1，因此必须先通过阈值分割或边缘检测获得二值图像。推荐在平滑滤波后使用边缘检测方法，可以减少白色噪点，提高轮廓检测的效率和质量。

（3）contours 是一个列表（List），不是 Numpy 数组，而轮廓列表中的元素是 Numpy 数组，列表长度 L 是查找到的轮廓总数。

（4）contours 列表中的第 i 个元素 contours[i]是形为$(k,1,2)$的 Numpy 数组，表示第 i 个轮廓，k 是第 i 个轮廓中的像素点数量。contours[i]的每一行 contours[i][k,1,:]有两个元素，分别表示第 i 个轮廓的第 k 个像素点的坐标(x,y)。

注意轮廓处理函数中像素点的坐标为(x,y)，与 OpenCV 中像素点的坐标(y,x)的次序相反。

（5）hierarchy 是形为$(1,L,4)$的 Numpy 数组。第 i 个轮廓的层次结构为：hierarchy[0,i,:]=[Next, Previous, FirstChild, Parent]。这 4 个元素 hierarchy[0,i,0]～hierarchy[0,i,3]分别表示轮廓 i 的同层下一个轮廓 Next、同层前一个轮廓 Previous、第一个子轮廓 FirstChild 和父轮廓 Parent 的编号，−1 表示不存在。

（6）从实际图像中查找的轮廓往往数量很多、拓扑结构复杂，可以基于轮廓的层次结构进行筛选和识别。例如，使用 hierarchy[0,i,3]==−1 可以筛选没有父轮廓的最外层轮廓，使用 hierarchy[0,i,2]==−1 可以筛选没有子轮廓的最内层轮廓。

（7）轮廓是由很多像素点组成的。使用 CHAIN_APPROX_NONE 时，contours[i]能保存轮廓所有的像素点，可以计算轮廓长度；而使用 CHAIN_APPROX_SIMPLE 时，contours[i]对水平线/垂直线/对角线只保留轮廓的线段端点，可以简化轮廓描述。

（8）在 OpenCV 的不同版本中，函数 cv.findContours 的返回值不同，使用返回值格式不当会导致程序报错。例如，在 OpenCV3 中函数的返回值为[image,contours,hierarchy]，而在 OpenCV2、OpenCV4、OpenCV5 中函数的返回值为[contours,hierarchy]。

14.6.2　绘制图像轮廓

绘制图像轮廓并不是显示图像，而是在原始图像上添加轮廓线。

OpenCV 中的函数 cv.drawContours 用于在图像上绘制轮廓线或填充轮廓。

函数原型

cv.drawContours(image, contours, contourIdx, color[, thickness, lineType, hierarchy, maxLevel, offset]) → image

参数说明

◎　image：输入/输出图像，是灰度图像或彩色图像。

◎　contours：轮廓的列表，每个轮廓以坐标向量(x,y)的点集表示。

◎　contourIdx：绘制的轮廓编号，−1 表示绘制列表中的所有轮廓。

◎　color：绘制轮廓的颜色，格式为元组(b,g,r)或标量 b。

◎　thickness：绘制轮廓的线宽，可选项，默认值为 1pixel，−1 表示轮廓的内部填充。

◎　lineType：绘制轮廓的线型，可选项，默认为 LINE_8。

◎　hierarchy：轮廓的结构信息，可选项。

◎　maxLevel：绘制轮廓的最大级别，仅在提供 hierarchy 时适用。

◎　offset：偏移量，可选项。

注意问题

（1）函数是在输入图像 image 上绘制轮廓的，注意该 image 并不是指查找轮廓时使用的图像，而是任意图像。因此，image 可以是灰度图像，也可以是彩色图像。

（2）在某些版本的 OpenCV 中，函数 cv.findContours 为就地操作，能修改原始图像。OpenCV5 官方文档指出：OpenCV3.2 之后的版本，函数 cv.findContours 不再对输入图像进行就地操作，但为了避免版本变更引起混乱，仍建议复制原始图像作为输入的 image。

（3）无论 image 是灰度图像还是彩色图像，color 都允许使用元组(b,g,r)或标量 b。对于灰度图像，color 使用元组(b,g,r)时相当于 b；对于彩色图像，color 使用标量 b 时相当于$(b,0,0)$。

（4）参数 contours 是轮廓的列表，列表中的元素 contours[i]是形为(k,1,2)的 Numpy 数组。注意在只绘制一个轮廓 contours[i]时，也要表示为列表格式[contours[i]]。

（5）参数 maxLevel 表示绘制轮廓的级别：0 表示仅绘制指定轮廓，1 表示绘制指定轮廓及其下一级子轮廓，2 表示绘制指定轮廓及所有各级内部轮廓。

【例程 1406】查找和绘制图像轮廓

本例程用于查找和绘制图像轮廓，并基于层次结构对轮廓进行筛选。

注意：在不同 OpenCV 版本中，函数 cv.findContours 的用法不同，详见程序注释。

```python
# 【1406】查找和绘制图像轮廓
import cv2 as cv
import numpy as np
from matplotlib import pyplot as plt

if __name__ == '__main__':
    img = cv.imread("../images/Fig1402.png", flags=1)
    gray = cv.cvtColor(img, cv.COLOR_BGR2GRAY)  # 灰度图像
    _, binary = cv.threshold(gray, 127, 255, cv.THRESH_OTSU +
cv.THRESH_BINARY_INV)

    # 寻找二值图中的轮廓
    # binary, contours, hierarchy = cv.findContours(binary, cv.RETR_TREE,
cv.CHAIN_APPROX_SIMPLE)  # OpenCV3
    contours, hierarchy = cv.findContours(binary, cv.RETR_TREE,
cv.CHAIN_APPROX_SIMPLE)  # OpenCV4~
    # print("len(contours): ", len(contours))  # contours 是列表，只有长度没有形状
    print("hierarchy.shape: ", hierarchy.shape)  # 层次结构

    # 绘制全部轮廓
    contourTree = img.copy()  # OpenCV 某些版本会修改原始图像
    contourTree = cv.drawContours(contourTree, contours, -1, (0, 0, 255), 2)  #
OpenCV3

    # 绘制最外层轮廓和最内层轮廓
    imgContour = img.copy()
    for i in range(len(contours)):  # 绘制第 i 个轮廓
        x, y, w, h = cv.boundingRect(contours[i])  # 外接矩形
        text = "{}#({},{})".format(i, x, y)
        contourTree = cv.putText(contourTree, text, (x, y),
cv.FONT_HERSHEY_DUPLEX, 0.8, (0,0,0))
        print("i={}\tcontours[{}]:{}\thierarchy[0,{}]={}"
            .format(i, i, contours[i].shape, i, hierarchy[0][i]))
        if hierarchy[0,i,2]==-1:  # 最内层轮廓
            imgContour = cv.drawContours(imgContour, contours, i, (0,0,255),
thickness=-1)  # 内部填充
        if hierarchy[0,i,3]==-1:  # 最外层轮廓
            imgContour = cv.drawContours(imgContour, contours, i, (255,255,255),
thickness=5)
```

```
plt.figure(figsize=(9, 3.2))
plt.subplot(131), plt.axis('off'), plt.title("1. Original")
plt.imshow(cv.cvtColor(img, cv.COLOR_BGR2RGB))
plt.subplot(132), plt.axis('off'), plt.title("2. Contours")
plt.imshow(cv.cvtColor(contourTree, cv.COLOR_BGR2RGB))
plt.subplot(133), plt.axis('off'), plt.title("3. Selected contour")
plt.imshow(cv.cvtColor(imgContour, cv.COLOR_BGR2RGB))
plt.tight_layout()
plt.show()
```

运行结果

```
len(contours):  6
hierarchy.shape:  (1, 6, 4)
i=0   contours[0]:(24, 1, 2)   hierarchy[0,0]=[ 1 -1 -1 -1]
i=1   contours[1]:(24, 1, 2)   hierarchy[0,1]=[ 2  0 -1 -1]
i=2   contours[2]:(4, 1, 2)    hierarchy[0,2]=[-1  1  3 -1]
i=3   contours[3]:(8, 1, 2)    hierarchy[0,3]=[-1 -1  4  2]
i=4   contours[4]:(11, 1, 2)   hierarchy[0,4]=[ 5 -1 -1  3]
i=5   contours[5]:(11, 1, 2)   hierarchy[0,5]=[-1  4 -1  3]
```

程序说明

（1）运行结果，图像轮廓如图 14-6 所示。图 14-6(1)所示为浅色背景的原始图像，进行二值处理时反色为黑色背景和白色目标。

（2）图 14-6(2)所示为在原始图像上绘制查找到的全部轮廓，并标注轮廓编号。图 14-6(3)所示为在原始图像上绘制指定的轮廓，外层轮廓以白色线条绘制，内层轮廓以红色填充。

（3）contours 是所有轮廓的列表，长度为 6，表示查找到 6 个轮廓。

（4）查找轮廓时使用 CHAIN_APPROX_SIMPLE 选项，对水平线/垂直线/对角线只保留线段的端点。矩形轮廓最少可以用 4 个端点表示，如 2#轮廓只有 4 个像素点，但看起来像矩形的轮廓也可能会有更多顶点，如 3# 轮廓有 8 个像素点。

（5）hierarchy 的形状为(1,6,4)，每行表示一个轮廓的拓扑信息。结合运行结果逐行讨论如下。

hierarchy[0,0]=[1,-1,-1,-1]，表示 0#轮廓的同层下一个轮廓为 1#，没有同层的前一个轮廓，没有子轮廓，没有父轮廓，因此是单层轮廓。

hierarchy[0,1]=[2,0,-1,-1]，表示 1#轮廓的同层下一个轮廓为 2#，同层前一个轮廓为 0#，没有子轮廓，没有父轮廓，因此是单层轮廓。

hierarchy[0,2]=[-1,1,3,-1]，表示 2# 轮廓没有同层下一个轮廓，同层前一个轮廓为 1#，子轮廓为 3#，没有父轮廓，因此是外层轮廓。

hierarchy[0,3]=[-1,-1,4,2]，表示 3#轮廓没有同层下一个轮廓，没有同层前一个轮廓，子轮廓为 4#，父轮廓为 2#。

hierarchy[0,4]=[5,-1,-1,3]，表示 4#轮廓的同层下一个轮廓为 5#，没有同层前一个轮廓，没有子轮廓，父轮廓为 3#，因此是内层轮廓。

hierarchy[0,5]=[-1,4,-1,3]，表示 5#轮廓没有同层下一个轮廓，同层前一个轮廓为 4#，没有子轮廓，父轮廓为 3#，因此是内层轮廓。

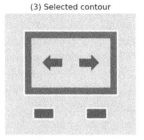

图 14-6　图像轮廓

14.7　轮廓的基本参数

面积、周长和质心是轮廓的基本参数，也是轮廓分割目标的边界描述算子。

14.7.1　轮廓的面积

函数 cv.contourArea 可以计算轮廓的面积。

函数原型

cv.contourArea(contour[, oriented]) → retval

参数说明

◎　contour：二维点向量集合的坐标(x,y)，是形为$(k,2)$的 Numpy 数组。

◎　oriented：定向区域标志，可选项，默认值为 False。

注意问题

（1）输入参数 contour 是形为$(k,2)$的 Numpy 数组，表示 k 个像素点的坐标。contour 可以是一个查找到的轮廓，也可以是用户定义的一个二维点向量的集合。例如，一个多边形的顶点、一个圆周像素点的集合。

（2）函数使用 Green 公式计算面积。如果使用函数 cv.drawContours 或 cv.fillPoly 绘制轮廓，则该面积计算结果与轮廓的非零像素数可能有差异。

（3）对于具有自交叉线的轮廓，不能用函数 cv.contourArea 计算面积。

（4）几何矩的实质是面积或质量，函数 cv.moments 的返回值 Moments['m00']是轮廓面积。

（5）当定向标志为 True 时，返回值带符号数，+/-分别表示顺时针/逆时针方向。

14.7.2　轮廓的周长

函数 cv.arcLength 可以计算轮廓的周长。

函数原型

cv.arcLength(curve, closed) → retval

参数说明

◎　curve：二维点向量集合的坐标(x,y)，是形为$(k,2)$的 Numpy 数组。

◎　closed：曲线闭合标志，True 表示闭合曲线。

14.7.3　轮廓的质心

轮廓的质心 $\left(C_x, C_y\right)$ 可以通过一阶矩 M_{00} 和 M_{10} 计算得到。

$$\left(C_x, C_y\right) = \left(M_{10}/M_{00}, M_{01}/M_{00}\right)$$

14.7.4　轮廓的等效直径

轮廓的等效直径 D_{equ} 是指与轮廓面积相等的圆的直径，可以通过轮廓面积 Area_{obj} 计算得到。

$$D_{equ} = \sqrt{4\text{Area}_{obj}/\pi}$$

轮廓的等效直径，也称当量直径，注意不是轮廓的外接圆/内接圆的直径。

14.7.5　极端点的位置

极点是指对象的最左侧、最右侧、最顶部、最底部的点，也称极端点。

查找轮廓的极端点，可以基于轮廓 i 的像素点集合 contours[i]，从所有像素点的横坐标、纵坐标中查找最大值、最小值及其位置。

通过轮廓极端点的位置，可以得到轮廓垂直矩形边界框的顶点坐标与宽度、高度。

【例程 1407】轮廓的基本参数

本例程用于计算轮廓的面积、等效直径、质心、周长和极端点等基本参数。

```
# 【1407】轮廓的基本参数
import cv2 as cv
import numpy as np
from matplotlib import pyplot as plt

if __name__ == '__main__':
    img = cv.imread("../images/Fig1403.png", flags=1)

    gray = cv.cvtColor(img, cv.COLOR_BGR2GRAY)  # 灰度图像
    # HSV 颜色空间图像分割
    hsv = cv.cvtColor(img, cv.COLOR_BGR2HSV)  # 将图片转换到 HSV 颜色空间
    lowerBlue, upperBlue = np.array([100, 43, 46]), np.array([124, 255, 255])
# 蓝色阈值
    segment = cv.inRange(hsv, lowerBlue, upperBlue)  # 背景色彩图像分割
    kernel = cv.getStructuringElement(cv.MORPH_ELLIPSE, (5, 5))  # (5, 5) 结构元
    binary = cv.dilate(cv.bitwise_not(segment), kernel=kernel, iterations=3)  #
图像膨胀

    # 查找二值图像轮廓
    # binary, contours, hierarchy = cv.findContours(binary, cv.RETR_TREE,
cv.CHAIN_APPROX_SIMPLE)  # OpenCV3
    contours, hierarchy = cv.findContours(binary, cv.RETR_TREE,
cv.CHAIN_APPROX_SIMPLE)  # OpenCV4~
    print("len(contours) = ", len(contours))  # 所有轮廓的列表

    # 绘制全部轮廓，contourIdx=-1 绘制全部轮廓
```

```
    imgCnts = img.copy()
    for i in range(len(contours)):  # 绘制第 i 个轮廓
        if hierarchy[0,i,3] == -1:  # 最外层轮廓
            moments = cv.moments(contours[i])  # Mu：几何矩、中心矩和归一化矩
            cx = int(moments['m10'] / moments['m00'])  # 轮廓的质心 (cx,cy)
            cy = int(moments['m01'] / moments['m00'])
            text = "{}:({},{})".format(i, cx, cy)
            cv.drawContours(imgCnts, contours, i, (205,205,205), -1)  # 绘制轮廓,
内部填充
            cv.circle(imgCnts, (cx, cy), 5, (0,0,255), -1)  # 在轮廓的质心上绘制圆点
            cv.putText(imgCnts, text, (cx, cy), cv.FONT_HERSHEY_SIMPLEX, 0.66,
(0,0,255))
            print("contours[{}]:{}\ttext={}".format(i, contours[i].shape, text))

    # 按轮廓的面积排序，绘制面积最大的轮廓
    cnts = sorted(contours, key=cv.contourArea, reverse=True)  # 所有轮廓按面积排序
    for i in range(len(cnts)):  # 注意 cnts 与 contours 的顺序不同
        if hierarchy[0,i,3] == -1:  # 最外层轮廓
            print("cnt[{}]: {}, area={}".format(i, cnts[i].shape, cv.contourArea
(cnts[i])))

    # 轮廓的面积 (area)
    cnt = cnts[0]  # 面积最大的轮廓
    imgCntMax = img.copy()
    cv.drawContours(imgCntMax, cnts, 0, (0,0,255), 5)  # 绘制面积最大的轮廓
    area = cv.contourArea(cnt)  # 轮廓的面积
    moments = cv.moments(cnt)  # 图像的矩
    print("Area of contour: ", area)
    print("Area by moments['m00']: ", moments['m00'])

    # 轮廓的等效直径
    dEqu = round(np.sqrt(4*area/np.pi), 2)  # 轮廓的等效直径
    print("Equivalent diameter:", dEqu)

    # 轮廓的质心 (centroid): (cx,cy)
    if moments['m00'] > 0:
        cx = int(moments['m10'] / moments['m00'])
        cy = int(moments['m01'] / moments['m00'])
        print("Centroid of contour: ({}, {})".format(cx, cy))
        cv.circle(imgCntMax, (cx, cy), 8, (0,0,255), -1)  # 在轮廓的质心上绘制圆点
    else:
        print("Error: moments['m00']=0 .")

    # 轮廓的周长 (Perimeter)
    perimeter = cv.arcLength(cnt, True)  # True  表示输入的是闭合轮廓
    print("Perimeter of contour: {:.1f}".format(perimeter))

    # 轮廓的极端点位置
```

```
leftmost = tuple(cnt[cnt[:,:,0].argmin()][0])  # cnt[:,:,0]，所有边界点的横坐标
rightmost = tuple(cnt[cnt[:,:,0].argmax()][0])
topmost = tuple(cnt[cnt[:,:,1].argmin()][0])  # cnt[:,:,1]，所有边界点的纵坐标
bottommost = tuple(cnt[cnt[:,:,1].argmax()][0])
print("Left most is {} at Pos{}".format(leftmost[0], leftmost))
print("Right most is {} at Pos{}".format(rightmost[0], rightmost))
print("Top most is {} at Pos{}".format(topmost[1], topmost))
print("Bottom most is {} at Pos{}".format(bottommost[1], bottommost))
for point in [leftmost, rightmost, topmost, bottommost]:
    cv.circle(imgCntMax, point, 8, (0,255,0), -1)  # 在轮廓的极端点上绘制圆点

plt.figure(figsize=(9, 3.5))
plt.subplot(131), plt.axis('off'), plt.title("1. Original")
plt.imshow(cv.cvtColor(img, cv.COLOR_BGR2RGB))
plt.subplot(132), plt.axis('off'), plt.title("2. Contours")
plt.imshow(cv.cvtColor(imgCnts, cv.COLOR_BGR2RGB))
plt.subplot(133), plt.axis('off'), plt.title("3. Maximum contour")
plt.imshow(cv.cvtColor(imgCntMax, cv.COLOR_BGR2RGB))
plt.tight_layout()
plt.show()
```

运行结果

```
len(contours) =  6
contours[0]:(439, 1, 2)    text=0:(393,374)
contours[1]:(282, 1, 2)    text=1:(226,257)
contours[2]:(329, 1, 2)    text=2:(90,115)
cnt[0]: (439, 1, 2), area=15523.0
cnt[1]: (329, 1, 2), area=10244.0
cnt[2]: (282, 1, 2), area=9302.5
Area of contour: 15523.0
Area by moments['m00']: 15523.0
Equivalent diameter: 140.59
Centroid of contour: (393, 374)
Perimeter of contour: 783.5
Left most is 260 at Pos(260, 425)
Right most is 486 at Pos(486, 291)
Top most is 268 at Pos(469, 268)
Bottom most is 446 at Pos(292, 446)
```

程序说明

（1）运行结果，计算轮廓的基本参数如图 14-7 所示。图 14-7(1)所示为原始图像，在 HSV 颜色空间进行阈值分割后查找图像轮廓。图 14-7(2)所示为将填充的轮廓绘制在图 14-7(1)上，并标注每个轮廓的质心坐标。图 14-7(3)所示为在图 14-7(1)上绘制面积最大的轮廓，并标出最大轮廓的质心和极端点位置。

（2）运行结果显示了轮廓的面积、等效直径、质心、周长和极端点等基本参数。

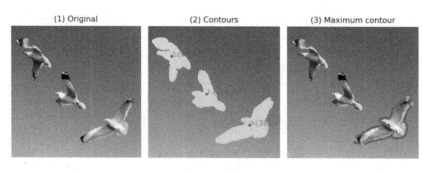

图 14-7　计算轮廓的基本参数

14.8　轮廓的形状特征

通过轮廓的外接矩形、外接圆或椭圆，计算几何形状的横纵比、面积和周长，可以实现特定形状特征轮廓的查找与过滤，为后续处理与分析筛选目标。

14.8.1　轮廓的垂直矩形边界框

垂直矩形边界框是指平行于图像侧边的矩形。由于未考虑旋转，轮廓的垂直矩形边界框通常不是最小矩形的边界框。

函数 cv.boundingRect 可以获得轮廓的垂直矩形边界框。

函数原型

cv.boundingRect(array) → retval

参数说明

◎　array：二值掩模图像，或二维点向量集合的坐标(x,y)。

◎　retval：返回值是 Rect 矩形类，是形为(x,y,w,h)的元组，其元素为整型数据。

注意问题

（1）输入参数 array 有两种方式：一是二值掩模图像，是形为(h,w)的 Numpy 数组，返回值为图像中所有非零像素的垂直矩形边界框；二是二维点向量集合的坐标(x,y)，是形为$(k,2)$的 Numpy 数组。例如，一个查找的轮廓，返回值是轮廓的垂直矩形边界框。

（2）返回值是元组(x,y,w,h)，分别表示矩形左上角点坐标(x,y)、矩形宽度 w 和高度 h。

14.8.2　轮廓的最小矩形边界框

轮廓的最小矩形边界框是面积最小的轮廓外接矩形框，最小矩形边界框通常并不与图像的侧边平行，所以也称旋转矩形边界框。

函数 cv.minAreaRect 可以获得轮廓的最小矩形边界框，函数 cv.boxPoints 可以由旋转矩形类计算旋转矩形的顶点。

函数原型

cv.minAreaRect(points) → retval

cv.boxPoints(box[, points]) → points

参数说明

◎　points：二维点向量集合的坐标(*x*,*y*)，是形为(*k*,2)的 Numpy 数组。

◎　retval：返回值是 RotatedRect 旋转矩形类，是形为[(*x*,*y*),(*w*,*h*),ang]的元组。

◎　box：RotatedRect 旋转矩形类，如函数 cv.minAreaRect 的返回值。

注意问题

（1）旋转矩形类 RotatedRect 在 Python 中定义的数据结构为元组[(*x*,*y*),(*w*,*h*), ang]。元组有 3 项：ret[0]表示矩形中心点的坐标(*x*,*y*)，ret[1]表示矩形的宽和高(*w*,*h*)，ret[2]表示旋转角度 ang。元组的元素是浮点型数据，ang 使用角度制，范围为[-180,180]。

（2）旋转矩形类对宽度、高度和角度的定义：水平坐标轴逆时针旋转，直到旋转矩形的第一条边，以这条边定义矩形的宽度方向，与其垂直的边定义矩形的高度方向，这条边与水平轴的夹角为旋转角度 ang。

（3）当轮廓接近图像的边界时，旋转矩形的顶点可能会超出图像的上侧或左侧，因此旋转矩形坐标中可能会出现负值。

14.8.3　轮廓的最小外接圆

轮廓的最小外接圆是面积最小的轮廓外接圆。

函数 cv.minEnclosingCircle 可以获得轮廓的最小外接圆。

函数原型

cv.minEnclosingCircle(points) → center, radius

参数说明

◎　points：二维点向量集合的坐标(*x*,*y*)，是形为(*k*,2)的 Numpy 数组。

◎　center：外接圆的圆心坐标，是形为(C_x,C_y)的元组，元组元素为浮点型数据。

◎　radius：外接圆的半径，是浮点型数据。

14.8.4　轮廓的最小外接三角形

轮廓的最小外接三角形是指面积最小的轮廓外接三角形。

函数 cv.minEnclosingTriangle 可以获得轮廓的最小外接三角形。

函数原型

cv.minEnclosingTriangle(points[, triangle]) → retval, triangle

参数说明

◎　points：二维点向量集合的坐标(*x*,*y*)，是形为(*k*,2)的 Numpy 数组，数据类型为 CV_32S 或 CV_32F。

◎　retval：三角形的面积，是浮点型数据。

◎　triangle：三角形顶点坐标向量，是形为(3,1,2) 的 Numpy 数组，数据类型为 CV_32F。

注意问题

在 OpenCV 部分版本中，严格要求输入参数 points 为 32 位浮点型数据。

14.8.5 轮廓的近似多边形

将轮廓近似为顶点数较少的多边形，可以使用函数 cv.approxPolyDP 实现。

函数原型

cv.approxPolyDP(curve, epsilon, closed[, approxCurve]) → approxCurve

参数说明

◎　curve：二维点向量集合的坐标(x,y)，是形为$(k,2)$的 Numpy 数组。

◎　approxCurve：近似多边形顶点的坐标向量，是形为$(k,1,2)$的 Numpy 数组。

◎　epsilon：最大近似距离，是 curve 与 approxCurve 之间的最大距离，浮点型数据。

◎　closed：闭合标志，True 表示闭合多边形。

注意问题

（1）函数应用 Douglas-Peucker 算法，求一条顶点较少的多边形或多折线，以指定的精度近似输入曲线。多边形的边数由最大近似距离决定。

（2）参数 epsilon 小于 1.0 时表示轮廓周长的比例系数，大于 1.0 时表示像素数。

14.8.6 轮廓的拟合椭圆

函数 cv.fitEllipse 能根据一组二维点向量坐标，将轮廓拟合为椭圆。

函数原型

cv.fitEllipse(points) → retval

参数说明

◎　points：二维点向量集合的坐标(x,y)，是形为$(k,2)$的 Numpy 数组。

◎　retval：返回值是 RotatedRect 旋转矩形类，是形为$[(x,y),(w,h),ang]$的元组。

注意问题

（1）轮廓的拟合椭圆既不是最小外接椭圆也不是最大内接椭圆，而是将轮廓近似为椭圆，类似近似多边形的拟合。

（2）函数的返回值是 RotatedRect 旋转矩形类，是拟合椭圆外接旋转矩形的参数。注意拟合椭圆的外接旋转矩形，并不是轮廓的外接旋转矩形。

（3）RotatedRect 旋转矩形类是形为$[(x,y),(w,h),ang]$的元组，浮点型数据。

14.8.7 轮廓的拟合直线

函数 cv.fitLine 能根据一组二维点坐标向量，将轮廓拟合为一条直线。

函数原型

cv.fitLine(points, distType, param, reps, aeps[, line]) → line

参数说明

◎　points：二维点向量集合的坐标(x,y)，或三维点向量集合的坐标(x,y,z)。

◎　line：拟合直线，二维时为(vx,vy,x_0,y_0)，三维时为(vx,vy,vz,x_0,y_0,z_0)。

◎　distType：距离类型，可以使用 DIST_L1、DIST_L2、DIST_C 和 DIST_L12 类型。

◎　param：某些距离类型中的参数，推荐值为 0。

◎　reps：距离精度，输入点与拟合直线的最大间距。

◎　aeps：角度精度，推荐值为 0.01。

注意问题：

（1）输入 curve 为二维点向量集合时，是形为(k,2)的 Numpy 数组；输入 curve 为三维点向量集合时，是形为(k,3)的 Numpy 数组。

（2）当二维拟合时，返回值 line 是形为(4,1)的 Numpy 数组，浮点型数据，(x_0,y_0)是直线上的点，(vx,vy)是与直线共线的归一化向量，相当于直线的斜率。

（3）当三维拟合时，返回值 line 是形为(6,1)的 Numpy 数组，浮点型数据，(x_0,y_0,z_0)是直线上的点，(vx,vy,vz)是与直线共线的归一化向量。

14.8.8　轮廓的凸壳

如果集合 A 内连接任意两点的直线段都在 A 的内部，则称集合 A 是凸形的。物体的凸包（凸壳）是指包含该物体的最小凸面体。

在 OpenCV 中，通过函数 cv.convexHull 获取轮廓的凸壳，通过函数 cv.isContourConvex 检测轮廓是否为凸形，检测的轮廓必须没有自交叉线。

函数原型

cv.convexHull(points[, hull, clockwise, returnPoints]) → hull

cv.isContourConvex(contour) → retval

参数说明

◎　points：二维点向量集合的坐标(x,y)，是形为(k,2)的 Numpy 数组。

◎　hull：凸壳顶点的坐标向量数组，或凸壳顶点在输入轮廓中的索引序号。

◎　clockwise：方向标志，默认 False 表示逆时针方向，True 表示顺时针方向。

◎　returnPoints：返回标志，默认 True 返回顶点坐标，False 返回索引序号。

◎　contour：二维点向量集合的坐标(x,y)，是形为(k,2)的 Numpy 数组。

注意问题

hull 有两种输出方式：①默认输出凸壳顶点的坐标向量，是形为(n,1,2)的 Numpy 数组，每行表示一个顶点的坐标(x_i,y_i)；②可选输出凸壳顶点在输入参数 Points 中的索引序号，是形为(n,1)的数组$[k_1,\cdots,k_n]$，则凸壳顶点坐标为 $[Points(k_1),\cdots,Points(k_n)]$。

【例程 1408】轮廓的形状特征

本例程用于计算和绘制轮廓的形状特征，如垂直矩形边界框、最小矩形边界框、最小外接圆、最小外接三角形、近似多边形、拟合椭圆、拟合直线和凸壳。

```
# 【1408】轮廓的形状特征
import cv2 as cv
import numpy as np
from matplotlib import pyplot as plt

if __name__ == '__main__':
```

```python
img = cv.imread("../images/Fig1403.png", flags=1)
gray = cv.cvtColor(img, cv.COLOR_BGR2GRAY)  # 灰度图像
print("shape of image:", gray.shape)

# HSV 颜色空间图像分割
hsv = cv.cvtColor(img, cv.COLOR_BGR2HSV)  # 将图片转换到 HSV 颜色空间
lowerBlue, upperBlue = np.array([100, 43, 46]), np.array([124, 255, 255])
# 蓝色阈值
segment = cv.inRange(hsv, lowerBlue, upperBlue)  # 背景色彩图像分割
kernel = cv.getStructuringElement(cv.MORPH_ELLIPSE, (5, 5))  # (5, 5) 结构元
binary = cv.dilate(cv.bitwise_not(segment), kernel=kernel, iterations=3)  #
图像膨胀
# 查找二值图像轮廓
# binary, contours, hierarchy = cv.findContours(binary, cv.RETR_TREE,
cv.CHAIN_APPROX_SIMPLE)  # OpenCV3
contours, hierarchy = cv.findContours(binary, cv.RETR_TREE,
cv.CHAIN_APPROX_SIMPLE)  # OpenCV4~
print("len(contours) = ", len(contours))  # 所有轮廓的列表

# 按轮廓的面积排序，绘制面积最大的轮廓
cnts = sorted(contours, key=cv.contourArea, reverse=True)  # 所有轮廓按面积排序
cnt = cnts[0]  # 面积最大的轮廓
imgCnt1 = img.copy()
for i in range(len(cnts)):  # 注意 cnts 与 contours 的顺序不同
    if hierarchy[0,i,3] == -1:  # 最外层轮廓
        print("cnt[{}]: {}, area={}".format(i, cnts[i].shape,
cv.contourArea(cnts[i])))

# 轮廓的垂直矩形边界框
imgCnt1 = img.copy()
boundingBoxes = [cv.boundingRect(cnt) for cnt in contours]  # 所有轮廓的外接
垂直矩形
rect = cv.boundingRect(cnts[2])  # rect 是元组, (x,y,w,h)
x, y, w, h = rect  # 矩形左上顶点的坐标 (x,y)，矩形宽度 w 和高度 h
print("Vertical rectangle: (x,y)={}, (w,h)={}".format((x, y), (w, h)))
cv.rectangle(imgCnt1, (x,y), (x+w,y+h), (0,0,255), 3)  # 绘制垂直矩形边界框

# 轮廓的最小矩形边界框
rotRect = cv.minAreaRect(cnts[2])  # 返回值是元组, [(x,y), (w,h), ang]
boxPoints = np.int32(cv.boxPoints(rotRect))  # box 是二维点坐标向量的数组, (4, 2)
cv.drawContours(imgCnt1, [boxPoints], 0, (0,255,0), 5)  # 将旋转矩形视为一个轮
廓进行绘制
# 矩形中心点 (x,y)，矩形的宽度和高度 (w,h)，旋转角度 ang，是浮点型数据
(x1, y1), (w1, h1), ang = np.int32(rotRect[0]), np.int32(rotRect[1]),
int(rotRect[2])
print("Minimum area rectangle: (Cx1,Cy1)={}, (w,h)={}, ang={})".format((x1,y1),
(w1,h1), ang))

# 轮廓的最小外接圆
center, r = cv.minEnclosingCircle(cnts[1])  # center 是元组 (Cx,Cy)，半径 r
Cx, Cy, radius = int(center[0]), int(center[1]), int(r)
```

```
    cv.circle(imgCnt1, (Cx, Cy), radius, (0, 255, 0), 2)
    print("Minimum circle: (Cx,Cy)=({},{}), r={}".format(Cx, Cy, radius))

    # 轮廓的最小外接三角形
    points = np.float32(cnts[0])  # 输入 points 必须为 32 位浮点型数据
    areaTri, triangle = cv.minEnclosingTriangle(points)  # area 三角形面积,
triangle 三角形顶点 (3,1,2)
    print("Area of minimum enclosing triangle: {:.1f}".format(areaTri))
    intTri = np.int32(triangle)  # triangle 三角形顶点 (3,1,2)
    cv.polylines(imgCnt1, [intTri], True, (255, 0, 0), 2)

    # 轮廓的近似多边形
    imgCnt2 = img.copy()
    epsilon = 0.01 * cv.arcLength(cnts[1], True)  # 以轮廓周长的 1% 作为近似距离
    approx = cv.approxPolyDP(cnts[1], epsilon, True)  # approx (15, 1, 2)
    cv.polylines(imgCnt2, [approx], True, (0, 0, 255), 3)  # 绘制近似多边形

    # 轮廓的拟合椭圆
    ellipRect = cv.fitEllipse(cnts[2])  # 返回值是元组, [(x,y), (w,h), ang]
    boxPoints = np.int32(cv.boxPoints(ellipRect))  # boxPoints 是二维点坐标向量的
数组, (4, 2)
    cv.drawContours(imgCnt2, [boxPoints], 0, (0,255,255), 2)  # 将旋转矩形视为一个
轮廓进行绘制
    cv.ellipse(imgCnt2, ellipRect, (0,255,255), 3)
    (x2,y2), (w2,h2), ang = np.int32(ellipRect[0]), np.int32(ellipRect[1]),
int(ellipRect[2])
    print("Fitted ellipse: (Cx2,Cy2)={}, (w,h)={}, ang={})".format((x2,y2),
(w2,h2), ang))
    # 对比: 近似椭圆外接的旋转矩形, 不是轮廓的最小外接旋转矩形
    rotRect = cv.minAreaRect(cnts[2])  # 最小外接旋转矩形
    boxPoints = np.int32(cv.boxPoints(rotRect))
    cv.drawContours(imgCnt2, [boxPoints], 0, (0,255,0), 2)

    # 轮廓的拟合直线
    rows, cols = img.shape[:2]
    [vx, vy, x, y] = cv.fitLine(cnts[0], cv.DIST_L1, 0, 0.01, 0.01)
    lefty = int((-x * vy/vx) + y)
    righty = int(((cols - x) * vy/vx) + y)
    cv.line(imgCnt2, (0,lefty), (cols-1,righty), (255,0,0), 3)

    # 检查轮廓是否为凸面体
    isConvex = cv.isContourConvex(cnts[0])  # True 凸形, False 非凸
    print("cnts[1] is ContourConvex?", isConvex)
    # 获取轮廓的凸壳
    hull1 = cv.convexHull(cnts[0], returnPoints=True)  # 返回凸壳顶点坐标
    cv.polylines(imgCnt2, [hull1], True, (0, 0, 255), 3)  # 绘制多边形
    print("hull.shape: ", hull1.shape)  # 凸壳顶点坐标 (x,y), (24, 1, 2)
    hull2 = cv.convexHull(cnts[0], returnPoints=False)  # 返回凸壳顶点在 cnt 的索引
序号
    print("hull.shape: ", hull2.shape)  # 凸壳顶点坐标 (x,y), (24, 1)
```

```
plt.figure(figsize=(9, 3.5))
plt.subplot(131), plt.axis('off'), plt.title("1. Binary image")
plt.imshow(binary, 'gray')
plt.subplot(132), plt.axis('off'), plt.title("2. Enclosing geometry")
plt.imshow(cv.cvtColor(imgCnt1, cv.COLOR_BGR2RGB))
plt.subplot(133), plt.axis('off'), plt.title("3. Approximate geometry")
plt.imshow(cv.cvtColor(imgCnt2, cv.COLOR_BGR2RGB))
plt.tight_layout()
plt.show()
```

运行结果

```
len(contours) = 6
Vertical rectangle: (x,y)=(168, 167), (w,h)=(132, 156)
Minimum area rectangle: (Cx1,Cy1)=(215, 261), (w,h)=(178, 106), ang=60
Minimum circle: (Cx,Cy)=(79,120), r=92
Area of minimum enclosing triangle: 20744.3
Fitted ellipse: (Cx2,Cy2)=(225, 259), (w,h)=(101, 173), ang=155
cnts[1] is ContourConvex? False
hull.shape: (25, 1, 2)
hull.shape: (25, 1)
```

程序说明

运行结果，轮廓的形状特征如图 14-8 所示。图 14-8(1)所示为二值图像，轮廓填充为白色。图 14-8(2)和图 14-8(3)绘制了轮廓的不同形状特征。

(1) Binary image   (2) Enclosing geometry   (3) Approximate geometry

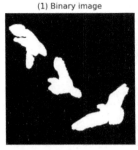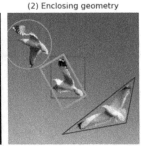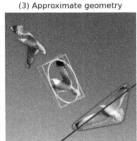

图 14-8　轮廓的形状特征

14.9　轮廓的属性

轮廓的基本属性是针对轮廓所分割的区域而言的，是一类区域特征的描述算子。

14.9.1　轮廓的宽高比

对象的宽高比（Aspect Ratio），是指对象垂直边界矩形的宽度与高度的比值，是对象或轮廓的重要特征。

通过对象或轮廓的垂直矩形边界框的宽度 W_{BRect} 和高度 H_{BRect}，可以计算宽高比。如下：

$$\text{AspectRatio} = \frac{W_{\text{BRect}}}{H_{\text{BRect}}}$$

注意问题

（1）在 OpenCV 中用垂直边界矩形计算宽高比，而不是用最小旋转边界矩形计算宽高比。

（2）部分资料中宽高比也称"长宽比"，但按照定义应为"宽高比"。

14.9.2　轮廓的面积比

对象的面积比（Extent）（OpenCV 中的定义），是指对象面积与垂直边界矩形面积的比值。通过轮廓面积 $\text{Area}_{\text{Object}}$ 和垂直边界矩形面积 $\text{Area}_{\text{BRect}}$，可以计算面积比。如下：

$$\text{Extent} = \frac{\text{Area}_{\text{Object}}}{\text{Area}_{\text{BRect}}}$$

注意问题

（1）在 OpenCV 中用垂直边界矩形计算面积比，而不是用最小边界矩形计算面积比。

（2）有些资料中面积比也称"占空比"或"范围"。

14.9.3　轮廓的坚实度

对象的坚实度（Solidity）（OpenCV 中的定义），是指对象面积与其凸包面积的比值。通过轮廓面积 $\text{Area}_{\text{Object}}$ 和凸包面积 $\text{Area}_{\text{ConvexHull}}$，可以计算坚实度。如下：

$$\text{Solidity} = \frac{\text{Area}_{\text{Object}}}{\text{Area}_{\text{ConvexHull}}}$$

14.9.4　轮廓的方向

轮廓的方向（Orientation），是指物体指向的角度。

通过函数 cv.fitEllipse 可以得到轮廓的最优拟合椭圆，并返回椭圆的旋转角度 angle，即轮廓的方向。

14.9.5　轮廓的掩模

图像掩模（Mask）也称掩码、掩像、模板、遮罩。轮廓的掩模是二值掩模图像，图像背景为黑色，轮廓区域为白色窗口。

轮廓的掩模可以通过函数 cv.drawContours 实现，设置 thickness=-1 将轮廓填充为白色。

轮廓的像素点（Pixel Points）是指轮廓区域内的所有像素点，可以由轮廓掩模的非零像素筛选（切片）获得，如使用 Numpy 函数 np.nonzero 或 OpenCV 函数 cv.findNonZero 得到。

```
# 轮廓的掩模和像素点
maskCnt = np.zeros(gray.shape, np.uint8)  # 背景区域置为黑色
cv.drawContours(maskCnt, [cnt], 0, 255, -1)  # 轮廓区域置为白色
pixelsNP = np.transpose(np.nonzero(maskCnt))  # (n, 2)
pixelsCV = cv.findNonZero(maskCnt)  # (n, 1, 2)
```

注意问题

函数 np.nonzero 的返回值是形为 $(n,2)$ 的 Numpy 数组，每行表示一个像素点的坐标 (y,x)；而函数 cv.findNonZero 的返回值是形为 $(n,1,2)$ 的 Numpy 数组，每行表示一个像素点的坐标 (x,y)。注意这两个函数返回的像素点坐标的次序是相反的。

14.9.6 轮廓的最大值、最小值及其位置

轮廓像素点灰度值的最大值、最小值及其位置，可以通过函数 cv.minMaxLoc 计算掩模图像得到。

函数原型

cv.minMaxLoc(src[, mask]) → minVal, maxVal, minLoc, maxLoc

参数说明

◎　src：单通道图像。

◎　mask：掩模图像，可选项。

◎　minVal：最小值，是浮点型数据。

◎　maxVal：最大值，是浮点型数据。

◎　minLoc：最小值像素的位置坐标(x,y)。

◎　maxLoc：最大值像素的位置坐标(x,y)。

注意问题

（1）函数可以用于查找灰度图像的最大值和最小值。以轮廓掩模作为 mask 时，查找的是轮廓内部区域像素的最值，而不是轮廓曲线上像素的最值。

（2）如果存在多个最大值/最小值的像素，只能返回其中一个像素点的位置。

14.9.7 灰度均值和颜色均值

轮廓像素点的灰度均值或颜色均值，可以通过函数 cv.mean 计算掩模图像得到。

函数原型

cv.mean(src[, mask]) →retval

参数说明

◎　src：单通道或多通道图像。

◎　mask：掩模图像，可选项。

◎　retval：返回值是形为(b,g,r,a)的元组，浮点型数据。

注意问题

对于单通道或多通道的输入图像，返回值都是包含 4 个元素的元组。通过 ret[i]能得到通道 i 的均值，缺省通道的均值为 0.0。

14.9.8 检测轮廓的内部/外部

Opencv 中的函数 cv.pointPolygonTest 能检测一个点是在轮廓的内部、外部还是轮廓上，并计算该点到多边形的距离。

函数原型

cv.pointPolygonTest(contour, pt, measureDist) → retval

参数说明

◎　contour：二维点向量集合的坐标(x,y)，是形为(k,2)的 Numpy 数组。

◎ pt：被检测点的坐标(*x*,*y*)，是元组或数组。

◎ measureDist：False 表示仅检查该点是否在轮廓内部，True 表示计算该点到最近轮廓边的距离。

◎ retval：输出值，是浮点型数据，正号表示点在轮廓内部，负号表示点在轮廓外部。

注意问题

（1）当 measureDist=False 时，返回值为+1/0/-1。当点在轮廓内部时返回值为 1，当点在轮廓外部时为返回值-1，当点在轮廓线上时返回值为 0。

（2）当 measureDist=True 时，返回值为浮点型数据，正、负号仍表示点是否在轮廓内部，数值表示该点到最近轮廓边的距离。

【例程 1409】轮廓的属性

本例程用于计算轮廓的属性，如宽高比、面积比、坚实度、等效直径和方向等。

```python
# 【1409】轮廓的属性
import cv2 as cv
import numpy as np
from matplotlib import pyplot as plt


if __name__ == '__main__':
    img = cv.imread("../images/Fig1402.png", flags=1)
    gray = cv.cvtColor(img, cv.COLOR_BGR2GRAY)  # 灰度图像
    _, binary = cv.threshold(gray, 127, 255, cv.THRESH_OTSU +
cv.THRESH_BINARY_INV)

    # (1) 寻找二值图像中的轮廓
    # binary, contours, hierarchy = cv.findContours(binary, cv.RETR_TREE,
cv.CHAIN_APPROX_SIMPLE)  # OpenCV3
    contours, hierarchy = cv.findContours(binary, cv.RETR_TREE,
cv.CHAIN_APPROX_SIMPLE)  # OpenCV4~
    print("len(contours) = ", len(contours))  # 所有轮廓的列表
    cnts = sorted(contours, key=cv.contourArea, reverse=True)  # 所有轮廓按面积排序
    cnt = cnts[-1]  # 面积最小的轮廓

    # (2) 轮廓的宽高比（Aspect Ratio）
    xv, yv, wv, hv = cv.boundingRect(cnt)  # 轮廓的垂直矩形边界框
    aspectRatio = round(wv / hv, 2)  # 轮廓外接垂直矩形的宽高比
    print("Vertical rectangle: w={}, h={}".format(wv, hv))
    print("Aspect ratio:", aspectRatio)

    # (3) 轮廓的面积比（Extent）
    areaRect = wv * hv  # 垂直矩形边界框的面积, wv * hv
    areaCnt = cv.contourArea(cnt)  # 轮廓的面积
    extent = round(areaCnt / areaRect, 2)  # 轮廓的面积比
    print("Area of cnt:", areaCnt)
    print("Area of VertRect:", areaRect)
    print("Extent(area ratio):", extent)

    # (4) 轮廓的坚实度（Solidity）
```

```
areaCnt = cv.contourArea(cnt)  # 轮廓的面积
hull = cv.convexHull(cnt)  # 轮廓的凸包，返回凸包顶点集
areaHull = cv.contourArea(hull)  # 凸包的面积
solidity = round(areaCnt / areaHull, 2)  # 轮廓的坚实度
print("Area of cnt:", areaCnt)
print("Area of convex hull:", areaHull)
print("Solidity(area ratio):", solidity)

# (5) 轮廓的等效直径 (Equivalent diameter)
areaCnt = cv.contourArea(cnt)  # 轮廓的面积
dEqu = round(np.sqrt(areaCnt * 4 / np.pi), 2)  # 轮廓的等效直径
print("Area of cnt:", areaCnt)
print("Equivalent diameter:", dEqu)

# (6) 轮廓的方向 (Orientation)
elliRect = cv.fitEllipse(cnt)  # 旋转矩形类，elliRect[2] 是旋转角度 ang
angle = round(elliRect[2], 1)  # 轮廓的方向，椭圆与水平轴的夹角
print("Orientation of cnt: {} deg".format(angle))

# (7) 轮廓的掩模和像素点
maskCnt = np.zeros(gray.shape, np.uint8)  # 背景区域置为黑色
cv.drawContours(maskCnt, [cnt], 0, 255, -1)  # 轮廓区域置为白色
pixelsNP = np.transpose(np.nonzero(maskCnt))  # (15859, 2)：(y, x)
pixelsCV = cv.findNonZero(maskCnt)  # (15859, 1, 2)：(x, y)
print("pixelsNP: {}, pixelsCV: {}".format(pixelsNP.shape, pixelsCV.shape))

# (8) 轮廓的最大值、最小值及其位置
min_val, max_val, min_loc, max_loc = cv.minMaxLoc(gray, mask=maskCnt)  # 必
须用灰度图像
print("Minimum value is {} at Pos{}".format(min_val, min_loc))
print("Maximum value is {} at Pos{}".format(max_val, max_loc))

# (9) 轮廓的灰度均值和颜色均值
meanGray = cv.mean(gray, maskCnt)  # (mg, 0, 0, 0)
meanImg = cv.mean(img, maskCnt)  # (mR, mG, mB, 0)
print("Gray mean of cnt: {:.1f}".format(meanGray[0]))
print("BGR mean: ({:.1f}, {:.1f}, {:.1f})".format(meanImg[0], meanImg[1],
meanImg[2]))
```

运行结果

```
len(contours) = 6
Vertical rectangle: w=89, h=69
Aspect ratio: 1.29
Area of cnt: 3027.0
Area of VertRect: 6141
Extent(area ratio): 0.49
Area of cnt: 3027.0
Area of convex hull: 3927.0
Solidity(area ratio): 0.77
Area of cnt: 3027.0
Equivalent diameter: 62.08
```

```
Orientation of cnt: 90.0 deg
pixelsNP: (3149, 2), pixelsCV: (3149, 1, 2)
Minimum value is 89.0 at Pos(204, 182)
Maximum value is 153.0 at Pos(205, 182)
Gray mean of cnt: 89.8
BGR mean: (89.8, 89.8, 89.8)
```

14.10　矩不变量与形状相似性

14.10.1　图像的矩不变量

矩是随机变量的数字特征，把灰度图像的像素坐标视为二维随机变量 (X,Y)，就可以用图像矩来描述灰度图像的特征。

图像矩有零阶矩、一阶矩、二阶矩和三阶矩等。图像矩能描述图像形状的全局特征，提供图像类型的几何特性信息，如大小、位置、方向及形状等。

零阶矩与物体质量有关，一阶矩与物体形状有关，由零阶矩与一阶矩可以求重心。二阶矩显示曲线围绕直线平均值的扩展程度，三阶矩则是关于平均值的对称性的测量。

Hu 用二阶和三阶归一化中心距构造了 7 个矩不变量 M1～M7，称为不变矩，在连续图像下具有平移、灰度、尺度和旋转不变性。矩不变量能够描述图像的整体性质，在边缘提取、图像匹配及目标识别中应用广泛。

OpenCV 中的函数 cv.moments 能计算图像或轮廓的矩 Mu，函数 cv.HuMoments 能计算图像或轮廓的矩不变量 Hu。

函数原型

cv.moments(array[, binaryImage]) → Mu

cv.HuMoments(Mu[, hu]) → Hu

参数说明

◎　array：是单通道图像，或二维点向量集合的坐标(x,y)。

◎　binaryImage：指是否将图像中的非 0 像素视为 1，是可选项，默认值为 False。

◎　返回值 Mu 是字典（Dict）格式，包括 24 键值对：10 个几何矩、7 个中心矩和 7 个归一化中心距。

➤　几何矩：前 10 个键值['m00','m10','m01','m20','m11','m02','m30','m21','m12', 'm03']代表几何矩（$p+q$ 阶矩），也称原点矩，由以下公式计算得到。

$$m_{pq} = \sum_{y=1}^{N}\sum_{x=1}^{M} x^p y^q f(x,y), \quad p+q < 4$$

零阶矩反映图像灰度的总和，一阶矩描述图像的灰度中心，二阶矩描述图像的主轴方向角，三阶矩描述投影的扭曲程度，四阶矩描述投影的峰度。

➤　中心矩：中间 7 个键值['mu20','mu11','mu02','mu30','mu21','mu12','mu03']代表中心矩，由以下公式计算得到。

$$\mathrm{mu}_{pq} = \sum_{y=1}^{N}\sum_{x=1}^{M} (x-C_x)^p (y-C_y)^q f(x,y), \quad 1 < p+q < 4$$

> ➤ 归一化中心矩：最后 7 个键值['nu20','nu11','nu02','nu30','nu21','nu12','nu03']代表归一化中心矩，由以下公式计算得到。

$$\text{nu}_{pq} = \frac{\text{mn}_{pq}}{(\text{mn}_{00})^r}, \quad 1 < p+q < 4, \quad r = \frac{(p+q)}{2} + 1$$

◎ 返回值 Hu 是形为(7,1)的 Numpy 数组，包括 7 个不变矩 M1~M7，是浮点型数据，具体定义和计算公式如下。

M1=nu_{20}+nu_{02}

M2=$(\text{nu}_{20} - \text{nu}_{02})^2 + 4(\text{nu}_{11})^2$

M3=$(\text{nu}_{30} - 3\text{nu}_{12})^2 + (3\text{nu}_{21} - \text{nu}_{03})^2$

M4=$(\text{nu}_{30} + \text{nu}_{12})^2 + (\text{nu}_{21} + \text{nu}_{03})^2$

M5=$(\text{nu}_{30} - 3\text{nu}_{12})(\text{nu}_{30} + \text{nu}_{12})[(\text{nu}_{30} + \text{nu}_{12})^2 - 3(\text{nu}_{21} + \text{nu}_{03})^2]$

$\quad + (3\text{nu}_{21} - \text{nu}_{03})(\text{nu}_{21} + \text{nu}_{03})[3(\text{nu}_{30} + \text{nu}_{12})^2 - (\text{nu}_{21} + \text{nu}_{03})^2]$

M6=$(\text{nu}_{20} - \text{nu}_{02})[(\text{nu}_{30} + \text{nu}_{12})^2 - (\text{nu}_{21} + \text{nu}_{03})^2] + 4\text{nu}_{11}(\text{nu}_{30} + \text{nu}_{12})(\text{nu}_{21} + \text{nu}_{03})$

M7=$(3\text{nu}_{21} - \text{nu}_{03})(\text{nu}_{30} + \text{nu}_{12})[(\text{nu}_{30} + \text{nu}_{12})^2 - 3(\text{nu}_{21} + \text{nu}_{03})^2]$

$\quad - (\text{nu}_{30} - 3\text{nu}_{12})(\text{nu}_{21} + \text{nu}_{03})[3(\text{nu}_{30} + \text{nu}_{12})^2 - (\text{nu}_{21} + \text{nu}_{03})^2]$

注意问题

（1）输入参数 array 有两种方式：①是单通道图像，8 位整型或浮点型数据，形为(h,w)的 Numpy 数组；②二维点向量集合的坐标(x,y)，是形为$(k,2)$的 Numpy 数组，如一个查找的轮廓。

（2）当图像发生平移时，几何距也会发生变化。中心矩具有平移不变性，但在图像旋转时也会发生变化。归一化中心距不仅具有平移不变性，而且具有比例不变性（尺度不变性）。

（3）Hu 矩不变量对物体的形状描述比较稳定，比较适合识别较大尺寸的物体。在实际的图像识别中，只有 M1 和 M2 的不变性比较好，M3~M7 的误差较大，识别率较低。

14.10.2 基于矩不变量的形状相似性

Hu 矩不变量能够描述图像的整体性质，对于物体的形状描述比较稳定，可以用来识别形状和比较不同形状的相似性。

OpenCV 中的函数 cv.matchShapes 能基于 Hu 矩不变量比较两个形状的相似性。

函数原型

cv.matchShapes(contour1, contour2, method, parameter[,]) → retval

参数说明

◎ contour1、contour2：是单通道图像，或二维点向量集合的坐标(x,y)。

◎ method：基于 Hu 矩不变量的比较方法，可选 CONTOURS_MATCH_I1、CONTOURS_MATCH_I2 和 CONTOURS_MATCH_I3。

◎ parameter：比较方法的参数，通常设为 0.0。

◎ retval：返回值，是两个形状相似性的度量。

注意问题

（1）返回值 retval 越小，比较图像的相似性越高。

（2）图像的平移、缩放和旋转对相似度的影响很小。

（3）形状相似性度量在一定程度上可以反映形状的相似程度，但该指标并不完全可靠。

【例程 1410】图像的矩与不变矩

本例程用于计算灰度图像或轮廓（点坐标向量数组）的矩 Mu 和 Hu 不变矩。

```python
# 【1410】图像的矩与不变矩
import cv2 as cv

if __name__ == '__main__':
    gray = cv.imread("../images/Fig1402.png", flags=0)
    _, binary = cv.threshold(gray, 127, 255, cv.THRESH_BINARY_INV)

    # (1) 图像的矩 Mu
    grayMmoments = cv.moments(gray)  # 返回字典 Mu, 几何矩 mpq、中心矩 mupq 和归一化矩 nupq
    grayHuM = cv.HuMoments(grayMmoments)  # 计算 Hu 不变矩
    print(type(grayMmoments), type(grayHuM), grayHuM.shape)
    print("Moments of gray:\n", grayMmoments)
    print("HuMoments of gray:\n", grayHuM)

    # (2) 轮廓的矩（点坐标向量数组）
    contours, hierarchy = cv.findContours(binary, cv.RETR_TREE,
cv.CHAIN_APPROX_SIMPLE)  # OpenCV4~
    cnt = contours[0]  # 轮廓，点坐标向量数组 (30, 1, 2)
    cntMoments = cv.moments(cnt)  # 返回字典 Mu
    cntHuM = cv.HuMoments(cntMoments)  # 计算 Hu 不变矩
    print("Shape of contour:", cnt.shape)
    print("Moments of contour:\n", cntMoments)
    print("HuMoments of contour:\n", cntHuM)
```

【例程 1411】基于 Hu 不变矩的形状相似性检测

本例程基于 Hu 不变矩检测两个形状之间的相似度。

```python
# 【1411】基于 Hu 不变矩的形状相似性检测
import cv2 as cv
import numpy as np
from matplotlib import pyplot as plt

if __name__ == '__main__':
    img = cv.imread("../images/Fig1404.png", flags=1)
    gray = cv.cvtColor(img, cv.COLOR_BGR2GRAY)  # 灰度图像
    _, binary = cv.threshold(gray, 127, 255, cv.THRESH_OTSU +
cv.THRESH_BINARY_INV)

    # 寻找二值图中的轮廓
    # binary, contours, hierarchy = cv.findContours(binary, cv.RETR_TREE,
cv.CHAIN_APPROX_SIMPLE)  # OpenCV3
    contours, hierarchy = cv.findContours(binary, cv.RETR_EXTERNAL,
```

```
cv.CHAIN_APPROX_SIMPLE)  # OpenCV4~
    # 绘制最外层轮廓
    contourEx = img.copy()  # OpenCV3.2 之前的版本，查找轮廓函数会修改原始图像
    for i in range(len(contours)):  # 绘制第 i 个轮廓
        x, y, w, h = cv.boundingRect(contours[i])  # 外接矩形
        contourEx = cv.drawContours(contourEx, contours, i, (205, 0, 0),
thickness=-1)  # 第 i 个轮廓，内部填充
        contourEx = cv.putText(contourEx, str(i)+"#", (x,y-10),
cv.FONT_HERSHEY_DUPLEX, 1, (0, 0, 0))

    # 形状相似性检测
    print("| 对比形状 | 相似度 | 变形方式 |")
    print("| :--: | :--: | :--: |")
    similarity = np.array([cv.matchShapes(contours[7], contours[i], 1, 0.0)
for i in range(len(contours))])
    argSort = similarity.argsort()  # 形状相似度 ret 从小到大排序（相似度降低）
    for i in range(len(contours)):
        index = argSort[i]
        print("| cnt[10] & cnt[{}] | {} | |".format(index, round(similarity[index],
2)))

    # 计算所有轮廓的 Hu 不变矩
    print("| 轮廓编号 | M1 | M2 | M3 | M4 | M5 | M6 | M7 |")
    print("| :--: | :--: | :--: | :--: | :--: | :--: | :--: | :--: |")
    cntsHuM = np.empty((len(contours), 7), np.float32)
    for i in range(len(contours)):
        moments = cv.moments(contours[i])  # 返回字典，几何矩、中心矩和归一化矩
        hum = cv.HuMoments(moments)  # 计算 Hu 不变矩
        cntsHuM[i, :] = np.round(hum.reshape(hum.shape[0]), 2)
        print("|{}|{:.2e}|{:.2e}|{:.2e}|{:.2e}|{:.2e}|{:.2e}|{:.2e}|"
            .format(i, cntsHuM[i][0], cntsHuM[i][1], cntsHuM[i][2],
                cntsHuM[i][3], cntsHuM[i][4], cntsHuM[i][5], cntsHuM[i][6]))

    plt.figure(figsize=(8.5, 3.2))
    plt.subplot(121), plt.axis('off'), plt.title("1. Original")
    plt.imshow(cv.cvtColor(img, cv.COLOR_BGR2RGB))
    plt.subplot(122), plt.axis('off'), plt.title("2. Contours")
    plt.imshow(cv.cvtColor(contourEx, cv.COLOR_BGR2RGB))
    plt.tight_layout()
    plt.show()
```

程序说明

（1）基于 Hu 不变矩的形状相似性检测如图 14-9 所示。图 14-9(2)所示的图形都是以 7#图形为基准，经过缩放、旋转、扭曲或变形得到的。不同图形的形状相似度比较和不同图形的 Hu 矩不变量如表 14-1 和表 14-2 所示。

（2）表 14-1 给出了以 7#图形为基准形状的图形相似度检测结果，相似度值越小，图形的相似度越高。7#图形与自身的相似度值为 0.0，说明是完全相同的形状。

（3）8#、4#、2#、3#图形的相似度值很小，表明相似度很高。这些图形是由 7#图形通过旋转、缩放或旋转+缩放产生的，说明图像的缩放和旋转对相似度的影响很小。

（4）0#、5#图形的相似度值较小，表明相似度较高。这些图形是对 7#图形通过改变头部或尾部形状产生的，说明图像的局部特征对相似度的影响较小。

（5）6#、1# 图形的相似度值很大，表示相似度很低。6#图形是对 7#图形的扭转得到的，1#图形对 7#图形进行了拉伸和变形，说明图像的整体特征对相似度的影响较大。

（6）表 14-2 给出了各图形的 Hu 矩不变量，M1～M3 的 Hu 矩不变量较高，与图形相似度的一致性较好，M4～M7 对于图形相似度的识别能力较低。

运行结果

表 14-1　不同图形的形状相似度比较

编号	7#	8#	4#	2#	3#	0#	5#	6#	1#
相似度	0.00	0.01	0.01	0.04	0.06	0.11	0.12	1.44	1.87
变形方法	原图	旋转	旋转缩放	放大	缩小	尾部变形	两端变形	扭曲	不同形状

表 14-2　不同图形的 Hu 矩不变量

编号	M1	M2	M3	M4	M5	M6	M7
7#	$2.50e^{-1}$	$3.00e^{-2}$	$0.00e^{+0}$	$0.00e^{+0}$	$0.00e^{+0}$	$0.00e^{+0}$	$-0.00e^{+0}$
8#	$2.50e^{-1}$	$3.00e^{-2}$	$0.00e^{+0}$	$0.00e^{+0}$	$0.00e^{+0}$	$0.00e^{+0}$	$0.00e^{+0}$
2#	$2.60e^{-1}$	$4.00e^{-2}$	$0.00e^{+0}$	$0.00e^{+0}$	$0.00e^{+0}$	$0.00e^{+0}$	$0.00e^{+0}$
0#	$2.40e^{-1}$	$3.00e^{-2}$	$0.00e^{+0}$	$0.00e^{+0}$	$0.00e^{+0}$	$0.00e^{+0}$	$-0.00e^{+0}$
1#	$4.00e^{-1}$	$1.00e^{-1}$	$1.00e^{+3}$	$0.00e^{+0}$	$-0.00e^{+0}$	$-0.00e^{+0}$	$-0.00e^{+0}$

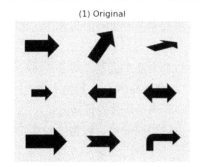
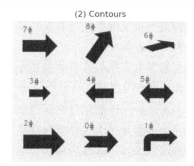

(1) Original　　(2) Contours

图 14-9　基于 Hu 不变矩的形状相似性检测

第 15 章
图像分割

图像分割是由图像处理到图像分析的关键步骤，是计算机视觉的基础，也是图像理解的重要组成部分。图像分割的基本方法是指基于图像灰度值的不连续性和相似性，根据灰度、彩色、空间纹理和几何形状等特征，把图像划分成若干个具有特殊性质的区域，或把目标从背景中分离出来。

本章内容概要

◎ 介绍区域生长与分离和超像素区域分割算法。

◎ 学习分水岭算法，实现图像分割。

◎ 学习图割分割算法，实现图像分割。

◎ 学习均值漂移算法，实现目标描述与定位。

◎ 学习运动图像分割算法，如帧间差分法、背景差分法和密集光流法。

15.1 区域生长与分离

15.1.1 区域生长

区域生长算法是以区域为处理对象，基于区域内部和区域之间的同异性，尽量保持区域中像素的邻近性和一致性的统一。

区域生长是指将具有相似性质的像素或子区域组合为更大区域。对于一组种子点，通过先把与种子具有相同预定义性质（如灰度或颜色范围）的邻域像素合并到种子像素所在的区域中，再将新像素作为新的种子不断重复这一过程，直到没有满足条件的像素为止。

种子点的选取经常采用人工交互方法实现，也可以通过寻找目标物体并提取物体内部点，或利用其他算法找到的特征点作为种子点实现。

15.1.2 区域分离与聚合

区域分离与聚合算法的基本思想：先将图像不断细分为一组不相交的区域，然后聚合或者分离这些区域。

分离与聚合的判据是用户选择的谓词逻辑 Q，通常是目标区域特征一致性的测度，如灰度、均值和方差。

分离过程要先判断当前区域是否满足目标的特征测度，如果不满足则将当前区域分离为多个子区域进行判断，不断重复判断、分离，直到拆分至最小区域。典型的分裂算法是将区域按照 4 个象限分裂为 4 个子区域，可以简化处理运算过程。

区域分离的分割结果通常包含具有相同性质的邻接区域，通过聚合可以解决这个问题，仅当邻接区域的并集满足目标的特征测度时，才会聚合。

区域分离与聚合基本方案的过程如下。

（1）区域分离：把所有满足条件 $Q(R_i) = \text{False}$ 的区域 R_i 等分为 4 个子区域，不断拆分直到最小单元。

（2）区域聚合：将所有满足条件 $Q(R_j \cup R_k) = \text{True}$ 的相邻区域 R_j 和 R_k 聚合。

【例程 1501】图像分割之区域生长算法

本例程介绍一种区域生长图像分割算法，基本步骤如下。

（1）通过阈值处理和过滤连通区域，生成一组种子点。

（2）从一个种子点(x_0, y_0)开始，检查其 4 邻域或 8 邻域像素(x, y)，如果满足生长准则，则合并到种子点的区域，同时将(x, y)压入堆栈。

（3）从堆栈中取出一个像素作为种子点，继续步骤（2），直到堆栈为空。

（4）重复步骤（2）、（3），直到每个种子点都被访问过，算法结束。

```python
# 【1501】图像分割之区域生长算法
import cv2 as cv
import numpy as np
from matplotlib import pyplot as plt


# 区域生长算法
def regional_growth(img, seeds, thresh=5):
    height, width = img.shape
    seedMark = np.zeros(img.shape)  # (h,w)
    seedList = []  # (y,x)
    for seed in seeds:  # seeds (x,y)
        if (0<seed[0]<height and 0<seed[1]< width): seedList.append(seed)
    label = 1  # 种子位置标记
    connects = [(-1,-1), (0,-1), (1,-1), (1,0), (1,1), (0,1), (-1,1), (-1,0)]
# 8 邻域连通
    while (len(seedList) > 0):  # 如果列表里还存在点
        curPoint = seedList.pop(0)  # 抛出第 0 个
        seedMark[curPoint[0], curPoint[1]] = label  # 将对应位置标记为 1
        for i in range(8):  # 对 8 邻域点进行相似性判断
            tmpY = curPoint[0] + connects[i][0]
            tmpX = curPoint[1] + connects[i][1]
            if tmpY<0 or tmpX<0 or tmpY>=height or tmpX>=width:  # 是否超出限定阈值
                continue
            grayDiff = np.abs(int(img[curPoint[0], curPoint[1]]) - int(img[tmpY,
tmpX]))  # 计算灰度差
            if grayDiff < thresh and seedMark[tmpY, tmpX] == 0:
                seedMark[tmpY, tmpX] = label
                seedList.append((tmpY, tmpX))
    imgGrowth = np.uint8(cv.normalize(seedMark, None, 0, 255, cv.NORM_MINMAX))
    return imgGrowth


if __name__ == '__main__':
    img = cv.imread("../images/Fig1501.png", flags=0)
```

```
    # OTSU 全局阈值处理，用于比较
    ret, imgOtsu = cv.threshold(img, 127, 255, cv.THRESH_OTSU)
    # 自适应局部阈值处理，用于比较
    binaryMean = cv.adaptiveThreshold(img, 255, cv.ADAPTIVE_THRESH_MEAN_C,
cv.THRESH_BINARY, 5, 3)

    # 区域生长图像分割
    # seeds = [(10, 10), (82, 150), (20, 300)]  # 直接给定种子点
    imgBlur = cv.blur(img, (3, 3))  # cv.blur 方法
    _, imgTop = cv.threshold(imgBlur, 205, 255, cv.THRESH_BINARY)  # 高百分位阈值
产生种子区域
    nseeds, labels, stats, centroids = cv.connectedComponentsWithStats(imgTop)
# 过滤连通域，获得质心点 (x,y)
    seeds = centroids.astype(int)  # 获得质心像素作为种子点
    imgGrowth = regional_growth(img, seeds, 5)

    plt.figure(figsize=(9, 5.6))
    plt.subplot(231), plt.axis('off'), plt.title("1. Original")
    plt.imshow(img, 'gray')
    plt.subplot(232), plt.axis('off'), plt.title("2. OTSU(T={})".format(ret))
    plt.imshow(imgOtsu, 'gray')
    plt.subplot(233), plt.axis('off'), plt.title("3. Adaptive threshold")
    plt.imshow(binaryMean, 'gray')
    plt.subplot(234, yticks=[])
    histSrc = cv.calcHist([img], [0], None, [256], [0, 255])
    plt.axis([0, 255, 0, np.max(histSrc)]), plt.title("4. GrayHist of src")
    plt.bar(range(256), histSrc[:, 0])  # 原始图像直方图
    plt.subplot(235), plt.axis('off'), plt.title("5. Marked seeds")
    plt.imshow(labels, 'gray', vmin=0, vmax=1)
    plt.subplot(236), plt.axis('off'), plt.title("6. Region growth")
    invGrowth = cv.bitwise_not(imgGrowth)
    plt.imshow(invGrowth, 'gray')
    plt.tight_layout()
    plt.show()
```

程序说明

（1）运行结果，使用区域生长算法分割闪电与云层背景如图 15-1 所示。图 15-1(1)所示为原始图像，是闪电照片，闪电照亮了夜空中的云层。图 15-1(4)所示为图 15-1(1)的直方图，各灰度级的分布都很均匀，很难分割闪电的边缘。

（2）图 15-1(2)所示为使用 OTSU 对图 15-1(1)进行阈值处理，结果是失败的。图 15-1(3)所示为对图 15-1(1)进行自适应阈值处理的结果，虽然可以检测到闪电的部分边缘，但并不准确和精确，云层和水面影响了图像分割的质量。

（3）图 15-1(5)所示为由高百分位阈值得到的种子区域，图 15-1(6)所示为基于区域生长算法获得的分割图像。区域生长算法很好地提取了闪电的边缘，与云层的分割非常准确，但对于水面倒影需要做进一步处理。

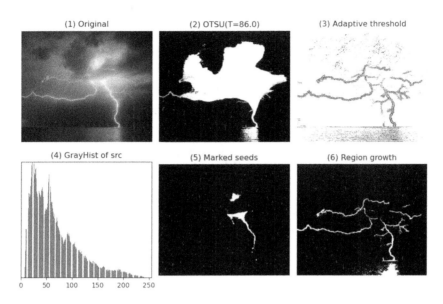

图 15-1　使用区域生长算法分割闪电与云层背景

15.2　超像素区域分割

超像素是由一系列位置相邻，颜色、亮度和纹理等特征相似的像素点组成的小区域。

超像素图像分割是指基于图像的颜色和空间关系，将图像分割为远超于目标个数、远小于像素数量的超像素块，尽可能地保留图像中所有目标的边缘信息。

超像素图像分割的结果能覆盖整个图像子区域的集合，通过少量具有感知意义的超像素区域，代替大量原始像素表达图像特征，可以极大地降低图像处理的复杂度，减小计算量。

15.2.1　简单线性迭代聚类

简单线性迭代聚类（Simple Linear Iterative Clustering，SLIC）基于网格化 k-means 聚类算法，原理简单、实现方便。

基于聚类的区域分割，就是基于图像的灰度、颜色、纹理和形状等特征，用聚类算法把图像分成若干个类别或区域，使每个点到聚类中心的均值最小。

SLIC 算法以 3 个颜色分量和两个空间坐标构造五维向量 $Z = [r, g, b, x, y]^{\mathrm{T}}$，用 k 均值聚类算法计算聚类中心和边界。彩色图像可以使用 RGB 颜色空间，也可以使用 CIELab 或其他颜色空间；灰度图像则使用灰度级与空间坐标构成三维向量。

SLIC 算法能生成紧致、近似均匀的超像素，在运算速度、物体轮廓保持、超像素形状方面具有较高的综合评价，比较符合人们期望的分割效果，但对于五彩斑斓的图像区域的细节处理效果比较差。

15.2.2　能量驱动采样

超像素个体在视觉上应一致，特别是颜色应尽可能均匀。SLIC 算法使用欧几里得距离来度量像素点的相似度，不能反映颜色的方差。

能量驱动采样（Super-pixels Extracted via Energy-Driven Sampling，SEEDS）算法定义了一个基于超像素颜色分布直方图和超像素边界形状的能量函数，使用爬山法最大化能量函数进行优化。

颜色分布项基于概率密度分布直方图，使用熵值度量区域颜色的均匀性，以获得更多的全局信息；边界项在像素的邻域内统计超像素种类数量的概率密度分布，使用熵值度量区域种类的均匀性，有利于生成边缘平滑的超像素。

SEEDS 算法使用爬山法进行状态更新，速度比 SLIC 算法快。

15.2.3　线性谱聚类

线性谱聚类（Linear Spectral Clustering，LSC）算法是 SLIC 算法的改进算法，可以生成紧致均匀的超像素，将图像分割成大小均匀、边界光滑的小块。

谱聚类算法是从图论中演化出来的算法，基本思想是把所有数据看作空间中的点，点之间可以用边连接，距离较远的点之间的边权重值较低，距离较近的点之间的边权重值较高，通过对所有数据点组成的图进行切图，使切图后不同子图间的边权重和尽可能低，而子图内的边权重和尽可能高，从而达到聚类的目的。

LSC 算法具有线性计算的复杂性和高内存效率，并且能够保留图像的全局属性，可以生成具有低计算成本的、紧致均匀的超像素。

15.2.4　OpenCV 超像素分割函数

OpenCV 在 ximgproc 模块中提供了函数 createSuperpixelSLIC、createSuperpixelSEEDS 和 createSuperpixelLSC，以实现超像素分割算法，注意需要 opencv-contrib-python 包的支持。

函数 cv.ximgproc.createSuperpixelSLIC 用于初始化 SuperpixelSLIC 对象。

函数原型

cv.ximgproc.createSuperpixelSLIC(image[, algorithm, region_size, ruler]) →retval

参数说明

◎ image：输入图像。

◎ algorithm：选择算法，可选项，默认方法为 SLICO。

> SLIC：使用所需的区域大小分割图像。

> SLICO：使用自适应紧致因子对 SLIC 进行优化。

> MSLIC：使用流形方法对 SLIC 进行优化。

◎ region_size：区域尺寸，表示超像素大小，可选项，默认值为 10。

◎ ruler：超像素的平滑因子，是浮点型数据，可选项，默认值为 10。

函数 cv.ximgproc.createSuperpixelSEEDS 用于初始化 SuperpixelSEEDS 对象。

函数原型

cv.ximgproc.createSuperpixelSEEDS(image_width, image_height, image_channels, num_superpixels, num_levels [, prior, histogram_bins, double_step]) → retval

参数说明

◎ image_width：输入图像的宽度，像素数。

◎　image_height：输入图像的高度，像素数。

◎　image_channels：输入图像的通道数。

◎　num_superpixels：期望的超像素数量。

◎　num_levels：块级别的数量，级别越高分割越准确。

◎　prior：平滑参数，值越大越平滑，取值范围为[0,5]，默认值为 2。

◎　histogram_bins：直方图分组数量，默认值为 5。

◎　double_step：true 表示对每个块级别迭代两次，默认值为 false。

函数 cv.ximgproc.createSuperpixelLSC 用于初始化 SuperpixelLSC 对象。

函数原型

cv.ximgproc.createSuperpixelLSC(image[, region_size, ratio]) → retval

参数说明

◎　image：输入图像。

◎　region_size：平均超像素的大小，可选项，默认值为 10。

◎　ratio：超像素的紧致因子，是浮点型数据，可选项，默认值为 0.075。

【例程 1502】SLIC 超像素区域分割

本例程介绍 SLIC 超像素区域分割的实现方法，比较不同选项的影响。

```python
# 【1502】SLIC 超像素区域分割
import cv2 as cv
import numpy as np
from matplotlib import pyplot as plt

if __name__ == '__main__':
    # 注意：本例程需要 opencv-contrib-python 包的支持
    img = cv.imread("../images/Lena.tif", flags=1)  # 彩色图像(BGR)
    imgHSV = cv.cvtColor(img, cv.COLOR_BGR2HSV_FULL)  # BGR-HSV 转换

    # (1) SLICO，使用自适应紧致因子进行优化
    region_size = 20
    ruler = 10.0
    slico = cv.ximgproc.createSuperpixelSLIC(imgHSV, cv.ximgproc.SLICO,
region_size, ruler)  # 初始化 SLICO
    slico.iterate(5)  # 迭代次数
    slico.enforceLabelConnectivity(50)  # 最小尺寸
    labelSlico = slico.getLabels()  # 超像素标签
    numberSlico = slico.getNumberOfSuperpixels()  # 超像素数目
    maskSlico = slico.getLabelContourMask()  # 获取 Mask，超像素边缘 Mask==1
    maskColor = np.array([maskSlico for i in range(3)]).transpose(1, 2, 0)  # 
转为 3 通道
    imgSlico = cv.bitwise_and(img, img, mask=cv.bitwise_not(maskSlico))  # 绘制
超像素边界
    imgSlicoW = cv.add(imgSlico, maskColor)
    print("number of SLICO", numberSlico)
```

```
    # (2) SLIC，根据所需的区域大小分割图像
    slic = cv.ximgproc.createSuperpixelSLIC(img, cv.ximgproc.SLIC, region_size,
ruler)  # 初始化 SLIC
    slic.iterate(5)  # 迭代次数
    slic.enforceLabelConnectivity(50)  # 最小尺寸
    maskSlic = slic.getLabelContourMask()  # 获取 Mask
    imgSlic = cv.bitwise_and(img, img, mask=cv.bitwise_not(maskSlic))  # 绘制超
像素边界
    numberSlic = slic.getNumberOfSuperpixels()  # 超像素数目
    print("number of SLIC", numberSlic)

    # (3) MSLIC，使用流形方法进行优化
    region_size = 40
    mslic = cv.ximgproc.createSuperpixelSLIC(imgHSV, cv.ximgproc.MSLIC,
region_size, ruler)
    mslic.iterate(5)  # 迭代次数
    mslic.enforceLabelConnectivity(100)  # 最小尺寸
    maskMslic = mslic.getLabelContourMask()  # 获取 Mask
    imgMslic = cv.bitwise_and(img, img, mask=cv.bitwise_not(maskMslic))  # 绘制
超像素边界
    numberMslic = mslic.getNumberOfSuperpixels()  # 超像素数目

    print("number of MSLIC", numberMslic)
    plt.figure(figsize=(9, 6))
    plt.subplot(231), plt.axis('off'), plt.title("1. Original")
    plt.imshow(cv.cvtColor(img, cv.COLOR_BGR2RGB))  # 显示 img(RGB)
    plt.subplot(232), plt.axis('off'), plt.title("2. SLICO mask")
    plt.imshow(maskSlico, 'gray')
    plt.subplot(233), plt.axis('off'), plt.title("3. SLICO color")
    plt.imshow(cv.cvtColor(imgSlicoW, cv.COLOR_BGR2RGB))
    plt.subplot(234), plt.axis('off'), plt.title("4. SLIC (SLIC)")
    plt.imshow(cv.cvtColor(imgSlic, cv.COLOR_BGR2RGB))
    plt.subplot(235), plt.axis('off'), plt.title("5. SLIC (SLICO)")
    plt.imshow(cv.cvtColor(imgSlico, cv.COLOR_BGR2RGB))
    plt.subplot(236), plt.axis('off'), plt.title("6. SLIC (MSLIC)")
    plt.imshow(cv.cvtColor(imgMslic, cv.COLOR_BGR2RGB))
    plt.tight_layout()
    plt.show()
```

程序说明

运行结果，SLIC 超像素区域分割如图 15-2 所示。

（1）图 15-2(1)所示为原始图像，图 15-2(2)所示为 SLIC 超像素区域分割边界的掩模图像，图 15-2(3)所示为将超像素边界绘制在原始图像上的图像。

（2）图 15-2(4)~(6)比较了不同算法选项的 SLIC 边界分割结果，SLICO 和 MSLIC 对 SLIC 进行了优化，SLICO 超像素块的边界更加规整，MSLIC 则自动调节了超像素块的大小。

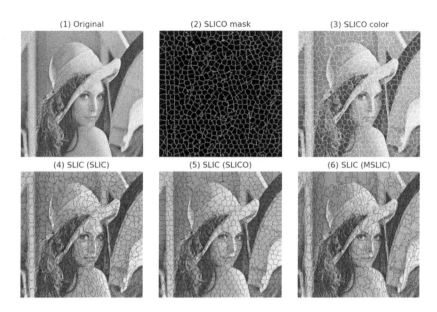

图 15-2　SLIC 超像素区域分割

【例程 1503】超像素区域分割

本例程介绍超像素区域分割的实现方法，比较 SLIC、SEEDS、LSC 算法的区别。

```python
# 【1503】超像素区域分割
import cv2 as cv
import numpy as np
from matplotlib import pyplot as plt


if __name__ == '__main__':
    # 注意：本例程需要 opencv-contrib-python 包的支持
    img = cv.imread("../images/Fig0301.png", flags=1)  # 彩色图像(BGR)
    gray = cv.cvtColor(img, cv.COLOR_BGR2GRAY)
    imgHSV = cv.cvtColor(img, cv.COLOR_BGR2HSV_FULL)  # BGR-HSV 转换

    # (1) SLIC 算法
    slic = cv.ximgproc.createSuperpixelSLIC(imgHSV, region_size=20,
ruler=10.0)  # 初始化 SLIC
    slic.iterate(5)  # 迭代次数
    slic.enforceLabelConnectivity(50)  # 最小尺寸
    maskSlic = slic.getLabelContourMask()  # 超像素边缘 Mask==1
    imgSlic = cv.bitwise_and(img, img, mask=cv.bitwise_not(maskSlic))  # 绘制超
像素边界
    numberSlic = slic.getNumberOfSuperpixels()  # 超像素数目
    imgSlicW = cv.add(gray, maskSlic)
    print("number of SLICO", numberSlic)

    # (2) SEEDS 算法，注意图片长宽的顺序为 w, h, c
    w, h, c = imgHSV.shape[1], imgHSV.shape[0], imgHSV.shape[2]
    seeds = cv.ximgproc.createSuperpixelSEEDS(w, h, c, 2000, 15, 3, 5)
    seeds.iterate(imgHSV, 5)  # 输入图像大小必须与初始化形状的大小相同
```

```
maskSeeds = seeds.getLabelContourMask()  # 超像素边缘 Mask==1
labelSeeds = seeds.getLabels()  # 获取超像素标签
numberSeeds = seeds.getNumberOfSuperpixels()  # 获取超像素数目
imgSeeds = cv.bitwise_and(img, img, mask=cv.bitwise_not(maskSeeds))
imgSeedsW = cv.add(gray, maskSeeds)
print("number of SEEDS", numberSeeds)


# (3) LSC 算法
lsc = cv.ximgproc.createSuperpixelLSC(img, region_size=20)
lsc.iterate(5)  # 迭代次数
maskLsc = lsc.getLabelContourMask()  # 超像素边缘 Mask==0
labelLsc = lsc.getLabels()  # 超像素标签
numberLsc = lsc.getNumberOfSuperpixels()  # 超像素数目
imgLsc = cv.bitwise_and(img, img, mask=cv.bitwise_not(maskLsc))
imgLscW = cv.add(gray, maskLsc)
print("number of LSC", numberLsc)


plt.figure(figsize=(9, 3.5))
plt.subplot(131), plt.axis('off'), plt.title("1. SLIC image")
plt.imshow(imgSlicW, cmap='gray')
plt.subplot(132), plt.axis('off'), plt.title("2. SEEDS image")
plt.imshow(imgSeedsW, cmap='gray')
plt.subplot(133), plt.axis('off'), plt.title("3. LSC image")
plt.imshow(imgLscW, cmap='gray')
plt.tight_layout()
plt.show()
```

程序说明

运行结果，用 SLIC、SEEDS 和 LSC 算法进行超像素区域分割如图 15-3 所示。

（1）图 15-3(1)所示为使用 SLIC 算法进行超像素区域分割的结果，生成的超像素比较紧致、大小均匀。

（2）图 15-3(2)所示为使用 SEEDS 算法进行超像素区域分割的结果，生成的超像素颜色比较均匀、边缘平滑。

（3）图 15-3(3)所示为使用 LSC 算法进行超像素区域分割的结果，生成的超像素大小均匀、边界光滑。

图 15-3　用 SLIC、SEEDS 和 LSC 算法进行超像素区域分割

15.3　分水岭算法

分水岭算法是一种图像区域分割算法，以邻近像素间的相似性作为重要特征，从而将空间位置相近且灰度值相近的像素点连接起来，构成一个封闭的轮廓。

分水岭算法是指将像素值视为海拔高度，图像就像一张高低起伏的地形图，每个局部极小值及其影响区域称为集水盆，集水盆的边界则形成分水岭。

算法的实现过程可以理解为洪水淹没的过程：最低点首先被淹没，然后水逐渐淹没整个山谷；水位升高到一定高度就会溢出，于是在溢出位置修建堤坝；不断提高水位，重复上述过程，直到所有的点被淹没。所建立的一系列堤坝就成为分隔各个盆地的分水岭。

分水岭算法的计算过程是一个迭代标注过程，通过寻找集水盆和分水岭对图像进行分割。经典的分水岭算法分为排序过程和淹没过程两个步骤：首先对每个像素的灰度级从低到高排序；然后在从低到高的淹没过程中，对每个局部极小值在对应高度的影响域进行判断及标注。

分水岭算法是基于形态学的图像分割算法，体现了边缘检测、阈值处理和区域提取的概念和思想，往往会产生更稳定的分割结果。

最简单的分水岭算法能基于距离变换，通过像素到最近的零像素点的距离生成标注图像；基于梯度的分水岭算法能通过梯度函数使集水盆只响应想要探测的目标，对微弱边缘有良好的响应，但噪声容易导致过分割；基于标记点（标记符控制）的分水岭算法是主流的分割算法，其思想是利用先验知识来帮助分割。

OpenCV 中的函数 cv.watershed 能实现基于标记点的分水岭算法。

使用函数 cv.watershed 输入标记图像，图像中每个非零像素代表一个标签，对图像的部分像素做标记，表明它的所属区域是已知的。

函数原型

cv.watershed(image, markers[,]) → markers

参数说明

◎　image：输入图像，是 8 位三通道彩色图像。

◎　markers：标记图像，是 32 位单通道图像。

注意问题

（1）分水岭算法要求必须在标记图像 markers 中用索引勾勒出需要分割的区域，每个区域被赋值为 1、2、3…等索引序号，对应不同的目标物体。

（2）将标记图像 markers 中未知区域的像素值设置为 0，通过分水岭算法确定这些像素属于背景还是前景区域。

（3）输出的标记图像 markers 中，每个像素都被赋值为 1、2、3…等索引序号，-1 表示区域之间的边界（分水岭）。

OpenCV 中的函数 cv.distanceTransform 能实现距离变换，计算图像中每个像素到最近的零像素点的距离。

函数原型

cv.distanceTransform(src, distanceType, maskSize[, dst, dstType]) → dst

cv.distanceTransformWithLabels(src, distanceType, maskSize[, dst, labels, labelType]) → dst, labels

参数说明

◎ src：输入图像，是 8 位单通道灰度图像。

◎ distanceType：距离类型。

    ➢ DIST_USER：用户定义的距离。

    ➢ DIST_L1：L1 范数，$\text{dist} = |x_1 - x_2| + |y_1 - y_2|$。

    ➢ DIST_L2：L2 范数，欧氏距离，$\text{dist} = \sqrt{(x_1 - x_2)^2 + (y_1 - y_2)^2}$。

    ➢ DIST_C：$\text{dist} = \max(|x_1 - x_2|, |y_1 - y_2|)$。

◎ maskSize：距离变换遮罩的大小，通常取 3 或 5。

◎ dstType：dst 的数据类型，默认值为 CV_32F。

◎ dst：距离计算结果，是 8 位或 32 位单通道图像。

◎ labels：标签的输出图像，数据类型为 CV_32。

【例程 1504】基于距离变换的分水岭算法

本例程介绍基于距离变换的分水岭算法的实现方法，通过每个像素到最近的零像素点生成标注图像。

基于距离变换的分水岭算法的主要步骤如下。

（1）通过阈值分割将灰度图像转换为二值图像，使用开运算消除噪点。

（2）通过形态学的膨胀运算，生成确定背景区域 sureBG。

（3）通过距离变换，由阈值分割得到高亮区域，生成确定前景区域 sureFG。

（4）对确定前景区域进行连通性分析，即对多个分割目标编号。

（5）确定前景区域与确定背景区域重合的部分，作为待定区域 unknown。

（6）从连通域标记图像中去除确定背景区域，作为标注图像。

（7）基于标记图像使用分水岭算法进行分割，得到分割的目标轮廓，标注为-1。

```python
# 【1504】基于距离变换的分水岭算法
import cv2 as cv
import numpy as np
from matplotlib import pyplot as plt


if __name__ == '__main__':
    img = cv.imread("../images/Fig0301.png", flags=1)  # 彩色图像(BGR)
    gray = cv.cvtColor(img, cv.COLOR_BGR2GRAY)  # 灰度图像

    # 阈值分割，将灰度图像分为黑白二值图像
    ret, thresh = cv.threshold(gray, 0, 255, cv.THRESH_OTSU)
    # 形态学操作，生成确定背景区域 sureBG
    kernel = cv.getStructuringElement(cv.MORPH_RECT, (3, 3))  # 生成 3×3 结构元
    opening = cv.morphologyEx(thresh, cv.MORPH_OPEN, kernel, iterations=2)  # 开
运算，消除噪点
    sureBG = cv.dilate(opening, kernel, iterations=3)  # 膨胀操作，生成确定背景区域
    # 距离变换，生成确定前景区域 sureFG
    distance = cv.distanceTransform(opening, cv.DIST_L2, 5)  # DIST_L2: 3/5
    _, sureFG = cv.threshold(distance, 0.1 * distance.max(), 255,
cv.THRESH_BINARY)  # 阈值选择 0.1max 效果较好
```

```
    sureFG = np.uint8(sureFG)
    # 连通域处理
    ret, component = cv.connectedComponents(sureFG, connectivity=8)  # 对连通区
域进行标号，序号为 0-N-1
    markers = component + 1  # OpenCV 分水岭算法设置标注从 1 开始，而连通域标注从 0 开始
    kinds = markers.max()  # 标注连通域的数量
    maxKind = np.argmax(np.bincount(markers.flatten()))  # 出现最多的序号，所占面积
最大，选为底色
    markersBGR = np.ones_like(img) * 255
    for i in range(kinds):
        if (i!=maxKind):
            colorKind = np.random.randint(0, 255, size=(1, 3))
            markersBGR[markers==i] = colorKind
    # 去除连通域中的背景区域部分
    unknown = cv.subtract(sureBG, sureFG)  # 待定区域，前景与背景的重合区域
    markers[unknown==255] = 0  # 去掉属于背景的区域（置零）
    # 用分水岭算法标注目标的轮廓
    markers = cv.watershed(img, markers)  # 分水岭算法，将所有轮廓的像素点标注为 -1

    # 把轮廓添加到原始图像上
    mask = np.zeros(img.shape[:2], np.uint8)
    mask[markers==-1] = 255
    mask = cv.dilate(mask, kernel=np.ones((3,3)))  # 轮廓膨胀，使显示更明显
    imgWatershed = img.copy()
    imgWatershed[mask==255] = [255, 0, 0]  # 将分水岭算法标注的轮廓点设为蓝色

    plt.figure(figsize=(9, 6))
    plt.subplot(231), plt.axis('off'), plt.title("1. Original")
    plt.imshow(cv.cvtColor(img, cv.COLOR_BGR2RGB))
    plt.subplot(232), plt.axis('off'), plt.title("2. Gray image")
    plt.imshow(gray, 'gray')
    plt.subplot(233), plt.axis('off'), plt.title("3. Sure background")
    plt.imshow(sureBG, 'gray')  # 确定背景
    plt.subplot(234), plt.axis('off'), plt.title("4. Sure frontground")
    plt.imshow(sureFG, 'gray')  # 确定前景
    plt.subplot(235), plt.axis('off'), plt.title("5. Markers")
    plt.imshow(cv.cvtColor(markersBGR, cv.COLOR_BGR2RGB))
    plt.subplot(236), plt.axis('off'), plt.title("6. Watershed")
    plt.imshow(cv.cvtColor(imgWatershed, cv.COLOR_BGR2RGB))
    plt.tight_layout()
    plt.show()
```

程序说明

（1）运行结果，基于距离变换的分水岭算法如图 15-4 所示。图 15-4(1)所示为原始图像，图 15-4(2)所示为图 15-4(1)的灰度图。

（2）图 15-4(3)所示为确定背景，图中的黑色区域为确定背景区域，由阈值分割和形态学处理得到。图 15-4(4)所示为确定前景，图中的白色区域为确定前景区域，由距离变换和阈值处理得到。

（3）图 15-4(5)所示为由分水岭算法得到的标记图像，图 15-4(6)所示为把标记的轮廓添加到图 15-4(1)上的图像。其中，轮廓膨胀并非必要步骤，只是为了使图像中的轮廓显示更醒目。

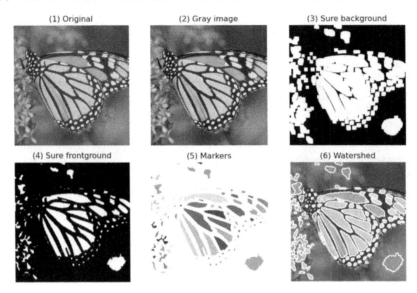

图 15-4　基于距离变换的分水岭算法

【例程 1505】基于轮廓标记的分水岭算法

基于轮廓标记的分水岭算法的思想是利用先验知识帮助分割。本例程先用梯度算子进行边缘检测，然后通过查找图像轮廓，生成标记图像来引导分割。

基于轮廓标记的分水岭算法的步骤如下。

（1）对图像进行梯度处理，以获得梯度图像。

（2）查找梯度图像和绘制图像轮廓。

（3）基于图像轮廓生成标记图像。

（4）基于标记图像使用分水岭算法进行分割，得到各个分割目标的轮廓。

```python
# 【1505】基于轮廓标记的分水岭算法
import cv2 as cv
import numpy as np
from matplotlib import pyplot as plt


if __name__ == '__main__':
    img = cv.imread("../images/Fig0301.png", flags=1)  # 彩色图像(BGR)
    gray = cv.cvtColor(img, cv.COLOR_BGR2GRAY)  # 转为灰度图像

    # (1) 梯度处理
    imgGauss = cv.GaussianBlur(gray, (5, 5), -1)
    grad = cv.Canny(imgGauss, 50, 150)  # Canny 梯度算子

    # (2) 查找梯度图像和绘制图像轮廓
    contours, hierarchy = cv.findContours(grad, cv.RETR_EXTERNAL,
cv.CHAIN_APPROX_SIMPLE)  # 查找图像轮廓
```

```
        markers = np.zeros(img.shape[:2], np.int32)  # 生成标识图像, 所有轮廓区域标识为
索引 (index)序号
        for index in range(len(contours)):  # 用轮廓的 index 标识轮廓区域
            markers = cv.drawContours(markers, contours, index, (index, index,
index), 1, 8, hierarchy)
        ContoursMarkers = np.zeros(img.shape[:2], np.uint8)
        ContoursMarkers[markers > 0] = 255  # 图像轮廓, 将所有轮廓区域标识为白色 (255)
        print(len(contours))

        # (3) 分水岭算法
        markers = cv.watershed(img, markers)  # 分水岭算法, 所有轮廓的像素点被标注为 -1
        WatershedMarkers = cv.convertScaleAbs(markers)

        # (4) 用随机颜色填充分割图像
        bgrMarkers = np.zeros_like(img)
        for i in range(len(contours)):  # 用随机颜色进行填充
            colorKind = np.random.randint(0, 255, size=(1, 3))
            bgrMarkers[markers == i] = colorKind
        bgrFilled = cv.addWeighted(img, 0.67, bgrMarkers, 0.33, 0)  # 填充后与原始图
像融合

        plt.figure(figsize=(9, 6))
        plt.subplot(231), plt.axis('off'), plt.title("1. Original")
        plt.imshow(cv.cvtColor(img, cv.COLOR_BGR2RGB))
        plt.subplot(232), plt.axis('off'), plt.title("2. Gradient")
        plt.imshow(grad, 'gray')  # Canny 梯度算子
        plt.subplot(233), plt.axis('off'), plt.title("3. Contours markers")
        plt.imshow(ContoursMarkers, 'gray')  # 轮廓
        plt.subplot(234), plt.axis('off'), plt.title("4. Watershed markers")
        plt.imshow(WatershedMarkers, 'gray')  # 确定背景
        plt.subplot(235), plt.axis('off'), plt.title("5. Colorful Markers")
        plt.imshow(cv.cvtColor(bgrMarkers, cv.COLOR_BGR2RGB))
        plt.subplot(236), plt.axis('off'), plt.title("6. Cutted image")
        plt.imshow(cv.cvtColor(bgrFilled, cv.COLOR_BGR2RGB))
        plt.tight_layout()
        plt.show()
```

程序说明

（1）运行结果，基于轮廓标记的分水岭算法如图 15-5 所示。图 15-5(1)所示为原始图像，图 15-5(2)所示为图 15-5(1)的梯度图像。

（2）图 15-5(3)所示为图 15-5(2)的轮廓标记图像，对查到的轮廓逐一进行了标记。

（3）图 15-5(4)所示为由分水岭算法对图 15-5(3)的标记轮廓进行分割的结果，图 15-5(5)所示为用随机颜色填充分割图像的结果，图 15-5(6)所示为将填充分割图像与原始图像进行融合，以便观察分割效果。

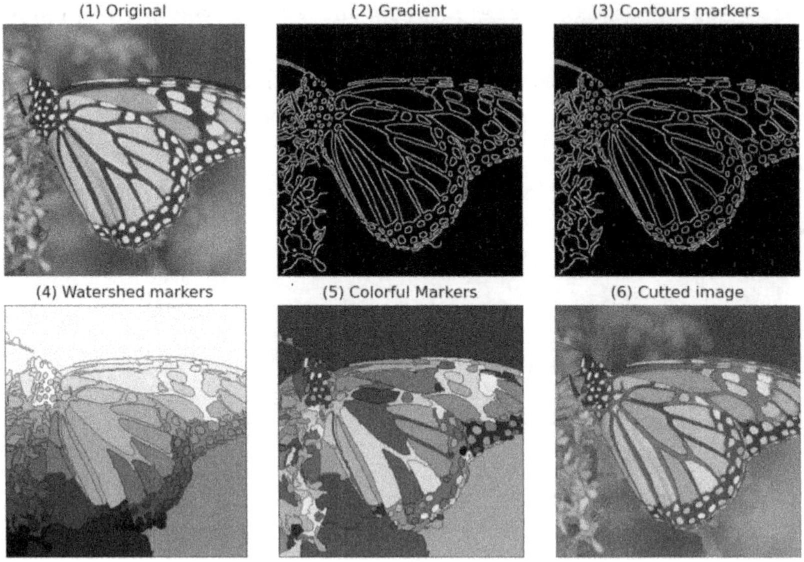

图 15-5　基于轮廓标记的分水岭算法

15.4　图割分割算法

基于图论的图像分割技术的基本思想：将图像映射为带权的无向图，把像素视为节点，基于网络流优化技术求解最小图割，以获得图像分割的最优结果。

图论中的最大流最小割定理指出：从源点到汇点的最大流等于最小割，因此最小割问题等价于最大流问题。求解最大流问题有很多高效的多项式时间算法，可以应用于图像分割。

15.4.1　GraphCut 图割算法

GraphCut 图割算法基于图论的能量优化方法，运用最小割最大流算法进行图像分割，将图像分割为前景和背景。

GraphCut 图割算法只需要用户在前景和背景处各画几笔作为输入，由此建立各个像素点与前景、背景相似度的赋权图，通过求解最小割来分割前景和背景。

GraphCut 图割算法基于颜色统计采样方法，使用基于区域直方图和边界形状的能量函数来计算。图割的目标是最小化能量函数，如下：

$$E(L) = \alpha R(L) + B(L)$$

式中，$L = \{l_1, l_2, \cdots, l_P\}$ 是类别标签；$E(L)$ 是能量函数；$R(L)$ 是区域分布项；$B(L)$ 是边界项。

15.4.2　GrabCut 图割算法

GrabCut 图割算法是 GraphCut 图割算法的改进算法，用户只需要在图像中框选目标，标注更简单。选框外的区域被视为确定背景，选框区域被视为可能前景。

GrabCut 图割算法使用高斯混合模型（GMM）对背景和目标建模，采用迭代方法实现分割能量的最小化。GrabCut 图割算法有效利用了图像中的纹理信息和边界信息，不断进行分割估计和模型参数学习，采用迭代方法逐步优化分割结果。

15.4.3　OpenCV 中的图割算法

OpenCV 中的函数 cv.grabCut 用于实现 GrabCut 图割算法。

函数原型

cv.grabCut(img, mask, rect, bgdModel, fgdModel, iterCount[, mode=GC_EVAL]) → mask, bgdModel, fgdModel

参数说明

◎　img：输入图像，是 8 位三通道彩色图像。

◎　mask：输入和输出的掩模图像，是 8 位单通道图像，二维 Numpy 数组。

◎　rect：包含分割对象的边界矩形，是 Rect 矩形类，格式为元组(*x,y,w,h*)。

◎　bgdModel：背景建模临时数组，是形状为(1,65)的浮点型 Numpy 数组。

◎　fgdModel：前景建模临时数组，是形状为(1,65)的浮点型 Numpy 数组。

◎　iterCount：迭代次数。

◎　mode：操作模式，默认选项为 cv.GC_EVAL。

> GC_INIT_WITH_RECT：使用边界矩形初始化状态和掩模图像。

> GC_INIT_WITH_MASK：使用提供的掩模图像初始化状态。

> GC_EVAL：按迭代次数重复执行算法。

> GC_EVAL_FREEZE_MODEL：仅执行一次迭代方法。

注意问题

（1）掩模图像 mask 默认由用户输入，但在设置框选边界 GC_INIT_WITH_RECT 时会自动生成掩模图像。

（2）边界矩形 rect 是 Rect 矩形类，格式为元组(*x,y,w,h*)，表示左上角顶点坐标为(*x,y*)、矩形宽度为 *w*、高度为 *h*。边界矩形包含分割对象的矩形，矩形之外的区域被视为确定背景。该参数仅在框选边界（GC_INIT_WITH_RECT）时有效。

（3）在模式 GC_INIT_WITH_MASK 或 GC_EVAL 下，可以设置迭代次数重复调用函数以获得更好的结果。

（4）模式 GC_INIT_WITH_RECT 与 GC_INIT_WITH_MASK 可以组合使用，使边界矩形之外的像素被初始化为背景。

（5）在模式 GC_INIT_WITH_RECT 下，ROI 可以初始化如下。

> GC_BGD：定义为明显的背景像素 0。

> GC_FGD：定义为明显的前景像素 1。

> GC_PR_BGD：定义为可能的背景像素 2。

> GC_PR_FGD：定义为可能的前景像素 3。

（6）函数的返回值是 3 个元素的元组(mask,bgdModel,fgdModel)，mask 是 GrabCut 算法的输出图像，bgdModel 和 fgdModel 是临时数组，可以忽略。

【例程 1506】鼠标交互实现 GraphCut 图割算法

本例程介绍鼠标交互式图割算法的实现方法。

　　用户用鼠标在前景和背景处各画几笔作为输入，求解最小割来分割前景和背景。鼠标交互操作如下：①用鼠标左键标记前景，鼠标右键标记背景；②可以重复标记，不断优化；③按 Esc 键退出，完成分割。

```python
# 【1506】鼠标交互实现 GraphCut 图割算法
import cv2 as cv
import numpy as np
from matplotlib import pyplot as plt

drawing = False  # 绘图状态
mode = False  # 绘图模式

class GraphCut:
    def __init__(self, image):
        self.img = image
        self.imgRaw = img.copy()
        self.width = img.shape[0]
        self.height = img.shape[1]
        self.scale = 640 * self.width//self.height
        if self.width > 640:
            self.img = cv.resize(self.img, (640, self.scale),
interpolation=cv.INTER_AREA)
        self.imgShow = self.img.copy()
        self.imgGauss = self.img.copy()
        self.imgGauss = cv.GaussianBlur(self.imgGauss, (3, 3), 0)
        self.lbUp = False
        self.rbUp = False
        self.lbDown = False
        self.rbDown = False
        self.mask = np.full(self.img.shape[:2], 2, dtype=np.uint8)
        self.firstChoose = True

    def onMouseAction(event, x, y, flags, param):  # 鼠标交互
        global drawing, lastPoint, startPoint
        # 左键按下，开始画图
        if event == cv.EVENT_LBUTTONDOWN:
            drawing = True
            lastPoint = (x, y)
            startPoint = lastPoint
            param.lbDown = True
            print("Left button DOWN")
        elif event == cv.EVENT_RBUTTONDOWN:
            drawing = True
            lastPoint = (x, y)
            startPoint = lastPoint
            param.rbDown = True
            print("Right button DOWN")
        # 鼠标移动，画图
        elif event == cv.EVENT_MOUSEMOVE:
            if drawing:
```

```
            if param.lbDown:
                cv.line(param.imgShow, lastPoint, (x, y), (0, 0, 255), 2, -1)
                cv.rectangle(param.mask, lastPoint, (x, y), 1, -1, 4)
            else:
                cv.line(param.imgShow, lastPoint, (x, y), (255, 0, 0), 2, -1)
                cv.rectangle(param.mask, lastPoint, (x, y), 0, -1, 4)
            lastPoint = (x, y)
    # 左键释放，结束画图
    elif event == cv.EVENT_LBUTTONUP:
        drawing = False
        param.lbUp = True
        param.lbDown = False
        cv.line(param.imgShow, lastPoint, (x, y), (0, 0, 255), 2, -1)
        if param.firstChoose:
            param.firstChoose = False
        cv.rectangle(param.mask, lastPoint, (x, y), 1, -1, 4)
        print("Left button UP")
    elif event == cv.EVENT_RBUTTONUP:
        drawing = False
        param.rbUp = True
        param.rbDown = False
        cv.line(param.imgShow, lastPoint, (x, y), (255, 0, 0), 2, -1)
        if param.firstChoose:
            param.firstChoose = False
            param.mask = np.full(param.img.shape[:2], 3, dtype=np.uint8)
        cv.rectangle(param.mask, lastPoint, (x, y), 0, -1, 4)
        print("Right button UP")


if __name__ == '__main__':
    img = cv.imread("../images/Fig1502.png", flags=1)   # 读取彩色图像(BGR)
    graphCut = GraphCut(img)
    print("(1) 鼠标左键标记前景，鼠标右键标记背景")
    print("(2) 按 Esc 键退出，完成分割")

    # 定义鼠标的回调函数
    cv.namedWindow("image")
    cv.setMouseCallback("image", onMouseAction, graphCut)
    while (True):
        cv.imshow("image", graphCut.imgShow)
        if graphCut.lbUp or graphCut.rbUp:
            graphCut.lbUp = False
            graphCut.rbUp = False
            bgModel = np.zeros((1, 65), np.float64)
            fgModel = np.zeros((1, 65), np.float64)
            rect = (1, 1, graphCut.img.shape[1], graphCut.img.shape[0])
            mask = graphCut.mask
            graphCut.imgGauss = graphCut.img.copy()
            cv.grabCut(graphCut.imgGauss, mask, rect, bgModel, fgModel, 5,
cv.GC_INIT_WITH_MASK)
            background = np.where((mask==2) | (mask==0), 0, 1).astype("uint8")
# 0 和 2 做背景
```

```
        graphCut.imgGauss = graphCut.imgGauss * background[:, :, np.newaxis]
# 使用掩模获取前景区域
        cv.imshow("result", graphCut.imgGauss)
    # 按 Esc 键退出
    if cv.waitKey(20) == 27:
        break

plt.figure(figsize=(9, 5.6))
plt.subplot(221), plt.axis("off"), plt.title("1. Original")
plt.imshow(cv.cvtColor(img, cv.COLOR_BGR2RGB))  # 显示 img(RGB)
plt.subplot(222), plt.axis("off"), plt.title("2. Mask image")
plt.imshow(mask, "gray")
plt.subplot(223), plt.axis("off"), plt.title("3. Background")
plt.imshow(background, "gray")
plt.subplot(224), plt.axis("off"), plt.title("4. Graph Cut")
plt.imshow(cv.cvtColor(graphCut.imgGauss, cv.COLOR_BGR2RGB))
plt.tight_layout()
plt.show()
```

程序说明

（1）程序运行时会弹出一个交互窗口显示原始图像，用户可使用鼠标在图像上标记前景或背景。

（2）在标记过程中，会弹出另一个窗口显示图像分割结果，用户可以参考分割结果在原始图像窗口上继续标记、不断优化直至完成，按 Esc 键结束标记。

（3）运行结果，鼠标交互的图割算法分割结果如图 15-6 所示。图 15-6(1)所示为原始图像。图 15-6(2)所示为交互标记的掩模图像。图 15-6(3)所示为分割结果的掩模图像。图 15-6(4)所示为分割的前景图像，分割效果非常好。

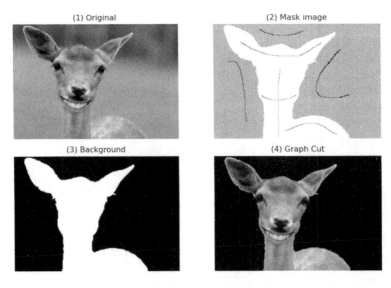

图 15-6　鼠标交互的图割算法分割结果

【例程 1507】框选前景实现 GrabCut 图割算法

本例程通过框选前景实现 GrabCut 图割算法。用鼠标在图像窗口绘制矩形框作为目标前景的边界框，或直接设置矩形框的坐标，使用 GrabCut 图割算法分割矩形框内的前景目标。

```python
# 【1507】框选前景实现 GrabCut 图割算法
import cv2 as cv
import numpy as np
from matplotlib import pyplot as plt

if __name__ == '__main__':
    img = cv.imread("../images/Fig1502.png", flags=1)  # 读取彩色图像(BGR)
    mask = np.zeros(img.shape[:2], np.uint8)

    # 定义矩形框，框选目标前景
    # rect = (118, 125, 220, 245)  # 直接设置矩形的位置参数，也可以鼠标框选 ROI
    print("Select a ROI and then press SPACE or ENTER button!\n")
    roi = cv.selectROI(img, showCrosshair=True, fromCenter=False)
    xmin, ymin, w, h = roi  # 矩形裁剪区域 (ymin:ymin+h, xmin:xmin+w) 的位置参数
    rect = (xmin, ymin, w, h)  # 边界框矩形的坐标和尺寸
    imgROI = np.zeros_like(img)  # 创建与 image 相同形状的黑色图像
    imgROI[ymin:ymin+h, xmin:xmin+w] = img[ymin:ymin+h, xmin:xmin+w].copy()
    print(xmin, ymin, w, h)

    fgModel = np.zeros((1, 65), dtype="float")  # 前景模型，13×5
    bgModel = np.zeros((1, 65), dtype="float")  # 背景模型，13×5
    iter = 5
    (mask, bgModel, fgModel) = cv.grabCut(img, mask, rect, bgModel, fgModel, iter,
                        mode=cv.GC_INIT_WITH_RECT)  # 框选前景分割模式

    # 将所有确定背景和可能背景像素设置为 0，确定前景和可能前景像素设置为 1
    maskOutput = np.where((mask==cv.GC_BGD) | (mask==cv.GC_PR_BGD), 0, 1)
    maskGrabCut = (maskOutput * 255).astype("uint8")
    imgGrabCut = cv.bitwise_and(img, img, mask=maskGrabCut)

    plt.figure(figsize=(9, 5))
    plt.subplot(231), plt.axis('off'), plt.title("1. Original")
    plt.imshow(cv.cvtColor(img, cv.COLOR_BGR2RGB))  # 显示 img(RGB)
    plt.subplot(232), plt.axis('off'), plt.title("2. Bounding box")
    plt.imshow(cv.cvtColor(imgROI, cv.COLOR_BGR2RGB))  # 显示 img(RGB)
    plt.subplot(233), plt.axis('off'), plt.title("3. definite background")
    maskBGD = np.uint8((mask==cv.GC_BGD)) * 205
    plt.imshow(maskBGD, cmap='gray', vmin=0, vmax=255)  # definite background
    plt.subplot(234), plt.axis('off'), plt.title("4. probable background")
    maskPBGD = np.uint8((mask==cv.GC_PR_BGD)) * 205
    plt.imshow(maskPBGD, cmap='gray', vmin=0, vmax=255)  # probable background
    plt.subplot(235), plt.axis('off'), plt.title("5. GrabCut Mask")
    # maskGrabCut = np.where((mask==cv.GC_BGD) | (mask==cv.GC_PR_BGD), 0, 1)
    plt.imshow(maskGrabCut, 'gray')  # mask generated by GrabCut
    plt.subplot(236), plt.axis('off'), plt.title("6. GrabCut Output")
    plt.imshow(cv.cvtColor(imgGrabCut, cv.COLOR_BGR2RGB))  # GrabCut Output
```

```
    plt.tight_layout()
    plt.show()
```

程序说明

（1）程序运行时会弹出一个交互窗口显示原始图像，用户可使用鼠标在图像上绘制矩形框作为目标前景的边界框，矩形框外是确定背景区域，程序能从矩形框内分割出目标前景。

（2）运行结果，框选前景的图割算法分割结果如图 15-7 所示。图 15-7(1)所示为原始图像，图 15-7(2)所示为用鼠标框选的包括目标前景的矩形区域。

（3）图 15-7(3)所示为确定背景的掩模图像，图中矩形框外的灰色区域被认为是确定背景区域。

（4）图 15-7(4)所示为可能背景的掩模图像，图中矩形框内的灰色区域是 GrabCut 图割算法分割的背景区域。图 15-7(5)所示为分割的目标掩模图像。图 15-7(6)所示为分割的目标图像，分割效果非常好。

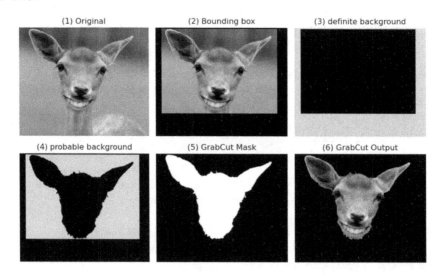

图 15-7　框选前景的图割算法分割结果

15.5　均值漂移算法

均值漂移（Mean Shift）算法是一种通用的聚类算法，能提供一种目标描述与定位的算法框架。

基于均值漂移算法的目标跟踪技术采用核概率密度描述目标特征。对于图像分割通常先采用直方图对目标建模；然后通过相似性度量搜索目标位置，实现目标的匹配与跟踪。均值漂移算法不仅可以用于二维图像处理，也可以用于高维数据处理。

均值漂移算法能将目标特征与空间信息有效结合，避免使用复杂模型描述目标形状、外观和运动，因此对边缘遮挡、目标旋转、变形和背景运动不敏感，能够适应目标形状、大小的连续变换，而且计算速度快、抗干扰能力强。

对于图像分割，通常将 RGB 彩色图像映射到 LUV 颜色空间，结合位置信息可以构造五维向量 $\boldsymbol{Z} = [x, y, l, u, v]^{\mathrm{T}}$。

OpenCV 提供的函数 cv.meanShift 用于实现均值漂移算法。函数 cv.meanShift 能采用目标对象输入反投影，通过迭代搜索计算反投影图像窗口的质心，将搜索窗口中心移向质心。

函数原型

cv.meanShift(probImage, window, criteria[,]) → retval, window

参数说明

◎　probImage：对象直方图的反向投影。

◎　window：初始的搜索窗口。

◎　criteria：迭代终止准则，格式为元组(type, max_iter, epsilon)。

➢　TERM_CRITERIA_EPS：达到精度 epsilon 时停止。

➢　TERM_CRITERIA_MAX_ITER：达到迭代次数 max_iter 时停止。

➢　TERM_CRITERIA_EPS+TERM_CRITERIA_MAX_ITER：达到精度或达到迭代次数时停止。

注意问题

（1）函数 cv.meanShift 只考虑颜色的相似性，不考虑像素的位置坐标。

（2）使用时要先设定目标的初始窗口位置，计算 HSV 模型中色调 H 的直方图。

（3）为了减少低亮度的影响，可以使用函数 cv.inRange 将低亮度值忽略。

【例程 1508】运动图像跟踪之均值漂移算法

本例程通过鼠标交互设置目标追踪窗口，使用均值漂移算法追踪目标移动。程序的基本步骤如下。

（1）创建视频，读取/捕获对象。

（2）鼠标交互框选追踪窗口。

（3）逐帧读取视频，使用均值漂移算法在视频帧中寻找目标窗口。

```python
# 【1508】运动图像跟踪之均值漂移算法
import cv2 as cv
import numpy as np
from matplotlib import pyplot as plt


if __name__ == '__main__':
    # (1) 创建视频，读取/捕获对象
    vedioRead = "../images/Vid01.mp4"  # 读取视频文件的路径
    videoCap = cv.VideoCapture(vedioRead)  # 实例化 VideoCapture 类
    ret, frame = videoCap.read()  # 读取第一帧图像
    height, width = frame.shape[:2]

    # (2) 设置追踪窗口
    print("Select a ROI and then press SPACE or ENTER button!\n")
    trackWindow = cv.selectROI(frame, showCrosshair=True, fromCenter=False)
    x, y, w, h = trackWindow
    roiFrame = frame[y:y+h, x:x+w]  # 设置追踪目标的区域
    plt.figure(figsize=(9, 3.2))
    frame = cv.rectangle(frame, (x,y), (x+w,y+h), 255, 2)
```

```
plt.subplot(131), plt.title("1. Target tracking (f=0)")
plt.axis('off'), plt.imshow(cv.cvtColor(frame, cv.COLOR_BGR2RGB))
print("frame.shape: ", frame.shape, roiFrame.shape)

# (3) 均值漂移算法，在 dst 中寻找目标窗口，找到后返回目标窗口位置
roiHSV = cv.cvtColor(roiFrame, cv.COLOR_BGR2HSV)
mask = cv.inRange(roiHSV, np.array((0., 60., 32.)), np.array((180., 255.,
255.)))
roiHist = cv.calcHist([roiHSV], [0], mask, [180], [0, 180])  # 计算直方图
cv.normalize(roiHist, roiHist, 0, 255, cv.NORM_MINMAX)  # 归一化
termCrit = (cv.TERM_CRITERIA_EPS | cv.TERM_CRITERIA_COUNT, 10, 1)
frameNum = 0  # 视频帧数初值
timef = 60  # 设置抽帧间隔
while videoCap.isOpened():  # 检查视频捕获是否成功
    ret, frame = videoCap.read()  # 读取一帧图像
    if ret is True:
        frameNum += 1  # 读取视频的帧数
        print(frameNum)
        hsv = cv.cvtColor(frame, cv.COLOR_BGR2HSV)  # BGR→HSV
        dst = cv.calcBackProject([hsv], [0], roiHist, [0, 180], 1)
        ret, trackWindow = cv.meanShift(dst, trackWindow, termCrit)
        x, y, w, h = trackWindow  # 绘制追踪窗口
        frame = cv.rectangle(frame, (x, y), (x+w, y+h), 255, 2)
        cv.imshow('frameCap', frame)
        if (frameNum%timef==0 and 1<=frameNum//60<=2):  # 判断抽帧条件
            plt.subplot(1, 3, 1+frameNum//60), plt.axis('off')
            plt.title("{}.Target tracking (f={})".format(1+frameNum//60,
frameNum))
            plt.imshow(cv.cvtColor(frame, cv.COLOR_BGR2RGB))
        if cv.waitKey(10) & 0xFF == 27:  # 按 Esc 键退出
            break
    else:
        print("Can't receive frame at frameNum {}.".format(frameNum))
        break

# (4) 释放资源
videoCap.release()  # 关闭读取视频文件
cv.destroyAllWindows()  # 关闭显示窗口
plt.tight_layout()
plt.show()
```

程序说明

（1）程序运行时会弹出一个交互窗口显示初始帧，用户可使用鼠标在图像上选定目标，绘制矩形框作为追踪窗口。程序能逐帧读取视频图像，使用均值漂移算法寻找并标记目标窗口。

（2）每隔 60 帧可抽取并保存图像，以便比较。用均值漂移算法跟踪视频目标如图 15-8 所示。图 15-8(1)所示为初始帧，图中方框（程序运行时为蓝色）是用户框选的追踪窗口。图 15-8(2)和图 15-8(3)所示为在不同时刻的视频截图，均值漂移算法都能正确追踪目标的位置。

(1) Target tracking (f=0)　　(2) Target tracking (f=60)　　(3) Target tracking (f=120)

图 15-8　用均值漂移算法跟踪视频目标

15.6　运动图像分割

对运动的感知是从背景中发现和提取感兴趣目标的重要方法。基于时域的视频对象分割，基本思想是利用视频相邻图像之间的连续性和相关性进行分割，主要用于处理监控画面中的运动物体。

15.6.1　帧间差分法

帧间差分法是时域视频图像分割算法，利用两帧之间或多帧之间的差值获得差分图像。

帧间差分法又称二帧差法，通过对两幅相邻帧的图像之间的差值图像，进行阈值处理来判断其是否为移动物体，进而分析视频物体的运动特性。

帧间差分法计算简单、易于实现，是受控环境下运动检测系统的基础，但帧间差分法对噪声敏感，局限性大，要求视频图像必须位置相同、大小相等和光照恒定。即使拍摄位置和背景不变，也会检测出大量微小的目标。依据主要目标的尺度，忽略面积很小的检测物，可以提高检测效率。

15.6.2　背景差分法

背景差分法又称背景减法，通过建立背景模型，比较当前帧与背景模型对应像素的差异检测运动目标。

通常把视频中静止不变的图像区域看作背景，运动物体看作前景。背景建模的基本方法是将当前帧与背景帧进行加权平均来更新背景，使静止的背景图像随模型变化。

高斯混合模型（Gaussian Mixture Model，GMM）背景建模法是基于像素样本统计信息的背景表示算法，先利用像素在较长时间内大量样本值的概率密度等统计信息来表示背景，然后使用统计差分进行目标像素判断，可以对复杂动态背景建模。

当每获得新一帧图像时，要先更新高斯混合模型的方差和均值，然后用当前图像中的像素点与更新后的高斯混合模型进行匹配，如果匹配成功则判定该点为背景点，否则为前景点。

高斯混合模型背景建模法不仅对复杂场景的适应强，而且能通过自动计算模型参数调整背景模型，检测速度快、准确度高。该算法能够可靠处理光照变化、背景混乱运动的干扰及长时间的场景变化等，是运动检测的主流算法之一。

高斯混合模型分离算法（MOG）的基本思路：将图像分为几个高斯模型，如果像素点与高斯模型的均值之差大于 3σ，则判断为运动前景。

OpenCV 提供了 MOG 背景差分器，封装为 BackgroundSubtractorMOG2 类。MOG2 是自适应高斯混合模型，能自动为每个像素选择高斯模型的个数，不仅对亮度变化的适应性更好，而且计算速度更快。

函数原型

cv.createBackgroundSubtractorMOG2([, history, varThreshold, detectShadows) → retval

函数 cv.createBackgroundSubtractorMOG2 可以创建高斯混合模型，使用.apply()方法得到前景的掩模。

参数说明

◎ history：历史记录长度，是整型数据，可选项，默认值为 500。

◎ varThreshold：方差阈值，是整型数据，可选项，默认值为16。

◎ detectShadows：是否检测并标记阴影，可选项，默认值为 True。

注意问题

（1）参数 history 是指训练背景的帧数，默认值为 500。参数 varThreshold 是指判断前景、背景的方差阈值，默认值为 16，如果光照变化明显，则设为 25。

（2）MOG2 检测出的前景会带有很多白色噪点，可以对差分图像使用开运算以降低噪点的干扰。

15.6.3　密集光流法

光流（Optical Flow）是空间运动物体在观察成像平面上的像素运动时的瞬时速度。光流是由物体或者摄像头的运动形成的，能使目标在连续图像中形成矢量运动轨迹。

密集光流法能利用图像序列中像素在时间域上的变化与相邻帧之间的相关性，找到上一帧跟当前帧之间存在的对应关系，从而计算出相邻帧物体的运动信息。

二维图像平面特定坐标点上的灰度瞬时变化率被定义为光流矢量。当图像中没有运动目标时，光流矢量在整个图像区域是连续变化的；当图像中有运动目标时，目标与背景存在相对运动，运动物体与背景的速度矢量不同，就可以计算运动物体的位置，检测运动目标。

密集光流法的优点在于，不需要任何场景信息，就可以准确地检测及识别运动目标的位置，且在摄像机处于运动情况下仍然适用，但密集光流法的使用条件很难满足，而且计算耗时，实时性和实用性都较差。

OpenCV 提供了密集光流法的实现函数 cv.calcOpticalFlowPyrLK 追踪视频中的稀疏特征点，函数 cv.calcOpticalFlowFarneback 追踪视频中的密集特征点。

函数 cv.calcOpticalFlowPyrLK 可通过 Lucas-Kanade 算法计算稀疏特征集的光流，追踪视频中的稀疏特征点，是一种两帧差分的光流估计算法。函数 cv.calcOpticalFlowFarneback 可通过 Gunner Farneback 来追踪视频中的密集特征点，得到带有光流向量(u,v) 的矩阵。

函数原型

cv. calcOpticalFlowPyrLK(prevImg, nextImg, prevPts, nextPts[, status, err,　winSize, maxLevel, criteria, flags, minEigThreshold]) → nextPts, status, err cv.calcOpticalFlowFarneback(prev, next, flow, pyr_scale, levels, winsize, iterations, poly_n, poly_sigma, flags[,]) → flow

参数说明

◎ prevImg：上一张 8 位单通道输入图像或金字塔。

◎ nextImg：下一张 8 位单通道输入图像或金字塔，大小和类型与 prevImg 相同。

◎ prevPts：计算光流点的输入向量，是浮点型数据。

◎ nextPts：计算光流点的输出向量，包含下一张图像特征的更新位置。

◎ status：输出状态，如果找到相应的特征流则置为 1，否则置为 0。

◎ winSize：金字塔的搜索窗口大小，默认值为(21,21)。

◎ maxLevel：金字塔的层数，0 表示只使用原始图像，默认值为 3。

◎ flags：操作选项。

    ➢ OPTFLOW_USE_INITIAL_FLOW：使用存储在 nextPts 中的初始估计值。

    ➢ OPTFLOW_LK_GET_MIN_EIGENVALS：使用最小特征值作为误差度量。

◎ flow：计算的光流图像，大小与 prevImg 相同，数据类型为 CV_32FC2。

◎ pyr_scale：参数，图像金字塔的比例尺度，通常设为 0.5。

◎ levels：金字塔的层数，1 表示只使用原始图像。

◎ iterations：每层金字塔的迭代次数。

◎ ploy_n：查找多项式展开的像素邻域大小，通常取 poly_n=5 或 7。

◎ ploy_sigma：高斯标准差，当 poly_n=5 时取 1.1，当 poly_n=7 时取 1.5。

【例程 1509】运动目标跟踪之帧间差分法

本例程使用帧间差分法分析视频图像的物体运动特性，对两幅相邻帧的图像之间的差值图像，进行阈值处理，以目标物尺度为参考，通过查找轮廓提取运动目标。

```python
# 【1509】运动目标跟踪之帧间差分法
import cv2 as cv
import numpy as np
from matplotlib import pyplot as plt

def capMovement(img, imgMove, cntSize):
    # 检查图像尺寸是否一致
    imgCap = imgMove.copy()
    if (imgMove.shape != img.shape):
        print("Error in diffienent image size.")
    if img.shape[-1]==3:
        img = cv.cvtColor(img, cv.COLOR_BGR2GRAY)
        imgMove = cv.cvtColor(imgMove, cv.COLOR_BGR2GRAY)

    # 与参考图像进行差分比较
    thresh = 20  # 比较阈值，当大于阈值时判定存在差异
    absSub = cv.absdiff(img, imgMove)
    _, mask = cv.threshold(absSub, thresh, 255, cv.THRESH_BINARY)  # 阈值分割
    # 提取运动目标
    dilate = cv.dilate(mask, None, iterations=1)
    cnts, _ = cv.findContours(dilate, cv.RETR_EXTERNAL,
```

```
                                      cv.CHAIN_APPROX_SIMPLE)  # 查找轮廓
        print(len(cnts))
        for contour in cnts:
            if cv.contourArea(contour) > cntSize*5:  # 很大轮廓红色标识
                # print(cv.contourArea(contour))
                (x, y, w, h) = cv.boundingRect(contour)
                cv.rectangle(imgCap, (x, y), (x+w, y+h), (0, 0, 255), 5)  # 绘制矩形
            elif cv.contourArea(contour) > cntSize:  # 忽略较小的轮廓区域
                (x, y, w, h) = cv.boundingRect(contour)
                # print(x, y, w, h)
                cv.rectangle(imgCap, (x, y), (x+w, y+h), (255, 0, 0), 5)  # 绘制矩形
        return mask, imgCap


    if __name__ == '__main__':
        # 创建视频，读取/捕获对象
        img0 = cv.imread("../images/FVid1.png", flags=1)  # 静止参考图像
        img1 = cv.imread("../images/FVid2.png", flags=1)  # 读取相邻帧
        img2 = cv.imread("../images/FVid3.png", flags=1)
        img3 = cv.imread("../images/FVid4.png", flags=1)
        mask1, imgCap1 = capMovement(img0, img1, cntSize=1000)
        mask2, imgCap2 = capMovement(img1, img2, cntSize=1000)
        mask3, imgCap3 = capMovement(img2, img3, cntSize=1000)

        plt.figure(figsize=(9, 5.5))
        plt.subplot(231), plt.axis('off'), plt.title("1. MoveCapture1")
        plt.imshow(cv.cvtColor(imgCap1, cv.COLOR_BGR2RGB))
        plt.subplot(232), plt.axis('off'), plt.title("2. MoveCapture2")
        plt.imshow(cv.cvtColor(imgCap2, cv.COLOR_BGR2RGB))
        plt.subplot(233), plt.axis('off'), plt.title("3. MoveCapture3")
        plt.imshow(cv.cvtColor(imgCap3, cv.COLOR_BGR2RGB))
        plt.subplot(234), plt.axis('off'), plt.title("4. Diffabs mask1")
        plt.imshow(mask1, 'gray')
        plt.subplot(235), plt.axis('off'), plt.title("5. Diffabs mask2")
        plt.imshow(mask2, 'gray')
        plt.subplot(236), plt.axis('off'), plt.title("6. Diffabs mask3")
        plt.imshow(mask3, 'gray')
        plt.tight_layout()
        plt.show()
```

程序说明

（1）程序能读取从固定位置拍摄的视频中抽取的不同时刻图像，使用帧间差分法与初始图像进行比较。用帧间差分法识别运动目标如图 15-9 所示。图 15-9(1)～(3)所示为不同时刻的抽频图像，以大方框（程序运行时为红色）标注追踪到的较大的运动物体，以小方框（程序运行时为蓝色）标注追踪到的较小的运动物体。

（2）对于运动目标，从差分图像中通常会检测到两个目标窗口，分别对应目标在前后两帧中的位置。通过差分值的正负可以识别目标的移出和移入。

（3）帧间差分法对噪声敏感，会检测出大量微小的目标，可以根据主要追踪目标的尺度，忽略面积很小的检测物，以提高检测效率。

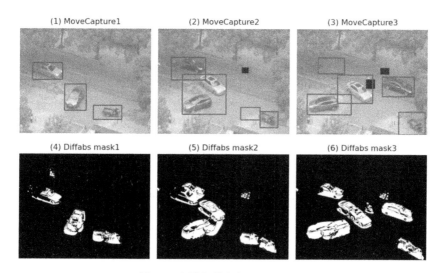

图 15-9　用帧间差分法识别运动目标

【例程 1510】运动目标跟踪之背景差分法

本例程使用 MOG2 背景差分器创建高斯混合模型，对视频中的运动目标进行跟踪和分割。

例程通过对高斯混合模型背景差分图像进行阈值处理和轮廓查找，忽略面积很小的目标，提取并跟踪视频中的运动目标。

```python
# 【1510】运动目标跟踪之背景差分法
import cv2 as cv
import numpy as np
from matplotlib import pyplot as plt

if __name__ == '__main__':
    # 创建视频，读取/捕获对象
    vedioRead = "../images/Vid02.mp4"  # 读取视频文件的路径
    videoCap = cv.VideoCapture(vedioRead)  # 实例化 VideoCapture 类

    # 高斯混合模型背景建模算法
    kernel = cv.getStructuringElement(cv.MORPH_ELLIPSE, (3, 3))  # 滤波器核
    backModel = cv.createBackgroundSubtractorMOG2()  # 创建高斯混合模型
    frameNum = 0  # 视频帧数初值
    timef = 60  # 设置抽帧间隔
    plt.figure(figsize=(9, 5.6))
    while videoCap.isOpened():  # 检查视频捕获是否成功
        ret, frame = videoCap.read()  # 读取一帧图像
        if ret is True:
            frameNum += 1  # 读取视频的帧数
            img = backModel.apply(frame)  # 背景建模
            if frameNum > 50:
                # 开运算过滤噪声
                imgClose = cv.morphologyEx(img, cv.MORPH_OPEN, kernel)
                # 查找轮廓，只取最外层
                contours, hierarchy = cv.findContours(imgClose,
cv.RETR_EXTERNAL, cv.CHAIN_APPROX_SIMPLE)
```

```
            cnts = sorted(contours, key=cv.contourArea, reverse=True)  # 所有
轮廓按面积排序
            for cnt in cnts:
                area = cv.contourArea(cnt)  # 计算轮廓面积
                if area > 200:  # 忽略小目标
                    x, y, w, h = cv.boundingRect(cnt)
                    cv.rectangle(frame, (x,y), (x+w,y+h), (0,0,255), 3)
                else:
                    break
            cv.imshow('frame', frame)  # 目标识别视频
            cv.imshow('img', img)  # 高斯模型视频
            if (frameNum%timef==0 and 1<=frameNum//60<=6):  # 判断抽帧条件
                plt.subplot(2, 3, frameNum//60), plt.axis('off')
                plt.title("{}. Target tracking (f={})".format(frameNum//60,
frameNum))
                plt.imshow(cv.cvtColor(frame, cv.COLOR_BGR2RGB))
            if cv.waitKey(10) & 0xFF == 27:  # 按 Esc 键退出
                break
        else:
            print("Can't receive frame at frameNum {}.".format(frameNum))
            break

    # 释放资源
    videoCap.release()  # 关闭读取视频文件
    cv.destroyAllWindows()  # 关闭显示窗口
    plt.tight_layout()
    plt.show()
```

程序说明

（1）程序能读取固定位置拍摄的视频文件，使用背景差分法逐帧对运动目标进行跟踪和标记。

（2）程序运行时以视频窗口进行播放和处理。为便于比较，每隔 60 帧会抽取一张图像。用背景差分法识别运动目标如图 15-10 所示。图 15-10(1)～(6)所示为不同时刻的视频截图，图中以矩形框（程序运行时为红色）标记追踪到的运动目标。

（3）为减少噪声影响和限制微小目标，可通过轮廓面积筛除小目标，以提高检测效率。

（4）背景差分法计算速度很快，基本可以满足实时运行的需要。

图 15-10　用背景差分法识别运动目标

图 15-10　用背景差分法识别运动目标（续）

【例程 1511】运动目标跟踪之密集光流法

本例程使用密集光流法追踪视频中的密集特征点。

例程能将获得的光流矩阵转换到 HSV 空间，进行阈值处理和轮廓查找，忽略面积很小的目标，提取并跟踪视频中的运动目标。

```python
# 【1511】运动目标跟踪之密集光流法
import cv2 as cv
import numpy as np
from matplotlib import pyplot as plt


def capMovementOF(prvs, next, tSize=100):
    grayPrvs = cv.cvtColor(prvs, cv.COLOR_BGR2GRAY)  # 转为灰度图
    grayNext = cv.cvtColor(next, cv.COLOR_BGR2GRAY)  # 转为灰度图
    flow = cv.calcOpticalFlowFarneback(grayPrvs, grayNext, None, 0.5, 3, 15,
3, 5, 1.2, 0)  # 计算光流以获取点的新位置
    magFlow, ang = cv.cartToPolar(flow[..., 0], flow[..., 1])
    # 将光流强度转换为 HSV，提高检测能力
    hsv = np.zeros_like(prvs)  # 创建掩码图片
    hsv[..., 0] = ang * 180 / np.pi / 2  # 色调范围：0~360°
    hsv[..., 1] = 255  # H 色调/S 饱和度/V 亮度
    hsv[..., 2] = cv.normalize(magFlow, None, 0, 255, cv.NORM_MINMAX)
    kernel = cv.getStructuringElement(cv.MORPH_ELLIPSE, (3, 3))
    bgr = cv.cvtColor(hsv, cv.COLOR_HSV2BGR)
    draw = cv.cvtColor(bgr, cv.COLOR_BGR2GRAY)  # (h,w)
    fgOpen = cv.morphologyEx(draw, cv.MORPH_OPEN, kernel)
    _, fgMask = cv.threshold(fgOpen, 25, 255, cv.THRESH_BINARY)
    contours, _ = cv.findContours(fgMask, cv.RETR_EXTERNAL, cv.CHAIN_APPROX_SIMPLE)
# 查找轮廓
    cnts = sorted(contours, key=cv.contourArea, reverse=True)  # 所有轮廓按面积排序
    frameRect = next.copy()
    for cnt in cnts:
        if cv.contourArea(cnt) > tSize:
            (x, y, w, h) = cv.boundingRect(cnt)  # 用该函数计算矩形边界框
            cv.rectangle(frameRect, (x,y), (x+w,y+h), (0,0,255), 3)
        else:
            break
    return magFlow, frameRect
```

```python
if __name__ == '__main__':
    # 创建视频，读取/捕获对象
    vedioRead = "../images/Vid02.mp4"  # 读取视频文件的路径
    videoCap = cv.VideoCapture(vedioRead)  # 实例化 VideoCapture 类
    ret, frameNew = videoCap.read()  # 读取第一帧图像

    frameNum = 0  # 视频帧数初值
    tf = 60  # 设置抽帧间隔
    plt.figure(figsize=(9, 5.6))
    while videoCap.isOpened():  # 检查视频捕获是否成功
        frameOld = frameNew.copy()
        ret, frameNew = videoCap.read()  # 读取一帧图像
        if ret is True:
            frameNum += 1  # 读取视频的帧数
            magFlow, frameCap = capMovementOF(frameOld, frameNew, tSize=200)
            print(frameNum, magFlow.shape)
            cv.imshow('frame', frameOld)  # 原始视频
            cv.imshow('capture', frameCap)  # 目标识别视频
            cv.imshow('flow', magFlow)  # 光流矩阵
            if (frameNum%tf==0 and 1<=frameNum//tf<=3):  # 判断抽帧条件
                plt.subplot(2, 3, frameNum//tf), plt.axis('off')
                plt.title("{}. Target tracking (f={})".format(frameNum//tf,
frameNum))
                plt.imshow(cv.cvtColor(frameCap, cv.COLOR_BGR2RGB))
                plt.subplot(2, 3, 3+frameNum//tf), plt.axis('off')
                plt.title("{}. Optical flow (f={})".format(3+frameNum//tf,
frameNum))
                plt.imshow(magFlow[:, 300:1200], cmap='gray')
            if cv.waitKey(10) & 0xFF == 27:  # 按 Esc 键退出
                break
        else:
            print("Can't receive frame at frameNum {}.".format(frameNum))
            break

    # 释放资源
    videoCap.release()  # 关闭读取视频文件
    cv.destroyAllWindows()  # 关闭显示窗口
    plt.tight_layout()
    plt.show()
```

程序说明

（1）程序能读取固定位置拍摄的视频文件，使用密集光流法逐帧对运动目标进行跟踪和标记。

（2）程序运行时以视频窗口进行播放和处理。为便于比较，每隔 60 帧可抽取一张图像。用密集光流法识别运动目标如图 15-11 所示，密集光流法能准确地追踪不同大小的运动目标。

（3）图 15-11(1)～(3)所示为不同时刻的视频截图，图中以矩形框（程序运行时为红色）标记追踪到的运动目标区域。图 15-11(4)～(6)所示为相应的光流图像，图中的白色或灰色块对应检测到的运动目标。

（4）密集光流法计算速度很慢，通常难以满足实时运行的需求。

图 15-11　用密集光流法识别运动目标

第 16 章
特征描述

特征通常是针对图像中的目标或关键点而言的。目标的边界（轮廓）通常是一条简单的闭合曲线。针对目标边界的特征描述符，称为边界描述符（Boundary Descriptors）。针对目标所在区域的特征描述符，称为区域描述符（Region Descriptors）。针对关键点的描述符，称为关键点描述符（Keypoints Descriptors）。

本章内容概要

◎ 介绍边界描述符，如弗里曼链码、傅里叶描述符和傅里叶频谱分析。

◎ 介绍区域特征描述符，如紧致度、圆度、偏心率。

◎ 介绍灰度共生矩阵。

◎ 学习和使用方向梯度直方图，构造方向梯度直方图（HOG）关键点描述符。

◎ 学习和使用二进制描述符，如 LBP 描述符、BRIEF 描述符和 FREAK 描述符。

16.1 特征描述之弗里曼链码

链码通过连接规定长度和方向的直线段来表示目标边界。链码表示基于线段的四连通或八连通。弗里曼链码（Freeman Chain Code）使用一种方向数序列编号方案对每个线段的方向进行编号，生成边界描述码。

链码的长度是边界曲线的像素点数。初始边界曲线相邻像素之间的距离很小，基于初始边界的链码不仅很长，而且容易受边界扰动的影响。选择更大网格间距对边界曲线向下降采样，不仅可以减小链码长度，而且可以简化初始边界，往往能更好地反映边界的基本特征。

生成弗里曼链码的基本步骤如下。

（1） 在图像上按照采样间隔（如 10pixel）生成向下采样网格。

（2） 将边界曲线上所有点的坐标调整为最近的采样网格点的坐标。

每个边界点都在一个采样网格块中，计算该边界点到网格块的 4 个顶点的距离，将距离最近的网格块顶点的坐标作为该边界点的新坐标。于是，所有的边界点都被移动到采样网格点上，且有很多重叠，即多个边界点被移动到同一个采样网格点上。

（3） 删除重叠的边界点，得到新的向下采样边界曲线。

向下采样边界曲线相邻像素之间的距离为采样间距，像素点的数量大幅减少，简化了初始边界，基于下采样边界曲线的链码长度也相应地缩短，但要注意此时链码表示的单位长度不是单位像素，与使用的采样间隔对应。

【例程 1601】特征描述之弗里曼链码

本例程针对图像中的最大轮廓，计算轮廓的弗里曼链码。

```
# 【1601】特征描述之弗里曼链码
import cv2 as cv
import numpy as np
```

```python
from matplotlib import pyplot as plt

def FreemanChainCode(cLoop, gridsep=1):  # 由闭合边界点集生成弗里曼链码
    # Freeman 8 方向链码的方向数
    dictFreeman = {(1,0):0, (1,1):1, (0,1):2, (-1,1):3, (-1,0):4, (-1,-1):5,
(0,-1):6, (1,-1):7}
    diffCloop = np.diff(cLoop, axis=0) // gridsep  # cLoop 的一阶差分码, (k+1,2)
→(k,2)
    direction = [tuple(x) for x in diffCloop.tolist()]
    codeList = list(map(dictFreeman.get, direction))  # 查字典获得链码, k
    code = np.array(codeList)  # 转回 Numpy 数组, (k,)
    return code


def boundarySubsample(points, gridsep):  # 对闭合边界曲线向下降采样
    gridsep = max(int(gridsep), 2)  # gridsep 为整数
    pointsGrid = points.copy()  # 初始化边界点的栅格坐标
    subPointsList = []  # 初始化降采样点集
    Grid = np.zeros((4, 2), np.int16)  # 初始化栅格顶点坐标
    dist2Grid = np.zeros((4,), np.float32)  # 初始化边界点到栅格顶点的距离
    for i in range(points.shape[0]):  # 遍历边界点
        [xi, yi] = points[i,:]  # 第 i 个边界点的坐标
        [xgrid, ygrid] = [xi-xi%gridsep, yi-yi%gridsep]  # 边界点[xi,yi] 所属栅格
的顶点坐标
        Grid[0,:] = [xgrid, ygrid]  # 栅格的上下左右 4 个顶点
        Grid[1,:] = [xgrid, ygrid+gridsep]
        Grid[2,:] = [xgrid+gridsep, ygrid]
        Grid[3,:] = [xgrid+gridsep, ygrid+gridsep]
        # dist2Grid[:] = [np.linalg.norm(points[i,:] - Grid[k,:]) for k in
range(4)]  # 边界点到栅格各顶点的距离
        dist2Grid[:] = [np.sqrt(np.sum(np.square(points[i,:] - Grid[k,:]))) for
k in range(4)]
        GridMin = np.argmax(-dist2Grid, axis=0)  # 最小值索引, 最近栅格顶点的编号
        pointsGrid[i,:] = Grid[GridMin,:]  # 边界点被吸引到最近的栅格顶点
        if (pointsGrid[i,:] != pointsGrid[i-1,:]).any():  # 相邻边界点栅格坐标是否
相同
            subPointsList.append(pointsGrid[i])  # 只添加不同的点, 即删除重复的边界点
    subPoints = np.array(subPointsList)
    return subPoints


if __name__ == '__main__':
    img = cv.imread("../images/Fig1601.png", flags=1)
    gray = cv.cvtColor(img, cv.COLOR_BGR2GRAY)  # 灰度图像
    blur = cv.boxFilter(gray, -1, (3, 3))  # 盒式滤波器, 3×3 平滑核
    _, binary = cv.threshold(blur, 200, 255, cv.THRESH_OTSU +
cv.THRESH_BINARY_INV)
    # 寻找二值图中的轮廓, **method=cv.CHAIN_APPROX_NONE 输出轮廓的每个像素点! **
    contours, hierarchy = cv.findContours(binary, cv.RETR_TREE,
cv.CHAIN_APPROX_NONE)  # OpenCV4~
    # 绘制全部轮廓, contourIdx=-1 绘制全部轮廓
    imgCnts = np.zeros(gray.shape[:2], np.uint8)  # 绘制轮廓函数, 修改原始图像
    imgCnts = cv.drawContours(imgCnts, contours, -1, (255,255,255),
```

```
thickness=2)  # 绘制全部轮廓

        # 获取最大轮廓
        cnts = sorted(contours, key=cv.contourArea, reverse=True)  # 所有轮廓按面积排序
        cnt = cnts[0]  # 第 0 个轮廓，面积最大的轮廓，(1458, 1, 2)
        cntPoints = np.squeeze(cnt)  # 删除维度为 1 的数组维度，(1458,1,2)→(1458,2)
        maxContour = np.zeros(gray.shape[:2], np.uint8)  # 初始化最大轮廓图像
        cv.drawContours(maxContour, cnt, -1, (255, 255, 255), thickness=2)  # 绘制轮廓 cnt
        print("len(contours) =", len(contours))  # contours 所有轮廓的列表
        print("area of max contour: ", cv.contourArea(cnt))  # 轮廓面积
        print("perimeter of max contour: {:.1f}".format(cv.arcLength(cnt, True)))
# 轮廓周长

        # 向下降采样，简化轮廓的边界
        gridsep = 25  # 采样间隔
        subPoints = boundarySubsample(cntPoints, gridsep)  # 自定义函数，通过向下采样简
化轮廓
        print("points of contour:", cntPoints.shape[0])  # 原始轮廓点数：1458
        print("subsample steps: {}, points of subsample:
{}".format(gridsep,subPoints.shape[0]))  # 降采样轮廓点数：81
        subContour1 = np.zeros(gray.shape[:2], np.uint8)  # 初始化简化轮廓图像
        [cv.circle(subContour1, (point[0],point[1]), 1, 160, -1) for point in
cntPoints]  # 绘制初始轮廓的采样点
        [cv.circle(subContour1, (point[0],point[1]), 4, 255, -1) for point in
subPoints]  # 绘制降采样轮廓的采样点
        cv.polylines(subContour1, [subPoints], True, 255, thickness=2)  # 绘制多边
形，闭合曲线

        # 向下降采样，简化轮廓的边界
        gridsep = 50  # 采样间隔
        subPoints = boundarySubsample(cntPoints, gridsep)  # 自定义函数，通过向下采样简
化轮廓
        print("subsample steps: {}, points of
subsample:{}".format(gridsep,subPoints.shape[0]))  # 降采样轮廓点数：40
        subContour2 = np.zeros(gray.shape[:2], np.uint8)  # 初始化简化轮廓图像
        [cv.circle(subContour2, (point[0],point[1]), 1, 160, -1) for point in
cntPoints]  # 绘制初始轮廓的采样点
        [cv.circle(subContour2, (point[0],point[1]), 4, 255, -1) for point in
subPoints]  # 绘制降采样轮廓的采样点
        cv.polylines(subContour2, [subPoints], True, 255, thickness=2)  # 绘制多边
形，闭合曲线

        # 生成弗里曼链码
        cntPoints = np.squeeze(cnt)  # 删除维度为 1 的数组维度，(1458,1,2)→(1458,2)
        # pointsLoop = np.append(cntPoints, [cntPoints[0]], axis=0)  # 首尾循环，结尾
添加 cntPoints[0]
        pointsLoop = np.append(cntPoints, [cntPoints[0]], axis=0)  # 首尾循环，结尾添
加 cntPoints[0]
        chainCode = FreemanChainCode(pointsLoop, gridsep=1)  # 自定义函数，生成链码
(1458,)
        print("Freeman chain code:", chainCode.shape)  # 链码长度为轮廓长度：1458
```

```
    # print("subsample steps: {}, points of subsample:{}".format(gridsep,
subPoints.shape[0]))
    if (subPoints[0]==subPoints[-1]).all():
        subPointsLoop = subPoints  # 首尾相同，不需要构造循环 (40,2)
    else:
        subPointsLoop = np.append(subPoints, [subPoints[0]], axis=0)  # 首尾循环
    subChainCode = FreemanChainCode(subPointsLoop, gridsep=50)  # 自定义函数，生
成链码 (40,)
    print("Down-sampling Freeman chain code:", subChainCode.shape)  # 链码长度为
简化轮廓的长度
    print(subChainCode)

    plt.figure(figsize=(10, 6))
    plt.subplot(231), plt.title("1. Original")
    plt.axis('off'), plt.imshow(cv.cvtColor(img, cv.COLOR_BGR2RGB))
    plt.subplot(232), plt.title("2. Binary image")
    plt.axis('off'), plt.imshow(binary, 'gray')
    plt.subplot(233), plt.title("3. Contours")
    plt.axis('off'), plt.imshow(imgCnts, 'gray')
    plt.subplot(234), plt.title("4. Max contour")
    plt.axis('off'), plt.imshow(maxContour, 'gray')
    plt.subplot(235), plt.title("5. DownSampling(grid=25)")
    plt.axis('off'), plt.imshow(subContour1, 'gray')
    plt.subplot(236), plt.title("6. DownSampling(grid=50)")
    plt.axis('off'), plt.imshow(subContour2, 'gray')
    plt.tight_layout()
    plt.show()
```

运行结果：

```
len(contours) = 9
area of max contour:  124568.0
perimeter of max contour: 1691.6
points of contour: 1458
subsample steps: 25, points of subsample: 81
subsample steps: 50, points of subsample:41
Freeman chain code: (1458,)
Down-sampling Freeman chain code: (40,)
[4 2 4 2 2 0 2 2 0 2 2 2 0 2 0 0 6 0 0 6 2 0 0 6 0 6 6 6 4 4 4 4 4 6 6 6 4
 6 4 4]
```

程序说明

运行结果，拉力赛路线图的弗里曼链码如图 16-1 所示。

（1）图 16-1(1)所示的原始图像是达喀尔拉力赛的路线图。图 16-1(2)所示为黑色背景的二值图像。图 16-1(3)所示为图 16-1(2)的轮廓图，共找到 9 条轮廓。图 16-1(4)所示为找到的最大轮廓，即拉力赛的路线，共有 1458 个像素点。

（2）图 16-1(5)所示为以 25 个像素的采样间隔对最大轮廓进行降采样，将轮廓压缩到 81 个网格点。图 16-1(6)所示为以 50 个像素的采样间隔对最大轮廓进行降采样，将轮廓压缩到 41 个网格点。

（3）最大轮廓简化为 41 个网格点，对应的弗里曼链码长度为 40。用 40 位弗里曼链码描述轮廓的边界特征，降低了特征维数。

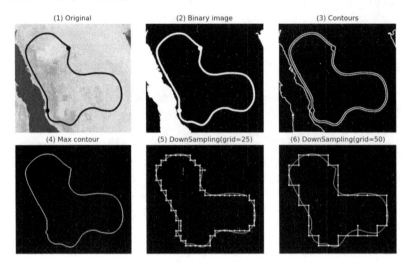

图 16-1　拉力赛路线图的弗里曼链码

16.2　特征描述之傅里叶描述符

傅里叶描述符的基本思想：用目标边界曲线的傅里叶变换描述目标区域的形状，从而将二维描述问题简化为一维描述问题。傅里叶描述符具有旋转、平移和尺度不变性。

将边界曲线上所有边界点的坐标 $\left[x(k), y(k)\right]$ 视为复数，记为

$$s(k) = x(k) + j \cdot y(k), \quad k = 0, \cdots, K-1$$

于是可以将边界点的集合 $s(k)$ 看作一维信号，其一维离散傅里叶变换如下：

$$a(u) = \sum_{k=0}^{K-1} s(k) \mathrm{e}^{-j2\pi uk/K}, \quad u = 0, \cdots, K-1$$

式中的复数系数 $a(u)$ 称为边界的傅里叶描述符。

通过复数系数 $a(u)$ 的傅里叶反变换，可以恢复原始信号 $s(k)$，即恢复目标的边界点集的坐标。如下：

$$s(k) = \frac{1}{K} \sum_{u=0}^{P-1} a(u) \mathrm{e}^{j2\pi uk/K}, \quad k = 0, \cdots, K-1$$

如果使用 $a(u)$ 的全部 K 个系数，则傅里叶反变换等于原输入信号。如果仅取 $a(u)$ 的前 P 个系数，则傅里叶反变换是原输入信号的近似，相当于使用保留低频、滤除高频的理想低通滤波器。因此，用少量低频的傅里叶描述符就可以描述目标边界曲线形状的基本特征。

边界曲线数组是一维复数数组，可以将其视为列数为 1 的二维复数图像，按照二维复数图像傅里叶变换算法进行处理。注意：要对傅里叶变换进行中心化处理，先进行傅里叶逆变换，再去中心化。

　　由于傅里叶变换的对称性要求，因此边界曲线及反变换曲线的点数必须是偶数。如果边界曲线的点数是奇数，则可以添加一个点（如起点），形成首尾相同的偶数点集。另外，在低频滤波截取低频傅里叶描述符时，保留的项数也必须是偶数。

【例程 1602】特征描述之傅里叶描述符

　　本例程针对图像中银杏树叶的边界，分别用不同数量的傅里叶描述符重建边界。

```python
# 【1602】特征描述之傅里叶描述符
import cv2 as cv
import numpy as np
from matplotlib import pyplot as plt

def fftDescribe(s):  # 计算边界 s 的傅里叶描述符
    sComplex = np.empty((s.shape[0], 1, 2), np.int32)  # 声明二维数组 (1816,1,2)
    sComplex[:, 0, :] = s[:, :]  # xk (:,:,0), yk (:,:,1)
    # 中心化, centralized 2d array f(x,y) × (-1)^(x+y)
    mask = np.ones(sComplex.shape)  # (1816, 1, 2)
    mask[1::2, ::2] = -1  # 中心化
    mask[::2, 1::2] = -1
    sCent = sComplex * mask  # f(x,y) × (-1)^(x+y)  (1816, 1, 2)
    sDft = np.empty(sComplex.shape)  # (1816, 1, 2)
    cv.dft(sCent, sDft, cv.DFT_COMPLEX_INPUT + cv.DFT_COMPLEX_OUTPUT)  # 傅里叶变换
    return sDft


def reconstruct(sDft, scale, size, ratio=1.0):  # 由傅里叶描述符重建轮廓图
    K = sDft.shape[0]  # 傅里叶描述符的总长度
    pLowF = int(K * ratio)  # 保留低频系数的长度
    low, high = int(K/2) - int(pLowF/2), int(K/2) + int(pLowF/2)
    sDftLow = np.zeros(sDft.shape, np.float32)  # [(0,low) 和 (high, K)] 区间置 0
    sDftLow[low:high, :, :] = sDft[low:high, :, :]  # 保留 [low,high] 区间的傅里叶
描述符

    iDft = np.empty(sDftLow.shape)  # (1816, 1, 2)
    cv.idft(sDftLow, iDft, cv.DFT_COMPLEX_INPUT | cv.DFT_COMPLEX_OUTPUT)  # 傅
里叶逆变换
    # 去中心化, centralized 2d array g(x,y) × (-1)^(x+y)
    mask2 = np.ones(iDft.shape, np.int32)  # (1816, 1, 2)
    mask2[1::2, ::2] = -1  # 去中心化
    mask2[::2, 1::2] = -1
    idftCent = iDft * mask2  # g(x,y) × (-1)^(x+y)
    if idftCent.min() < 0:
        idftCent -= idftCent.min()
    idftCent *= scale / idftCent.max()  # 调整尺度比例
    sRebuild = np.squeeze(idftCent).astype(np.int32)  # (1816, 1, 2)->(1816,2)
    print("ratio:{}\tdescriptor:{}\t max/min:{}/{}".format(ratio, pLowF,
sRebuild.max(), sRebuild.min()))

    rebuild = np.ones(size, np.uint8) * 255  # 创建空白图像
    cv.rectangle(rebuild, (2, 2), (size[0]-2, size[1]-2), (0,0,0), 2)  # 绘制边框
    cv.polylines(rebuild, [sRebuild], True, 0, thickness=2)  # 绘制多边形，闭合曲线
```

```python
        return rebuild

    if __name__ == '__main__':
        img = cv.imread("../images/Fig1602.png", flags=1)
        gray = cv.cvtColor(img, cv.COLOR_BGR2GRAY)  # 灰度图像
        print("shape of image:", gray.shape)  # (600, 600)

        _, binary = cv.threshold(gray, 200, 255, cv.THRESH_BINARY|cv.THRESH_OTSU)
        # 寻找二值图中的轮廓，method=cv.CHAIN_APPROX_NONE，输出轮廓的每个像素点
        contours, hierarchy = cv.findContours(binary, cv.RETR_TREE,
    cv.CHAIN_APPROX_NONE)  # OpenCV4~
        cnts = sorted(contours, key=cv.contourArea, reverse=True)  # 所有轮廓按面积排序
        cnt = cnts[0]  # 第 0 个轮廓，面积最大的轮廓，(1816, 1, 2)
        cntPoints = np.squeeze(cnt)  # 删除维度为 1 的数组维度，(1816, 1, 2)→(1816,2)
        imgCnts = np.zeros(gray.shape[:2], np.uint8)  # 创建空白图像
        cv.drawContours(imgCnts, cnt, -1, (255, 255, 255), 2)  # 绘制轮廓

        # 计算傅里叶描述符
        if (cntPoints.shape[0] % 2):  # 如果轮廓像素为奇数，则补充为偶数
            cntPoints = np.append(cntPoints, [cntPoints[0]], axis=0)  # 首尾循环，补为
    偶数 (1816, 2)
        K = cntPoints.shape[0]  # 轮廓点的数量
        scale = cntPoints.max()  # 尺度系数
        sDft = fftDescribe(cntPoints)  # 复数数组，保留全部系数，(1816, 1, 2)
        print("cntPoint:", cntPoints.shape, "scale:", cntPoints.max(), cntPoints.min())

        # 由全部傅里叶描述符重建轮廓曲线
        size = gray.shape[:2]
        rebuild = reconstruct(sDft, scale, size)  # 由全部傅里叶描述符重建轮廓曲线 (1816,)
        # 由低频傅里叶描述符重建轮廓曲线，删除高频系数
        kReb = [0.1, 0.05, 0.02, 0.01, 0.005]
        rebuild1 = reconstruct(sDft, scale, size, ratio=kReb[0])  # 低频系数 (181,2)
        rebuild2 = reconstruct(sDft, scale, size, ratio=kReb[1])  # 低频系数 (90,2)
        rebuild3 = reconstruct(sDft, scale, size, ratio=kReb[2])  # 低频系数 (36,2)
        rebuild4 = reconstruct(sDft, scale, size, ratio=kReb[3])  # 低频系数 (18,2)
        rebuild5 = reconstruct(sDft, scale, size, ratio=kReb[4])  # 低频系数 (9,2)

        plt.figure(figsize=(9, 5.4))
        plt.subplot(241), plt.axis('off'), plt.title("Original")
        plt.imshow(cv.cvtColor(img, cv.COLOR_BGR2RGB))
        plt.subplot(242), plt.axis('off'), plt.title("Contour")
        plt.imshow(cv.cvtColor(imgCnts, cv.COLOR_BGR2RGB))
        plt.imshow(imgCnts, cmap='gray')
        plt.subplot(243), plt.axis('off'), plt.title("Recovery (100%)")
        plt.imshow(rebuild, cmap='gray')
        for i in range(len(kReb)):
            plt.subplot(2,4,4+i), plt.axis('off')
            plt.title("Rebuild{} ({}%)".format(i+1, kReb[i]*100))
            plt.imshow(eval("rebuild{}".format(i+1)), cmap='gray')
        plt.tight_layout()
        plt.show()
```

运行结果：

```
cntPoint: (1816, 2) scale: 560 48
ratio:1.0     descriptor:1816   max/min:560/47
ratio:0.1     descriptor:181    max/min:560/47
ratio:0.05    descriptor:90     max/min:560/48
ratio:0.02    descriptor:36     max/min:560/50
ratio:0.01    descriptor:18     max/min:560/55
ratio:0.005   descriptor:9      max/min:560/76
```

程序说明

运行结果，不同比例傅里叶系数描述的边界曲线如图 16-2 所示。

（1）图 16-2(1)所示的原始图像是银杏叶片的图像。图 16-2(2)所示的最大轮廓是叶片的外形曲线组成的轮廓。

（2）将叶片轮廓曲线视为离散周期信号进行傅里叶变换，用不同数量的傅里叶描述符重建边界曲线。图 16-2(3)所示为使用全部傅里叶系数重建轮廓曲线，完全复原了图 16-2(2)中的叶片轮廓。

（3）图 16-2(4)～(8)所示分别用 0.5%～10%的傅里叶系数作为傅里叶描述符，进行傅里叶逆变换，重建轮廓曲线，保留了轮廓曲线的低频信息，描述了轮廓曲线形状的基本特征。

（4）例程结果表明，使用约 1%的傅里叶描述符（26 个复系数），就可以较好地描述边界曲线的基本形状。

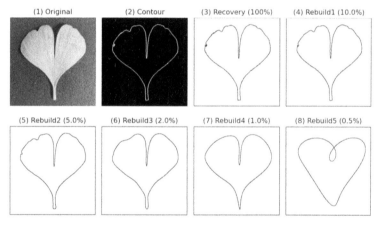

图 16-2　不同比例傅里叶系数描述的边界曲线

16.3　特征描述之傅里叶频谱分析

傅里叶频谱可以反映图像的周期性或半周期性二维模式的方向性。图像的纹理特征与频谱中的高频分量密切相关，纹理模式在傅里叶功率谱中表现为中心对称的亮斑。

基于傅里叶变换对纹理进行频谱分析的特征如下。

（1）傅里叶频谱中的突出峰值对应纹理模式的主方向。

（2）频域图中的峰值位置对应纹理模式在空间上的基本周期。

（3）通过滤波消除周期分量，用统计方法描述剩下的非周期性信号。

具体地，把傅里叶幅度谱转换到极坐标中表示为函数 $S(r,\theta)$，可以简化对频谱特性的解释。分别对一维函数 $S_\theta(r)$ 和 $S_r(\theta)$ 积分，可以获得纹理频谱的全局描述。如下：

$$S(r) = \sum_{\theta=0}^{\pi} S_\theta(r), \quad S(\theta) = \sum_{r=1}^{R} S_r(\theta)$$

如果图像纹理具有空间的周期性或确定的方向性，则 $S(r)$ 和 $S(\theta)$ 在对应频率具有峰值。

【例程 1603】特征描述之傅里叶频谱分析

本例程通过对有序排列与无序排列方块的傅里叶频谱特征进行分析，介绍使用傅里叶频谱对图像纹理的分析方法。

```python
# 【1603】特征描述之傅里叶频谱分析
import cv2 as cv
import numpy as np
from matplotlib import pyplot as plt

def halfcircle(radius, x0, y0):  # 计算圆心为(x0,y0)、半径为 r 的半圆的整数坐标
    degree = np.arange(180, 360, 1)  # 因对称性可以用半圆 (180,)
    theta = np.float32(degree * np.pi / 180)  # 弧度，一维数组 (180,)
    xc = (x0 + radius * np.cos(theta)).astype(np.int16)  # 计算直角坐标，整数
    yc = (y0 + radius * np.sin(theta)).astype(np.int16)
    return xc, yc

def intline(x1, x2, y1, y2):  # 计算从(x1,y1)到(x2,y2)的线段上所有点的坐标
    dx, dy = np.abs(x2 - x1), np.abs(y2 - y1)  # x, y 的增量
    if dx == 0 and dy == 0:
        x, y = np.array([x1]), np.array([y1])
        return x, y
    if dx > dy:
        if x1 > x2:
            x1, x2 = x2, x1
            y1, y2 = y2, y1
        m = (y2-y1) / (x2-x1)
        x = np.arange(x1, x2+1, 1)  # [x1,x2]
        y = (y1 + m*(x-x1)).astype(np.int16)
    else:
        if y1 > y2:
            x1, x2 = x2, x1
            y1, y2 = y2, y1
        m = (x2-x1) / (y2-y1)
        y = np.arange(y1, y2+1, 1)  # [y1,y2]
        x = (x1 + m*(y-y1)).astype(np.int16)
    return x, y

def specxture(gray):  # 用函数 cv.dft 实现图像的傅里叶变换
    height, width = gray.shape
    x0, y0 = int(height / 2), int(width / 2)  # x0=300, y0=300
    rmax = min(height, width) // 2 - 1  # rmax=299
    # print(height, width, x0, y0, rmax)
    # FFT
    gray32 = np.float32(gray)  # 将图像转换成 float32
    dft = cv.dft(gray32, flags=cv.DFT_COMPLEX_OUTPUT)  # 傅里叶变换, (600, 600, 2)
```

```
        dftShift = np.fft.fftshift(dft)  # 将低频分量移动到频域图像的中心
        sAmp = cv.magnitude(dftShift[:, :, 0], dftShift[:, :, 1])  # 幅度谱，中心化
(600, 600)
        sAmpLog = np.log10(1 + np.abs(sAmp))  # 幅度谱对数变换 (600, 600)
        # 傅里叶频谱沿半径的分布函数
        sRad = np.zeros((rmax,))  # (299,)
        sRad[0] = sAmp[x0, y0]
        for r in range(1, rmax):
            xc, yc = halfcircle(r, x0, y0)  # 半径为 r 的圆的整数坐标 (360,)
            sRad[r] = sum(sAmp[xc[i], yc[i]] for i in range(xc.shape[0]))  # (360,)
        sRadLog = np.log10(1 + np.abs(sRad))  # 极坐标幅度谱对数变换
        # 傅里叶频谱沿角度的分布函数
        xmax, ymax = halfcircle(rmax, x0, y0)  # 半径为 rmax 的圆的整数坐标 (360,)
        sAng = np.zeros((xmax.shape[0],))  # (360,)
        for a in range(xmax.shape[0]):  # xmax.shape[0]=(360,)
            xr, yr = intline(x0, xmax[a], y0, ymax[a])  # 从(x0,y0)到(xa,ya)线段所有点
的坐标 (300,)
            sAng[a] = sum(sAmp[xr[i], yr[i]] for i in range(xr.shape[0]))  # (360,)
        return sAmpLog, sRadLog, sAng


    if __name__ == '__main__':
        # 生成无序图像和有序图像
        gray1 = np.zeros((600, 600), np.uint8)
        gray2 = np.zeros((600, 600), np.uint8)
        num = 25
        pts = np.random.random([num, 2]) * 600  # 中心位置
        ang = np.random.random(num) * 180  # 旋转角度
        box = np.zeros((4, 2), np.int32)  # 计算旋转矩形的顶点, (4, 2)
        for i in range(num):
            # 有序方块，平行排列
            xc, yc = 100 * (i//5+1), 100 * (i%5+1)
            rect = ((xc, yc), (20, 40), 0)  # 旋转矩形类 [(cx,cy), (w,h), ang]
            box = np.int32(cv.boxPoints(rect))  # 旋转矩形的顶点, (4, 2)
            cv.drawContours(gray1, [box], 0, 255, 5)  # 将旋转矩形视为轮廓绘制
            # 无序方块，中心旋转
            rect = ((pts[i,0], pts[i,1]), (20, 40), ang[i])  # 位置与角度随机
            box = np.int32(cv.boxPoints(rect))
            cv.drawContours(gray2, [box], 0, 255, 5)


        # 图像纹理的频谱分析
        sAmpLog1, sRadLog1, sAng1 = specxture(gray1)
        sAmpLog2, sRadLog2, sAng2 = specxture(gray2)
        print(sAmpLog1.shape, sRadLog1.shape, sAng1.shape)

        plt.figure(figsize=(9, 5))
        plt.subplot(241), plt.imshow(gray1, 'gray')
        plt.axis('off'), plt.title("1. Arranged blocks")
        plt.subplot(242), plt.imshow(sAmpLog1, 'gray')
        plt.axis('off'), plt.title("2. Amp spectrum 1")
        plt.subplot(243), plt.xlim(0, 300), plt.yticks([])
        plt.plot(sRadLog1), plt.title("3. S1 (radius)")
```

```
plt.subplot(244), plt.xlim(0, 180), plt.yticks([])
plt.plot(sAng1), plt.title("4. S1 (theta)")
plt.subplot(245), plt.imshow(gray2, 'gray')
plt.axis('off'), plt.title("5. Random blocks")
plt.subplot(246), plt.imshow(sAmpLog2, 'gray')
plt.axis('off'), plt.title("6. Amp spectrum 2")
plt.subplot(247), plt.xlim(0, 300), plt.yticks([])
plt.plot(sRadLog2), plt.title("7. S2 (radius)")
plt.subplot(248), plt.xlim(0, 180), plt.yticks([])
plt.plot(sAng2), plt.title("8. S2 (theta)")
plt.tight_layout()
plt.show()
```

程序说明

运行结果，图案纹理的傅里叶频谱分析如图 16-3 所示。

（1）图 16-3(1)所示的方块是有序排列的，图 16-3(5)所示的方块的位置和角度都是无序排列的。图 16-3(2)和(6)所示分别为图 16-3(1)和(5)的傅里叶功率谱，图 16-3(2)的傅里叶功率谱中心对称、具有方向性，特别是具有明显的水平亮条，图 16-3(6)的傅里叶功率谱近似圆对称。

（2）图 16-3(3)和(7)所示分别为图 16-3(1)和(5)的 $S(r)$（代码中用 S1(radius)、S2(radius)表示）曲线。图 16-3(4)和(8)所示分别为图 16-3(1)和(5)的 $S(\theta)$（代码中用 S1(theta)、S2(theta)表示）曲线。图 16-3(8)所示的无序方块图的 $S(\theta)$ 曲线没有显著峰值，而图 16-3(4)所示的有序方块图的 $S(\theta)$ 曲线在 $\theta = 90°$ 时具有非常强烈的峰值，对应频谱图中高能量的水平亮条。

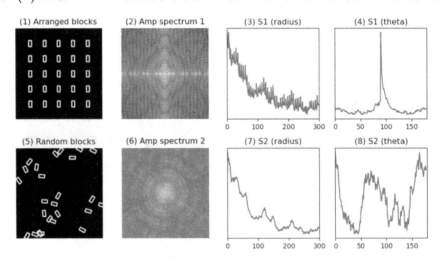

图 16-3　图案纹理的傅里叶频谱分析

16.4　特征描述之区域特征描述

面积和周长的关系是最基本的区域特征。目标区域的面积定义为区域中的像素数量，区域的周长是区域边界的像素数量。使用面积和周长作为特征描述符，要进行归一化处理。

（1）紧致度（Compactness），指周长 p 的平方与面积 A 之比。

$$compactness = p^2 / A$$

紧致度是一个无量纲的测度，具有平移、尺度和旋转不变性。圆的紧致度最小，值为 4π；正方形的紧致度为 16。

（2）圆度（Circularity），与面积 A 与周长 p 的平方成反比。

$$circularity = 4\pi A / p^2$$

圆度也是一个无量纲的测度，具有平移、尺度和旋转不变性。圆的圆度最大，值为 1；正方形的圆度为 $\pi / 4$。

（3）偏心率（Eccentricity），椭圆的偏心率定义为焦距与椭圆长轴的长度之比。

$$eccentricity = c / a = \sqrt{1 - (b/a)^2}, \quad a > b$$

偏心率的值域范围为[0,1]。圆的偏心率最小，值为 0；直线的偏心率最大，值为 1。

将几个特征描述符构造为一组特征向量，就可以对特征空间中的目标进行分类和识别。

【例程 1604】特征描述之区域特征描述

本例程通过目标边界提取轮廓，计算区域特征描述符：紧致度、圆度和偏心率等。

```python
# 【1604】特征描述之区域特征描述
import cv2 as cv
import numpy as np
from matplotlib import pyplot as plt

if __name__ == '__main__':
    img = cv.imread("../images/Fig1603.png", flags=1)
    gray = cv.cvtColor(img, cv.COLOR_BGR2GRAY)  # 灰度图像
    print("shape of image:", gray.shape)

    # 查找图形轮廓
    _, binary = cv.threshold(gray, 127, 255, cv.THRESH_BINARY)
    contours, hierarchy = cv.findContours(binary, cv.RETR_TREE,
cv.CHAIN_APPROX_NONE)  # OpenCV4~
    cnts = sorted(contours, key=cv.contourArea, reverse=True)  # 所有轮廓按面积排序
    cnt = cnts[0]  # 第 0 个轮廓，面积最大的轮廓，(2867, 1, 2)
    # cntPoints = np.squeeze(cnt)  # 删除维度为 1 的数组维度，(2867, 1, 2)->(2867,2)

    print("| :--: | :--: | :--: | :--: | :--: | :--: |")
    print("| 图形编号 | 面积 | 周长 | 紧致度 | 圆度 | 偏心率 |")
    print("| :--: | :--: | :--: | :--: | :--: | :--: |")
    contourEx = gray.copy()  # OpenCV3.2 之前的版本，查找轮廓函数会修改原始图像
    for i in range(len(cnts)):  # 绘制第 i 个轮廓
        x, y, w, h = cv.boundingRect(cnts[i])  # 外接矩形
        contourEx = cv.drawContours(contourEx, cnts, i, (0,0,255), thickness=5)
# 第 i 个轮廓，内部填充
        contourEx = cv.putText(contourEx, str(i)+"#", (x,y-20),
cv.FONT_HERSHEY_DUPLEX, 1, (0, 0, 0))

        area = cv.contourArea(cnts[i])  # 轮廓面积 (area)
        perimeter = cv.arcLength(cnts[i], True)  # 轮廓周长 (perimeter)
        compact = perimeter ** 2 / area  # 轮廓的紧致度 (compactness)
```

```
        circular = 4 * np.pi * area / perimeter ** 2  # 轮廓的圆度 (circularity)
        ellipse = cv.fitEllipse(cnts[i])  # 轮廓的拟合椭圆
        # 椭圆中心点 (x,y)，长轴短轴长度 (a,b)，旋转角度 ang
        (x, y), (a, b), ang = np.int32(ellipse[0]), np.int32(ellipse[1]),
round(ellipse[2], 1)
        # 轮廓的偏心率 (eccentricity)
        if (a > b):
            eccentric = np.sqrt(1.0 - (b/a)**2)  # a 为长轴
        else:
            eccentric = np.sqrt(1.0 - (a/b)**2)  # b 为长轴
        print("| {} | {:.1f} | {:.1f} | {:.1f} | {:.1f} |{:.1f} |"
              .format(i+1, area,perimeter,compact,circular,eccentric))
    print("| :--: | :--: | :--: | :--: | :--: | :--: |")

    plt.figure(figsize=(8.5, 3.3))
    plt.subplot(121), plt.axis('off'), plt.title("1. Original")
    plt.imshow(img, cmap='gray')
    plt.subplot(122), plt.axis('off'), plt.title("2. Contours")
    plt.imshow(cv.cvtColor(contourEx, cv.COLOR_BGR2RGB))
    plt.tight_layout()
    plt.show()
```

程序说明

运行结果，不同图形的区域特征描述符如图 16-4 所示。不同图形的区域特征描述参数如表 16-1 所示。

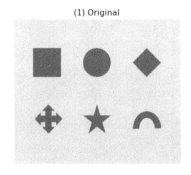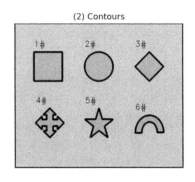

图 16-4　不同图形的区域特征描述符

表 16-1　不同图形的区域特征描述参数

编号	面积	周长	紧致度	圆度	偏心率
1#	22050.0	591.7	15.9	0.8	0.1
2#	17204.0	490.9	14.0	0.9	0.1
3#	10976.5	427.3	16.6	0.8	0.2
4#	8820.0	689.0	53.8	0.2	0.2
5#	7269.5	595.6	48.8	0.3	0.3
6#	6757.5	491.2	35.7	0.4	0.6

16.5 特征描述之灰度共生矩阵

纹理体现了物体表面具有缓慢变化或者周期性变化的表面结构组织排列属性，反映了图像或图像区域所对应景物的表面性质，提供了诸如平滑度、粗糙度和规律性等特性的测度。描述图像的纹理区域，要基于区域尺度、可分辨灰度元素的数目，以及这些灰度元素的相互关系。

灰度共生矩阵（Gray Level Co-occurrence Matrix，GLCM）能描述空间上具有某种分布规律的灰度值组合出现的概率，反映图像的纹理特征。

图像像素具有不同的灰度级，灰度共生矩阵能表示不同灰度组合同时出现的频率，反映灰度图像中某种形状的像素对在整个图像中出现的次数。

灰度共生矩阵在点(x,y)处的值表示特定灰度值组合出现的频次，其数学描述如下：

$$P(i,j|a,b,\theta)=\left\{(x,y)|f(x,y)=i,f(x+a,y+b)=j\right\},\quad x,y=0,\cdots,L-1$$

式中，(a,b)是距离差分值，也称偏移量，可以根据纹理周期选择，默认为1；θ是扫描方向，通常选择 0/45/90/135 度，反映水平、垂直和对角线方向的像素对组合；$i,j=0,\cdots,L-1$表示像素的灰度级，L为灰度级的数量。

灰度共生矩阵的尺寸为$L\times L$，取决于灰度级的设定，与图像尺寸无关。

灰度共生矩阵中点(i,j)的值，就是灰度值为i,j的联合概率密度。因此，灰度共生矩阵能反映图像灰度关于方向、相邻间隔、变化幅度的综合信息，是分析图像的局部模式和它们排列规则的基础。

粗纹理的区域，像素对趋于具有相同的灰度，灰度共生矩阵对角线上的数值较大；细纹理的区域，灰度共生矩阵对角线上的数值相对较小，对角线两侧的值相对较大。

灰度共生矩阵的数据量很大，一般不直接用来描述纹理特征，而是构建统计量作为纹理分类特征。

（1）能量（Energy），是灰度共生矩阵元素值的平方和，能反映图像灰度分布均匀程度和纹理粗细。角二阶矩（ASM）值大表明一种较均一和规则变化的纹理模式。

（2）熵（Entropy），是图像所具有的信息量的度量，能反映图像中纹理的非均匀程度或复杂程度。灰度共生矩阵中的元素分布越分散，随机性越大，熵值就越大。

（3）对比度（Contrast），度量灰度共生矩阵的局部变化，能反映图像的清晰度和纹理沟纹深浅的程度。纹理沟纹越深，对比度越大，视觉效果越清晰。

（4）相关性（Correlation），度量灰度共生矩阵在行或列方向上的相似程度，能反映图像中局部灰度的相关性。如果图像具有水平方向的纹理，则水平方向的相关性就会显著大于其他方向的相关性。

（5）反差分矩阵（Inverse Differential Moment，IDM），能反映纹理的清晰程度和规则程度。

（6）同质性（Homogeneity），能反映图像纹理的同质性，度量图像纹理局部变化的程度。

skimage 的特征提取库 skimage.feature 中的函数 graycomatrix 和 graycoprops，可以计算灰度共生矩阵并提取特征统计量。

函数原型

skimage.feature.graycomatrix(image, distances, angles, levels, symmetric, normed) → P

skimage.feature.graycoprops(P[, prop]) → feature

参数说明

◎ image：输入图像，允许为单通道图像，推荐使用 8 位灰度图像。

◎ distances：像素对距离偏移量的列表，计算列表中每个偏移量的灰度共生矩阵。

◎ angles：像素对扫描角度列表，弧度制，计算列表中每个角度值的灰度共生矩阵。

◎ levels：灰度级 L，默认值为 256。

◎ symmetric：对称性选项，默认值为 False，表示区分像素对的顺序，将像素对 (i,j) 与 (j,i) 分别计算。选项 True 表示忽略像素对的顺序，将 (i,j) 与 (j,i) 视为相同。

◎ normed：归一化选项，默认值为 False，选项 True 表示对矩阵进行归一化处理。

◎ prop：灰度共生矩阵的特征统计量，是元组格式。

◎ P：返回值，是不同偏移量、不同角度的灰度共生矩阵，形为 (L,L,d,th) 的 Numpy 数组，L 为灰度级，d 为 distances 的长度，th 为 angles 的长度。

◎ feature：返回值，由参数 prop 确定的特征统计量，是形为 (d,th) 的 Numpy 数组。

注意问题

（1）参数 prop 的格式为元组，可选项为 {"contrast", "dissimilarity", "homogeneity", "energy", "correlation", "ASM"}，表示返回统计量的类型。

（2）返回值 P 是不同偏移量 d、不同角度 θ 的灰度共生矩阵，$P(i,j,d,\theta)$ 表示在灰度 j 的偏移量 d、角度 θ 处出现灰度 i 的次数。

（3）返回值 feature 是不同偏移量 d、不同角度 θ 的特征统计量，统计量的类型由参数 prop 确定。

【例程 1605】特征描述之灰度共生矩阵

本例程基于 skimage 计算灰度共生矩阵和灰度共生矩阵特征统计量。

```
# 【1605】特征描述之灰度共生矩阵
import cv2 as cv
import numpy as np
from matplotlib import pyplot as plt

def getGlcm(src, dx, dy, grayLevel=16):  # 计算灰度共生矩阵
    height, width = src.shape[:2]
    grayLevel = src.max() + 1
    glcm = np.zeros((grayLevel, grayLevel), np.int16)  # (16, 16)
    for j in range(height - dy):
        for i in range(width - dx):
            rows = src[j][i]
            cols = src[j + dy][i + dx]
            glcm[rows][cols] += 1
    return glcm / glcm.max()  # -> (0.0,1.0)

def calGlcmProps(glcm, grayLevel=16):
    Asm, Con, Ent, Idm = 0.0, 0.0, 0.0, 0.0
    for i in range(grayLevel):
        for j in range(grayLevel):
            Con += (i - j) * (i - j) * glcm[i][j]  # 对比度
```

```
        Asm += glcm[i][j] * glcm[i][j]  # 能量
        Idm += glcm[i][j] / (1 + (i - j) * (i - j))  # 反差分矩阵
        if glcm[i][j] > 0.0:
            Ent += glcm[i][j] * np.log(glcm[i][j])
    return Asm, Con, -Ent, Idm


if __name__ == '__main__':
    from skimage.feature import greycomatrix, greycoprops
    img = cv.imread("../images/Fig1604.png", flags=1)
    gray = cv.cvtColor(img, cv.COLOR_BGR2GRAY)  # 灰度图像
    height, width = gray.shape

    # 将灰度级压缩到 16 级
    table16 = np.array([(i//16) for i in range(256)]).astype(np.uint8)  # 16
levels
    gray16 = cv.LUT(gray, table16)  # 将灰度级压缩为 [0,15]

    # 计算灰度共生矩阵
    dist = [1, 4]  # 计算两个距离偏移量 [1, 2]
    degree = [0, np.pi/4, np.pi/2, np.pi*3/4]  # 计算 4 个方向的 θ 值
    glcm = greycomatrix(gray16, dist, degree, levels=16)  # 灰度级 L=16
    print("glcm.shape:", glcm.shape)  # (16,16,2,4)

    # 由灰度共生矩阵计算灰度共生矩阵特征统计量
    for prop in ['contrast', 'dissimilarity', 'homogeneity', 'energy',
'correlation', 'ASM']:
        feature = greycoprops(glcm, prop).round(2)  # (2,4)
        print("{}: {}".format(prop, feature))

    plt.figure(figsize=(9, 5.5))
    plt.suptitle("GLCM by skimage")
    for i in range(len(dist)):
        for j in range(len(degree)):
            plt.subplot(2, 4, i*4+j+1), plt.axis('off')
            plt.title(r"d={},$\theta$={:.2f}".format(dist[i], degree[j]))
            plt.imshow(glcm[:, :, i, j], 'gray')
    plt.tight_layout()
    plt.show()
```

运行结果

```
contrast: [[ 1.09  2.06  1.97  2.63] [ 7.17  8.61 13.29 11.23]]
dissimilarity: [[0.66 0.95 0.96 1.03] [2.   2.23 2.93 2.39]]
homogeneity: [[0.71 0.63 0.62 0.63] [0.41 0.38 0.29 0.42]]
energy: [[0.22 0.2  0.2  0.2 ] [0.15 0.14 0.13 0.14]]
correlation: [[0.94 0.88 0.89 0.85] [0.59 0.5  0.24 0.35]]
ASM: [[0.05 0.04 0.04 0.04] [0.02 0.02 0.02 0.02]]
```

程序说明

（1）例程将灰度级压缩到 16 级，灰度共生矩阵的尺寸为(16,16)。基于 skimage 计算灰度共生矩阵，不同偏移量 d、不同角度 θ（对应代码中的 degree）的灰度共生矩阵如图 16-5 所示。

（2）基于灰度共生矩阵计算的特征统计量如运行结果所示。

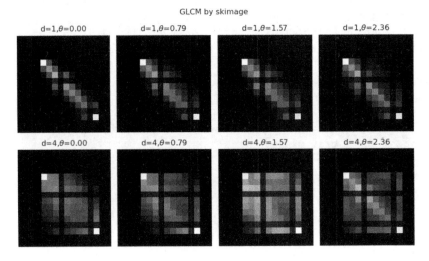

图 16-5 不同偏移量和角度的灰度共生矩阵

16.6 特征描述之 LBP 描述符

局部二值模式（Local Binary Patterns，LBP）描述符是一种描述图像局部纹理特征的描述符，具有旋转不变性和灰度不变性，可以有效消除光照对图像的影响。

16.6.1 基本 LBP 特征描述符

特征区域的尺度和灰度元素的相互关系是纹理特征描述的关键信息。LBP 描述符通过对邻域像素进行阈值处理并以二进制数标记，所得到的灰度图像反映了图像中的纹理。

基本 LBP 特征描述符的定义：在 3×3 邻域窗口，以中心像素为阈值与 8 邻域像素的灰度值比较，大于阈值标记为 1，否则标记为 0。从右上角开始顺时针旋转，排列 8 个标记值，得到一个 8 位二进制数，作为中心像素点的 LBP 值。

$$\mathrm{LBP}(x_c, y_c) = \sum_{p=0}^{P-1} S(g_p - g_c) \times 2^p$$

$$S(g_p - g_c) = \begin{cases} 1, & g_p \geqslant g_c \\ 0, & g_p < g_c \end{cases}$$

式中，(x_c, y_c) 是邻域中心；g_c、g_p 是中心像素、邻域像素的灰度值；P 是采样点数量。

基本 LBP 特征描述符利用邻域点的量化关系，可以有效消除光照对图像的影响。只要光照影响不足以改变相邻像素点的明暗关系，基本 LBP 特征描述符的值就不会发生变化。

16.6.2 扩展 LBP 特征描述符

基本 LBP 特征描述符能使用固定邻域内的像素点构造特征编码，覆盖一个固定半径的区域，因此特征编码是随图像尺度变化的。

为了满足尺度、灰度和旋转不变性的要求，可以将邻域扩展到任意半径，并用圆形邻域代替方形邻域。扩展 LBP 特征描述符在半径为 r 的圆形邻域内有 P 个采样点，称为圆形扩展 LBP 特征描述符。

每个采样点的值可以通过下式计算。

$$\begin{cases} x_p = x_c + r\cos\left(2\pi p / P\right) \\ y_p = y_c - r\sin\left(2\pi p / P\right) \end{cases}$$

式中，$\left(x_c, y_c\right)$ 是邻域中心；$\left(x_p, y_p\right)$ 是采样点。如果采样点坐标不是整数，则用如下的双线性插值方法估计灰度值。

$$g(x, y) = \begin{bmatrix} 1-x, x \end{bmatrix} \begin{bmatrix} g(0,0) & g(0,1) \\ g(1,0) & g(1,1) \end{bmatrix} \begin{bmatrix} 1-y \\ y \end{bmatrix}$$

16.6.3　LBP 特征统计直方图

图像纹理可以用 LBP 特征表示。LBP 特征与位置紧密相关，如果直接使用 LBP 特征进行分类识别，会由于位置漂移而带来很大误差。

LBP 特征统计直方图（Local Binary Patterns Histograms，LBPH）能将 LBP 特征与空间信息结合起来，将图像划分为 m 个子区域，提取每个子区域的 LBP 特征并建立统计直方图。将这些子区域的统计直方图依次连接在一起，就构成了图像的 LBP 特征统计直方图。

计算 LBP 特征统计直方图的基本步骤如下。

（1）计算 LBP 特征图像。

（2）将 LBP 特征图像分为若干个子区域（cell），默认划分为 $8 \times 8 = 64$ 块子区域。

（3）计算每个子区域的 LBP 特征统计直方图（cell_LBPH），并进行归一化处理。

（4）将每个子区域的 LBP 特征统计直方图依次连接，构造 LBP 特征向量。

（5）用机器学习方法对 LBP 特征向量进行训练，检测和识别目标。

【例程 1606】特征描述之 LBP 描述符

OpenCV 实现了 LBP 特征的计算，但没有提供单独的 LBP 特征计算 API。skimage 特征检测与提取对各种 LBP 方法提供了丰富的封装函数。

本例程用于比较不同方法实现 LBP 的性能，同时考察 LBP 排列顺序的影响。

```python
# 【1606】特征描述之 LBP 描述符
import cv2 as cv
import numpy as np
from matplotlib import pyplot as plt


def getLBP1(gray):
    height, width = gray.shape
    dst = np.zeros((height, width), np.uint8)
    kernel = np.array([1, 2, 4, 128, 0, 8, 64, 32, 16]).reshape(3, 3)  # 从左上
角开始顺时针旋转
    # kernel = np.array([64,128,1,32,0,2,16,8,4]).reshape(3,3)  # 从右上角开始顺
时针旋转
    for h in range(1, height-1):
```

```
        for w in range(1, width-1):
            LBPMat = (gray[h-1:h+2, w-1:w+2] >= gray[h, w])  # 阈值比较
            dst[h, w] = np.sum(LBPMat * kernel)  # 二维矩阵相乘
    return dst


def getLBP2(gray):
    height, width = gray.shape
    dst = np.zeros((height, width), np.uint8)
    # kernelFlatten = np.array([1, 2, 4, 128, 0, 8, 64, 32, 16])  # 从左上角开始
顺时针旋转
    kernelFlatten = np.array([64, 128, 1, 32, 0, 2, 16, 8, 4])  # 从右上角开始顺
时针旋转
    for h in range(1, height-1):
        for w in range(1, width-1):
            LBPFlatten = (gray[h-1:h+2, w-1:w+2] >= gray[h, w]).flatten()  # 展平
为一维向量，(9,)
            dst[h, w] = np.vdot(LBPFlatten, kernelFlatten)  # 一维向量的内积
    return dst


if __name__ == '__main__':
    img = cv.imread("../images/Fig1604.png", flags=1)
    gray = cv.cvtColor(img, cv.COLOR_BGR2GRAY)  # 灰度图像

    # LBP 基本算法：选取中心点周围的 8 个像素点，经过阈值处理后标记为 8 位二进制数
    # (1) 二重循环，二维矩阵相乘
    timeBegin = cv.getTickCount()
    imgLBP1 = getLBP1(gray)  # 从左上角开始顺时针旋转
    timeEnd = cv.getTickCount()
    time = (timeEnd - timeBegin)/cv.getTickFrequency()
    print("(1) 二重循环，二维矩阵相乘: {} sec".format(round(time, 4)))

    # (2) 二重循环，一维向量的内积
    timeBegin = cv.getTickCount()
    imgLBP2 = getLBP2(gray)  # 从右上角开始顺时针旋转
    timeEnd = cv.getTickCount()
    time = (timeEnd - timeBegin)/cv.getTickFrequency()
    print("(2) 二重循环，一维向量的内积: {} sec".format(round(time, 4)))

    # (3) skimage 特征检测
    from skimage.feature import local_binary_pattern
    timeBegin = cv.getTickCount()
    imgLBP3 = local_binary_pattern(gray, 8, 1)
    timeEnd = cv.getTickCount()
    time = (timeEnd - timeBegin)/cv.getTickFrequency()
    print("(3) skimage.feature 封装: {} sec".format(round(time, 4)))

    plt.figure(figsize=(9, 3.3))
    plt.subplot(131), plt.title("1. LBP(TopLeft)")
    plt.axis('off'), plt.imshow(imgLBP1, 'gray')
    plt.subplot(132), plt.title("2. LBP(TopRight)")
    plt.axis('off'), plt.imshow(imgLBP2, 'gray')
```

```
plt.subplot(133), plt.title("3. LBP(skimage)")
plt.axis('off'), plt.imshow(imgLBP3, 'gray')
plt.tight_layout()
plt.show()
```

运行结果

（1）二重循环，二维矩阵相乘：1.5109 sec
（2）二重循环，一维向量的内积：0.9205 sec
（3）skimage.feature 封装：0.0405 sec

程序说明

（1）运行结果，不同排列顺序生成的 LBP 纹理特征描述如图 16-6 所示。

（2）图 16-6(1)所示为从左上角开始顺时针旋转得到的纹理特征，图 16-6(2)所示为从右上角开始顺时针旋转得到的纹理特征。比较不同排列顺序生成的 LBP 纹理特征，图像虽然有所区别，但都可以表征图像的基本纹理特征。

（3）不同方法实现 LBP 特征提取的运行速度差别很大。图 16-6(3)所示为使用 skimage 特征检测封装函数计算得到的纹理特征，运行速度比循环遍历快很多。

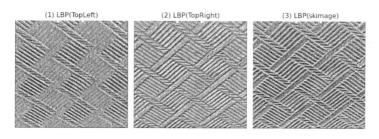

图 16-6 不同排列顺序生成的 LBP 纹理特征描述

【例程 1607】特征描述之圆形扩展 LBP 特征描述符

本例程用于实现圆形扩展 LBP 特征描述符，在半径为 r 的圆形邻域内有 N 个采样点。

```
# 【1607】特征描述之圆形扩展 LBP 特征描述符
import cv2 as cv
import numpy as np
from matplotlib import pyplot as plt

def basicLBP(gray):
    height, width = gray.shape
    dst = np.zeros((height, width), np.uint8)
    kernelFlatten = np.array([1, 2, 4, 128, 0, 8, 64, 32, 16])  # 从左上角开始顺
时针旋转
    for h in range(1, height-1):
        for w in range(1, width-1):
            LBPFlatten = (gray[h-1:h+2, w-1:w+2] >= gray[h, w]).flatten()  # 展平
为一维向量，(9,)
            dst[h, w] = np.vdot(LBPFlatten, kernelFlatten)  # 一维向量的内积
    return dst

# extend LBP，在半径为 r 的圆形邻域内有 N 个采样点
def extendLBP(gray, r=3, n=8):
```

```
        height, width = gray.shape
        ww = np.empty((n, 4), np.float)  # (8,4)
        p = np.empty((n, 4), np.int)  # [x1, y1, x2, y2]
        for k in range(n):  # 用双线性插值估计坐标偏移量和权值
            # 计算坐标偏移量 rx, ry
            rx = r * np.cos(2.0 * np.pi * k / n)
            ry = -(r * np.sin(2.0 * np.pi * k / n))
            # 对采样点分别进行上下取整
            x1, y1 = int(np.floor(rx)), int(np.floor(ry))
            x2, y2 = int(np.ceil(rx)), int(np.ceil(ry))
            # 将坐标偏移量映射到 0~1
            tx = rx - x1
            ty = ry - y1
            # 计算插值的权重
            ww[k, 0] = (1 - tx) * (1 - ty)
            ww[k, 1] = tx * (1 - ty)
            ww[k, 2] = (1 - tx) * ty
            ww[k, 3] = tx * ty
            p[k,0], p[k,1], p[k,2], p[k,3] = x1, y1, x2, y2

        dst = np.zeros((height-2*r, width-2*r), np.uint8)
        for h in range(r, height - r):
            for w in range(r, width - r):
                center = gray[h, w]  # 中心像素点的灰度值
                for k in range(n):
                    # 用双线性插值估计采样点 k 的灰度值
                    # neighbor = gray[i+y1,j+x1]·w1 + gray[i+y2,j+x1]·w2 +
gray[i+y1,j+x2]·w3 + gray[i+y2,j+x2]·w4
                    x1, y1, x2, y2 = p[k,0], p[k,1], p[k,2], p[k,3]
                    gInterp = np.array(
                        [gray[h+y1, w+x1], gray[h+y2, w+x1], gray[h+y1, w+x2],
gray[h+y2, w+x2]])
                    wFlatten = ww[k, :]
                    grayNeighbor = np.vdot(gInterp, wFlatten)  # 一维向量的内积
                    # 通过 N 个采样点与中心像素点的灰度值比较，构造 LBP 特征编码
                    dst[h-r, w-r] |= (grayNeighbor > center) << (np.uint8)(n-k-1)
        return dst


    if __name__ == '__main__':
        img = cv.imread("../images/fabric2.png", flags=1)
        gray = cv.cvtColor(img, cv.COLOR_BGR2GRAY)  # 灰度图像

        timeBegin = cv.getTickCount()
        imgLBP1 = basicLBP(gray)  # 从右上角开始顺时针旋转
        timeEnd = cv.getTickCount()
        time = (timeEnd - timeBegin) / cv.getTickFrequency()
        print("(1) basicLBP: {} sec".format(round(time, 4)))

        timeBegin = cv.getTickCount()
        r1, n1 = 3, 8
        imgLBP2 = extendLBP(gray, r1, n1)
```

```
        timeEnd = cv.getTickCount()
        time = (timeEnd - timeBegin) / cv.getTickFrequency()
        print("(2) extendLBP(r={},n={}): {} sec".format(r1, n1, round(time, 4)))

        timeBegin = cv.getTickCount()
        r2, n2 = 5, 8
        imgLBP3 = extendLBP(gray, r2, n2)
        timeEnd = cv.getTickCount()
        time = (timeEnd - timeBegin) / cv.getTickFrequency()
        print("(3) extendLBP(r={},n={}): {} sec".format(r2, n2, round(time, 4)))

        plt.figure(figsize=(9, 6))
        plt.subplot(131), plt.axis('off'), plt.title("Basic LBP")
        plt.imshow(imgLBP1, 'gray')
        plt.subplot(132), plt.title("Extend LBP (r={},n={})".format(r1, n1))
        plt.imshow(imgLBP2, 'gray'), plt.axis('off')
        plt.subplot(133), plt.title("Extend LBP (r={},n={})".format(r2, n2))
        plt.imshow(imgLBP3, 'gray'), plt.axis('off')
        plt.tight_layout()
        plt.show()
```

运行结果

```
(1) basicLBP: 0.8782 sec
(2) extendLBP(r=3,n=8): 14.9896 sec
(3) extendLBP(r=5,n=8): 14.5704 sec
```

程序说明

（1）运行结果，圆形扩展 LBP 纹理特征描述如图 16-7 所示。图 16-7(1)所示为基本 LBP 纹理特征。图 16-7(2)和图 16-7(3)所示为不同半径的圆形扩展 LBP 纹理特征，提取的纹理特征更加清晰和显著。

（2）圆形扩展 LBP 描述符的性能往往比基本 LBP 描述符更好，但计算量大、运行时间长。

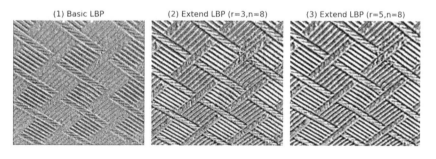

图 16-7 圆形扩展 LBP 纹理特征描述

【例程 1608】特征描述之 LBP 特征统计直方图

本例程基于 Numpy 数组实现 LBP 特征统计直方图的构造。

```
# 【1608】特征描述之 LBP 特征统计直方图
import cv2 as cv
import numpy as np
from matplotlib import pyplot as plt
```

```python
def basicLBP(gray):
    height, width = gray.shape
    dst = np.zeros((height, width), np.uint8)
    kernelFlatten = np.array([1, 2, 4, 128, 0, 8, 64, 32, 16])  # 从左上角开始顺
时针旋转
    for h in range(1, height-1):
        for w in range(1, width-1):
            LBPFlatten = (gray[h-1:h+2, w-1:w+2] >= gray[h, w]).flatten()  # 展平
为一维向量，(9,)
            dst[h, w] = np.vdot(LBPFlatten, kernelFlatten)  # 一维向量的内积
    return dst

def calLBPHistogram(imgLBP, nCellX, nCellY):  # 计算 LBP 特征统计直方图
    height, width = gray.shape
    # nCellX, nCellY = 4, 4  # 将图像划分为 nCellX·nCellY 个子区域
    hCell, wCell = height // nCellY, width // nCellX  # 子区域的高度与宽度 (150,120)
    LBPHistogram = np.zeros((nCellX * nCellY, 256), np.int16)
    for j in range(nCellY):
        for i in range(nCellX):
            cell = imgLBP[j*hCell : (j+1)*hCell, i*wCell : (i+1)*wCell].copy()
# 子区域 LBP
            print("{}, Cell({}{}): [{}:{}, {}:{}]".format
                (j*nCellX+i+1, j+1, i+1, j*hCell, (j+1)*hCell, i*wCell,
(i+1)*wCell))
            histCell = cv.calcHist([cell], [0], None, [256], [0, 256])  # 子区域
LBP 特征统计直方图
            LBPHistogram[(i+1)*(j+1)-1, :] = histCell.flatten()
    print(LBPHistogram.shape)
    return LBPHistogram


if __name__ == '__main__':
    img = cv.imread("../images/Fig1605.png", flags=1)
    gray = cv.cvtColor(img, cv.COLOR_BGR2GRAY)  # 灰度图像
    height, width = gray.shape

    nCellX, nCellY = 3, 3  # 将图像划分为 nCellX·nCellY 个子区域
    hCell, wCell = height // nCellY, width // nCellX  # 子区域的高度与宽度 (150,120)
    print("img: h={},w={}, cell: h={},w={}".format(height, width, hCell, wCell))
    basicLBP = basicLBP(gray)  # 计算 basicLBP 描述符
    # LBPHistogram = calLBPHistogram(basicLBP, nCellX, nCellY)  # 计算 LBP 特征统
计直方图 (16, 256)

    fig1 = plt.figure(figsize=(9, 7))
    fig1.suptitle("basic LBP")
    fig2 = plt.figure(figsize=(9, 7))
    fig2.suptitle("LBP histogram")
    for j in range(nCellY):
        for i in range(nCellX):
            cell = basicLBP[j*hCell : (j+1)*hCell, i*wCell : (i+1)*wCell].copy()
# 子区域 LBP
```

```
        histCV = cv.calcHist([cell], [0], None, [256], [0,256])  # 子区域 LBP
特征统计直方图
        ax1 = fig1.add_subplot(nCellY, nCellX, j*nCellX+i+1)
        ax1.set_xticks([]), ax1.set_yticks([])
        ax1.imshow(cell, 'gray')  # 绘制子区域 LBP
        ax2 = fig2.add_subplot(nCellY, nCellX, j*nCellX+i+1)
        ax2.set_xticks([]), ax2.set_yticks([])
        ax2.bar(range(256), histCV[:, 0])  # 绘制子区域 LBP 特征统计直方图
        print("{}, Cell({}{}): [{}:{}, {}:{}]".format
            (j*nCellX+i+1, j+1, i+1, j*hCell, (j+1)*hCell, i*wCell,
(i+1)*wCell))
    plt.tight_layout()
    plt.show()
```

LBP 特征统计直方图如图 16-8 所示。

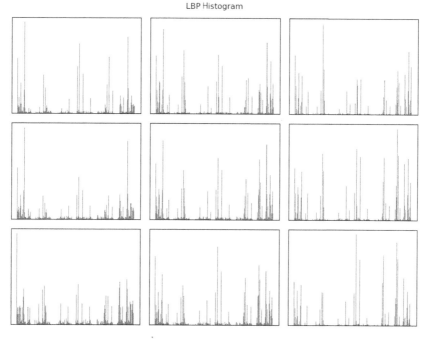

图 16-8　LBP 特征统计直方图

16.7　特征描述之 HOG 描述符

方向梯度直方图（Histogram of Oriented Gradient，HOG）使用方向梯度的分布作为特征来构造描述符，应用非常广泛。

梯度的幅值是边缘和角点检测的基础，梯度的方向包含丰富的图像特征。HOG 的基本思想：图像的局部特征可以用梯度幅值和方向的分布描述。HOG 的基本方法是将图像划分成多个单元格，计算每个单元格的 HOG，把每个单元格的 HOG 连接起来构造为 HOG 特征向量。

HOG 描述符的向量维数不是固定不变的，取决于检测图像的大小和单元格的大小。HOG 描述符不具有尺度和旋转不变性，但具有良好的几何和光学不变性，特别适合人体检测。

OpenCV 中的函数 cv::HOGDescriptor 类用于实现 HOG 描述符。在 Python 语言中，OpenCV 提供了 HOG 类的接口函数 cv.HOGDescriptor。

函数原型

cv.HOGDescriptor(_winSize, _blockSize, _blockStride, _cellSize, _nbins) → retval

hog.compute(img[, _winStride, _padding]) → descriptors

参数说明

◎ winSize：检测窗口大小，是形为(w,h)的元组，默认值为(64,128)。

◎ blockSize：子块大小，是形为(w,h)的元组，默认值为(16,16)。

◎ blockStride：子块的滑动步长，是形为(w,h)的元组，默认值为(8,8)。

◎ cellSize：单元格大小，是形为(w,h)的元组，默认值为(8,8)。

◎ nbins：直方图的条数，是整型数据，默认值为 9。

◎ img：输入图像，允许为单通道图像，数据类型为 CV_8U。

◎ winStride：窗口大小，可选项，必须是 blockStride 的整数倍。

◎ descriptors：HOG 描述符，是形为(lenHOG,)的 Numpy 数组，数据类型为 CV_32F。

函数说明

（1）计算每个单元格 cell 的 HOG：方向梯度的取值范围为 0～180 度，等分为 nbins 个区间，将单元格像素的方向梯度分配到 nbins 个扇形区间，累加每个区间内的像素数，得到 nbins 位的 HOG 向量。

（2）构造子块 block 的 HOG：多个单元格 cell 组合为子块 block，子块的 HOG 描述符就是多个单元格 HOG 向量的串联，长度为 nbins×blockSize/cellSize。

（3）整个检测窗口的 HOG：子块 block 以步长 blockStride 在检测窗口内滑动，遍历检测窗口，检测窗口的 HOG 就是每个子块 block 的 HOG 串联。

因此，检测窗口的 HOG 的向量维数计算如下。

```
lenHOG = nbins(blockSize[0]/cellSize[0])(blockSize[1]/cellSize[1])
    [(winSize[0]-blockSize[0])/blockStride[0] + 1]
    [(winSize[1]-blockSize[1])/blockStride[1] + 1]
```

注意问题

（1）函数 cv.HOGDescriptor 能实例化 HOGDescriptor 类，定义一个 HOGDescriptor 类对象。成员函数 hog.compute 能计算给定图像的 HOG 描述符。示例如下。

```
# 构造 HOG 检测器
winSize = (40, 40)
blockSize = (20, 20)
blockStride = (10, 10)
cellSize = (10, 10)
nbins = 8
hog = cv.HOGDescriptor(winSize, blockSize, blockStride, cellSize, nbins)
# hog = cv.HOGDescriptor(_winSize=(40,40), _blockSize=(20,20),
#     _blockStride=(10,10), _cellSize=(10,10), _nbins=8)
```

（2）推荐设置检测窗口大小 winSize 为子块大小 blockSize 的整数倍，子块大小 blockSize 为单元格大小 cellSize 的整数倍，子块大小 blockSize 为滑动步长 blockStride 的整数倍。

（3）函数中方向梯度的取值范围是 0～180 度，而不是 0～360 度。

（4）函数 cv::HOGDescriptor 类的功能丰富，参数和成员函数很多，可以实现尺度不变性的检测。更多使用方法可以参见 OpenCV 官方文档（链接 1-1）。

【例程 1609】特征描述之 HOG 描述符

本例程用于介绍 HOG 描述符的使用方法。为了便于解释 HOG 的原理和绘图，例程中将检测窗口、子块和单元格设为相同尺寸，实际应用时可以参考函数默认值进行设置。

```python
# 【1609】特征描述之 HOG 描述符
import cv2 as cv
import numpy as np
from matplotlib import pyplot as plt


def drawHOG(image, descriptors, cx, cy, rad):
    angles = np.arange(0, 180, 22.5).astype(np.float32)  # start, stop, step
    normGrad = descriptors/np.max(descriptors).astype(np.float32)
    gx, gy = cv.polarToCart(normGrad*rad, angles, angleInDegrees=True)
    for i in range(angles.shape[0]):
        px, py = int(cx+gx[i]), int(cy+gy[i])
        cv.arrowedLine(image, (cx,cy), (px, py), 0, tipLength=0.1)  # 黑色
    return image


if __name__ == '__main__':
    # (1) 读取样本图像，构造样本图像集合
    img = cv.imread("../images/Fig1101.png", flags=0)  # 灰度图像
    height, width, wCell, d = 200, 200, 20, 10
    img = cv.resize(img, (width, height))  # 调整为统一尺寸

    # (2) 构造 HOG 检测器
    winSize = (20, 20)
    blockSize = (20, 20)
    blockStride = (20, 20)
    cellSize = (20, 20)
    nbins = 8
    hog = cv.HOGDescriptor(winSize, blockSize, blockStride, cellSize, nbins)
    lenHOG = nbins * (blockSize[0]/cellSize[0]) * (blockSize[1]/cellSize[1]) \
             * ((winSize[0]-blockSize[0])/blockStride[0] + 1) \
             * ((winSize[1]-blockSize[1])/blockStride[1] + 1)
    print("length of descriptors:", lenHOG)

    # (3) 计算检测区域的 HOG 描述符
    xt, yt = 80, 80  # 检测区域位置
    cell = img[xt:xt+wCell, yt:yt+wCell]
    cellDes = hog.compute(cell)  # HOG 描述符, (8,)
    normGrad = cellDes/np.max(cellDes).astype(np.float32)
    print("shape of descriptors:{}".format(cellDes.shape))
    print(cellDes)
```

```python
    # (4) 绘制方向梯度示意图
    imgGrad = cv.resize(cell, (wCell*10, wCell*10),
interpolation=cv.INTER_AREA)
    Gx = cv.Sobel(img, cv.CV_32F, 1, 0, ksize=5)  # X 轴梯度 Gx
    Gy = cv.Sobel(img, cv.CV_32F, 0, 1, ksize=5)  # Y 轴梯度 Gy
    magG, angG = cv.cartToPolar(Gx, Gy, angleInDegrees=True)  # 用极坐标求幅值与方
向 (0~360 度)
    print(magG.min(), magG.max(), angG.min(), angG.max())7
    angCell = angG[xt:xt+wCell, yt:yt+wCell]
    box = np.zeros((4, 2), np.int32)  # 计算旋转矩形的顶点, (4, 2)
    for i in range(wCell):
        for j in range(wCell):
            cx, cy = i*10+d, j*10+d
            rect = ((cx,cy), (8,1), angCell[i,j])  # 旋转矩形类
            box = np.int32(cv.boxPoints(rect))  # 计算旋转矩形的顶点, (4, 2)
            cv.drawContours(imgGrad, [box], 0, (0,0,0), -1)

    # (5) 绘制检测区域的 HOG
    cellHOG = np.ones((201,201), np.uint8)  # 白色
    cellHOG = drawHOG(cellHOG, cellDes, xt+d, yt+d, 40)

    # (6) 绘制图像的 HOG
    imgHOG = np.ones(img.shape, np.uint8)*255  # 白色
    for i in range(10):
        for j in range(10):
            xc, yc = 20*i, 20*j
            cell = img[xc:xc+wCell, yc:yc+wCell]
            descriptors = hog.compute(cell)  # HOG 描述符, (8,)
            imgHOG = drawHOG(imgHOG, descriptors, xc+d, yc+d, 8)
    imgWeight = cv.addWeighted(img, 0.5, imgHOG, 0.5, 0)

    plt.figure(figsize=(9, 6.2))
    plt.subplot(231), plt.title("1. Original")
    cv.rectangle(img, (xt,yt), (xt+wCell,yt+wCell), (0,0,0), 2)  # 绘制 block
    plt.axis('off'), plt.imshow(img, cmap='gray')
    plt.subplot(232), plt.title("2. Oriented gradient")
    angNorm = np.uint8(cv.normalize(angG, None, 0, 255, cv.NORM_MINMAX))
    plt.axis('off'), plt.imshow(angNorm, cmap='gray')
    plt.subplot(233), plt.title("3. Image with HOG")
    cv.rectangle(imgWeight, (xt,yt), (xt+wCell,yt+wCell), (0,0,0), 2)  # 绘制
block
    plt.axis('off'), plt.imshow(imgWeight, cmap='gray')
    plt.subplot(234), plt.title("4. Grad angle of cell")
    plt.axis('off'), plt.imshow(imgGrad, cmap='gray')
    plt.subplot(235), plt.title("5. HOG of cell")
    strAng = ("0", "22", "45", "67", "90", "112", "135", "157")
    plt.bar(strAng, cellDes*wCell*wCell)
    plt.subplot(236), plt.title("6. HOG diagram of cell")
    plt.axis('off'), plt.imshow(cellHOG, cmap='gray')
```

```
    plt.tight_layout()
    plt.show()
```

程序说明

运行结果，可视化的 HOG 描述符如图 16-9 所示。

（1）图 16-9(1)所示为原始图像，图中黑色方框是一个单元格 cell。图 16-9(2)所示为原始图像的方向梯度图，像素值的大小反映了方向梯度的角度。

（2）图 16-9(4)所示为图 16-9(1)中方框位置单元格 cell 的方向梯度图，图中的线段表示像素点的方向梯度，注意例程中方向梯度的范围是 0～180 度。

（3）图 16-9(5)所示为对图 16-9(4)单元格中的所有像素点，按 8 个方向区间绘制的 HOG。图 16-9(6)所示为图 16-9(5)的单元格 HOG 的空间矢量。

（4）图 16-9(3)所示为整个图像的可视化 HOG。将图像划分为 10×10 个单元格，计算每个单元格的 HOG，表示为图 16-9(6)所示的空间矢量形式。

（5）例程介绍了 HOG 处理过程和结果的各种图像，是为了便于理解 HOG 的思路和计算步骤。在实际应用中，检测图像的 HOG 是维数为 lenHOG 的特征向量，而不是二维图像。

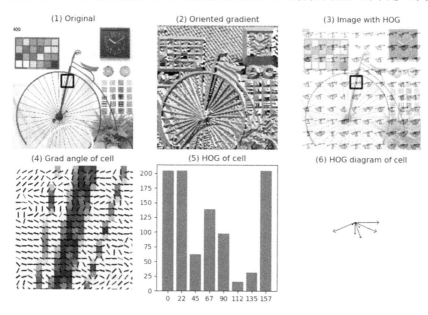

图 16-9　可视化的 HOG 描述符

16.8　特征描述之 BRIEF 描述符

尺度不变特征轮换（SIFT）算法使用 128 维浮点型特征描述符，占 512 字节。加速稳健特征（SURF）算法的特征描述符占 256/512 字节。图像中常常检测到数百上千个特征点，这些特征描述符占用的内存很大，而且在特征匹配时所需要的时间很长。

二进制鲁棒独立的特征描述（Binary Robust Independent Elementary Features，BRIEF），能直接生成二进制字符串作为关键点的特征描述符，加快了建立特征描述符的速度，降低了特征描述符的内存占用，极大地提高了特征匹配的效率，是一种快速、高效的特征描述方法。

BRIEF 描述符是针对图像中关键点的描述符，不是针对图像中目标的边界描述符或区域描述符。BRIEF 描述符的思想：在关键点 P 的周围按确定模式选取 N 个点对 (P_1, P_2)，比较点对的像素值，将比较结果组合起来，就得到 N 位二进制描述符。选取比较点对的不同方案（$N = 128$）如图 16-10 所示。为了保持选点的一致性，工程上常采用特殊设计的固定模式。

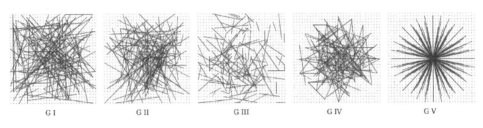

G I   G II   G III   G IV   G V

图 16-10　选取比较点对的不同方案（$N = 128$）

BRIEF 描述符的实现步骤如下。

（1）对图像进行高斯滤波 $(\sigma = 2)$，以消除噪声的干扰。

（2）以特征点 P 为中心，选取 $s \times s$ 的正方形邻域窗口。

（3）按照预定的随机算法，从邻域窗口中选取两个点生成点对 (P_1, P_2)，比较像素值的大小，得到一个二进制数 0/1。

（4）将步骤（3）重复 N 次（如 $N = 256$），将 N 个二进制数组合为二进制编码，就得到特征点 P 的 BRIEF 描述符。

BRIEF 建立特征描述符的速度很快，生成的二进制描述符匹配速度快，便于硬件实现。但 BRIEF 描述符不具备旋转不变性与尺度不变性，对噪声比较敏感。在旋转程度较小的图像中，使用 BRIEF 描述符的匹配质量非常高，但对于旋转大于 30 度的图像，BRIEF 描述符的匹配成功率极低。

OpenCV 中的函数 cv::xfeatures2d::BriefDescriptorExtractor 类用于实现 BRIEF 描述符，BriefDescriptorExtractor 类能继承 cv::Feature2D 父类，通过 create 静态方法创建。在 Python 语言中，能通过接口函数 BriefDescriptorExtractor.create 实例化 BriefDescriptorExtractor 类，创建 BriefDescriptorExtractor 对象。

BRIEF 描述符是针对关键点的描述符，不涉及特征检测方法，需要配合 SURF、FAST、STAR 等特征检测算法，用检测到的关键点 keypoints 作为输入，构造关键点描述符。

函数原型

cv.xfeatures2d.BriefDescriptorExtractor.create([, bytes, use_orientation]) → retval

cv.xfeatures2d.BriefDescriptorExtractor_create([, bytes, use_orientation]) → retval

brief.compute(image, keypoints[, descriptors]) → keypoints, descriptors

参数说明

◎　bytes：描述符的字节长度，可选项，默认值为 32，可以使用 16/32/64。

◎　use_orientation：采样模式是否使用关键点方向，可选项，默认值为 False。

◎　image：输入图像，允许为单通道图像，数据类型为 CV_8U。

◎　keypoints：检测到的关键点，是元组类型。

◎　descriptors：关键点描述符，是形为(n,bytes)的 Numpy 数组。

注意问题

（1）函数 cv.xfeatures2d.BriefDescriptorExtractor.create()能实例化 BriefDescriptorExtractor 类，定义一个 BriefDescriptorExtractor 类对象。

（2）参数 bytes 表示描述符的字节长度，而不是二进制编码长度 N。注意 1 字节有 8 比特，因此 bytes=16/32/64 表示二进制编码长度为 N=128/256/512。

（3）关键点描述符 descriptors 是 BRIEF 描述符的数组，形状为(n,bytes)，n 是关键点的数量，bytes 是描述符的字节长度 16/32/64。

（4）选项 use_orientation 是指是否根据关键点的方向选取检测点对，相当于按照关键点方向旋转正方形邻域窗口，以实现方向的规范化。

（5）关键点 keypoints 的数据结构是元组。keypoints[i]是 cv::Feature2D 定义的数据结构，包括坐标、直径、方向、响应、组序号和序号等参数。

```
cv::KeyPoint::KeyPoint    (
    point2f _pt, // x & y coordinates of the keypoint
    float _size, // keypoint diameter
    float _angle = -1, // keypoint orientation, [0,360)
    float _response = 0, // keypoint detector response on the keypoint
    int _octave = 0, // pyramid octave in which the keypoint has been detected
    int _class_id = -1 // object id
)
```

【例程 1610】特征描述之 BRIEF 关键点描述符

本例程使用 StarDetector 方法进行特征点检测，构造 BRIEF 关键点描述符。

```python
# 【1610】特征描述之 BRIEF 关键点描述符
import cv2 as cv
import numpy as np
from matplotlib import pyplot as plt

if __name__ == '__main__':
    # 读取图像
    # img = cv.imread("../images/Fig1601.png", flags=1)  # 基准图像
    img = cv.imread("../images/Fig1701.png", flags=1)  # 基准图像
    height, width = img.shape[:2]  # (540, 600)
    print("shape of image: ({},{})".format(height, width))

    # Star 关键点检测
    star = cv.xfeatures2d.StarDetector_create()  # Star 特征检测
    kpStar = star.detect(img, None)  # Star 特征检测
    print("Num of keypoints: ", len(kpStar))

    # BRIEF
    brief1 = cv.xfeatures2d.BriefDescriptorExtractor_create(bytes=16)  # 实例化
BRIEF 类
    kpBriefStar, des = brief1.compute(img, kpStar)  # 计算 BRIEF 关键点描述符
    print("Shape of kp descriptors (bytes=16): ", des.shape)
```

```
    brief2 = cv.xfeatures2d.BriefDescriptorExtractor_create()  # 实例化 BRIEF 类,
默认 bytes=32
    kpBriefStar, des = brief2.compute(img, kpStar)  # 通过 BRIEF 计算描述符
    print("Shape of kp descriptors (bytes=32): ", des.shape)

    imgS = cv.convertScaleAbs(img, alpha=0.5, beta=128)
    imgKp1 = cv.drawKeypoints(imgS, kpBriefStar, None, color=(0,0,0))
    imgKp2 = cv.drawKeypoints(imgS, kpBriefStar, None,
flags=cv.DRAW_MATCHES_FLAGS_DRAW_RICH_KEYPOINTS)
    plt.figure(figsize=(9, 3.5))
    plt.subplot(131), plt.title("1. Original")
    plt.axis('off'), plt.imshow(cv.cvtColor(img, cv.COLOR_BGR2RGB))
    plt.subplot(132), plt.title("2. Star/BRIEF keypoints")
    plt.axis('off'), plt.imshow(cv.cvtColor(imgKp1, cv.COLOR_BGR2RGB))
    plt.subplot(133), plt.title("3. Star/BRIEF keypoints scaled")
    plt.axis('off'), plt.imshow(cv.cvtColor(imgKp2, cv.COLOR_BGR2RGB))
    plt.tight_layout()
    plt.show()
```

运行结果

```
shape of image: (540,600)
Num of keypoints:  71
Shape of kp descriptors (bytes=16):  (71, 16)
Shape of kp descriptors (bytes=32):  (71, 32)
```

程序说明

（1）运行结果，基于 Star 特征检测构造 BRIEF 关键点描述符如图 16-11 所示。图 16-11(1)所示为原始图像，图 16-11(2)所示为检测到的关键点，图 16-11(3)所示为对关键点以不同半径表示尺度因子的大小。

（2）图像中检测到 71 个关键点，BRIEF 关键点描述符是形为(n,bytes)的数组。

（3）当实例化 BRIEF 类时，如果设置 bytes=16，则 BRIEF 关键点描述符的形状为(71,16)，每个关键点描述符由 128 位二进制编码组成，当实例化 BRIEF 类时，如果设置 bytes=32 或缺省，则 BRIEF 关键点描述符的形状为(71,32)，每个关键点描述符由 256 位二进制编码组成。

图 16-11 基于 Star 特征检测构造 BRIEF 关键点描述符

16.9　特征描述之 FREAK 描述符

快速视网膜关键点（Fast Retina Keypoint，FREAK）可模拟人类视网膜的拓扑结构，设计关键点的采样模式，构造二进制编码串珠外关键点的特征描述符，具有速度快、内存占用小和鲁棒性强的优点。

视觉系统能基于不同尺度的高斯差分从图像中提取细节，视网膜的拓扑结构非常重要。视网膜的神经元分布与 FREAK 的采样模式如图 16-12 所示。神经细胞分为中央凹（Foveal）、中央凹（Fovea）、中心凹旁（Parafoveal）和中央凹周围（Perifoveal）四个区域，空间分布具有中间密集、四周稀疏的特点。

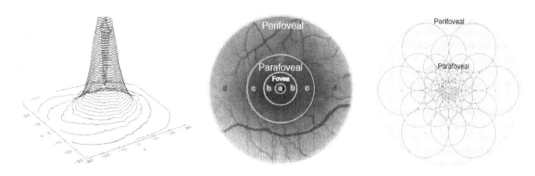

图 16-12　视网膜的神经元分布与 FREAK 的采样模式

FREAK 描述符的采样区域类似视网膜的采样网格（见图 16-12），由以关键点为中心、半径递增的 7 个同心圆构成。每个同心圆上有 6 个均匀分布的采样点，相邻同心圆的采样点角度交错分布，共有 $7\times6+1=43$ 个采样点，距离中心越近的区域点密度越高。

为了降低对噪声的敏感性，对每个采样点都要进行高斯平滑。对于不同半径同心圆上的采样点，使用高斯核的大小也不同。图中以各采样点为圆心的圆圈表示高斯核的大小，若采样点离中心的距离越远，则高斯核的半径越大。

基于 43 个高斯平滑的采样点可以产生 $43\times42/2=903$ 个采样点对，比较采样点对的像素值，可以构造 903 位二进制描述符。对于 N 个关键点，能得到形状为$(N,903)$的矩阵。按照方差大小对矩阵的列重新排序，保留前 512 列，即得到形状为$(N,512)$的矩阵，以及 FREAK 描述符。

FREAK 描述符的前段方差大表征粗略信息，后段方差小表征精细的高频数据。视觉系统的运行机制是先通过 Perifoveal 区域进行初步估计，再通过 Fovea 区域获取高分辨图像。参考这种机制，FREAK 能实现描述符的级联匹配，先对前段的第一级进行匹配，如果匹配通过再继续下一级的匹配，这种方法显著提高了特征描述符的匹配速度。

OpenCV 中的 cv::xfeatures2d::FREAK 类用于实现 FREAK 特征描述符。FREAK 类继承了 cv::Feature2D 父类，通过 create 静态方法创建。在 Python 语言中，通过接口函数 FREAK.create 实例化 FREAK 类，创建 FREAK 对象。

FREAK 描述符是针对关键点的描述符，不涉及特征检测方法，需要配合 SURF、FAST、STAR 等特征检测算法，用检测到的关键点 keypoints 作为输入，构造关键点描述符。

函数原型

cv.xfeatures2d.FREAK.create([, orientationNormalized, scaleNormalized=true, patternScale, nOctaves, selectedPairs])→ retval

cv.xfeatures2d.FREAK_create([, orientationNormalized, scaleNormalized=true, patternScale, nOctaves, selectedPairs]) → retval

freak.compute(image, keypoints[, descriptors]) → keypoints, descriptors

参数说明

◎ orientationNormalized：方向标准化设置选项，默认值为 True。

◎ scaleNormalized：尺度标准化设置选项，默认值为 True。

◎ patternScale：描述符模式的缩放系数，默认值为 22.0。

◎ nOctaves：倍频程的组数，即尺度空间金字塔的层数，默认值为 4。

◎ selectedPairs：用户指定点对的索引。

◎ image：输入图像，数据类型为 CV_8U。

◎ keypoints：检测到的关键点，是元组类型。

◎ descriptors：关键点描述符，是形为$(n,64)$的 Numpy 数组。

注意问题

（1）函数 cv.xfeatures2d.FREAK_create()能实例化 FREAK 类，定义一个 FREAK 类对象，默认设置尺度和方向标准化，具有尺度不变性和旋转不变性。

（2）关键点描述符 descriptors 是 FREAK 特征描述符的数组，形状为$(n,64)$，n 为关键点的数量，描述符长度为 64，对应 512 位二进制编码。

【例程 1611】特征描述之 FREAK 关键点描述符

本例程使用尺度不变的二进制特征描述（BRISK）方法进行特征点检测，构造 FREAK 关键点描述符。

```
# 【1611】特征描述之 FREAK 关键点描述符
import cv2 as cv
import numpy as np
from matplotlib import pyplot as plt

if __name__ == '__main__':
    # 读取图像
    img = cv.imread("../images/Fig1701.png", flags=1)  # 基准图像
    height, width = img.shape[:2]  # (500, 500)
    print("shape of image: ({},{})".format(height, width))

    # BRISK 检测关键点
    brisk = cv.BRISK_create()  # 创建 BRISK 检测器
    kp = brisk.detect(img)  # 关键点检测, kp 为元组
    print("Num of keypoints: ", len(kp))  # 271

    # BRIEF
    brief = cv.xfeatures2d.BriefDescriptorExtractor_create()  # 实例化 BRIEF 类
    kpBrief, desBrief = brief.compute(img, kp)  # 计算 BRIEF 描述符
```

```
    print("BRIEF descriptors: ", desBrief.shape)  # (270, 32)

    # FREAK 特征描述
    freak = cv.xfeatures2d.FREAK_create()  # 实例化 FREAK 类
    kpFreak, desFreak = freak.compute(img, kp)  # 生成描述符
    print("FREAK descriptors: ", desFreak.shape)  # (196, 64)

    imgS = cv.convertScaleAbs(img, alpha=0.5, beta=128)
    imgKp1 = cv.drawKeypoints(imgS, kpBrief, None, flags=cv.DRAW_MATCHES_
FLAGS_DRAW_RICH_KEYPOINTS)
    imgKp2 = cv.drawKeypoints(imgS, kpFreak, None, flags=cv.DRAW_MATCHES_
FLAGS_DRAW_RICH_KEYPOINTS)
    plt.figure(figsize=(9, 3.5))
    plt.subplot(131), plt.title("1. Original")
    plt.axis('off'), plt.imshow(cv.cvtColor(img, cv.COLOR_BGR2RGB))
    plt.subplot(132), plt.title("2. BRIEF keypoints scaled")
    plt.axis('off'), plt.imshow(cv.cvtColor(imgKp1, cv.COLOR_BGR2RGB))
    plt.subplot(133), plt.title("3. FREAK keypoints scaled")
    plt.axis('off'), plt.imshow(cv.cvtColor(imgKp2, cv.COLOR_BGR2RGB))
    plt.tight_layout()
    plt.show()
```

运行结果：

```
Num of keypoints:  271
BRIEF descriptors:  (270, 32)
FREAK descriptors:  (196, 64)
```

程序说明

（1）运行结果，基于 BRIEF 和 FREAK 绘制关键点尺度与方向如图 16-13 所示。图 16-13(1)所示为原始图像，使用 BRISK 算法检测到 271 个关键点。

（2）BRIEF 描述符的形状为(270,32)，图 16-13(2)所示的圆圈表示每个关键点的尺度与方向。

（3）FREAK 关键点描述符的形状为(196,64)，64 表示描述符由 512 位二进制编码组成。图 16-13(3)所示的圆圈表示每个关键点的尺度与方向。

图 16-13　基于 BRIEF 和 FREAK 绘制关键点尺度与方向

第 17 章
特征检测与匹配

特征检测与匹配是计算机视觉的基本任务，包括检测、描述和匹配三个相互关联的步骤，广泛应用于目标检测、图像检索、视频跟踪和三维重建等诸多领域。

OpenCV 提供了丰富的特征检测和匹配算法，不仅继承了 cv::Feature2D 类，而且采用了统一的定义和封装。

本章内容概要

◎ 学习角点检测之 Harris 算法。

◎ 学习 SIFT 算法和 SURF 算法，理解角点、特征点与关键点的区别。

◎ 介绍改进的关键点检测算法，如 FAST 算法、ORB 算法和 MSER 算法。

◎ 学习关键点匹配算法，包括暴力匹配和最近邻匹配。

17.1 角点检测之 Harris 算法

角是直线方向的快速变化，角点是两条边的交点。角点检测（Corner Detection）是特征检测的基础，Harris 算法是经典的角点检测算法。

17.1.1 Harris 角点检测算法

Harris 角点检测算法的原理：通过检测窗口在图像上移动，计算移动前后窗口中像素的灰度变化。角点的特征是检测窗口沿任意方向移动都会导致灰度发生显著变化。

Harris 角点检测算法能计算梯度协方差矩阵 M，协方差矩阵的形状为椭圆形，长短半轴由特征值 (λ_1, λ_2) 决定，方向由特征向量决定。定义如下的角点响应函数 R。

$$R = \det(M) - k\left[\operatorname{trace}(M)\right]^2$$
$$\begin{cases} \det(M) = \lambda_1 \lambda_2 \\ \operatorname{trace}(M) = \lambda_1 + \lambda_2 \end{cases}$$

式中，k 是调节系数。

角点响应函数 R 是梯度协方差矩阵 M 的特征值 (λ_1, λ_2) 的函数，可以用来判断角点、边缘是否平坦：

（1）当 λ_1, λ_2 较小时，$|R|$ 较小，各方向的灰度基本不变，表明处于平坦区域。

（2）当 $\lambda_1 \gg \lambda_2$ 或 $\lambda_2 \gg \lambda_1$ 时，$R < 0$，灰度在某个方向变化，而在其正交方向不变化，表明处于边缘区域。

（3）当 λ_1, λ_2 都较大且数值相当时，灰度在某个方向及其正交方向都变化强烈，表明存在角点或孤立点。

Harris 角点检测算法的重复性好、检测效率高，应用比较广泛。

17.1.2　Shi-Tomas 角点检测算法

Shi-Tomas 角点检测算法是对 Harris 角点检测算法的改进，区别在于要将角点响应函数修改如下：

$$R = \min\left(\lambda_1, \lambda_2\right)$$

只有当梯度协方差矩阵 M 的特征值 λ_1、λ_2 都大于阈值时，才能判定为角点。

17.1.3　OpenCV 角点检测算法

OpenCV 中的函数 cv.cornerEigenValsAndVecs 用于计算图像或矩阵的特征值和特征向量，函数 cv.cornerMinEigenVal 用于计算梯度协方差矩阵的最小特征值，函数 cv.cornerHarris 用于实现 Harris 角点检测。

函数原型

cv.cornerHarris(src, blockSize, ksize, k[, dst, borderType]) → dst

cv.cornerEigenValsAndVecs(src, blockSize, ksize[, dst, borderType]) → dst

cv.cornerMinEigenVal(src, blockSize[, dst, ksize, borderType]) → dst

参数说明

◎ src：输入图像，允许为单通道图像，是浮点型数据或数据类型为 CV_8U。

◎ dst：输出图像，角点响应函数，大小与 src 相同，数据类型为 CV_32FC1。

◎ blockSize：检测器的滑动窗口尺寸，是整型数据。

◎ ksize：Sobel 算子的孔径，即卷积核的大小，是整型数据。

◎ k：Harris 角点响应函数的调节参数，通常取 0.04～0.06。

◎ borderType：边界扩充类型，可选项，不支持 BORDER_WRAP。

注意问题

（1）函数 cv.cornerHarris 的返回值是 Harris 角点响应函数 R。从角点响应图像中筛选大于检测阈值、且为局部最大值的点作为检测角点。检测阈值可以设为最大响应值的 0.01～0.1 倍。

（2）函数 cv.cornerMinEigenVal 与函数 cv.cornerEigenValsAndVecs 类似，区别在于它能计算和保存梯度协方差矩阵 M 的最小特征值，即 $\min\left(\lambda_1, \lambda_2\right)$。

OpenCV 中的函数 cv.goodFeaturesToTrack 用于实现 Shi-Tomas 角点检测。

先使用函数 cv.cornerHarris 或 cv.cornerMinEigenVal 计算角点响应函数，最小特征值小于阈值的角点会被剔除；再进行非最大值抑制，只保留 3×3 邻域中的局部最大值；最后按照角点响应函数的大小排序，输出前 N 个结果。

函数原型

cv.goodFeaturesToTrack(image, maxCorners, qualityLevel, minDistance[, corners, mask, blockSize, useHarrisDetector, k=0.04]) → corners

参数说明

◎ image：输入图像，允许为单通道图像，是浮点型数据或数据类型为 CV_8U。

◎ corners：二维点向量集合的坐标(x,y)，是形为$(n,1,2)$的 Numpy 数组，浮点型数据。

◎ maxCorners：角点数量的最大值 N，是整型数据。

◎ qualityLevel：角点阈值系数，是浮点型数据，取值范围为 0.0～1.0。

◎ minDistance：角点之间的最小欧氏距离。

◎ mask：掩模图像，指定检测角点的区域，可选项。

◎ blockSize：检测器的滑动窗口尺寸，可选项，默认值为 3。

◎ k：Harris 角点响应函数的调节参数，可选项，默认值为 0.04。

◎ useHarrisDetector：计算角点响应的方法，默认值为 False，使用函数 cv.cornerMinEigenVal 计算，True 表示使用函数 cv.cornerHarris 计算。

注意问题

（1）输出参数 corners 是形为 $(n,1,2)$ 的 Numpy 数组，表示检测到 n 个角点的坐标 (x,y)。

（2）检测阈值是角点阈值系数 qualityLevel 与最大响应值的乘积，小于阈值的角点会被拒绝。若最大响应值为 1500，系数为 0.1，则检测阈值为 150。

（3）剔除间距小于 maxDistance 的角点，以实现非最大值抑制方法，避免重复的邻近角点。

【例程 1701】角点检测之 Harris 角点检测算法和 Shi-Tomas 角点检测算法

本例程用于介绍 Harris 角点检测算法和 Shi-Tomas 角点检测算法的使用方法。

Harris 角点检测函数的返回值是角点响应图像，需要进行阈值处理才能得到角点坐标。Shi-Tomas 角点检测函数的返回值是角点坐标。

```python
# 【1701】角点检测之 Harris 角点检测算法和 Shi-Tomas 角点检测算法
import cv2 as cv
import numpy as np
from matplotlib import pyplot as plt

if __name__ == '__main__':
    img = cv.imread("../images/Fig1201.png", flags=1)
    gray = cv.cvtColor(img, cv.COLOR_BGR2GRAY)

    # Harris 角点检测算法
    dst = cv.cornerHarris(gray, 5, 3, k=0.04)  # 角点响应图像，坐标为(y,x)
    # Harris[dst>0.1*dst.max()] = [0,0,255]  # 筛选角点，红色标记
    stack = np.column_stack(np.where(dst>0.2*dst.max()))  # 阈值筛选角点 (n,2)
    corners = stack[:, [1, 0]]  # 调整坐标次序：(y,x) -> (x,y)
    print("num of corners by Harris: ", corners.shape)
    imgHarris = img.copy()
    for point in corners:
        cv.drawMarker(imgHarris, point, (0,0,255), cv.MARKER_CROSS, 10, 1)  # 在
点(x,y)标记

    # Shi-Tomas 角点检测算法
    maxCorners, qualityLevel, minDistance = 100, 0.1, 5
    corners = cv.goodFeaturesToTrack(gray, maxCorners, qualityLevel,
minDistance)  # 角点坐标 (x,y)
    corners = np.squeeze(corners).astype(np.int16)  # 检测到的角点 (n,1,2)->(n,2)
    print("num of corners by Shi-Tomas: ", corners.shape[0])
    imgShiTomas = np.copy(img)
    for point in corners:  # 注意坐标次序
```

```
        cv.drawMarker(imgShiTomas, (point[0], point[1]), (0,0,255),
cv.MARKER_CROSS, 10, 2)  # 在点(x,y)标记
    plt.figure(figsize=(9, 3.3))
    plt.subplot(131), plt.title("1. Original")
    plt.axis('off'), plt.imshow(cv.cvtColor(img, cv.COLOR_BGR2RGB))
    plt.subplot(132), plt.title("2. Harris corners")
    plt.axis('off'), plt.imshow(cv.cvtColor(imgHarris, cv.COLOR_BGR2RGB))
    plt.subplot(133), plt.title("3. Shi-tomas corners")
    plt.axis('off'), plt.imshow(cv.cvtColor(imgShiTomas, cv.COLOR_BGR2RGB))
    plt.tight_layout()
    plt.show()
```

运行结果

```
num of corners by Harris:  589
num of corners by Shi-Tomas:  66
```

程序说明

（1）Harris 角点检测和 Shi-Tomas 角点检测结果如图 17-1 所示。图 17-1(1)所示为原始图像，图 17-1(2)所示为 Harris 角点检测的结果，图 17-1(3)所示为 Shi-Tomas 角点检测的结果。

（2）运行结果表明，Harris 角点检测算法检测到的角点数量远大于 Shi-Tomas 角点检测算法检测到的角点数量，这是由于角点周围像素的响应值很高，都被识别为角点了，因此 Harris 角点检测算法会检测到大量重复的角点。

图 17-1　Harris 角点检测和 Shi-Tomas 角点检测结果

17.2　角点检测之亚像素精确定位

角点检测算法检测到的角点位置经常不太准确。

亚像素精确定位的原理：从中心角点 Q 到邻近点 P 的矢量都与 P 的方向梯度正交。以最小误差平方和作为目标函数，可以迭代求出角点或径向鞍点的亚像素精确位置。

OpenCV 中的函数 cv.cornerSubPix 用于实现角点的精确定位，获得亚像素精度的角点位置。

函数原型

cv.cornerSubPix(image, corners, winSize, zeroZone, criteria[,]) → corners

参数说明

◎　image：输入图像，允许为单通道图像，是浮点型数据或数据类型为 CV_8U。

◎　corners：二维点向量集合的坐标(x,y)，是形为(n,2)的 Numpy 数组，浮点型数据。

◎　winSize：搜索窗口的半尺寸，是形为(w,h)的 Size 元组。

◎ zeroZone：搜索死区的半尺寸，是形为(*w*,*h*)的 Size 元组，(-1,-1)表示不设死区。

◎ criteria：迭代终止准则，是形为(type,max_iter,epsilon)的元组。

➤ TERM_CRITERIA_EPS：当达到 epsilon 时停止。

➤ TERM_CRITERIA_MAX_ITER：当达到 max_iter 时停止。

➤ TERM_CRITERIA_EPS+TERM_CRITERIA_MAX_ITER：当达到精度或达到迭代次数时停止。

注意问题

（1）参数 corners 在输入时是角点的初始坐标，输出时是角点的精细坐标。注意坐标表示为(*x*,*y*)，是浮点型数据，不是整型数据。

（2）参数 winSize 等于搜索窗口边长的一半，如(5,5)表示搜索窗口为 11×11。

（3）迭代终止准则 criteria 的格式为元组(type,max_iter,epsilon)，type 是迭代终止方法的特征字，max_iter 是最大迭代次数, epsilon 是迭代精度。

（4）角点的初始坐标是输入参数，因此先要通过其他检测算法获得角点的粗略位置。函数可以对任何角点检测算法的结果进行精确定位。

【例程 1702】角点检测之亚像素精确定位

本例程用于对被检测角点进行亚像素精确定位。

```python
# 【1702】角点检测之亚像素精确定位
import cv2 as cv
import numpy as np
from matplotlib import pyplot as plt

if __name__ == '__main__':
    img = cv.imread("../images/Fig1209.png", flags=1)
    gray = cv.cvtColor(img, cv.COLOR_BGR2GRAY)  # (400, 400)

    # Shi-Tomas 角点检测
    maxCorners, qualityLevel, minDistance = 100, 0.2, 5
    corners = cv.goodFeaturesToTrack(gray, maxCorners, qualityLevel,
minDistance)  # 角点坐标 (x,y)
    corners = np.squeeze(corners).astype(np.int16)  # 检测到的角点 (n,1,2)->(n,2)
    print("num of corners by Shi-Tomas: ", corners.shape[0])
    imgShiTomas = img.copy()
    for point in corners:
        cv.drawMarker(imgShiTomas, point, (255,0,0), cv.MARKER_CROSS, 10, 1)  #
在点(x,y)标记

    # 对角点进行精细定位
    winSize = (3, 3)  # 搜索窗口的半尺寸
    zeroZone = (-1, -1)  # 搜索盲区的半尺寸
    criteria = (cv.TERM_CRITERIA_EPS+cv.TERM_CRITERIA_MAX_ITER, 50, 0.01)  # 终
止判据
    fineCorners = cv.cornerSubPix(gray, np.float32(corners), winSize,
zeroZone, criteria)
```

```
print("shape of fineCorners: ", fineCorners.shape)
for i in range(corners.shape[0]):
    if np.max(np.abs(corners[i]-fineCorners[i]))>1:
        xp, yp = fineCorners[i,0], fineCorners[i,1]
        print("corners={}, subPix=[{:.1f},{:.1f}]".format(corners[i], xp, yp))

# 精细定位检测图像
fineCorners = fineCorners.astype(np.int32)  # 精细角点坐标 (x,y)
imgSubPix = img.copy()
for point in fineCorners:
    cv.drawMarker(imgSubPix, point, (0,0,255), cv.MARKER_CROSS, 10, 1)  # 在
点(x,y)标记

plt.figure(figsize=(9, 3.5))
plt.subplot(131), plt.axis('off'), plt.title("1. Shi-Tomas corners")
plt.imshow(cv.cvtColor(imgShiTomas, cv.COLOR_BGR2RGB))
plt.subplot(132), plt.axis('off'), plt.title("2. Partial enlarge")
plt.imshow(cv.cvtColor(imgShiTomas[100:200,0:100], cv.COLOR_BGR2RGB))
plt.subplot(133), plt.axis('off'), plt.title("3. SubPix corners")
plt.imshow(cv.cvtColor(imgSubPix[100:200,0:100], cv.COLOR_BGR2RGB))
plt.tight_layout()
plt.show()
```

运行结果

```
corners=[274 358], subPix=[271.3,357.2]
corners=[371 361], subPix=[369.7,361.2]
corners=[110  72], subPix=[107.0,72.6]
```

程序说明

（1）运行结果，角点检测之亚像素精确定位如图 17-2 所示。图 17-2(1)所示为 Shi-Tomas 角点检测的结果，图 17-2(2)所示为图 17-2(1)的局部放大图，图 17-2(3)所示为对图 17-2(2)的角点亚像素进行精确定位后的局部放大图。

（2）Shi-Tomas 角点检测算法检测到的角点坐标往往是粗略的，存在细小的偏差。经过亚像素定位，可以找到精确的角点坐标，但并不会改变角点数量。

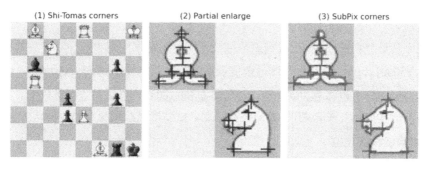

图 17-2　角点检测之亚像素精确定位

17.3　特征检测之 SIFT 算法

尺度不变特征转换（Scale-Invariant Feature Transformation，SIFT）算法能检测与描述影像中的局部特征，在空间尺度中寻找极值点，提取其位置、尺度和旋转不变量。

SIFT 算法提取的特征不仅具有尺度不变性，而且具有旋转不变性和亮度不变性，对视角变化、仿射变换和噪声也保持了一定的稳定性。SIFT 算法的检测性能优秀，具有独特性好、信息量丰富，高速性和可扩展性，广泛应用于物体识别、动作识别、影像配准、影像追踪和三维建模，但是，SIFT 算法的计算量很大，难以实时运行。

17.3.1　SIFT 算法的原理

SIFT 算法主要包括构造尺度空间、尺度空间的极值点检测、关键点的精确定位、确定关键点的方向和生成关键点描述符等步骤。

1. 构造尺度空间

图像的尺度空间表达是图像在所有尺度下的描述。高斯差分金字塔（Difference of Gaussians Pyramid）是尺度空间检测的基础。

SIFT 算法是指将尺度空间分为 O 个倍频程（Octave），每个倍频程包括 N 层不同模糊尺度的高斯模糊图像 $L(x,y,\sigma)$，可得到不同图像尺寸、不同模糊尺度的高斯差分图像 $D(x,y,\sigma)$。

SIFT 算法构造高斯差分金字塔的基本步骤如下。

（1）以原始图像作为基准图像，进行不同尺度的高斯模糊，得到一组 N 层高斯模糊图像，称为第一个倍频程。

（2）由第一个倍频程内的 N 层图像，计算得到一组 $N-1$ 层高斯差分图像。

（3）对前一个倍频程中的基准图像降采样，得到尺寸缩小的图像作为新的基准图像，进行不同尺度的高斯模糊，得到一组新的 N 层高斯模糊图像和 $N-1$ 层高斯差分图像。

（4）重复以上过程，共得到 O 组尺寸递减的高斯差分图像。

O 个倍频程的 $N-1$ 层高斯差分图像，构成了高斯差分金字塔。不同倍频程的图像尺寸递减，同一倍频程的图像尺寸相同，但高斯模糊程度不同。

2. 尺度空间的极值点检测

尺度空间的极值点检测是指在三维尺度空间 (x,y,σ) 检测极值点，也就是在高斯差分空间寻找局部极值点。

对于每个倍频程内的 $N-1$ 层高斯差分图像，通过对每层图像 $D(x,y,\sigma_n)$ 与其相邻层图像 $D(x,y,\sigma_{n-1})$ 和 $D(x,y,\sigma_{n+1})$ 进行局部最大值搜索，可以获得极值点 $P(x,y,\sigma)$。

高斯差分算子具有较强的边缘响应，使很多极值点的对比度或稳定性都较低。剔除低对比度、稳定性差的极值点，获得 SIFT 算法的关键点，可以增强匹配稳定性、提高抗噪声能力。

3. 关键点的精确定位

高斯差分金字塔在尺度空间和像素空间都是离散的，获得的极值点位置并不精确。

对高斯差分图像 $D(x,y,\sigma)$ 进行泰勒级数展开，通过三维二次拟合函数可以求出亚像素精度的极值点，精确确定关键点的位置坐标 (x,y) 和尺度 σ。

4．确定关键点的方向

SIFT 算法使用关键点邻域像素的梯度分布来描述关键点的方向。对每个关键点 $P(x,y,\sigma)$ 按照尺度 σ 选择最接近的高斯模糊图像 $L(x,y,\sigma)$，计算图像的梯度幅值和方向。在以关键点为中心、以 $r=3\sqrt{2}\sigma$ 为半径的邻域，用 HOG 统计邻域像素的方向梯度，将 HOG 最大值所对应的方向 θ 作为关键点的方向。因此，每个关键点都可以得到其位置、尺度和方向参数 $P(x,y,\sigma,\theta)$。

5．生成关键点描述符

根据关键点的位置、尺度和方向参数 $P(x,y,\sigma,\theta)$，可构造关键点的特征区域。关键点的主方向和特征区域如图 17-3 所示，特征区域的中心是关键点的位置 $P(x,y)$，半径 $r=3\sqrt{2}\sigma$ 由特征尺度 σ 确定，红色箭头由特征方向 θ 确定。

将坐标轴 xPy 旋转角度 θ 成为 $x'Py'$，在坐标系 $x'Py'$ 下选择以关键点为中心、边长为 6σ 的正方形邻域作为特征区域，可以构造关键点描述符：将特征区域分为 16 个子块，每个子块中像素的方向梯度分为 8 个扇形区间，共生成 $4\times4\times8=128$ 维向量，得到 HOG 作为关键点描述符。

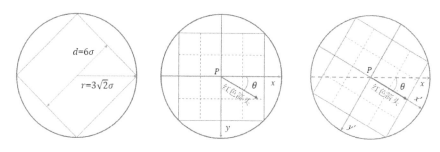

图 17-3　关键点的主方向和特征区域

在 SIFT 算法中，特征区域的边长反映了关键点的尺度特征，旋转角度反映了关键点的方向特征，相当于进行了尺度规范化和方向规范化，这就是 SIFT 算法具有尺度不变性和旋转不变性的原理。

17.3.2　OpenCV 的 SIFT 类

OpenCV 中的 cv::SIFT 类能实现 SIFT 算法。cv::SIFT 类继承了 cv::Feature2D 父类，通过 create 静态方法创建。在 Python 语言中，通过接口函数 cv.SIFT.create 或 cv.SIFT_create 实例化 SIFT 类，创建 SIFT 对象，通过成员函数 sift.detect 检测关键点，函数 sift.compute 计算关键点描述符，函数 sift.detectAndCompute 检测关键点并计算关键点描述符。

函数原型

cv.SIFT.create([, nfeatures, nOctaveLayers, contrastThreshold, edgeThreshold, sigma]) → retval

cv.SIFT_create([, nfeatures, nOctaveLayers, contrastThreshold, edgeThreshold, sigma]) → retval

sift.detect(image[, mask]) → keypoints

sift.compute(image, keypoints[, descriptors]) → keypoints, descriptors

sift.detectAndCompute(image, mask[, descriptors]) → keypoints, descriptors

参数说明

◎ nfeatures：关键点的最大数量。

◎ nOctaveLayers：每个倍频程的层数 N，默认值为 3，倍频程的组数自动计算。

◎ contrastThreshold：对比度阈值，用于剔除对比度低的弱特征点，默认值为 0.04。

◎ edgeThreshold：边缘阈值，用于剔除稳定性低的边缘特征点，默认值为 10.0。

◎ sigma：用于初始图像的高斯模糊尺度，默认值为 1.6。

◎ image：输入图像，允许为单通道图像。

◎ mask：掩模图像，指定查找关键点的区域，可选项。

◎ keypoints：检测到的关键点，是元组类型。

◎ descriptors：关键点描述符，是形为(nfeatures,128)的 Numpy 数组，浮点型数据。

注意问题

（1）通过接口函数 cv.SIFT.create 或函数 cv.SIFT_create 实例化 SIFT 类，在 OpenCV 的不同版本中只允许用其中一种方式。

（2）函数 sift.detect、sift.compute 和 sift.detectAndCompute 是继承 cv::Feature2D 类的成员函数，在程序中的格式为 sift.detect，sift 表示 SIFT 类的实例对象。cv::Feature2D 类的成员函数很多，更多使用方法参见 OpenCV 官方文档（链接 1-1）。

（3）关键点 keypoints 的数据结构是元组。keypoints[i]是 cv::Feature2D 定义的数据结构，包括坐标、直径、方向、响应、组序号和序号等参数。

```
cv::KeyPoint::KeyPoint      (
    point2f _pt, // x & y coordinates of the keypoint
    float _size, // keypoint diameter
    float _angle = -1, // keypoint orientation, [0,360)
    float _response = 0, // keypoint detector response on the keypoint
    int _octave = 0, // pyramid octave in which the keypoint has been detected
    int _class_id = -1 // object id
)
```

（4）SIFT 算法和 SURF 算法都是专利算法,学术研究中可以免费使用。OpenCV3、OpenCV4 在默认安装中删除了这些专利算法，将其移到 OpenCV_contrib 扩展模块中。2020 年 SIFT 算法的专利有效期到期，OpenCV 4.4 已经将 SIFT 算法移回主库，可以正常使用了。

（5）在 OpenCV3 的一些版本中对编译进行了限制，使用 SIFT 算法时会出现错误，建议卸载后重新安装 OpenCV3.4.2 版本解决。

OpenCV 中的函数 cv.drawKeypoint 用于绘制关键点 keypoints，可以在图像上绘制表示关键点的大小和方向的圆。

函数原型

cv.drawKeypoints(image, keypoints, outImage[, color, flags]) → outImage

参数说明

◎ image：输入图像。

◎ keypoints：检测到的关键点，是元组类型。

◎ outImage：输出图像，图像的大小和类型与 image 相同。

◎　color：绘制关键点的颜色。

◎　flags：绘制内容的选项标志。

　　➤　DRAW_MATCHES_FLAGS_DEFAULT：默认值，对每个关键点仅绘制中心点，不绘制表示关键点的大小和方向的圆圈。

　　➤　DRAW_MATCHES_FLAGS_DRAW_RICH_KEYPOINTS：对每个关键点绘制表示关键点大小和方向的圆圈。

【例程 1703】特征检测之 SIFT 算法

本例程用于介绍 SIFT 算法的使用方法。

```python
# 【1703】特征检测之 SIFT 算法
import cv2 as cv
import numpy as np
from matplotlib import pyplot as plt


if __name__ == '__main__':
    img = cv.imread("../images/Fig1701.png", flags=1)
    gray = cv.cvtColor(img, cv.COLOR_BGR2GRAY)  # (512, 512)

    # SIFT 关键点检测和特征描述
    # sift = cv.xfeatures2d.SIFT_create()  # OpenCV 早期版本
    sift = cv.SIFT.create()  # 实例化 SIFT 类
    # kp, descriptors = sift.detectAndCompute(gray)  # 检测关键点和生成描述符
    kp = sift.detect(gray)  # 关键点检测, kp 为元组
    kp, descriptors = sift.compute(gray, kp)  # 生成描述符
    print("Type of keypoints: {}\nType of descriptors: {}".format(type(kp),
type(descriptors)))
    print("Coordinates of kp[0]: ", kp[0].pt)
    print("Keypoint diameter of kp[0]: ", kp[0].size)
    print("Keypoint orientation of kp[0]: ", kp[0].angle)
    print("Keypoint detector response on kp[0]: ", kp[0].response)
    print("Pyramid octave detected of kp[0]: ", kp[0].octave)
    print("Object id of kp[0]: ", kp[0].class_id)

    imgScale = cv.convertScaleAbs(img, alpha=0.25, beta=192)
    imgKp1 = cv.drawKeypoints(imgScale, kp, None)  # 只绘制关键点的位置
    imgKp2 = cv.drawKeypoints(imgScale, kp, None, flags=cv.DRAW_MATCHES_
FLAGS_DRAW_RICH_KEYPOINTS)  # 绘制关键点的大小和方向
    plt.figure(figsize=(9, 3.3))
    plt.subplot(131), plt.title("1. Original")
    plt.axis('off'), plt.imshow(cv.cvtColor(img, cv.COLOR_BGR2RGB))
    plt.subplot(132), plt.title("2. SIFT keypoints")
    plt.axis('off'), plt.imshow(cv.cvtColor(imgKp1, cv.COLOR_BGR2RGB))
    plt.subplot(133), plt.title("3. SIFT keypoint scaled")
    plt.axis('off'), plt.imshow(cv.cvtColor(imgKp2, cv.COLOR_BGR2RGB))
    plt.tight_layout()
    plt.show()
```

运行结果

```
Type of keypoints: <class 'tuple'>
Type of descriptors: <class 'numpy.ndarray'>
Num of keypoints:  427
Coordinates of kp[0]:  (7.092663764953613, 311.8050537109375)
Keypoint diameter of kp[0]:  1.8413466215133667
Keypoint orientation of kp[0]:  80.91995239257812
Keypoint detector response on kp[0]:  0.016438428312540054
Pyramid octave detected of kp[0]:  1835519
Object id of kp[0]:  -1
```

程序说明

运行结果，使用 SIFT 算法检测关键点、尺度与方向如图 17-4 所示。图 17-4(1)所示为原始图像，图 17-4(2)和图 17-4(3)所示为将 SIFT 算法检测的关键点绘制在原始图像上，图 17-4(2)只绘制了关键点的中心，图 17-4(3)对每个关键点都绘制了表示关键点大小和方向的圆圈。

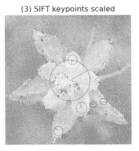

图 17-4　使用 SIFT 算法检测关键点、尺度与方向

17.4　特征检测之 SURF 算法

加速稳健特征（SpeededUp Robust Features，SURF）算法对 SIFT 算法进行了改进，在保持良好检测性能的基础上，解决了 SIFT 算法复杂度高、计算量大的缺点，可以应用于实时的计算机视觉系统。

17.4.1　SURF 算法原理

与 SIFT 算法相比，SURF 算法可采用积分图像构造金字塔尺度空间，代替高斯差分金字塔；采用 Harr 小波特征构造特征描述符，代替 HOG 特征描述符。

SURF 算法的框架与 SIFT 算法类似，主要包括构造尺度空间、检测关键点、确定关键点的方向和构造关键点特征描述符等。

1. 构造尺度空间

SURF 算法先计算不同尺度高斯模糊图像的 Hessian 矩阵，再构造尺度空间检测极值点。

SURF 算法能使用均值滤波器近似高斯滤波器，并基于积分图像计算均值滤波器（参见本书 5.6 节），不仅极大地提高了计算速度，而且可以在不同尺度同时进行，并行实现。

SURF 算法通过不断增大均值滤波器的尺寸来构造尺度空间，各组图像的大小相同，不需要降采样，提高了处理速度。

2．检测关键点

在三维尺度空间 (x, y, σ) 中，应用非最大值抑制，通过像素点与 $3\times3\times3$ 邻域中的 26 个点的比较来检测极值点。

非最大值抑制所得到的极值点在尺度空间和像素空间都是离散的，获得的极值点位置并不精确。使用亚像素插值，通过三维二次拟合函数求亚像素精度的极值点 $P(x, y, \sigma)$，能精确确定关键点的位置坐标 (x, y) 和尺度 σ。

3．确定关键点的方向

在关键点的圆形邻域通过计算 Haar 小波特征来确定主方向。Haar 小波的本质是梯度运算，但利用积分图像可以提高计算速度。

在圆形邻域中，累加统计 60 度扇形滑动窗口内的所有带"你"的 Haar 小波的响应值。以 0.2 弧度为步长，旋转遍历圆形邻域，以最大响应值所在的方向作为关键点的主方向。因此，每个关键点都可以得到其位置、尺度和方向参数 $P(x, y, \sigma, \theta)$。

4．构造关键点特征描述符

旋转坐标轴进行主方向校正后，以关键点为中心的边长为 $20S$（S 指检测的关键点特征尺度的值）的正方形邻域作为特征区域，将特征区域划分为 16 个尺寸为 $5s\times5s$ 的子块，对每个子块用尺度为 $2s$ 的 Haar 小波计算水平和垂直方向的响应值，可得到四维特征向量。将 16 个子块的特征向量组合起来构成 64 位的特征向量作为特征描述符。

17.4.2　OpenCV 的 SURF 类

在 OpenCV 的 ximgproc 模块中提供了 cv::xfeatures2d::SURF 类以实现 SURF 算法。

cv:xfeatures2d::SURF 类继承了 cv::Feature2D 父类，在 Python 语言中通过接口函数 cv.SURF.create 或函数 cv.SURF_create 实例化 SURF 类，创建 SURF 对象。通过成员函数 surf.detect 检测关键点，函数 surf.compute 计算描述符，函数 surf.detectAndCompute 检测关键点并生成描述符。

函数原型

cv.xfeatures2d.SURF.create([, hessianThreshold, nOctaves, nOctaveLayers, extended, upright]) → retval

cv.xfeatures2d.SURF_create([, hessianThreshold, nOctaves, nOctaveLayers, extended, upright]) → retval

surf.detect(image[, mask]) → keypoints

surf.compute(image, keypoints[, descriptors]) → keypoints, descriptors

surf.detectAndCompute(image, mask[, descriptors]) → keypoints, descriptors

参数说明

◎ hessianThreshold：Hessian 关键点检测器的阈值，默认值为 100。

◎ nOctaves：尺度空间金字塔的层数，即倍频程的组数 O，默认值为 4。

◎ nOctaveLayers：每个倍频程的层数 N，默认值为 3。

◎ extended：描述符标志，默认值为 False 表示 64 位，True 表示 128 位。

◎ upright：特征方向标志，默认值为 False 表示计算特征方向，True 表示不计算特征方向。

◎ image：输入图像，允许为单通道图像。

◎　mask：掩模图像，指定查找关键点的区域，可选项。

◎　keypoints：检测到的关键点，是元组类型。

◎　descriptors：关键点描述符，是形为$(n,64)$或$(n,128)$的 Numpy 数组。

注意问题

（1）通过接口函数 cv.xfeatures2d.SURF.create 或函数 cv.xfeatures2d.SURF_create 实例化 SURF 类，在 OpenCV 的不同版本中只允许用其中一种方式。

（2）函数 detect、compute 和 detectAndCompute 等是继承 cv::Feature2D 类的成员函数，在程序中的格式为 surf.detect，surf 表示 SURF 类的实例对象。

（3）关键点描述符 descriptors 的形状为$(n,64)$或$(n,128)$，n 是关键点的数量，根据描述符标志 extended 选择描述符长度为 64 位或 128 位。

（4）SURF 算法是专利算法，OpenCV3、OpenCV4 版本将其移入了 OpenCV_contrib 扩展模块中，使用 SURF 算法需要 opencv-contrib-python 包的支持。

（5）在 OpenCV3 的一些版本中对编译进行了限制，使用 SURF 算法时会出现错误。建议卸载后重新安装 OpenCV3.4.2 版本解决。

【例程 1704】特征检测之 SURF 算法

本例程用于介绍 SURF 算法的使用方法。

```python
# 【1704】特征检测之 SURF 算法
import cv2 as cv
import numpy as np
from matplotlib import pyplot as plt

if __name__ == '__main__':
    img = cv.imread("../images/Fig1701.png", flags=1)
    gray = cv.cvtColor(img, cv.COLOR_BGR2GRAY)  # (500, 500)
    print("shape of image: ", gray.shape)

    # SURF 关键点检测和特征描述
    surf = cv.xfeatures2d.SURF_create()  # 实例化 SURF 对象
    # kp, descriptors = surf.detectAndCompute(gray)  # 检测关键点和生成描述符
    kpSurf = surf.detect(gray)  # 关键点检测
    kpSurf, desSurf = surf.compute(gray, kpSurf)  # 生成描述符
    print("Num of keypoints: ", len(kpSurf))  # 695
    imgS = cv.convertScaleAbs(img, alpha=0.25, beta=192)
    imgSurf1 = cv.drawKeypoints(imgS, kpSurf, None)  # 只绘制关键点的位置
    imgSurf2 = cv.drawKeypoints(imgS, kpSurf, None, flags=cv.DRAW_
MATCHES_FLAGS_DRAW_RICH_KEYPOINTS)  # 绘制关键点的大小和方向

    plt.figure(figsize=(9, 3.4))
    plt.subplot(131), plt.title("1. Original")
    plt.axis('off'), plt.imshow(cv.cvtColor(img, cv.COLOR_BGR2RGB))
    plt.subplot(132), plt.title("2. SURF keypoints")
    plt.axis('off'), plt.imshow(cv.cvtColor(imgSurf1, cv.COLOR_BGR2RGB))
    plt.subplot(133), plt.title("3. SURF keypoint scaled")
    plt.axis('off'), plt.imshow(cv.cvtColor(imgSurf2, cv.COLOR_BGR2RGB))
```

```
plt.tight_layout()
plt.show()
```

程序说明

运行结果，使用 SURF 算法检测关键点、尺度与方向如图 17-5 所示。图 17-5(1)所示为原始图像，图 17-5(2)和图 17-5(3)所示为将 SURF 算法检测的关键点绘制在原始图像上，图 17-5(2)只绘制了关键点的中心，图 17-5(3)对每个关键点都绘制了表示关键点大小和方向的圆圈。

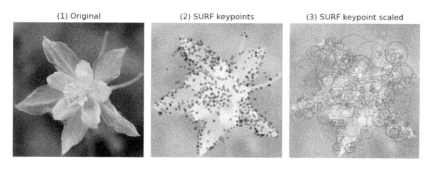

图 17-5　使用 SURF 算法检测关键点、尺度与方向

17.5　特征检测之 FAST 算法

FAST（Features from Accelerated Segment Test）算法是一种特征点检测算法，用于特征提取但不涉及特征描述。FAST 算法通过与圆周像素的比较结果判别特征点，计算速度快、可重复性高，非常适合实时视频的处理。

FAST 算法将角点定义为：如果像素点与周围邻域内多个像素相差较大，则该像素点可能是角点。FAST 算法中的检测窗口和采样点如图 17-6 所示。在以像素点 P 为中心的圆周上均匀地取 16 个像素点，如果其中连续 N 个像素点与中心像素点 P 的像素值之差都大于阈值，则认为中心像素点是角点。

为了提高检测效率，通过初步筛选可以剔除大量的非角点。以 $N=12$ 为例，角点的圆周与坐标轴的 4 个交点中必有 3 个满足阈值条件。

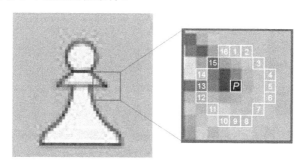

图 17-6　FAST 算法中的检测窗口和采样点

FAST 算法的实现步骤如下。

（1）设置比较阈值 t，用于判断两个像素值的差异是否足够大。

（2）构造如图 17-6 所示的检测窗口，在以 P 为中心、半径为 3 的圆周上选择 16 个像素点，编号 $P_1 \sim P_{16}$。

（3）计算像素点 P_k 与中心像素点 P 的像素差 $\Delta P_k = |P - P_k|$，并进行比较。

① 计算 P_1、P_9、P_5 和 P_{13} 与 P 的像素差，若其中至少 3 个像素差大于阈值 t，则 P 是候选点，否则 P 不是特征点。

② 若 P 是候选点，计算 $P_1 \sim P_{16}$ 与中心像素点 P 的像素差，至少有连续 N 个像素差都大于阈值 t，则 P 是特征点。

（4）非极大值抑制：邻域中如果存在多个特征点，则只保留响应值最大的特征点。

FAST 算法简单、快速，比其他特征检测算法快很多，但对噪声非常敏感，阈值大小对结果的影响很大。基本的 FAST 算法也不具有尺度不变性和旋转不变性。

OpenCV 中提供了 cv::FastFeatureDetector 类以实现 FAST 算法。

cv::FastFeatureDetector 类继承了 cv::Feature2D 父类，在 Python 语言中通过接口函数实例化 FastFeatureDetector 类，创建 FastFeatureDetector 对象，通过成员函数 fast.detect 检测关键点。

函数原型

cv.FastFeatureDetector.create([, threshold, nonmaxSuppression, type]) → retval
cv.FastFeatureDetector_create([, threshold, nonmaxSuppression, type]) → retval
fast.detect(image, [, mask]) → keypoints

参数说明

◎ threshold：比较阈值，是整型数据，默认值为 10。

◎ nonmaxSuppression：使用非最大值抑制标志，默认为 True。

◎ type：检测方案类型，默认值为 TYPE_9_16。

> FastFeatureDetector::TYPE_9_16：表示 16 个像素点中的连续 9 个像素点满足阈值条件。

> FastFeatureDetector::TYPE_7_12：表示 12 个像素点中的连续 7 个像素点满足阈值条件。

> FastFeatureDetector::TYPE_5_8：表示 8 个像素点中的连续 5 个像素点满足阈值条件。

◎ image：输入图像，允许为单通道图像。

◎ mask：掩模图像，指定查找关键点的区域，可选项。

◎ keypoints：检测到的关键点，是元组类型。

注意问题

（1）通过接口函数 cv.FastFeatureDetector.create 或函数 cv.FastFeatureDetector_create 实例化 FastFeatureDetector 类，在 OpenCV 的不同版本中只允许用其中一种方式。

（2）函数 detect 是继承 cv::Feature2D 类的成员函数，在程序中的格式为 fast.detect，fast 表示 FastFeatureDetector 类的实例对象。

（3）在 OpenCV 的程序实现中，先计算 P_1、P_9 与中心像素点 P 的像素差，若不满足阈值条件则剔除；再计算 P_5、P_{13} 与中心像素点 P 的像素差，若不满足阈值条件则剔除。

（4）比较阈值 threshold 的取值非常重要，阈值设置会严重影响检测结果。

（5）注意 FAST 算法是特征点检测算法，并不涉及特征描述符的构造，因此不能使用 cv::Feature2D 类中的 compute、detectAndCompute 等计算特征描述符的成员函数。

【例程 1705】特征检测之 FAST 算法

本例程用于介绍特征检测之 FAST 算法的使用方法，比较阈值对检测结果的影响。

```python
# 【1705】特征检测之 FAST 算法
import cv2 as cv
import numpy as np
from matplotlib import pyplot as plt

if __name__ == '__main__':
    img = cv.imread("../images/Fig1701.png", flags=1)
    gray = cv.cvtColor(img, cv.COLOR_BGR2GRAY)
    print("shape of image: ", gray.shape)

    # FAST 关键点检测
    fast1 = cv.FastFeatureDetector_create()  # FAST 算法默认 t=10，使用非极大值抑制
    # 默认值: threshold=10, nonmaxSuppression=true,
type=FastFeatureDetector::TYPE_9_16
    kp1 = fast1.detect(gray)  # 特征点检测 t=10
    print("t={}, keypoints num={}".format(10, len(kp1)))
    # 设置比较阈值 t=20
    fastT2 = cv.FastFeatureDetector_create(threshold=20)  # 实例化 FAST 对象
    kp2 = fastT2.detect(gray)  # 特征点检测 t=20
    print("t={}, keypoints num={}".format(20, len(kp2)))
    # 设置比较阈值 t=40
    fastT3 = cv.FastFeatureDetector_create(threshold=40)  # 实例化 FAST 对象
    kp3 = fastT3.detect(gray)  # 特征点检测 t=40
    print("t={}, keypoints num={}".format(40, len(kp3)))

    imgS = cv.convertScaleAbs(img, alpha=0.25, beta=192)
    imgFAST1 = cv.drawKeypoints(imgS, kp1, None, color=(255, 0, 0))
    imgFAST2 = cv.drawKeypoints(imgS, kp2, None, color=(255, 0, 0))
    imgFAST3 = cv.drawKeypoints(imgS, kp3, None, color=(255, 0, 0))
    plt.figure(figsize=(9, 3.5))
    plt.subplot(131), plt.title("1. FAST keypoints (t=10)")
    plt.axis('off'), plt.imshow(cv.cvtColor(imgFAST1, cv.COLOR_BGR2RGB))
    plt.subplot(132), plt.title("2. FAST keypoints (t=20)")
    plt.axis('off'), plt.imshow(cv.cvtColor(imgFAST2, cv.COLOR_BGR2RGB))
    plt.subplot(133), plt.title("3. FAST keypoints (t=40)")
    plt.axis('off'), plt.imshow(cv.cvtColor(imgFAST3, cv.COLOR_BGR2RGB))
    plt.tight_layout()
    plt.show()
```

运行结果

```
t=10, keypoints num=948
t=20, keypoints num=235
t=40, keypoints num=35
```

程序说明

运行结果，比较阈值 t 对 FAST 算法关键点检测的影响如图 17-7 所示。图 17-7(1)～(3)所示分别为使用不同比较阈值 t 的关键点检测结果。比较阈值越小，越容易满足判别条件，检测到的关键点数量越多。阈值的大小对检测结果的影响很大，但图中较为显著的关键点都得到了保留。

图 17-7　比较阈值 t 对 FAST 算法关键点检测的影响

17.6　特征检测之 ORB 算法

ORB（Oriented FAST and Rotated BRIEF）算法是 OpenCV 实验室开发的一种特征检测与特征描述算法，结合 FAST 特征检测与 BRIEF 进行了改进。

ORB 算法在图像金字塔中使用 FAST 算法检测关键点，通过一阶矩计算关键点的方向，使用方向校正的 BRIEF 生成特征描述符。

17.6.1　基于尺度空间的 FAST 关键点检测

基于尺度空间的 FAST 关键点检测是指通过下采样构造图像金字塔，每层只有一张图像，第 s 层的尺度为 $\sigma_s = (\sigma_0)^s$，第 s 层的图像尺寸为 $(H_0/\sigma_s, W_0/\sigma_s)$。对每层图像使用 FAST 算法检测关键点，并使用 Harris 角点响应函数或 FAST 算法选择响应最强的 N 个点。通过在每个尺度检测关键点，使 FAST 算法具有一定的尺度变化特征。

17.6.2　基于点方向的 BRIEF 特征描述符

BRIEF 特征描述符对方向变化非常敏感。ORB 算法能使用强度质心法（一阶矩）计算关键点的方向，按照关键点的方向将特征窗口旋转校正后构造特征区域，生成 256 位 rBRIEF 描述符，因此具有旋转不变性。

ORB 算法的优点是速度快、性能好，具有旋转不变性和一定的尺度不变性。由于没有专利限制，可以免费使用。ORB 算法应用广泛，经常被用来代替 SIFT 算法和 SURF 算法。

OpenCV 中提供了 cv::ORB 类以实现 ORB 算法。

cv::ORB 类继承了 cv::Feature2D 父类，在 Python 语言中通过接口函数 cv.ORB.create 或函数 cv.ORB_create 实例化 ORB 类，创建 ORB 对象。通过成员函数 orb.detect 检测关键点，函数 orb.compute 计算关键点描述符，函数 orb.detectAndCompute 检测关键点并生成描述符。

函数原型

cv.ORB.create([, nfeatures, scaleFactor, nlevels, edgeThreshold, firstLevel, WTA_K, scoreType, patchSize, fastThreshold]) → retval

cv.ORB_create([, nfeatures, scaleFactor, nlevels, edgeThreshold, firstLevel, WTA_K, scoreType, patchSize, fastThreshold]) → retval

orb.detect(image[, mask]) → keypoints

orb.compute(image, keypoints[, descriptors=None]) → keypoints, descriptors

orb.detectAndCompute(image, mask[, descriptors[, useProvidedKeypoints]]) → keypoints, descriptors

参数说明

◎ nfeatures：关键点的最大数量，默认值为 500。

◎ scaleFactor：图像金字塔的缩放比，是大于 1 的浮点数，默认值为 1.2。

◎ nlevels ：图像金字塔的层数，默认值为 8。

◎ edgeThreshold：边界保留尺寸，不检测靠近边界的像素，默认值为 31。

◎ firstLevel：原始图像作为金字塔的第几层，默认值为 0。

◎ WTA_K：构造 BRIEF 特征描述符点对的像素点数，可选值为 2/3/4，默认值为 2。

◎ scoreType：响应排序方法，默认为 HARRIS_SCORE，表示按 Harris 角点响应函数排序。

◎ patchSize：生成定向描述符的特征区域的尺寸，默认值为 31。

◎ fastThreshold：FAST 阈值，默认值为 20。

◎ image：输入图像，允许为单通道图像。

◎ mask：掩模图像，指定查找关键点的区域，可选项。

◎ keypoints：检测到的关键点，是元组类型。

◎ descriptors：关键点描述符，是形为(nfeatures,32)的 Numpy 数组。

注意问题

（1）通过接口函数 cv.ORB.create 或函数 cv.ORB_create 实例化 ORB 类，在 OpenCV 的不同版本中只允许用其中一种方式。

（2）函数 detect、compute 和 detectAndCompute 等是继承 cv::Feature2D 类的成员函数，在程序中的格式为 orb.detect，orb 表示 ORB 类的实例对象。

（3）关键点描述符 descriptors 的形状为(nfeatures,32)，nfeatures 是关键点的数量，关键点描述符的字节长度为 32，对应的二进制编码长度为 256。

【例程 1706】特征检测之 ORB 算法

本例程用于介绍特征检测之 ORB 算法的使用方法。

```python
# 【1706】特征检测之 ORB 算法
import cv2 as cv
import numpy as np
from matplotlib import pyplot as plt

if __name__ == '__main__':
    img = cv.imread("../images/Fig1701.png", flags=1)
    gray = cv.cvtColor(img, cv.COLOR_BGR2GRAY)
```

```
print("shape of image: ", gray.shape)

# ORB 关键点检测
orb = cv.ORB_create()  # 实例化 ORB 类
# kp, descriptors = orb.detectAndCompute(gray)  # 检测关键点和生成描述符
kp = orb.detect(img, None)  # 关键点检测，kp 为元组
kp, des = orb.compute(img, kp)  # 生成描述符
print("Num of keypoints: ", len(kp))  # 500
print("Shape of kp descriptors: ", des.shape)  # (500,32)
imgS = cv.convertScaleAbs(img, alpha=0.5, beta=128)
imgKp1 = cv.drawKeypoints(imgS, kp, None)  # 只绘制关键点位置
imgKp2 = cv.drawKeypoints(imgS, kp, None, flags=cv.DRAW_MATCHES_FLAGS_
DRAW_RICH_KEYPOINTS)  # 绘制关键点的大小和方向
plt.figure(figsize=(9, 3.5))
plt.subplot(131), plt.title("1. Original")
plt.axis('off'), plt.imshow(cv.cvtColor(img, cv.COLOR_BGR2RGB))
plt.subplot(132), plt.title("2. ORB keypoints")
plt.axis('off'), plt.imshow(cv.cvtColor(imgKp1, cv.COLOR_BGR2RGB))
plt.subplot(133), plt.title("3. ORB keypoints scaled")
plt.axis('off'), plt.imshow(cv.cvtColor(imgKp2, cv.COLOR_BGR2RGB))
plt.tight_layout()
plt.show()
```

程序说明

运行结果，使用 ORB 算法检测关键点、尺度与方向如图 17-8 所示。

（1）图 17-8(1)所示为原始图像，图 17-8(2)和图 17-8(3)所示为将 ORB 算法检测的关键点绘制在原始图像上的图像。图 17-8(2)只绘制了关键点的中心，图 17-8(3)对每个关键点都绘制了表示关键点大小和方向的圆圈。

（2）例程检测到 500 个关键点，但图 17-8(2)中显示的关键点数量似乎并不多。对比图 17-8(3)可知，一个关键点及其邻近点，可能在不同尺度被检测为很多个关键点，但 ORB 算法并未对此进行抑制。

图 17-8 使用 ORB 算法检测关键点、尺度与方向

17.7 特征检测之 MSER 算法

最大稳定极值区域（Maximally Stable Extremal Regions，MSER）算法，是一种检测图像文本区域的算法，基于分水岭的思想对图像进行斑点区域检测。

　　MSER 算法具有仿射不变性，对灰度变化具有较强的鲁棒性，但检测准确率低于深度学习方法，主要用于自然场景文本检测的前期阶段。

　　MSER 算法能对灰度图像进行阈值处理，使阈值从 0～255 依次递增，类似分水岭算法中水平面的上升。最低点首先被淹没，随着水面的上升会逐渐淹没整个山谷，直到所有点全部被淹没。在不同阈值下，如果某些连通区域不变或变化很小，则该区域称为 MSER。

　　以 Q_i 表示阈值为 i 时的某一连通区域，变化率 q_i 表示如下：

$$q_i = \frac{|Q_{i+\Delta} - Q_i|}{|Q_i|}$$

当变化率 q_i 为局部极小值时，Q_i 为 MSER。

　　OpenCV 中提供了 cv::MSER 类以实现 MSER 算法，cv::MSER 类继承了 cv::Feature2D 类。在 Python 语言中通过接口函数 cv.MSER.create 或函数 cv.MSER_create 实例化 MSER 类，创建 MSER 对象。通过成员函数 detectRegions 检测并返回找到的所有区域。

函数原型

cv.MSER.create([, delta, min_area, max_area, max_variation, min_diversity, max_evolution, area_threshold, min_margin=, edge_blur_size]) → retval

cv.MSER_create([, delta, min_area, max_area, max_variation, min_diversity, max_evolution, area_threshold, min_margin=, edge_blur_size]) → retval

mser.detectRegions(image[,]) → msers, bboxes

参数说明

◎　delta：灰度值的变化量，变化率公式中的 Δ，默认值为 5。

◎　min_area：区域面积的最小阈值，默认值为 60。

◎　max_area：区域面积的最大阈值，默认值为 14400。

◎　max_variation：最大变化率，默认值为 0.25。

◎　image：输入图像，允许为 8 位单通道、3 通道或 4 通道图像。

◎　msers：检测到的所有区域的点集，是列表格式。

◎　bboxes：检测到的所有区域的边界矩形，是列表格式。

注意问题

　　（1）通过接口函数 cv.MSER.create 或函数 cv.MSER_create 实例化 MSER 类，在 OpenCV 的不同版本中只允许用其中一种方式。参数 delta、min_area、max_area、max_variation 等在部分版本中要写为_delta、_min_area、_max_area、_max_variation。

　　（2）成员函数 detectRegions 检测并能返回找到的区域，输出参数 msers 和 bboxes 都是列表格式，列表长度为 N，对应找到的 N 个区域。

　　（3）列表 msers 的第 i 个元素 msers[i]是形为(k,2)的 Numpy 数组，表示第 i 个区域的点集，k 是第 i 个区域的像素点数量。msers[i]的每行 msers[i][k,:]表示第 i 个区域中第 k 个像素点的坐标(x,y)。

　　（4）列表 bboxes 的第 i 个元素 bboxes[i]是形为(4,)的 Numpy 数组，表示第 i 个区域的垂直边界矩形。bboxes[i]有 4 个元素(x,y,w,h)，表示垂直边界矩形的左上角顶点坐标(x,y)，矩形宽度为 w、高度为 h。

【例程 1707】特征检测之 MSER 算法

本例程用 MSER 算法检测 MSER，通过非最大值抑制（NMS）方法删除重复结果。

```python
# 【1707】特征检测之 MSER 算法
import cv2 as cv
import numpy as np
from matplotlib import pyplot as plt

def NonMaxSuppression(boxes, thresh=0.5):
    x1, y1 = boxes[:,0], boxes[:,1]
    x2, y2 = boxes[:,0]+boxes[:,2], boxes[:,1]+boxes[:,3]
    area = boxes[:,2] * boxes[:,3]  # 计算面积
    # 删除重复的矩形框
    pick = []
    idxs = np.argsort(y2)  # 返回的是右下角坐标从小到大的索引值
    while len(idxs) > 0:
        last = len(idxs) - 1  # 将右下方的框放入 pick 数组
        i = idxs[last]
        pick.append(i)
        # 剩下框中的最大坐标(x1Max,y1Max)和最小坐标(x2Min,y2Min)
        x1Max = np.maximum(x1[i], x1[idxs[:last]])
        y1Max = np.maximum(y1[i], y1[idxs[:last]])
        x2Min = np.minimum(x2[i], x2[idxs[:last]])
        y2Min = np.minimum(y2[i], y2[idxs[:last]])
        # 重叠面积的占比
        w = np.maximum(0, x2Min-x1Max+1)
        h = np.maximum(0, y2Min-y1Max+1)
        overlap = (w * h) / area[idxs[:last]]
        # 根据重叠面积占比的阈值删除重复的矩形框
        idxs = np.delete(idxs, np.concatenate(([last], np.where(overlap >
thresh)[0])))
    return boxes[pick]  # x, y, w, h

if __name__ == '__main__':
    img = cv.imread("../images/Fig1702.png", flags=1)
    gray = cv.cvtColor(img, cv.COLOR_BGR2GRAY)
    height, width = gray.shape[:2]

    # 创建 MSER 对象，检测 MSER
    mser = cv.MSER_create(min_area=60, max_area=300)  # 实例化 MSER
    # mser = cv.MSER_create(_min_area=500, _max_area=20000)  # 部分版本的格式不同
    regions, boxes = mser.detectRegions(gray)  # 检测并返回找到的 MSER
    lenMSER = len(regions)
    print("Number of detected MSER: ", lenMSER)
    imgMser1 = img.copy()
    imgMser2 = img.copy()

    for i in range(lenMSER):
        # 绘制 MSER 凸壳
        points = regions[i].reshape(-1, 1, 2)  # (k,2) -> (k,1,2)
        hulls = cv.convexHull(points)
```

```
        cv.polylines(imgMser1, [hulls], 1, (0,255,0), 2)  # 绘制凸壳 (x,y)
        # 绘制 MSER 矩形框
        x, y, w, h = boxes[i]  # 区域的垂直矩形边界框
        cv.rectangle(imgMser2, (x,y), (x+w,y+h), (0,255,0), 2)

    # 非最大值抑制 (NMS)
    imgMser3 = img.copy()
    nmsBoxes = NonMaxSuppression(boxes, 0.6)
    lenNMS = len(nmsBoxes)
    print("Number of NMS-MSER: ", lenNMS)
    for i in range(lenNMS):
        # 绘制 NMS-MSER 矩形框
        x, y, w, h = nmsBoxes[i]  # NMS 矩形框
        cv.rectangle(imgMser3, (x,y), (x+w,y+h), (0,255,0), 2)

    plt.figure(figsize=(9, 3.2))
    plt.subplot(131), plt.title("1. MSER regions")
    plt.axis('off'), plt.imshow(cv.cvtColor(imgMser1, cv.COLOR_BGR2RGB))
    plt.subplot(132), plt.title("2. MSER boxes")
    plt.axis('off'), plt.imshow(cv.cvtColor(imgMser2, cv.COLOR_BGR2RGB))
    plt.subplot(133), plt.title("3. NMS-MSER boxes")
    plt.axis('off'), plt.imshow(cv.cvtColor(imgMser3, cv.COLOR_BGR2RGB))
    plt.tight_layout()
    plt.show()
```

运行结果

```
Number of detected MSER:  521
Number of NMS-MSER:  63
```

程序说明

运行结果，使用 MSER 算法检测图像中的文本区域如图 17-9 所示。

（1）图 17-9(1)所示为绘制 MSER 算法检测到的 MSER，检测结果取决于区域面积的阈值设置。图 17-9(2)所示为 MSER 算法绘制检测到的 MSER 的垂直边界矩形。

（2）图 17-9(3)所示为通过非极大值抑制方法删除了检测到的 MSER 中的重复结果。MSER 算法检测到 521 个区域，非极大值抑制方法去重后减少为 63 个区域。

图 17-9　使用 MSER 算法检测图像中的文本区域

17.8 特征匹配之暴力匹配

特征匹配是特征检测和特征描述的基本应用，在图像拼接、目标识别和三维重建等领域的应用非常广泛。

基于特征描述符的特征点匹配是通过对两幅图像的特征点集合内的关键点描述符的相似性比对来实现的，分别对参考图像（Reference Image）和检测图像（Observation Image）建立关键点描述符集合，采用某种距离测度作为关键点描述向量的相似性度量。当参考图像中的关键点描述符 R_i 与检测图像中的关键点描述符 S_j 的距离测度 $d(R_i, S_j)$ 满足设定条件时，判定 (R_i, S_j) 是配对的关键点描述符。

暴力匹配（Brute-force Matcher）是最简单的二维特征点匹配方法。从两幅图像中提取两个特征描述符集合，对第一个集合中的每个关键点描述符 R_i，从第二个集合中找出与其距离最小的关键点描述符 S_j 作为匹配点。

暴力匹配显然会导致大量错误的匹配结果，还会出现一配多的情况。通过交叉匹配或设置比较阈值筛选匹配结果的方法可以改进暴力匹配的质量。

如果参考图像中的关键点描述符 R_i 与检测图像中的关键点描述符 S_j 互为最佳匹配，则称 (R_i, S_j) 为一致配对。交叉匹配可通过删除非一致配对筛选匹配结果，避免出现一配多的错误。

比较阈值筛选是指对于参考图像的关键点描述符 R_i，从检测图像中找到距离最小的关键点描述符 S_{j_1} 和距离次小的关键点描述符 S_{j_2}。设置比较阈值 $t \in [0.5, 0.9]$，只有当最优匹配距离与次优匹配距离满足阈值条件 $d(R_i, S_{j_1})/d(R_i, S_{j_2}) < t$ 时，才能表明匹配的关键点描述符 S_{j_1} 具有显著性，算法才能接受匹配结果 (R_i, S_{j_1})。

OpenCV 中提供了 cv::BFMatcher 类以实现暴力匹配。

在 Python 语言中通过接口函数 cv.BFMatcher.create 或函数 cv.BFMatcher_create 实例化 BFMatcher 类，创建 BFMatcher 对象。通过成员函数 bf.match 对两个描述符集合进行暴力匹配，函数 bf.knnMatch 对两个描述符集合进行 k 近邻匹配。

函数原型

cv.BFMatcher.create([, normType, crossCheck]) → retval

cv.BFMatcher_create([, normType, crossCheck]) → retval

bf.match(queryDescriptors, trainDescriptors[, mask]) → matches

bf.knnMatch(queryDescriptors, trainDescriptors, k[, mask, compactResult]) → matches

参数说明

◎ normType：距离类型，可选项，默认选择欧氏距离 NORM_L2。

    ➢ NORM_L1：L1 范数，曼哈顿距离。

    ➢ NORM_L2：L2 范数，欧氏距离。

    ➢ NORM_HAMMING：汉明距离。

    ➢ NORM_HAMMING2：汉明距离 2，对每两个比特进行相加处理。

◎ crossCheck：交叉匹配选项，可选项，默认值为 False。

◎ queryDescriptors：描述符的查询点集，即参考图像的特征描述符的集合。

◎ trainDescriptors：描述符的训练点集，即检测图像的特征描述符的集合。

◎ mask：匹配点集的掩码，是列表类型。

◎ *k*：返回匹配点的数量。

◎ matches：匹配结果，是列表类型或元组类型，长度为匹配成功的数量。

注意问题

（1）匹配结果是 DMatch 数据结构，包括查询点集索引_queryIdx、训练点集索引_trainIdx 和匹配距离_distance，可以用如 match._distance 的方式获取相应的属性值。

（2）暴力匹配函数 bf.match 只返回最优匹配点，匹配结果 matches 是列表类型，列表长度为匹配成功的数量，列表元素 matches[*i*]为 DMatch 数据结构。

（3）*k*近邻匹配函数 bf.knnMatch 能对每个特征点返回 *k* 个最优的匹配结果，返回值 matches 是形为(*N*,*k*)的元组，*N* 为特征点数量。元组元素 matches[*i*,*k*]为 DMatch 数据结构。

（4）交叉匹配选项 crossCheck 默认为 False，不进行交叉匹配，返回所有特征匹配结果；True 表示只返回互为最佳匹配的结果，删除非一致配对的结果。

（5）对于 SIFT、SURF 描述符，推荐选择 L1 范数和 L2 范数；对于 BRISK、BRIEF 描述符，推荐选择汉明距离；对于 ORB 描述符，当 WTA_K=3 或 4 时，推荐使用汉明距离 2。

OpenCV 中的函数 cv.drawMatches 用于绘制从两个图像中找到的关键点匹配项。

函数原型

cv.drawMatches(img1, keypoints1, img2, keypoints2, matches1to2, outImg[, matchColor, singlePointColor, matchesMask, flags) → outImage

cv.drawMatchesKnn(img1, keypoints1, img2, keypoints2, matches1to2, outImg[, matchColor, singlePointColor, matchesMask, flags] → outImage

参数说明

◎ img1、img2：输入图像 1、输入图像 2。

◎ keypoints1、keypoints2：输入图像 1、输入图像 2 中的关键点。

◎ matches1to2：绘制的匹配关系，是列表类型，列表元素的数据结构是 Dmatch，每个列表元素表示一组匹配结果。

◎ outImg：输出匹配图像，包括输入图像 1、输入图像 2 和表示匹配关系的连线。

◎ flags：绘制内容的选项标志。

➢ DRAW_MATCHES_FLAGS_DEFAULT：默认选项，创建匹配输出图像，包括输入图像、匹配关系和单个关键点。

➢ DRAW_MATCHES_FLAGS_NOT_DRAW_SINGLE_POINTS：不绘制没有匹配成功的单个关键点。

【例程 1708】特征匹配之暴力匹配

本例程先使用 SIFT 算法进行特征检测和特征描述，再使用暴力匹配进行特征匹配。例程介绍使用交叉匹配和设置比较阈值筛选匹配结果的实现方法。

```
# 【1708】特征匹配之暴力匹配
import cv2 as cv
from matplotlib import pyplot as plt
```

```python
if __name__ == '__main__':
    # (1) 读取参考图像
    imgRef = cv.imread("../images/Fig1703a.png", flags=1)
    refer = cv.cvtColor(imgRef, cv.COLOR_BGR2GRAY)  # 参考图像
    height, width = imgRef.shape[:2]  # 图像的高度和宽度
    # 读取或构造检测图像
    imgObj = cv.imread("../images/Fig1703b.png", flags=1)
    object = cv.cvtColor(imgObj, cv.COLOR_BGR2GRAY)  # 目标图像
    # (2) 构造 SIFT 对象，检测关键点，计算特征描述向量
    sift = cv.SIFT.create()  # SIFT 实例化对象
    kpRef, desRef = sift.detectAndCompute(refer, None)  # 参考图像的关键点检测
    kpObj, desObj = sift.detectAndCompute(object, None)  # 检测图像的关键点检测
    print("Keypoints: RefImg {}, ObjImg {}".format(len(kpRef), len(kpObj)))  #
2238/1675

    # (3) 特征点匹配，暴力匹配+交叉匹配筛选，返回最优匹配结果
    bf1 = cv.BFMatcher(crossCheck=True)  # 构造暴力匹配对象，设置交叉匹配
    matches = bf1.match(desRef, desObj)  # 对描述符 desRef 和 desObj 进行匹配
    # matches = sorted(matches, key=lambda x: x.distance)
    imgMatches1 = cv.drawMatches(imgRef, kpRef, imgObj, kpObj, matches[:300],
None, matchColor=(0,255,0))
    print("(1) bf.match with crossCheck: {}".format(len(matches)))
    print(type(matches), type(matches[0]))
    print(matches[0].queryIdx, matches[0].trainIdx, matches[0].distance)  #
DMatch 的结构和用法

    # (4) 特征点匹配，K 近邻（KNN）匹配+比较阈值筛选
    bf2 = cv.BFMatcher()  # 构造暴力匹配对象
    matches = bf2.knnMatch(desRef, desObj, k=2)  # KNN 匹配，返回最优点和次优点两个
结果
    goodMatches = []  # 筛选匹配结果
    for m, n in matches:  # matches 是元组
        if m.distance < 0.7 * n.distance:  # 最优点距离/次优点距离小于阈值 0.7
            goodMatches.append([m])  # 保留显著性高度匹配结果
    # good = [[m] for m, n in matches if m.distance<0.7*n.distance]  # 单行嵌套
循环遍历
    imgMatches2 = cv.drawMatchesKnn(imgRef, kpRef, imgObj, kpObj, goodMatches,
None, matchColor=(0,255,0))
    print("(2) bf.knnMatch:{}, goodMatch:{}".format(len(matches), len(goodMatches)))
    print(type(matches), type(matches[0]), type(matches[0][0]))
    print(matches[0][0].distance)

    plt.figure(figsize=(9, 6))
    plt.subplot(211), plt.axis('off'), plt.title("1. BF MinDistMatch")
    plt.imshow(cv.cvtColor(imgMatches1, cv.COLOR_BGR2RGB))
    plt.subplot(212), plt.axis('off'), plt.title("2. BF KnnMatch")
    plt.imshow(cv.cvtColor(imgMatches2, cv.COLOR_BGR2RGB))
    plt.tight_layout()
    plt.show()
```

运行结果

```
Keypoints: RefImg 1058, ObjImg 1015
(1) bf.match with crossCheck: 363
(2) bf.knnMatch:1058, goodMatch:123
```

程序说明

（1）通过不同方位和距离拍摄的照片，用 SIFT 算法进行特征检测和构造特征描述符。使用交叉测试与阈值测试对特征匹配结果进行筛选如图 17-10 所示。

（2）图 17-10(1)所示为暴力匹配的结果，使用交叉测试进行了筛选。图 17-10(2)所示为 k 近邻匹配的结果，使用阈值测试进行了筛选。图中的连线表示匹配的特征点，单独的圆圈表示不匹配的特征点。

（3）图 17-10(1)和图 17-10(2)所示的大部分匹配结果都是正确的，但也存在少数错误的匹配结果。图 17-10(2)的匹配准确率比图 17-10(1)更高。

（4）参考图像中检测出 1058 个特征点，检测图像中检测出 1015 个特征点。使用交叉测试，得到了 363 组配对；使用阈值测试，得到了 123 组配对。阈值测试方法更加严格，准确性也更高。

图 17-10　使用交叉测试与阈值测试对特征匹配结果进行筛选

17.9　特征匹配之最近邻匹配

17.9.1　最近邻匹配

快速最近邻逼近搜索（Fast Library for Approximate Nearest Neighbors，FLANN）是一个在高维空间快速搜索近邻的算法库，包括随机 KD 树、优先搜索 k-means 树、层次聚类树等搜索算法，能自动选择适当算法实现最近邻匹配。应用于大数据集时，FLANN 方法的匹配性能优于暴力匹配方法。

OpenCV 中提供了 cv::FlannBasedMatcher 类以实现近似最近邻匹配。在 Python 语言中通过接口函数 cv.FlannBasedMatcher.create 或函数 cv.FlannBasedMatcher_create 实例化并创建 FlannBasedMatcher 对象。通过类成员函数 flann.match 和 flann.knnMatch 对描述符进行特征匹配，函数的参数与暴力匹配相同。

函数原型

cv.FlannBasedMatcher.create(indexParams, searchParams[,]) → retval

cv.FlannBasedMatcher_create(indexParams, searchParams[,]) → retval

flann.match(queryDescriptors, trainDescriptors[, mask]) → matches

flann.knnMatch(queryDescriptors, trainDescriptors, k[, mask, compactResult]) → matches

参数说明

◎ indexParams：搜索算法设置，是字典类型。

◎ searchParams：递归搜索参数设置，是字典类型。

注意问题

（1）FLANN 匹配器需要传递两个字典，指定使用的搜索算法及参数。

（2）特征描述符的数据结构既有浮点型数据或整型数据，又有二进制数据，需要相应设置特征匹配算法。例如对于 SIFT、SURF 描述符与 BRIEF、FREAK 等二进制描述符可以设置如下。

```
# SIFT/SURF 浮点型数据描述符设置
FLANN_INDEX_KDTREE = 1  # KD树搜索算法
index_params = dict(algorithm=FLANN_INDEX_KDTREE, trees=5)
# BRIEF/FREAK 二进制描述符设置
FLANN_INDEX_LSH = 6  #  LSH  搜索算法
index_params= dict(algorithm = FLANN_INDEX_LSH,
                   table_number = 6,
                   key_size = 12,
                   multi_probe_level = 1)
```

（3）一般地，递归层数越多，搜索精度越高，运行时间越长。

17.9.2 单应性映射变换

基于 FLANN 特征匹配的结果，可以进行单应性（Homography）映射变换，找到一个平面区域在另一个平面区域的二维投影。

OpenCV 中的函数 cv.findHomography 用于实现单应性映射变换，对原始图像中的指定区域或物体，从目标图像中找出其映射位置。

函数原型

cv.findHomography(srcPoints, dstPoints[, method, ransacReprojThreshold, mask, maxIters, confidence]) → retval, ma

参数说明

◎ srcPoints：原始图像中点向量集合的坐标(x,y)，数据类型为 CV_32FC2 或<Point2f>。

◎ dstPoints：目标图像中点向量集合的坐标(x,y)，数据类型与 srcPoints 相同。

◎ method：计算单应矩阵的方法，可选项，默认值为 0 表示使用最小二乘法，可选计算方法为 RANSAC/LMEDS/RHO。

◎ confidence：置信水平，取值范围为 0.0～1.0，默认值为 0.995。

【例程 1709】特征匹配之 FLANN

例程基于 SIFT 特征提取和描述，使用 FLANN 方法进行特征匹配。基于匹配结果，对框选区域进行单应性映射。

```python
# 【1709】特征匹配之 FLANN
import cv2 as cv
import numpy as np
from matplotlib import pyplot as plt

if __name__ == '__main__':
    # (1) 读取参考图像
    imgRef = cv.imread("../images/Fig1703a.png", flags=1)
    refer = cv.cvtColor(imgRef, cv.COLOR_BGR2GRAY)  # 参考图像
    height, width = imgRef.shape[:2]  # 图像的高度和宽度
    # 读取或构造检测图像
    imgObj = cv.imread("../images/Fig1703b.png", flags=1)
    object = cv.cvtColor(imgObj, cv.COLOR_BGR2GRAY)  # 目标图像

    # (2) 构造 SIFT 对象，检测关键点，计算特征描述向量
    sift = cv.SIFT.create()  # SIFT 实例化对象
    kpRef, desRef = sift.detectAndCompute(refer, None)  # 参考图像的关键点检测
    kpObj, desObj = sift.detectAndCompute(object, None)  # 检测图像的关键点检测
    print("Keypoints: RefImg {}, ObjImg {}".format(len(kpRef), len(kpObj)))

    # (3) 特征点匹配，FLANN-knnMatch 返回两个匹配点，最优点和次优点
    indexParams = dict(algorithm=1, trees=5)  # 设置 KD 树算法和参数
    searchParams = dict(checks=100)  # 设置递归搜索层数
    flann = cv.FlannBasedMatcher(indexParams, searchParams)  # 创建 FLANN 匹配器
    matches = flann.knnMatch(desRef, desObj, k=2)  # FLANN 匹配，返回最优点和次优点
两个结果
    good = []  # 筛选匹配结果
    for i, (m, n) in enumerate(matches):
        if m.distance<0.8*n.distance:  # 最优点距离/次优点距离小于阈值 0.8
            good.append(m)  # 保留显著性高度匹配结果
    matches1 = cv.drawMatches(imgRef, kpRef, imgObj, kpObj, good, None,
matchColor=(0,255,0), flags=0)
    print("(1) FLANNmatches:{}, goodMatches:{}".format(len(matches1),
len(good)))

    # (4) 单应性映射筛选匹配结果
    # 从 imgRef 框选目标区域，也可以直接设置
    # (x, y, w, h) = cv.selectROI(imgRef, showCrosshair=True,
fromCenter=False)
    (x, y, w, h) = 316, 259, 116, 43
    print("ROI: x={}, y={}, w={}, h={}".format(x, y, w, h))
    rectPoints = [[x,y], [x+w,y], [x+w,y+h], [x,y+h]]  # 框选区域的顶点坐标 (x,y)
```

```
    pts = np.float32(rectPoints).reshape(-1,1,2)  # imgRef 中的指定区域
    cv.polylines(imgRef, [np.int32(pts)], True, (255,0,0), 3)  # 在 imbRef 绘制
框选区域
    if len(good) > 10:  # MIN_MATCH_COUNT=10
        refPts = np.float32([kpRef[m.queryIdx].pt for m in good]).reshape(-1,
1, 2)  # 关键点坐标
        objPts = np.float32([kpObj[m.trainIdx].pt for m in good]).reshape(-1,
1, 2)
        Mat, mask = cv.findHomography(refPts, objPts, cv.RANSAC, 5.0)  # 单映射变
换矩阵
        matchesMask = mask.ravel().tolist()  # 展平并转为列表
        ptsTrans = cv.perspectiveTransform(pts, Mat)  # 投影变换计算，imgObj 中的指
定区域
        cv.polylines(imgObj, [np.int32(ptsTrans)], True, (255,0,0), 3)  # 在
imbObj 绘制映射边框
    else:
        print("Not enough matches.")
    # print("Rect points in imgRef:", pts)
    # print("Rect points in imgObj:", ptsTrans)
    # 绘制匹配结果
    matches2 = cv.drawMatches(imgRef, kpRef, imgObj, kpObj, good, None,
matchColor=(0,255,0))
    print("(2) FLANNmatches:{}, goodMatches:{},
filteredMatches:{}".format(len(matches2), len(good), np.sum(mask)))

    # (5) 筛选并绘制指定区域内的匹配结果
    roiGood = []
    for i in range(len(good)):
        (xi, yi) = kpRef[good[i].queryIdx].pt
        if x<xi<x+w and y<yi<y+h and matchesMask[i]==True:
            roiGood.append(good[i])
    matches3 = cv.drawMatches(imgRef, kpRef, imgObj, kpObj, roiGood, None,
matchColor=(0,255,0))
    print("(3) FLANNmatches:{}, goodMatches:{},
roiMatches:{}".format(len(matches2), len(good), len(roiGood)))

    plt.figure(figsize=(9, 6))
    plt.subplot(211), plt.axis('off'), plt.title("1. FLANN with homography")
    plt.imshow(cv.cvtColor(matches2, cv.COLOR_BGR2RGB))  # FLANN with
homography
    plt.subplot(212), plt.axis('off'), plt.title("2. FLANN inside the ROI")
    plt.imshow(cv.cvtColor(matches3, cv.COLOR_BGR2RGB))
    plt.tight_layout()
    plt.show()
```

程序说明

（1）运行结果，基于 FLANN 特征匹配的单应性映射变换如图 17-11 所示，连线表示匹配的特征点，单独圆圈表示不匹配的特征点。

（2）图 17-11(1)所示为使用 FLANN 进行特征匹配的结果。基于匹配结果对左图的框选区域计算单应性映射，得到右图的方框区域。

（3）图 17-11(2)所示为筛选并绘制框选区域内的匹配结果，略去了其他区域的匹配结果。

图 17-11　基于 FLANN 特征匹配的单应性映射变换

第 18 章
机器学习

机器学习广泛应用于数字图像处理和计算机视觉领域，是 OpenCV 中使用频率和增长速度都很高的模块。

OpenCV 在核心模块 core、机器学习模块 ml 和深度学习模块 dnn 中提供了丰富的机器学习算法。本章介绍核心模块的主成分分析、k 均值聚类算法和机器学习模块中的 k 近邻算法、贝叶斯分类器、支持向量机和人工神经网络算法。

本章内容概要

◎ 介绍 OpenCV 机器学习模块，包括机器学习模块的通用框架和机器学习算法的基本步骤。
◎ 学习主成分分析方法，处理降维问题。
◎ 学习 k 均值聚类算法，处理非监督学习的聚类问题。
◎ 学习 k 近邻算法、贝叶斯分类器和支持向量机，处理监督学习中的回归和分类问题。
◎ 学习人工神经网络算法，处理监督学习中的回归和分类问题。

18.1 OpenCV 机器学习模块

OpenCV 机器学习模块 ml 提供了多层感知机神经网络、决策树算法、最大期望算法、k 近邻算法、逻辑回归算法、朴素贝叶斯分类、支持向量机、随机梯度下降支持向量机等多种机器学习领域的常用算法。

OpenCV 建立了 cv::ml::StatModel 类作为机器学习的基类，为各种算法建立了统一的处理框架和函数定义，如图 18-1 所示。各种机器学习算法类都继承了 cv::ml::StatModel 类，并结合算法的各自特点进行进一步的定义和封装。

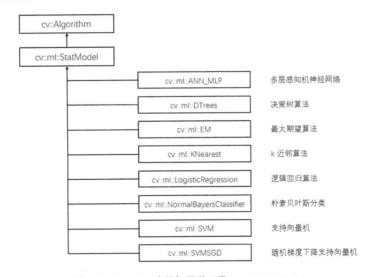

图 18-1　OpenCV 中的机器学习类 cv::ml::StatModel

使用机器学习算法处理回归、分类或聚类问题，通常包括 3 个基本步骤：模型参数设置、用样本数据训练模型和用训练的模型进行预测。cv::ml::StatModel 类提供了参数读写、样本训练和数据预测等成员函数，使各种机器学习算法具有统一的处理框架和函数定义。

在 Python 语言中，通过 cv::ml::StatModel 类的接口函数实现模型的训练和预测：函数 cv.ml.StatModel.train 使用样本数据训练机器学习模型；函数 cv.ml.StatModel.predict 使用训练好的模型计算预测结果。

函数原型

cv.ml.StatModel.train(trainData[, flags=0]) → retval

cv.ml.StatModel.train(samples, layout, responses[,]) → retval

cv.ml.StatModel.predict(samples[, results=None, flags=0]) → retval, results

参数说明

◎ trainData：带有标签的训练样本数据，数据结构为 TrainData 类。

◎ samples：样本输入值，是形为(m,p)或(p,m)的 Numpy 数组，m 为样本数，p 为特征数（输入变量数），是单精度浮点型数据。

◎ layout：样本数据格式，设置样本按行或按列排列。
  ➢ ROW_SAMPLE：表示每行是一个训练样本。
  ➢ COL_SAMPLE：表示每列是一个训练样本。

◎ responses：样本的输出响应，是形为$(m,1)$或$(1,m)$的 Numpy 数组。

◎ flags：由不同机器学习算法定义的标志，可选项。

◎ results：模型预测结果，是形为$(m,1)$或$(1,m)$的 Numpy 数组。

注意问题

（1）样本输入值 samples 只包括样本的输入值，不包括输出值，因此对于监督学习问题不宜称为"训练样本"。

（2）样本的输出响应 responses 是指样本输入数据所对应的输出值，模型预测结果 results 是由训练模型计算的输入样本的输出值。样本或模型的输出是形为$(m,1)$或$(1,m)$的 Numpy 数组，取决于样本数据格式 layout 选择按行或按列表示。

（3）带有标签的训练样本数据 trainData 包括样本的输入值和输出值（标签），数据结构为 TrainData 类，可以从 TrainData 类加载或通过函数 TrainData_create 创建。

（4）TrainData 类是在 C 语言中定义的数据结构，虽然 Python 语言中可以通过接口函数 TrainData_create 创建，但仍推荐使用 samples、responses 表示样本数据的输入值、输出响应，用函数 train(samples、layout、responses)来训练模型，以免混淆。需要指出的是，在 OpenCV 官方文档和很多网络例程中经常使用 trainData、train 作为变量名，但实际所表示的是样本输入值 samples 而不是 TrainData 类。

（5）对于分类模型，样本或模型的输出值是 CV_32S 类型；对于回归模型，样本或模型的输出值是 CV_32F 类型。

18.2 主成分分析

18.2.1 主成分分析基本方法

数据降维可以从事物之间错综复杂的关系中找出一些主要因素，从而能有效地利用大量统计数据进行定量分析，解释变量之间的内在关系，得到对事物特征及发展规律的一些深层次的启发。降维的数学本质是将高维特征空间映射到低维特征空间。

主成分分析（Principal Components Analysis，PCA）方法是一种基于统计的数据降维方法，又称主元素分析、主分量分析，广泛应用于数据降维和特征提取。

主成分分析方法的思想：通过正交变换将一组相关性高的高维特征（p 维）映射到彼此独立、互不相关的低维空间（k 维）上。

进行特征值分解并将特征向量按特征值大小排序。样本数据集中所包含的方差，大部分包含在前几个特征向量中，其他特征向量所含的方差很小，因此，可以只保留前 k 个特征向量，实现对数据特征的降维处理。前 k 个低维特征是对原有高维特征的线性组合，具有相互正交的特性，称为主成分分量。

通过主成分分析方法获得的主成分变量具有如下特点。

（1）每个主成分变量都是原始变量的线性组合。

（2）主成分的数目大大少于原始变量的数目。

（3）主成分保留了原始变量的绝大多数信息。

（4）各主成分变量之间彼此独立。

进行主成分分析的基本步骤如下。

（1）对原始数据进行归一化处理。

（2）通过特征值分解，计算协方差矩阵。

（3）计算协方差矩阵的特征值和特征向量。

（4）对特征值按从大到小排序，依次选取特征值最大的 k 个特征向量作为主成分。

（5）将原始数据映射到主成分特征空间，得到降维后的数据。

18.2.2 OpenCV 的 PCA 类

OpenCV 提供了 cv::PCA 类以实现主成分分析方法。cv::PCA 类能使用 Karhunen-Loeve 变换，由协方差矩阵的特征向量计算得到一组向量的正交基。

在 Python 语言中，通过函数 cv.PCACompute 对数据进行主成分分析，返回特征向量和特征值；通过函数 cv.PCAProject 将输入数据投影到 PCA 特征空间；通过函数 cv.PCABackProject 将数据从 PCA 特征空间投影回原始空间，重建原始数据。

函数原型

cv.PCACompute(data, mean[, eigenvectors, maxComponents]) → mean, eigenvectors

cv.PCACompute(data, mean, retainedVariance[, eigenvectors]) → mean, eigenvectors

cv.PCACompute2(data, mean[, eigenvectors, maxComponents]) → mean, eigenvectors, eigenvalues

cv.PCACompute2(data, mean, retainedVariance[, eigenvectors]) → mean, eigenvectors, eigenvalues cv.PCAProject(data, mean, eigenvectors[, result]) → result

cv.PCABackProject(data, mean, eigenvectors[, result]) → result

参数说明

◎ data：输入数据矩阵，是形为(m,p)的 Numpy 数组，m 为样本数，p 为特征维数。

◎ mean：均值，是形为($1,p$)的 Numpy 数组，浮点型数据。

◎ eigenvectors：特征向量，是形为(k,p)的 Numpy 数组，浮点型数据。

◎ eigenvalues：特征值，是形为($k,1$)的 Numpy 数组。

◎ retainedVariance：保留的累计方差的百分比。

◎ maxComponents：保留主成分的个数，默认为保留全部主成分。

◎ result：输出数据矩阵，是形为(m,p)的 Numpy 数组，m 为样本数，p 为特征维数。

注意问题

（1）输入数据矩阵 data 是形为(m,p)的 Numpy 数组。函数 cv.PCACompute 和函数 cv.PCAProject 是 $m \times p$ 的原始数据矩阵，p 是输入特征维数；函数 cv.PCABackProject 是 $m \times K$ 的降维数据矩阵，K 是主成分特征维数（$K \leqslant P$）。

（2）如果均值 mean 缺省（必须表示为 np.empty((0))或 np.array([])），则通过输入数据矩阵 data 来计算均值。

（3）根据保留的累计方差的百分比 retainedVariance 确定保留主成分的个数，最少需要保留两个。

（4）特征向量 eigenvectors 的形状为 (P,P)，前 K 个特征向量的形状为(K,P)。特征值 eigenvalues 的形状为($P,1$)，前 K 个特征值的形状为($K,1$)。

（5）以一组图像作为输入样本数据时，要将图像由二维平面展平为一维平面，构造形为 (m,p)的 Numpy 数组，m 为图像的像素数量，p 为一组图像的数量。

（6）函数 cv.PCACompute 是 cv::PCA 类的接口函数，对一些变量/参数的格式要求比较特殊，使用时需要特别谨慎。

【例程 1801】基于主成分分析的特征提取与图像重建

本例程通过读取一组不同波段的光谱卫星图像，以主成分分析获得的主分量作为图像特征，并基于主成分分量进行图像重建。

```python
# 【1801】基于主成分分析的特征提取与图像重建
import cv2 as cv
import numpy as np
from matplotlib import pyplot as plt

if __name__ == '__main__':
    # 读取光谱图像组
    img = cv.imread("../images/Fig1801a.tif", flags=0)
    height, width = img.shape[:2]  # (564, 564)
    nBands = 6  # 光谱波段种类
    snBands = ['a', 'b', 'c', 'd', 'e', 'f']  # Fig1138a~f
    imgMulti = np.zeros((height, width, nBands))  # (564,564,6)
    Xmat = np.zeros((img.size, nBands))  # (318096, 6)
```

```
    print(imgMulti.shape, Xmat.shape)
    # 显示光谱图像组
    fig1 = plt.figure(figsize=(9, 6))  # 原始图像，6 个不同波段
    fig1.suptitle("Spectral image of multi bands by NASA")
    for i in range(nBands):
        path = "../images/Fig1801{}.tif".format(snBands[i])
        imgMulti[:, :, i] = cv.imread(path, flags=0)
        ax1 = fig1.add_subplot(2,3,i+1)
        ax1.set_xticks([]), ax1.set_yticks([])
        ax1.imshow(imgMulti[:,:,i], 'gray')  # 绘制光谱图像 snBands[i]
    plt.tight_layout()

    # 主成分分析
    m, p = Xmat.shape  # m：训练集样本数量，p：特征维数
    Xmat = np.reshape(imgMulti, (-1, nBands))  # (564,564,6) -> (318096,6)
    mean, eigVect, eigValue = cv.PCACompute2(Xmat, np.empty((0)),
retainedVariance=0.98)
    # mean, eigVect, eigValue = cv.PCACompute2(Xmat, np.empty((0)),
maxComponents=3)
    print(mean.shape, eigVect.shape, eigValue.shape)  # (1, 6) (3, 6) (3, 1)
    eigenvalues = np.squeeze(eigValue)  # 删除维度为 1 的数组维度，(3,1)->(3,)

    # 保留的主成分数量
    K = eigVect.shape[0]  # 主成分方差贡献率为 98% 时的特征维数 K=3
    print("number of samples: m=", m)  # 样本集的样本数量 m=318096
    print("number of features: p=", p)  # 样本集的特征维数 p=6
    print("number of PCA features: k=", K)  # 降维后的特征维数，主成分个数 k=3
    print("mean:", mean.round(4))  # 均值
    print("topK eigenvalues:\n", eigenvalues.round(4))  # 特征值，从大到小
    print("topK eigenvectors:\n", eigVect.round(4))  # (3, 6)

    # 压缩图像特征，将输入数据按主成分特征向量投影到 PCA 特征空间
    mbMatPCA = cv.PCAProject(Xmat, mean, eigVect)  # (318096, 6)->(318096, K=3)
    # 显示主成分变换图像
    fig2 = plt.figure(figsize=(9, 4))  # 主元素图像
    fig2.suptitle("Images of principal components")
    for i in range(K):
        pca = mbMatPCA[:, i].reshape(-1, img.shape[1])  # 主元素图像 (564, 564)
        imgPCA = cv.normalize(pca, (height, width), 0, 255, cv.NORM_MINMAX)
        ax2 = fig2.add_subplot(1,3,i+1)
        ax2.set_xticks([]), ax2.set_yticks([])
        ax2.imshow(imgPCA, 'gray')  # 绘制主成分图像
    plt.tight_layout()

    # 由主成分分析重建图像
    reconMat = cv.PCABackProject(mbMatPCA, mean, eigVect)  # (318096,
K=3)->(318096, 6)
    fig3 = plt.figure(figsize=(9, 6))  # 重建图像，6 个不同波段
    fig3.suptitle("Rebuild images from principal components")
    rebuild = np.zeros((height, width, nBands))  # (564, 564, 6)
    for i in range(nBands):
```

```
        rebuild = reconMat[:, i].reshape(-1, img.shape[1])  # 主元素图像 (564,
564)
        # rebuild = np.uint8(cv.normalize(rebuild, (height, width), 0, 255,
cv.NORM_MINMAX))
        ax3 = fig3.add_subplot(2,3,i+1)
        ax3.set_xticks([]), ax3.set_yticks([])
        ax3.imshow(rebuild, 'gray')  # 绘制光谱图像 snBands[i]
    plt.tight_layout()
    plt.show()
```

运行结果

```
number of samples: m= 318096
number of features: p= 6
number of PCA features: k= 3
mean: [[ 61.9724  67.5084  62.1467 146.1866 134.4214 111.4343]]
topK eigenvalues:
[10344.2723  2965.8884  1400.6306]
```

程序说明

（1）不同波段的遥感卫星图像对于各种地貌的穿透力和识别性能不同，但数据相关性高，可以通过主成分分析方法降维压缩，注意要将图像展平，构造为$(hw,6)$的样本集。

（2）累计方差占比取 0.98 时，对应的特征向量维数 K=3。也就是说，用三维相互独立的主成分可以反映原始图像中 98%的信息。基于 PCA 提取的主成分图像如图 18-2 所示。

（3）例程运行时将绘制 3 组图像，第 1 组是 6 幅原始卫星图像，第 2 组是图 18-2 所示的 3 幅主成分图像，第 3 组是由 3 幅主成分图像重建的 6 幅原始卫星图像的复原图像。限于篇幅，本书并未给出第 1 组和第 3 组图像，比较这两组图像可以发现二者非常接近。

Images of principal components

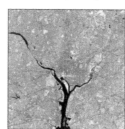

图 18-2　基于 PCA 提取的主成分图像

18.3　k 均值聚类算法

聚类（Clustering）是从数据分析的角度，对大量、多维、无标记的样本数据集，按照样本数据自身的相似性进行分类，属于无监督学习。

k 均值（k-means）聚类算法属于对样本分类的 Q 型聚类分析，是指将样本集分成若干类，使同一类别样本的特征具有较高的相似性，不同类别样本的特征具有较大的差异性，以达到"同类相似，异类相异"。

k 均值聚类算法将输入样本划分为 k 类，使用 k 个聚类中心表示样本数据的分类类别。根据样本到各聚类中心的距离远近分类，最小化所有样本到所属聚类中心的误差平方和：

$$E = \sum_{i=1}^{K} \sum_{x \in Ci} \left\| x - \mu_i \right\|^2$$

使用迭代算法，不断更新聚类中心的位置，最终达到稳定。

k 均值聚类算法的具体实现步骤如下。

（1）初始化 k 个聚类中心。

（2）将每个样本按距离远近分配到最近的聚类中心。

（3）更新 k 个聚类中心的位置。

（4）判断终止条件，判断是否达到收敛精度或迭代次数。

第 15.2 节中的超像素区域分割，就是基于图像的灰度、颜色、纹理和形状等特征，使用聚类算法把图像分成若干类别或区域的，使每个点到聚类中心的均值最小。

OpenCV 中的函数 cv.kmeans 能实现 k 均值聚类算法计算聚类中心，并按聚类对样本进行分组。

函数原型

cv.kmeans(data, k, bestLabels, criteria, attempts, flags[, centers]) → compactness, labels, centers

参数说明

◎ data：样本数据，是形为(nsample,N)的 Numpy 数组，数据类型为 CV_32F。

◎ k：聚类数量，由用户设置。

◎ bestLabels：分类标签，是每个样本所属聚类的序号，元素为整型数据。

◎ criteria：迭代终止准则，格式为元组 (type, max_iter, epsilon)。

   ➢ TERM_CRITERIA_EPS：达到精度 epsilon 时停止。

   ➢ TERM_CRITERIA_MAX_ITER：达到迭代次数 max_iter 时停止。

   ➢ TERM_CRITERIA_EPS +TERM_CRITERIA_MAX_ITER：达到精度或达到迭代次数时停止。

◎ attempts：标志，使用不同聚类中心初值计算的次数。

◎ flags：聚类中心初始化方法的标志。

   ➢ KMEANS_RANDOM_CENTERS：随机产生初始聚类中心。

   ➢ KMEANS_PP_CENTERS：k-means++初始化方法。

   ➢ KMEANS_USE_INITIAL_LABELS：第一次计算时要使用用户指定的聚类中心初值，之后使用随机的或半随机的聚类中心初值。

◎ centers：聚类中心，形状为(K,N)，是浮点型数据，每行表示一个聚类中心。

◎ labels：分类标签，形状为 (nsample,1)，是每个样本所属聚类的序号。

◎ compactness：聚类的紧致性因子。

注意问题

（1）函数 cv.kmeans 是 k 均值聚类的一般方法，可以基于颜色特征对图像进行区域分割，也可以基于样本特征，如纹理、形状进行聚类，还可以用于非图像数据的聚类问题。

（2）样本数据是形为(nsample,N)的 Numpy 数组。以图像作为输入，将图像从二维平面展平为一维平面，则样本数量 nsample=$h \times w$。以图像各通道的像素值作为特征变量，则 N=channels；

以颜色和位置作为特征变量，则 N=channels+2；以一组 m 幅图像作为特征变量，则 N=m。样本数据的形状为(hw,N)，聚类中心的形状为(K,N)，分类标签的形状为($hw,1$)。

（3）迭代终止准则 criteria 的格式为元组(type, max_iter, epsilon)，type 是算法结束的特征字，max_iter 是最大迭代次数，epsilon 是计算精度。

（4）处理实际问题时，在计算距离之前要对数据进行标准化和归一化，以解决不同特征之间的统一量纲和均衡权重。

【例程 1802】基于 k 均值聚类的图像减色处理

本例程以彩色图像的像素值作为特征变量，使用 k 均值聚类算法进行图像减色处理。在此基础上可以增加空间坐标，构造五维特征向量(r,g,b,x,y)，实现超像素区域分割。

```python
# 【1802】基于 k 均值聚类的图像减色处理
import cv2 as cv
import numpy as np
from matplotlib import cm, pyplot as plt


if __name__ == '__main__':
    # (1) 读取图像，构造样本数据矩阵 (hw, 3)
    img = cv.imread("../images/Fig1701.png", flags=1)
    dataPixel = np.float32(img.reshape((-1, 3)))  # (250000, 3)
    print("dataPixel:", dataPixel.shape)

    # (2) k-means 聚类参数设置
    criteria = (cv.TERM_CRITERIA_EPS + cv.TERM_CRITERIA_MAX_ITER, 200, 0.1)  #
终止条件
    flags = cv.kmeans_RANDOM_CENTERS  # 起始中心选择

    # (3) k-means 聚类
    K = 2  # 设置聚类数量
    compactness, labels, center = cv.kmeans(dataPixel, K, None, criteria, 10,
flags)
    centerUint = np.uint8(center)  # (K,3)
    classify = centerUint[labels.flatten()]  # 将像素标记为聚类中心的颜色, (hw,3)
    imgKmean1 = classify.reshape((img.shape))  # 恢复为二维图像, (h,w,3)
    labels2D1 = labels.reshape((img.shape[:2])) * 255/K  # 恢复为二维分类
    print("K=2, center:", center.shape)  # (k, 2)

    K = 3  # 设置聚类数量
    _, labels, center = cv.kmeans(dataPixel, K, None, criteria, 10, flags)
    centerUint = np.uint8(center)
    classify = centerUint[labels.flatten()]  # 将像素标记为聚类中心的颜色
    imgKmean2 = classify.reshape((img.shape))  # 恢复为二维图像
    labels2D2 = labels.reshape((img.shape[:2])) * 255/K  # 恢复为二维分类
    print("K=3, center:", center.shape)  # (k, 3)

    K = 4  # 设置聚类数量
    _, labels, center = cv.kmeans(dataPixel, K, None, criteria, 10, flags)
    centerUint = np.uint8(center)
    classify = centerUint[labels.flatten()]  # 将像素标记为聚类中心的颜色
```

```
imgKmean3 = classify.reshape((img.shape))  # 恢复为二维图像
labels2D3 = labels.reshape((img.shape[:2])) * 255/K  # 恢复为二维分类
print("K=4, center:", center.shape)  # (k, 4)

plt.figure(figsize=(9, 6.2))
plt.subplot(231), plt.axis('off'), plt.title("1. k-means (k=2)")
plt.imshow(cv.cvtColor(imgKmean1, cv.COLOR_BGR2RGB))
plt.subplot(232), plt.axis('off'), plt.title("2. k-means (k=3)")
plt.imshow(cv.cvtColor(imgKmean2, cv.COLOR_BGR2RGB))
plt.subplot(233), plt.axis('off'), plt.title("3. k-means (k=4)")
plt.imshow(cv.cvtColor(imgKmean3, cv.COLOR_BGR2RGB))
plt.subplot(234), plt.axis('off'), plt.title("4. Tagging (k=2)")
plt.imshow(labels2D1, 'gray')
plt.subplot(235), plt.axis('off'), plt.title("5. Tagging (k=3)")
plt.imshow(labels2D2, 'gray')
plt.subplot(236), plt.axis('off'), plt.title("6. Tagging (k=4)")
plt.imshow(labels2D3, 'gray')
plt.tight_layout()
plt.show()
```

程序说明

（1）运行结果，基于 k 均值聚类的图像减色处理如图 18-2 所示。图 18-2(1)～(3)所示为使用不同聚类数量 k 的图像聚类减色的结果，图 18-3(4)～(6)所示为对应的标记图像。

（2）例程【0208】使用 LUT 函数查表实现颜色缩减，是人为地设定将某一像素值范围的颜色缩减为指定颜色，适用于图像印刷。而基于 k 均值聚类的图像减色，是根据图像像素的颜色分布进行分类的，适用于图像分割和目标识别。

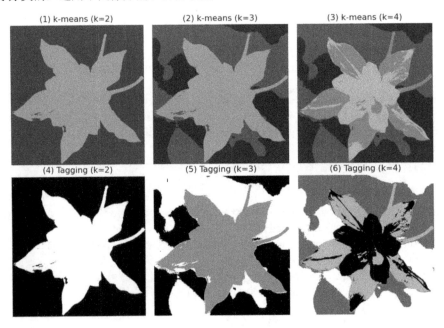

图 18-3　基于 k 均值聚类的图像减色处理

18.4 *k* 近邻算法

k 近邻（K-Nearest Neighbors，KNN）算法是指在特征空间中搜索输入样本的最近似匹配，是一种监督学习算法，可以用于分类和回归问题。

KNN 算法用距离度量两个样本之间的相似度，从训练样本中选择与输入样本在特征空间内最近邻的 *k* 个训练样本，根据决策规则输出结果。对于分类问题，输出结果由 *k* 个最近邻投票决定，即最多样本所归属的类别；对于回归问题，输出结果为 *k* 个近邻样本的均值。

当 *k* 取值较小时，模型复杂度高，训练误差减小，泛化能力减弱；当 *k* 取值较大时，模型复杂度低，训练误差增大，可以改善泛化能力。

KNN 算法简单、有效，易于实现，适合类域交叉问题及大样本自动分类，但计算量大、复杂度高。

OpenCV 中提供了 cv::ml::KNearest 类以实现 KNN 算法，继承了 cv::ml::StatModel 机器学习父类。

KNN 模型的使用包括 3 个基本步骤：创建和配置模型、用样本数据训练模型和用训练的模型进行预测。在 Python 语言中通过接口函数 cv.mlKNearest_create 实例化 KNearest 类，创建 KNN 模型。通过成员函数 knn.train 训练 KNN 模型，通过成员函数 knn.findNearest 寻找输入向量的最近邻。

函数原型

cv.ml.KNearest.create([,]) → knn

cv.ml.KNearest_create([,]) → knn

knn.train(samples, layout, responses[,]) → retval

knn.findNearest(samples, *k*[, results, neighborResponses, dist]) → retval, results, neighborResponses, dist

参数说明

◎   samples：样本输入值，是形为(m, p)的 Numpy 数组，数据类型为 CV_32F。

◎   layout：样本数据的格式，设置样本按行或按列排列。

◎   responses：训练样本的输出响应，是形为$(m, 1)$或$(1, m)$的数组。

◎   *k*：最近邻的数量，是大于 1 的整型数据。

◎   neighborResponses：输入样本的 *k* 近邻输出，是形为(m, k)的数组，可选项。

◎   dist：输入样本与 *k* 个近邻的距离，是形为(m, k)的 Numpy 数组，可选项。

◎   results：模型预测结果，即对输入样本的分类，是形为$(m, 1)$或$(1, m)$的数组。

其他类成员函数

◎   setDefaultK/getDefaultK：用于在预测时设置/获取 *k* 的值。

◎   setIsClassifier/getIsClassifier：用于设置/获取分类问题或回归问题。

◎   setEmax/getEmax：用于对 KD 树搜索算法设置/获取 Emax 参数值。

◎   setAlgorithmType/getAlgorithmType：用于设置/获取 KNN 算法类型，支持暴力匹配搜索和 KD 树搜索算法。

注意问题

（1）KNearest 类继承了 cv::ml::StatModel 机器学习类，相关函数定义和说明详见 18.1 节中 cv::ml::StatModel 机器学习类的内容。

（2）KNN 算法可以用于处理分类或回归问题。当训练样本的输出响应 responses 的数据类型为 CV_32S 时，作为分类问题；当训练样本的输出响应 responses 的数据类型为 CV32_F 时，作为回归问题。

（3）函数 knn.findNearest 能对每个输入样本，寻找 k 个最近邻点。对于分类问题，输出结果为 k 个近邻中最多样本所属的类别；对于回归问题，输出结果为 k 个近邻点的均值。

（4）样本输入值 samples 只包括样本的输入值，不包括输出值；训练样本的输出响应 responses 和模型预测结果 results 是样本输入值 samples 所对应的输出值。

【例程 1803】基于 KNN 模型的手写数字识别

在 OpenCV 安装包中带有一幅图片 digits.png，包括 5000 个手写数字，每个数字的大小为 20×20=400 像素，可以用于手写数字的训练和识别。

本例程将原始图像分割为 5000 个手写数字图像的样本集，直接以 400 个像素点的像素值作为特征，构造训练样本集和检验样本集。建立 KNN 模型，先用训练样本集进行模型训练，再用检验样本集检测模型的识别能力。

```python
# 【1803】基于 KNN 模型的手写数字识别
# 使用 OpenCV 自带的手写数字样本集，通过 KNN 算法进行手写数字识别
import cv2 as cv
import numpy as np
from matplotlib import pyplot as plt


if __name__ == '__main__':
    # (1) 读取样本图像，构造样本图像集合
    img = cv.imread("../images/digits.png")  # 5000 个手写数字，每个数字的大小为
20×20=400 像素
    gray = cv.cvtColor(img, cv.COLOR_BGR2GRAY)
    # 将原始图像分割为 100×50=5000 个单元格，每个单元格是 1 个手写数字
    cells = [np.hsplit(row, 100) for row in np.vsplit(gray, 50)]  # (50,100)
    x = np.array(cells)  # 转换为 Numpy 数组，形状为 (50,100,20,20)
    # (2) 构造训练样本集，输入值为 samplesTrain，响应为 labelsTrain
    samplesTrain = x[:, :80].reshape(-1, 400).astype(np.float32)  # (4000,400)
    m = np.arange(10)  # 输出值/分类标签 0~9, (10,)
    labelsTrain = np.repeat(m, 400)[:, np.newaxis]  # 样本标签 (4000,1)
    # trainData = cv.ml.TrainData_create(samplesTrain.astype(np.float32),
    #           cv.ml.ROW_SAMPLE, labelsTrain)  # 创建为 trainData 类，供参考
    # print(m.shape, samplesTrain.shape, labelsTrain.shape, type(trainData))
    # (3) 构造测试样本集，输入值为 samplesTest，输出值为 labelsTest
    samplesTest = x[:, 80:100].reshape(-1, 400).astype(np.float32)  # (1000,400)
    labelsTest = np.repeat(m, 100)[:, np.newaxis]  # 样本标签 (1000,1)
    print(m.shape, samplesTest.shape, labelsTest.shape)
    # 将样本数据保存到文件
    # np.savez("KNN_data.npz", samplesTrain=samplesTrain, labelsTrain=labelsTrain)
    # 从文件中读取样本数据文件
```

```
#     with np.load("KNN_data.npz") as data:
#         print(data.files)
#         samplesTrain = data["samplesTrain"]
#         labelsTrain = data["labelsTrain"]

    # KNN 模型
    # (1) 创建 KNN 模型
    KNN = cv.ml.KNearest_create()
    # (2) 训练 KNN 模型，samples 是输入向量，labels 是分类标记
    KNN.train(samplesTrain, cv.ml.ROW_SAMPLE, labelsTrain)
    # KNN.train(trainData)  # 用 trainData 训练 KNN 模型
    # (3) 模型检验，用训练好的模型进行分类，并与正确结果比较
    for k in range(2, 6):  # 不同 k 值的影响
        ret, result, neighbours, dist = KNN.findNearest(samplesTest, k)  # 模型
预测
        matches = (result==labelsTest)  # 模型预测结果与样本标签比较
        correct = np.count_nonzero(matches)  # 模型预测结果正确的样本数量
        accuracy = correct * 100.0 / result.size  # 模型预测的准确率
        print("k={}, correct={}, accuracy={:.2f}%".format(k, correct,
accuracy))
```

运行结果

```
k=2, correct=938, accuracy=93.80%
k=3, correct=939, accuracy=93.90%
k=4, correct=940, accuracy=94.00%
k=5, correct=938, accuracy=93.80%
```

程序说明

（1）例程将 5000 个手写数字图像样本分为 4000 个训练样本集和 1000 个检验样本集，训练样本集与检验样本集不重复。

（2）将图像展平为一维图像，直接以像素值作为输入变量。训练样本集的输入值 samplesTrain 是(4000,400)的矩阵，训练样本集的响应值，即分类标签 labelsTrain 是(4000,1)的数组。使用训练样本集训练 KNN 模型，称为学习过程。

（3）检验样本集的输入值 samplesTest 是(1000,400)的矩阵，使用训练好的 KNN 模型预测检验样本的输出响应，得到的输出值，即分类标签 labelsTest 是(4000,1)的数组。

（4）k 近邻算法在不同近邻数 k 的识别准确率达到了 93%以上，是相当令人满意的结果。

（5）例程注释行中给出了由训练样本集的输入值 samplesTrain 和响应值 labelsTrain 创建 trainData 类的方法，样本数据保存为文件及从文件中读取样本数据的方法，供参考。

【例程 1804】基于 HOG 特征的 KNN 模型识别手写数字

【例程 1803】直接以像素点的像素值作为输入特征向量，特征向量维数为 $h \times w$。随着图像尺寸的增大，模型规模会急剧增长，计算量大，而且稳定性较差。

本例程基于 HOG 构造特征描述符，作为 KNN 模型的输入特征，进行手写数字识别。

```
# 【1804】基于 HOG 特征的 KNN 模型识别手写数字
import cv2 as cv
import numpy as np
from matplotlib import pyplot as plt
```

```python
if __name__ == '__main__':
    # (1) 读取样本图像，构造样本图像集合
    img = cv.imread("../images/digits.png")  # 5000 个手写数字，每个数字的大小为
20×20=400 像素
    gray = cv.cvtColor(img, cv.COLOR_BGR2GRAY)
    # 将原始图像分割为 100×50=5000 个单元格，每个单元格是 1 个手写数字
    cells = [np.hsplit(row, 100) for row in np.vsplit(gray, 50)]  # (50,100)
    x1 = np.array(cells)  # 转换为 Numpy 数组，形状为 (50,100,20,20)
    x2 = np.reshape(x1, (-1, 20, 20))  # (5000,20,20): 00..011..1...99..9
    x3 = np.reshape(x2, (500, 10, 20, 20), order='F')  # (500,10,20,20)
    imgSamples = np.reshape(x3, (-1, 20, 20))  # 形状为
(5000,20,20):012..9...012..9
    print(x1.shape, x2.shape, x3.shape, imgSamples.shape)


    # (2) 构造 HOG 特征描述符
    winSize = (20, 20)  # 检测窗口大小
    blockSize = (10, 10)  # 子块大小
    blockStride = (5, 5)  # 子块的滑动步长
    cellSize = (5, 5)  # 单元格大小
    nbins = 8  # 直方图的条数
    hog = cv.HOGDescriptor(winSize, blockSize, blockStride, cellSize, nbins)
    lenHOG = nbins * (blockSize[0]/cellSize[0]) * (blockSize[1]/cellSize[1]) \
            * ((winSize[0]-blockSize[0])/blockStride[0] + 1) \
            * ((winSize[1]-blockSize[1])/blockStride[1] + 1)
    descriptors = np.array([hog.compute(imgSamples[i]) for i in
range(imgSamples.shape[0])])  # (5000, 288)
    samples = descriptors.astype(np.float32)  # 形状为 (5000,288)
    m = np.arange(10)  # 输出值/分类标签 0~9, (10,)
    labels = np.tile(m, 500)[:, np.newaxis]  # 形状为 (5000,1):012..9...012..9
    print(imgSamples.shape, descriptors.shape, samples.shape, labels.shape)


    # (3) 构造训练样本集和测试样本集
    # 训练样本集的输入值 samplesTrain 和响应值 labelsTrain
    samplesTrainH = samples[0:4000]  # 形状为 (4000,288)
    labelsTrainH = labels[0:4000]  # 形状为 (4000,1)
    print(samplesTrainH.shape, labelsTrainH.shape)
    # 测试样本集的输入值 samplesTest 和响应值 labelsTest
    samplesTestH = samples[4000:]  # 形状为 (1000,288)
    labelsTestH = labels[4000:]  # 形状为 (1000,1)
    print(samplesTestH.shape, labelsTestH.shape)


    # (4) 基于 HOG 特征的 KNN 模型
    KNNHOG = cv.ml.KNearest_create()  # 创建 KNN 模型
    KNNHOG.train(samplesTrainH, cv.ml.ROW_SAMPLE, labelsTrainH)  # 训练 KNN 模型
    ret, resultH, neighbours, dist = KNNHOG.findNearest(samplesTestH, k=4)  #
模型预测
    matches = (resultH==labelsTestH)  # 比较模型预测结果与样本标签
    correct = np.count_nonzero(matches)  # 模型预测正确的样本数量
    accuracy = correct * 100.0 / resultH.size  # 模型预测的准确率
    print("features={}, correct={}, accuracy={:.2f}%".format(lenHOG, correct,
```

```
accuracy))
```

运行结果

```
features=288, correct=974, accuracy=97.40%
```

程序说明

本例程在【例程 1803】的基础上，基于 HOG 构造了 288 维的特征描述符，作为 KNN 模型的输入特征。运行结果，基于 HOG 特征的 KNN 模型识别手写数字如图 18-4 所示。

虽然 HOG 特征描述符压缩了输入向量维数，但识别准确率却提高到了 97.4%，这一结果令人非常满意，也反映了特征提取的重要性。

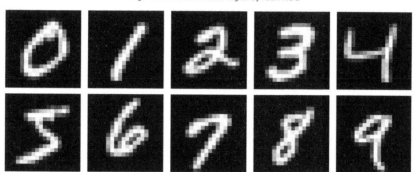

Recognition of handwritten digits by KNN-HOG

图 18-4　基于 HOG 特征的 KNN 模型识别手写数字

18.5　贝叶斯分类器

统计学是机器学习乃至人工智能的重要数学基础。粗略而言，机器学习中的学习对应统计学中的估计，监督学习对应统计学中的分类，非监督学习对应统计学中的聚类。

贝叶斯决策是在概率框架下实施决策的基本方法，其基本思想认为参数是未观察到的随机变量，假定参数服从先验分布，可以基于观测数据计算参数的后验分布。对于分类问题，贝叶斯决策能基于概率和误判损失确定最优类别。

朴素贝叶斯分类器（Naive Bayesian Classifier）是基于贝叶斯理论的概率分类器，并采用属性独立性假设，假设各属性相互独立地对结果产生影响。虽然这一假设很难满足，但朴素贝叶斯分类器在很多复杂问题中的综合性能仍然很好，通常会优于提升树和随机森林。

正态贝叶斯分类器（Normal Bayesian Classifier）只能处理特征属性是连续数值的分类问题，但不要求属性之间相互独立，适用范围更广。正态贝叶斯分类器假设每个分类的所有特征向量都服从多变量正态分布，因此包括所有分类的整个分布函数是一个混合高斯分布。

$$p(x_1,\cdots,x_n|c_k) = \frac{1}{\sqrt{(2\pi)^n |C_k|}} \exp\left[-\frac{1}{2}(x-m_k)^{\mathrm{T}} C_k^{-1}(x-m_k)\right]$$

式中，$p(x_i|c_k)$ 是模式 x_i 属于 c_k 的概率密度函数；m_k、C_k 表示第 k 类均值与协方差矩阵。

在分类很少或维数较高时后验概率正比于似然度，最大后验问题简化为极大似然问题。由训练样本数据估计每个分类的均值向量和协方差矩阵，得到每个分类的对数似然函数：

$$\ln\left(L_k\right) = \ln P\left(c_k\right) - \frac{n}{2}\ln\left(2\pi\right) - \frac{1}{2}\ln\left(\left|C_k\right|\right) - \frac{1}{2}\left[\left(x - m_k\right)^{\mathrm{T}} C_k^{-1}\left(x - m_k\right)\right]$$

式中，$P\left(c_k\right)$ 表示类 c_k 的先验概率；L_k 表示类 c_k 的似然概率；n 是类 c_k 的样本数量。

用贝叶斯分类器估计样本分类时，可由样本的特征属性值计算每个分类的似然函数值，似然函数最大的类别就是后验概率最大的最优分类。

OpenCV 中提供了 cv::ml::NormalBayesClassifier 类以实现贝叶斯分类器。

贝叶斯分类器模型的使用包括 3 个基本步骤：创建和配置模型、用样本数据训练模型和用训练的模型进行预测。在 Python 语言中，通过接口函数 cv.ml.NormalBayesClassifier_create 实例化 NormalBayesClassifier 类，创建贝叶斯分类器模型。通过成员函数 bayes.train 训练贝叶斯分类器，通过函数 bayes.predict 或函数 bayes.predictProb 使用训练的贝叶斯分类器对输入样本进行分类。

函数原型

cv.ml.NormalBayesClassifier.create([,]) → bayes

cv.ml.NormalBayesClassifier_create([,]) → bayes

bayes.train(samples, layout, responses[,]) → retval

bayes.predict(samples[, results=None, flags=0]) → retval, results

bayes.predictProb(inputs[, outputs, outputProbs, flags]) → retval, outputs, outputProbs

参数说明

◎ samples：样本输入值，是形为 (m,p) 的 Numpy 数组，数据类型为 CV_32F。

◎ layout：样本数据的格式，设置样本按行或按列排列。

◎ responses：样本的输出响应，是形为 $(m,1)$ 或 $(1,m)$ 的数组。

◎ inputs：样本输入值，是形为 (m,p) 或 (p,m) 的 Numpy 数组，数据类型为 CV_32F。

◎ results：模型的预测结果，是形为 $(m,1)$ 或 $(1, m)$ 的数组。

◎ outputs：模型的预测结果，是形为 $(m,1)$ 或 $(1, m)$ 的数组。

◎ outputProbs：输入样本属于每个类别的概率，是形为 (m,k) 或 (k,m) 的数组。

注意问题

（1）cv::ml::NormalBayesClassifier 类继承了 cv::ml::StatModel 机器学习类，相关函数定义和说明详见 18.1 节中 cv::ml::StatModel 机器学习类的内容。

（2）样本输入值 samples 和 inputs 只包括样本输入值，不包括输出值，是形为 (m,p) 或 (p,m) 的 Numpy 数组，m 为样本数量，p 为输入变量的特征数。样本的输出响应 responses 和模型的预测结果 results、outputs 是样本输入所对应的分类结果。

（3）函数 bayes.predictProb 不仅能返回样本分类结果，而且能返回样本在每个类别的后验概率。概率 outputProbs 包括所有类别的概率，是形为 (m,k) 的 Numpy 数组，k 是分类数。

【例程 1805】基于正态贝叶斯分类器的手写数字识别

本例程基于 HOG 构造特征描述符，作为贝叶斯分类器的输入特征，进行手写数字识别。

```
# 【1805】基于正态贝叶斯分类器的手写数字识别
import cv2 as cv
import numpy as np
```

```
from matplotlib import pyplot as plt

if __name__ == '__main__':
    # (1) 读取样本图像, 构造样本图像集合
    img = cv.imread("../images/digits.png")  # 5000 个手写数字, 每个数字的大小为
20×20=400 像素
    gray = cv.cvtColor(img, cv.COLOR_BGR2GRAY)
    # 将原始图像分割为 100×50=5000 个单元格, 每个单元格是 1 个手写数字
    cells = [np.hsplit(row, 100) for row in np.vsplit(gray, 50)]  # (50,100)
    x1 = np.array(cells)  # 转换为 Numpy 数组, 形状为 (50,100,20,20)
    x2 = np.reshape(x1, (-1, 20, 20))  # (5000,20,20): 00..011..1...99..9
    x3 = np.reshape(x2, (500, 10, 20, 20), order='F')  # (500,10,20,20)
    imgSamples = np.reshape(x3, (-1, 20, 20))  # 形状为
(5000,20,20):012..9...012..9
    print(x1.shape, x2.shape, x3.shape, imgSamples.shape)

    # (2) 构造 HOG 特征描述符
    winSize = (20, 20)  # 检测窗口大小
    blockSize = (10, 10)  # 子块大小
    blockStride = (5, 5)  # 子块的滑动步长
    cellSize = (5, 5)  # 单元格大小
    nbins = 8  # 直方图的条数
    derivAperture = 1  # 梯度孔径参数
    winSigma = -1.  # 梯度尺度参数
    histogramNormType = 0  # 归一化方法
    nlevels = 16  # 检测窗口的最大数量
    hog = cv.HOGDescriptor(winSize, blockSize, blockStride, cellSize, nbins,
                           derivAperture, winSigma, histogramNormType, nlevels)
    lenHOG = nbins * (blockSize[0]/cellSize[0]) * (blockSize[1]/cellSize[1]) \
           * ((winSize[0]-blockSize[0])/blockStride[0] + 1) \
           * ((winSize[1]-blockSize[1])/blockStride[1] + 1)
    descriptors = np.array([hog.compute(imgSamples[i]) for i in
range(imgSamples.shape[0])])  # (5000, 288)
    samples = descriptors.astype(np.float32)  # 形状为 (5000,288)
    m = np.arange(10)  # 输出值/分类标签 0~9, (10,)
    labels = np.tile(m, 500)[:, np.newaxis]  # 形状为 (5000,1):012..9...012..9
    print(imgSamples.shape, descriptors.shape, samples.shape, labels.shape)

    # (3) 构造训练样本集和测试样本集
    # 训练样本集的输入值 samplesTrain 和响应值 labelsTrain
    samplesTrainH = samples[0:4000]  # 输入特征, 形状为 (4000,288)
    labelsTrainH = labels[0:4000]  # 分类标记, 形状为 (4000,1)
    # 构造测试样本集的输入值 samplesTest 和响应值 labelsTest
    samplesTestH = samples[4000:]  # 输入特征, 形状为 (1000,288)
    labelsTestH = labels[4000:]  # 分类标记, 形状为 (1000,1)
    print(samplesTestH.shape, labelsTestH.shape)

    # (4) 基于 HOG 特征的正态贝叶斯分类器模型 BayesClassifier
    bayes = cv.ml.NormalBayesClassifier_create()  # 创建贝叶斯分类器
    bayes.train(samplesTrainH, cv.ml.ROW_SAMPLE, labelsTrainH)  # 训练贝叶斯分类器
    _, labelsPred = bayes.predict(samplesTestH)  # 模型检验, 用训练好的模型分类
```

```
    matches = (labelsPred==labelsTestH)  # 比较模型预测结果与样本标签
    correct = np.count_nonzero(matches)  # 模型预测结果正确的样本数量
    accuracy = correct * 100.0 / labelsPred.size  # 模型预测的准确率
    print("features={}, correct={}, accuracy={:.2f}%".format(lenHOG, correct,
accuracy))
```

运行结果

```
features=288, correct=904, accuracy=90.50%
```

程序说明

本例程与【例程 1804】类似，基于 HOG 构造了 288 维的特征描述符，作为贝叶斯分类器模型的输入特征。贝叶斯分类器的识别准确率为 90.5%，低于 KNN-HOG 的结果。

18.6 支持向量机

18.6.1 支持向量机算法

支持向量机（Support Vector Machine，SVM）算法是一种二元分类的监督学习算法，广泛应用于人像识别、文本分类、手写识别和异常检测等模式的识别问题。支持向量的分类方法可以推广到解决回归问题，称为支持向量回归（Support Vector Regression，SVR）。

SVM 的基本模型是特征空间上间隔最大的线性分类器，可以通过核函数方法扩展为非线性分类器。

SVM 的目标是通过寻找一个超平面对样本数据进行分割，分割原则是实现类别之间的间隔最大。间隔是指样本点到超平面的距离。SVM 可以转化为凸二次规划的最优化问题。用线性方程 $w^T x + b = 0$ 描述超平面，可以通过最优化问题寻找最大间隔超平面：

$$\min_{w,b} \frac{1}{2}\|W\|^2, \quad \text{s.t.: } y_i\left(w^T x_i + b\right) \geq 1$$

式中，w 是向量 x_i 的权向量；b 是偏移量；$\|W\|^2$ 表示 W 的 L2 范数。

对于线性不可分的样本集，不存在对所有样本都能正确分类的超平面。这可能是因为问题本身是非线性的，也可能因为问题是线性可分的，但个别样本点标记错误或存在误差会导致样本集线性不可分。

对于个别样本错误导致的线性不可分的样本集，SVM 允许对少量样本分类错误，即容忍特异点的存在。对于非特异点的样本集是线性可分的，称为软间隔。在凸二次规划问题中引入损失函数和松弛变量，将最优化问题描述为

$$\min_{w,b} \frac{1}{2}\|W\|^2 + C\sum_{i=1}^{m} y_i, \quad \text{s.t.: } y_i\left(w^T x_i + b\right) \geq 1 - \gamma_i$$

对于非线性问题，可以引入非线性核函数 $\Phi(x_i)$，构造空间曲面对样本集进行分割，称为非线性分类支持向量机（NuSVC）。用非线性方程 $w^T \Phi(x) + b = 0$ 描述分割曲面，将最优化问题描述为

$$\min_{w,b} \frac{1}{2}\|W\|^2, \quad \text{s.t.: } y_i\left[w^T \Phi(x_i) + b\right] \geq 1$$

线性与非线性 SVM 的分割边界如图 18-5 所示。

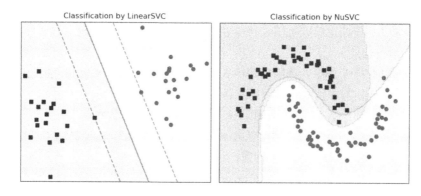

图 18-5 线性与非线性 SVM 的分割边界

18.6.2 OpenCV 的 SVM 类

OpenCV 中提供了 cv::ml::SVM 类以实现 SVM，cv::ml::SVM 类继承了 cv::ml::StatModel 机器学习父类。

在 Python 语言中，通过接口函数 cv.ml.SVM_create 实例化 SVM 类，创建 SVM 模型。通过成员函数 svm.train 或 svm.trainAuto 训练 SVM 模型，函数 svm.predict 使用训练的模型进行分类。

函数原型

cv.ml.SVM.create([,]) → svm

cv.ml.SVM_create([,]) → svm

svm.train(samples, layout, responses[,]) → retval

svm.predict(samples[, results, flags]) → retval, results

svm.trainAuto(samples, layout, responses[, kFold, balanced]) → retval

参数说明

◎ samples：样本输入值，是形为 (m,p) 的 Numpy 数组，数据类型为 CV_32F。

◎ layout：样本数据的格式，设置样本按行或按列排列。

◎ responses：样本的输出响应，是形为 $(m,1)$ 或 $(1,m)$ 的数组。

◎ results：模型预测结果，是形为 $(m,1)$ 或 $(1,m)$ 的数组。

◎ kFold：交叉验证参数，将训练样本集划分为 kFold 个子集，默认值为 10。

◎ balanced：是否自动创建平衡的交叉验证子集，默认值为 False。

其他类成员函数

SVM 模型的使用也包括 3 个基本步骤：创建和配置模型、训练模型、模型预测。但是 SVM 模型的配置比较复杂，可以分为模型选择、核函数选择和参数设置 3 个部分。

◎ setType/getType：通过函数 setType/getType 设置/读取 SVM 模型的类型。

➢ SVM_C_SVC：分类问题，进行 n 类分类（$n \geq 2$），允许为特异点，使用惩罚系数 C 实现软间隔。

> SVM_NU_SVC：分类问题，进行 n 类分类（$n \geq 2$），允许为特异点，使用参数 v 代替惩罚系数 C 实现软间隔。

> SVM_ONE_CLASS：单一类别的分布估计，建立样本集的分隔边界，属于非监督学习。

> SVM_EPS_SVR：回归问题，从训练集的特征向量到拟合超平面之间的距离必须小于 p，存在特异点时使用惩罚系数 C。

> SVM_NU_SVR：回归问题，使用参数 v 代替惩罚系数 C。

◎ setKernel/getKernelType：通过函数 setKernel/getKernelType 设置/读取核函数的类型。

> SVM_LINEAR：线性核函数，线性分类器。
$$K\left(x_i, x_j\right) = x_i^{\mathrm{T}} x_j$$

> SVM_POLY：多项式核，将一个多项式函数作为决策边界。
$$K\left(x_i, x_j\right) = \left(\text{gamma} \cdot x_i^{\mathrm{T}} x_j + \text{coef0}\right)^{\text{degree}}$$

> SVM_RBF：径向基函数核，推荐选项。
$$K\left(x_i, x_j\right) = \exp\left(-\text{gamma} \cdot \left\|x_i - x_j\right\|^2\right)$$

> SVM_SIGMOID：SIGMOID 核函数。
$$K\left(x_i, x_j\right) = \tanh\left(\text{gamma} \cdot x_i^{\mathrm{T}} x_j + \text{coef0}\right)$$

> SVM_CHI2：指数卡方分布核，与 RBF 核相似。
$$K\left(x_i, x_j\right) = \exp\left[-\text{gamma} \cdot \left(x_i - x_j\right)^2 / \left(x_i + x_j\right)\right]$$

> SVM_INTER：直方图交叉核，根据类别直方图的相似性分类。
$$K\left(x_i, x_j\right) = \min\left(x_i, x_j\right)$$

◎ setCustomKernel：设置自定义核函数。

◎ setGamma/getGamma：核函数 POLY、RBF、SIGMOID 和 CHI2 的参数，默认值为 1。

◎ setCoef0/getCoef0：核函数 POLY、SIGMOID 的参数，默认值为 0。

◎ setDegree/getDegree：核函数 POLY 的参数，默认值为 0。

◎ setC/getC：适用于 C_SVC、EPS_SVR 和 NU_SVR 模型，默认值为 0。

◎ setNu/getNu：适用于 NU_SVC、ONE_CLASS 和 NU_SVR 模型，默认值为 0。

◎ setP/getP：适用于 EPS_SVR 模型，默认值为 0。

◎ setClassWeights/getClassWeights：C 的权值，classWeights(i)·C 为惩罚系数。

◎ setTermCriteria/getTermCriteria：迭代终止条件，包括最大迭代次数和最大误差，默认为(TermCriteria_MAX_ITER + TermCriteria_EPS, 1000, FLT_EPSILON)。

18.6.3　OpenCV 的 SVMSGD 类

为了解决大数据集训练模型的欠拟合问题，OpenCV 中提供了 cv::ml::SVMSGD 类以实现基于随机梯度下降（Stochastic Gradient Descent，SGD）算法的 SVM。

在 Python 语言中通过接口函数 cv.ml.SVMSGD_create 实例化 SVMSGD 类，创建 SVMSGD 模型。通过成员函数 svmsgd.train 训练 SVMSGD 模型，函数 svmsgd.predict 使用训练的模型进行分类，通过函数 svmsgd.setOptimalParameters 可以自动配置模型参数。

函数原型

cv.ml.SVMSGD.create([,]) → svmsgd

cv.ml.SVMSGD_create([,]) → svmsgd

svmsgd.train(samples, layout, responses[,]) → retval

svmsgd.predict(samples[, results, flags]) → retval, results

svmsgd.setOptimalParameters([, svmsgdType, marginType]) → None

参数说明

◎　samples：样本输入值，是形为(m,p)的 Numpy 数组，数据类型为 CV_32F。

◎　layout：样本数据的格式，样本按行或按列排列。

◎　responses：样本的输出响应，是形为$(m,1)$的数组。

◎　results：模型预测结果，即对输入样本的分类，是形为$(m,1)$的数组。

◎　svmsgdType：算法类型，可选项。

➤　SVMSGD_SGD：随机梯度下降方法。

➤　SVMSGD_ASGD：平均随机梯度下降方法，默认选项。

◎　marginType：分隔类型，可选项。

➤　SVMSGD_SOFT_MARGIN：软分隔，默认选项。

➤　SVMSGD_HARD_MARGIN：硬分割。

其他类成员函数

SVMSGD 不需要设置核函数，但需要设置模型类别、间隔类型、间隔正则化、初始步长、下降速度和收敛准则等参数。

◎　setSvmsgdType/getSvmsgdType：设置/读取算法类型。

◎　setMarginType/getMarginType：设置/读取分隔类型。

SVMSGD 模型的其他参数，推荐使用函数 setOptimalParameters，根据模型和间隔的种类自动设置优化参数。

【例程 1806】基于 SVM 的数据分类

本例程使用半月形状数据点集，比较 SVM 使用不同核函数时的分割边界和分类性能。

```python
# 【1806】基于 SVM 的数据分类
import cv2 as cv
import numpy as np
from matplotlib import pyplot as plt
from sklearn import datasets, model_selection, metrics

if __name__ == '__main__':
    # 生成样本数据集，划分为训练样本集和检验样本集
    X, y = datasets.make_moons(n_samples=120, noise=0.1, random_state=306)  #
生成样本数据集
    xFloat = X.astype(np.float32)
```

```
    xTrain, xTest, yTrain, yTest = model_selection.train_test_split(xFloat, y,
test_size=0.25, random_state=36)
    print(xTrain.shape, yTrain.shape, xTest.shape, yTest.shape)  # (75, 2)
(75,) (25, 2) (25,)

    plt.figure(figsize=(8, 5.5))
    kernels = ['SVM_LINEAR', 'SVM_POLY', 'SVM_SIGMOID', 'SVM_RBF']  # 核函数的类型
    for idx, kernel in enumerate(kernels):
        svm = cv.ml.SVM_create()  # 创建 SVM 模型
        svm.setKernel(eval('cv.ml.' + kernel))  # 设置核函数类型
        if kernel=="SVM_POLY": svm.setDegree(3)  # POLY 阶数
        svm.train(xTrain, cv.ml.ROW_SAMPLE, yTrain)  # 用训练样本 (xTrain,yTrain)
训练模型
        _, yPred = svm.predict(xTest)  # 模型预测，检验样本 xText 的输出
        accuracy = metrics.accuracy_score(yTest, yPred) * 100  # 计算预测的准确率
        # 计算分隔边界
        hmin, hmax = xTest[:,0].min(), xTest[:,0].max()
        vmin, vmax = xTest[:,1].min(), xTest[:,1].max()
        h = np.linspace(hmin, hmax, 100).astype(np.float32)  # (100,)
        v = np.linspace(vmin, vmax, 100).astype(np.float32)  # (100,)
        hGrid, vGrid = np.meshgrid(h, v)  # 生成网格点坐标矩阵 (100, 100)
        hvRavel = np.vstack([hGrid.ravel(), vGrid.ravel()]).T  # 将网格点坐标矩阵
展平后重构为数组 (m,2)
        _, z = svm.predict(hvRavel)  # 模型估计，网格点的分类 (m,1)
        zGrid = z.reshape(hGrid.shape)  # 恢复为网格形状 (100, 100)

        # 绘图
        plt.subplot(2, 2, idx+1)
        plt.plot(xTest[:,0][yTest==0], xTest[:,1][yTest==0], "bs")  # 绘制第 0 类
样本点
        plt.plot(xTest[:,0][yTest==1], xTest[:,1][yTest==1], "ro")  # 绘制第 1 类
样本点
        plt.contourf(hGrid, vGrid, zGrid, cmap=plt.cm.brg, alpha=0.1)  # 绘制分隔
平面
        plt.xticks([]), plt.yticks([])
        plt.title("{}. {} (accuracy={:.1f}%)".format(idx+1, kernel, accuracy))
        print("{} accuracy: {:.1f}%".format(kernel, accuracy))

    plt.show()
```

程序说明

（1）使用 SVM 对半月形状数据点集进行二分类。不同核函数对 SVM 分割性能的影响如图 18-6 所示。

（2）图 18-6(1)所示为使用线性 SVM 的结果，不能对所有样本正确分类，软间隔允许有少量样本的分类错误。

（3）图 18-6(2)所示为使用多项式核函数的结果，图 18-6(3)所示为使用 SIGMOID 核函数的结果，图 18-6(4)所示为使用 RBF 核函数的结果。对于线性不可分的问题，选择适当的核函数通常可以获得更好的分类性能。

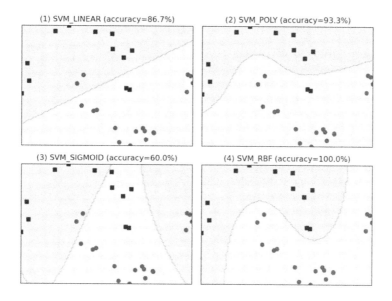

图 18-6 不同核函数对 SVM 分割性能的影响

【例程 1807】基于 RBF 核函数的 SVM 手写数字识别

本例程使用基于 RBF 核函数的 SVM 进行手写数字识别。

例程基于 HOG 构造 128 维的特征描述符，相当于 SIFT 算法的关键点描述符。

```python
# 【1807】基于 RBF 核函数的 SVM 手写数字识别
import cv2 as cv
import numpy as np

if __name__ == '__main__':
    # (1) 读取样本图像，构造样本图像集合
    img = cv.imread("../images/digits.png")  # 5000 个手写数字，每个数字的大小为
20×20=400 像素
    gray = cv.cvtColor(img, cv.COLOR_BGR2GRAY)
    # 将原始图像分割为 100×50=5000 个单元格，每个单元格是 1 个手写数字
    cells = [np.hsplit(row, 100) for row in np.vsplit(gray, 50)]  # (50,100)
    x1 = np.array(cells)  # 转换为 Numpy 数组，形状为 (50,100,20,20)
    x2 = np.reshape(x1, (-1, 20, 20))  # (5000,20,20): 00..011..1...99..9
    x3 = np.reshape(x2, (500, 10, 20, 20), order='F')  # (500,10,20,20)
    imgSamples = np.reshape(x3, (-1, 20, 20))  # 形状为 (5000,20,20):
012..9...012..9
    print(x1.shape, x2.shape, x3.shape, imgSamples.shape)

    # (2) 构造 HOG 描述符
    winSize = (20, 20)  # 检测窗口大小
    blockSize = (10, 10)  # 子块大小
    blockStride = (10, 10)  # 子块的滑动步长->不滑动
    cellSize = (5, 5)  # 单元格大小
    nbins = 8  # 直方图的条数
    lenHOG = nbins * (blockSize[0]/cellSize[0]) * (blockSize[1]/cellSize[1]) \
            * ((winSize[0]-blockSize[0])/blockStride[0] + 1) \
```

```
                * ((winSize[1]-blockSize[1])/blockStride[1] + 1)
    hog = cv.HOGDescriptor(winSize, blockSize, blockStride, cellSize, nbins)
    descriptors = np.array([hog.compute(imgSamples[i]) for i in
range(imgSamples.shape[0])])  # (5000, 128)
    samples = descriptors.astype(np.float32)  # 形状为 (5000,128)
    m = np.arange(10)  # 输出值/分类标签 0~9, (10,)
    labels = np.tile(m, 500)[:, np.newaxis]  # 形状为 (5000,1):012..9...012..9
    print(imgSamples.shape, descriptors.shape, samples.shape, labels.shape)

    # (3) 构造训练样本集和测试样本集
    # 训练样本集的输入值 samplesTrain 和响应值 labelsTrain
    samplesTrainH = samples[0:4000]  # 形状为 (4000,128)
    labelsTrainH = labels[0:4000]  # 形状为 (4000,1)
    print(samplesTrainH.shape, labelsTrainH.shape)
    # 测试样本集的输入值 samplesTest 和响应值 labelsTest
    samplesTestH = samples[4000:]  # 形状为 (1000,128)
    labelsTestH = labels[4000:]  # 形状为 (1000,1)
    print(samplesTestH.shape, labelsTestH.shape)

    # (4) SVM 模型的创建、训练和预测
    svm = cv.ml.SVM_create()  # 创建 SVM 模型
    svm.setType(cv.ml.SVM_C_SVC)  # 设置模型类型为分类问题，软间隔
    svm.setKernel(cv.ml.SVM_RBF)  # 设置核函数类型为 RBF 核
    svm.train(samplesTrainH, cv.ml.ROW_SAMPLE, labelsTrainH)  # 训练 SVM 模型
    _, resultH = svm.predict(samplesTestH)  # SVM 模型预测，使用模型对样本进行分类

    matches = (resultH==labelsTestH)  # 比较模型预测结果与样本标签
    correct = np.count_nonzero(matches)  # 模型预测结果正确的样本数量
    accuracy = correct * 100.0 / resultH.size  # 模型预测的准确率
    print("features={}, correct={}, accuracy={:.2f}%".format(lenHOG, correct,
accuracy))
```

运行结果

```
features=128, correct=971, accuracy=97.10%
```

程序说明

本例程基于 HOG 构造了 128 维的特征描述符，虽然进一步压缩了输入的特征维数，但识别准确率可以达到 97.10%，这是非常令人满意的结果。

18.7 人工神经网络算法

18.7.1 神经网络算法介绍

人工神经网络（Artificial Neural Network，ANN）算法也称神经网络算法，是一种常用和通用的监督学习算法，可以用于分类和回归问题。

将生物神经元互联触发的认知过程抽象为神经元模型，包括若干个输入和一个输出，神经元的输出响应由不同的激活函数 $y = f(x)$ 决定。

$$y = f\left(\sum_{i=1}^{n} w_i x_i - \theta\right)$$

神经网络模型由若干个神经元相互连接构成，通常包括输入层、输出层和一个或多个隐含层。使用不同的网络层次、连接方式和激活函数，可以构造不同的神经网络模型。例如，基于 MP 神经元的感知机（Perceptron）模型和多层感知机（Multi-layer Perceptron，MLP）模型、带有隐含层的多层前馈神经网络（Multi-layer Feedforward Neural Network）模型。不同的神经网络模型需要运用不同的学习算法进行训练，如多层前馈神经网络模型可以使用误差反向传播（BackPropagation，BP）算法进行训练。多层神经网络与激活函数模型如图 18-7 所示。

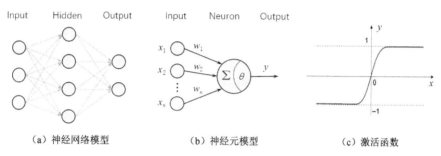

（a）神经网络模型　　　　（b）神经元模型　　　　（c）激活函数

图 18-7　多层神经网络与激活函数模型

18.7.2　OpenCV 的 ANN_MLP 神经网络模型

OpenCV 中提供了 cv::ml::ANN_MLP 类以实现神经网络模型，继承了 cv::ml::StatModel 机器学习父类。

ANN_MLP 神经网络模型包括一个或多个隐含层，相邻层神经元之间全连接，使用线性或非线性激活函数，使用 BP 算法或模拟退火算法进行训练。OpenCV 官方文档中将 ANN_MLP 类称为多层感知机神经网络，但是根据模型结构与学习方法将其称为前馈神经网络更为准确。

使用 ANN_MLP 神经网络模型的基本步骤，也是创建和配置模型、训练模型、使用模型，但模型与参数的设置比较复杂。

在 Python 语言中通过接口函数 cv.ml.ANN_MLP.create 实例化 ANN_MLP 类，创建 ANN 模型。通过类成员函数 ann.train 训练 ANN 模型，函数 ann.predict 使用 ANN 模型预测输出值。

函数原型

cv.ml.ANN_MLP.create([trainFlags,]) → ann

cv.ml.ANN_MLP_create([trainFlags,]) → ann

ann.train(samples, layout, responses[,]) → retval

ann.predict(samples[, results, flags]) → retval, results

参数说明

◎ samples：样本的输入数据，是形为 (m, p) 的 Numpy 数组，数据类型为 CV_32F。

◎ layout：样本数据的格式，设置样本按行或按列排列。

◎ responses：样本的输出响应，是形为 $(m, 1)$ 或 $(1, m)$ 的数组，分类问题的数据类型为 CV_32S，回归问题的数据类型为 CV_32F。

◎ results：模型的预测结果，是形为 $(m, 1)$ 或 $(1, m)$ 的数组。

◎ trainFlags：模型训练选项标志，可选项。

  ➤ UPDATE_WEIGHTS：使用 Nguyen-Widrow 算法初始化权重。

  ➤ NO_INPUT_SCALE：输入向量不做归一化处理。

  ➤ NO_OUTPUT_SCALE：输出向量不做归一化处理。

函数默认对输入向量、输出向量独立地进行归一化。如果输入、输出数据范围经常变化，则要注意采用其他的归一化方式，以免发生溢出等错误。

其他类成员函数

ANN_MLP 神经网络模型的配置比较复杂，分为模型结构与激活函数设置、学习方法与终止准则设置两类。模型结构与激活函数设置是必须设置的项目，学习方法与终止准则设置是可选的项目。

函数 ann.setLayerSizes 用来设置模型结构，指定输入层、隐含层和输出层的节点数量。函数 ann.setActivationFunction 用来设置激活函数、选择激活函数和设置激活函数的参数。

ann.setLayerSizes(_layer_sizes[,]) → None

ann.setActivationFunction(type[, param1, param2]) → None

◎ _layer_sizes：神经网络的结构和尺寸，是形为(layers,)的元组或 Numpy 数组，整型数据。

◎ type：激活函数的类型，默认为 SIGMOID 激活函数。

  ➤ ANN_MLP_IDENTITY：线性函数，$f(x) = x$。

  ➤ ANN_MLP_SIGMOID_SYM：SIGMOID 激活函数。

$$f(x) = \beta\left(1 - e^{-\alpha x}\right) / \left(1 + e^{-\alpha x}\right)$$

  ➤ ANN_MLP_GAUSSIAN：高斯激活函数，$f(x) = \beta e^{-\alpha x^2}$。

  ➤ ANN_MLP_RELU：ReLU 激活函数，$f(x) = \max(0, x)$。

  ➤ ANN_MLP_LEAKYRELU：LeakyReLU 激活函数，$f(x) = \begin{cases} x, & x > 0 \\ \alpha x, & x \leqslant 0 \end{cases}$。

◎ param1 和 param2：激活函数的参数 α 和 β，默认值为 0。

注意问题

（1）神经网络的结构和尺寸_layer_sizes 是形为(layers,)的元组或 Numpy 数组，可设置输入层、隐含层和输出层的节点数量。第一个元素表示输入层的节点数量，最后一个元素表示输出层的节点数量，中间的元素表示隐含层的节点数量，可以设置一个或多个隐含层。当只有一个隐含层时，layers=3。

（2）当选择不同的激活函数时，param1 和 param2 是所选函数的参数 α 和 β。虽然 param1 和 param2 是可选项，但默认值为 0，如果没有适当设置可能会导致神经网络无法正常运行。

（3）对于 SIGMOID 激活函数，如果不设置 param1 和 param2 使用默认值，则使用激活函数 $f(x) = 1.7159 \tanh(x \times 2/3)$，此时输出范围是 $[-1.7159, 1.7159]$。

（4）使用激活函数 IDENTITY 相当于线性感知机，只能学习线性的决策边界。

函数 ann.setTrainMethod 用来设置模型训练方法和参数，函数 ann.setTermCriteria 用来设置模型训练的终止准则和参数。

ann.setTrainMethod(method[, param1, param2]) → None

ann.setTermCriteria(val[,]) → None

◎　method：神经网络学习算法，默认为 RPROP 算法。

> ANN_MLP_BACKPROP：反向传播算法，BP 算法。

> ANN_MLP_RPROP：自适应快速 BP 算法。

> ANN_MLP_ANNEAL：模拟退火算法。

◎　param1、param2：学习算法的参数，默认值为 0。

◎　val：学习算法的终止标准，可以指定最大迭代次数和误差精度，默认值为 TermCriteria(TermCriteria::MAX_ITER+TermCriteria::EPS, 1000, 0.01)。

注意问题

（1）不同学习算法对 param1、param2 的定义不同，建议不要在设置学习算法时设置算法参数，以免混淆。可以通过下面的参数设置函数、设置算法参数或者使用默认值。

（2）对于 BP 算法，可以设置下降速率和惯性系数，如下。

◎　setBackpropWeightScale(val)：下降速率，默认值为 0.1。

◎　setBackpropMomentumScale(val)：惯性系数，默认值为 0.1。

（3）对于 RPROP 算法，可以设置如下。

◎　setRpropDWMinus(val)：缩小因子 η^-，必须小于 1，默认值为 0.5。

◎　setRpropDWPlus(val)：放大因子 η^+，必须大于 1，默认值为 1.2。

◎　setRpropDW0(val)：Δ_{ij} 的初值 Δ_0，默认值为 0.1。

◎　setRpropDWMax(val)：Δ_{ij} 的最大值 Δ_{max}，必须大于 1，默认值为 50。

◎　setRpropDWMin(val)：Δ_{ij} 的最小值 Δ_{min}，必须大于 0，默认为 FLT_EPSILON。

（4）激活模拟退火算法，可以设置如下。

◎　setAnnealCoolingRatio(val)：温度下降因子，取值范围为(0,1)，默认值为 0.95。

◎　setAnnealInitialT(val)：初始温度，必须大于 0，默认值为 10。

◎　setAnnealFinalT(val)：终止温度，大于 0 且小于初始温度，默认值为 0.1。

◎　setAnnealItePerStep(val)：每个温度的迭代次数，必须大于 0，默认值为 10。

【例程 1808】基于 BP 算法的多层神经网络的手写数字识别

本例程基于 HOG 构造 128 维的输入特征，建立多层神经网络模型识别手写数字。例程构造两个神经网络模型，分别是回归模型和分类模型，介绍两种模型的使用方法。

```
# 【1808】基于 BP 算法的多层神经网络的手写数字识别
import cv2 as cv
import numpy as np


if __name__ == '__main__':
    # (1) 读取样本图像，构造样本图像集合
    img = cv.imread("../images/digits.png")  # 5000 个手写数字，每个数字的大小为
20×20=400 像素
    gray = cv.cvtColor(img, cv.COLOR_BGR2GRAY)
    # 将原始图像分割为 100×50=5000 个单元格，每个单元格是 1 个手写数字
```

```python
    cells = [np.hsplit(row, 100) for row in np.vsplit(gray, 50)]  # (50,100)
    x1 = np.array(cells)  # 转换为 Numpy 数组，形状为 (50,100,20,20)
    x2 = np.reshape(x1, (-1, 20, 20))  # (5000,20,20): 00..011..1...99..9
    x3 = np.reshape(x2, (500, 10, 20, 20), order='F')  # (500,10,20,20)
    imgSamples = np.reshape(x3, (-1, 20, 20))  # 形状为 (5000,20,20):012..9...012..9
    print(x1.shape, x2.shape, x3.shape, imgSamples.shape)

    # (2) 构造 HOG 描述符
    hog = cv.HOGDescriptor(_winSize=(20, 20),  # 检测窗口大小
                        _blockSize=(10, 10),  # 子块大小
                        _blockStride=(10, 10),  # 子块的滑动步长->不滑动
                        _cellSize=(5, 5),  # 单元格大小
                        _nbins=8,  # 直方图的条数
                        _gammaCorrection=True)  # 伽马校正预处理
    descriptors = np.array([hog.compute(imgSamples[i]) for i in
range(imgSamples.shape[0])])
    samples = descriptors.astype(np.float32)  # 形状为 (5000,128)
    m = np.arange(10)  # 输出值/分类标签 0~9, (10,)
    labels = np.tile(m, 500)[:, np.newaxis]  # 形状为 (5000,1):012..9...012..9
    print(imgSamples.shape, descriptors.shape, samples.shape, labels.shape)

    # (3) 构造图像样本的分类标签和 one-hot 输出矩阵
    nSamples = samples.shape[0]
    nClasses = 10
    classes = np.arange(nClasses)  # 输出值/分类标签 0~9, (10,)
    category = np.tile(classes, 500).reshape(-1, 1)  # 形状为
(5000,1):012..9...012..9
    # 分类标签 one-hot 编码, (5000, 1)->(5000, 10), float32
    labelsMat = np.zeros((nSamples, nClasses), np.float32)  # 输出矩阵 (nSamples,
nClasses)
    for j in range(nSamples):
        labelsMat[j, category[j]] = 1.0  # one-hot 编码
    print(imgSamples.shape, descriptors.shape, samples.shape, labelsMat.shape)

    # (4) 构造训练样本集和检验样本集
    # 构造训练样本集的输入值 samplesTrain 和响应值 labelsTrain
    samplesTrain = samples[0:4000]  # 形状 (4000,128)
    labelsTrain = labelsMat[0:4000]  # 形状为 (4000,10)
    categoryTrain = category[0:4000].astype(np.float32)  # 形状为 (1000,1):012..9,
float32
    print("TrainSamples:", samplesTrain.shape, labelsTrain.shape,
categoryTrain.shape)
    # 构造测试样本集的输入值 samplesTest 和响应值 labelsTest
    samplesTest = samples[4000:]  # 形状为 (1000,128)
    categoryTest = category[4000:]  # 形状为 (1000,1): 012..9
    print("TestnSamples:", samplesTest.shape, categoryTest.shape)

    # (5) ANN 回归模型：1 个输出变量，浮点型
    # 创建和配置 ANN 回归模型
    nInputs, nHiddennodes, nOutput = samples.shape[1], 128,
categoryTrain.shape[1]  # 128, 128, 1
```

```
    ann1 = cv.ml.ANN_MLP_create()  # 创建 ANN 模型
    ann1.setLayerSizes(np.array([nInputs, nHiddennodes, nOutput]))  # 设置模型规模
    ann1.setActivationFunction(cv.ml.ANN_MLP_SIGMOID_SYM, 0.6, 1.0)  # 设置激活
函数
    ann1.setTrainMethod(cv.ml.ANN_MLP_BACKPROP, 0.1, 0.1)  # 设置训练方法化参数
    ann1.setTermCriteria((cv.TERM_CRITERIA_MAX_ITER | cv.TERM_CRITERIA_EPS,
1000, 0.001))
    # 训练 ANN 模型
    ann1.train(samplesTrain, cv.ml.ROW_SAMPLE, categoryTrain)  # 训练 ANN 模型
    # 基于 ANN 模型预测
    nTest = samplesTest.shape[0]
    _, result = ann1.predict(samplesTest)  # 模型预测样本的分类结果，(1000,1),
float32
    matches = (np.round(result)==categoryTest)  # 比较模型预测结果与样本标签
    correct = np.count_nonzero(matches)  # 模型预测结果正确的样本数量
    accuracy = 100 * correct / nTest  # 模型预测的准确率
    print("(1) ANN regression model with single output:")
    print("\tnInputs={}, nHiddennodes={}, nOutput={}".format(nInputs,
nHiddennodes, nOutput))
    print("\tsamples={}, correct={}, accuracy={:.2f}%".format(nTest, correct,
accuracy))


    # (6) ANN 分类模型：10 个输出变量，二分类
    # 创建和配置 ANN 分类模型
    nInputs, nHiddennodes, nOutput = samples.shape[1], 64, labelsMat.shape[1]
# 128, 64, 10
    ann2 = cv.ml.ANN_MLP_create()  # 创建 ANN 模型
    ann2.setLayerSizes(np.array([nInputs, nHiddennodes, nOutput]))  # 设置模型规模
    ann2.setActivationFunction(cv.ml.ANN_MLP_SIGMOID_SYM, 0.6, 1.0)  # 设置激活
函数
    ann2.setTrainMethod(cv.ml.ANN_MLP_BACKPROP, 0.1, 0.1)  # 设置训练方法和参数
    ann2.setTermCriteria((cv.TERM_CRITERIA_MAX_ITER | cv.TERM_CRITERIA_EPS,
1000, 0.01)
    # 训练 ANN 模型
    ann2.train(samplesTrain, cv.ml.ROW_SAMPLE, labelsTrain)  # 训练 ANN 模型
    # 基于 ANN 模型预测
    nTest = samplesTest.shape[0]
    _, result = ann2.predict(samplesTest)  # 模型预测样本的分类结果，(1000,10)
    predTest = result.argmax(axis=1).reshape((-1, 1))  # 将分类结果转换为类别序号
(1000,1)
    matches = (predTest==categoryTest)  # 比较模型预测结果与样本标签
    correct = np.count_nonzero(matches)  # 模型预测结果正确的样本数量
    accuracy = 100 * correct / nTest  # 模型预测的准确率
    print("(2) ANN classification model with multi outputs:")
    print("\tnInputs={}, nHiddennodes={}, nOutput={}".format(nInputs,
nHiddennodes, nOutput))
    print("\tsamples={}, correct={}, accuracy={:.2f}%".format(nTest, correct,
accuracy))
```

运行结果

```
TrainSamples: (4000, 128) (4000, 10) (4000, 1)
```

```
TestnSamples: (1000, 128) (1000, 1)
(1) ANN regression model with single output:
     nInputs=128, nHiddennodes=128, nOutput=1
     samples=1000, correct=587, accuracy=58.70%
(2) ANN classification model with multi outputs:
     nInputs=128, nHiddennodes=64, nOutput=10
     samples=1000, correct=960, accuracy=96.00%
```

程序说明

（1）例程基于 HOG 构造了 128 维的特征描述符，作为神经网络模型的输入变量。

（2）ANN1 模型是回归模型。网络结构为 128×128×1，表示输入变量为 128 个，隐含层节点数为 128，输出变量为 1 个。输出变量的取值范围为 0～9，对应图像中数字的数值。ANN1 模型对检验样本的识别准确率仅为 58.70%，性能较差。

（3）ANN2 模型是分类模型。对样本标签 0～9 进行了 one-hot 编码，转换为 10 个 0/1 变量。ANN2 模型的网络结构为 128×64×10，表示输入变量为 128 个，隐含层节点数为 64，输出变量为 10 个，相当于 10 个并联的二分类器。ANN2 模型对检验样本的识别准确率为 96.00%，性能得到了很大提高。

【例程 1809】基于多层神经网络的多光谱数据分类

通过对不同波段的光谱卫星图像进行分析，将图像模式划分为市区、植被和水体 3 种模式，人工对图像中少量区域进行标注。

本例程使用多层神经网络解决多光谱卫星图像的分类问题。基于人工标注生成训练样本集，输入 4 种光谱数据，样本标注分为 3 类，使用 one-hot 编码，建立 4×4×3 的人工神经网络模型对地形进行分类。

```python
# 【1809】基于多层神经网络的多光谱数据分类
import cv2 as cv
import numpy as np
from matplotlib import pyplot as plt


if __name__ == '__main__':
    # (1) 读取光谱图像组 Fig1138a~f 和 标记图像
    nBands = 4  # 光谱波段种类
    height, width = (512, 512)
    snBands = ['a', 'b', 'c', 'd', 'e', 'f']  # Fig1138a~f
    imgMulti = np.zeros((height, width, nBands), np.uint8)  # (512,512,6)
    for i in range(nBands):
        path = "../images/Fig1801{}.tif".format(snBands[i])
        imgMulti[:,:,i] = cv.imread(path, flags=0)
    # 标记图像，1/2/3 表示 市区/植被/水体区域，0 表示未知
    imgLabel = cv.imread("../images/Fig1801L.tif", flags=0)  # 市区/植被/水体

    # (2) 构造带标记的训练样本集
    # 生成 第 0 类 样本数据：市区
    Xmat0 = imgMulti[np.where(imgLabel==1)]  # 市区 (1865, nBands)
    num0 = Xmat0.shape[0]  # 1865
    label0 = np.zeros((num0,1), np.int16)  # 标记值 0, (1865, 1)
```

```
    # 生成 第 1 类 样本数据：植被
    Xmat1 = imgMulti[np.where(imgLabel==2)]  # 植被 (965, 4)
    num1 = Xmat1.shape[0]  # 965
    label1 = np.ones((num1,1), np.int16)  # 标记值 1, (965, 1)
    # 生成 第 2 类 样本数据：水体
    Xmat2 = imgMulti[np.where(imgLabel==3)]  # 水体 (967, 4)
    num2 = Xmat2.shape[0]  # 967
    label2 = np.ones((num2,1), np.int16)*2  # 标记值 2, (967, 1)
    print("num of label 1/2/3: {}/{}/{}".format(num0, num1, num2))

    # (3) 构造训练样本集和预测样本集的输入值 samples 和 one-hot 编码的输出值 labels
    # 拼接第 1/2/3 类样本数据，作为训练样本集
    samplesTrain = np.vstack((Xmat0, Xmat1, Xmat2)).astype(np.float32)  # (3797, 4)
    categoryTrain = np.vstack((label0, label1, label2))  # (3797, 1)
    # 构造训练样本集的分类标签 one-hot 编码, (5000, 1)->(5000, 3), uint8
    nSamples, nClasses = samplesTrain.shape[0], 3  # 分为 3 类
    labelsMat = np.zeros((nSamples, nClasses), np.float32)  # 输出矩阵 (3797,
nClasses=3)
    print(nSamples, nClasses, labelsMat.shape)
    for j in range(nSamples):
        labelsMat[j, categoryTrain[j]] = 1  # one-hot 编码 (3797, 3)
    print(imgMulti.shape, samplesTrain.shape, categoryTrain.shape,
labelsMat.shape)
    # 图像所有像素点都可作为预测样本集的输入值
    samplesImg = imgMulti[:,:,:nBands].reshape(-1,nBands).astype(np.float32)
# (262144, 4)


    # (4) ANN 分类模型的创建、配置、训练、检验和预测
    # -- 创建 ANN 模型
    ann = cv.ml.ANN_MLP_create()  # 创建 ANN 模型
    # -- 模型配置和参数设置
    nInputs, nHiddennodes, nOutput = samplesTrain.shape[1], 4,
labelsMat.shape[1]  # 4×4×3
    ann.setLayerSizes((nInputs, nHiddennodes, nOutput))  # 设置模型结构：输入层、隐
含层和输出层
    ann.setActivationFunction(cv.ml.ANN_MLP_SIGMOID_SYM, 0.75, 1.0)  # 设置激活
函数
    ann.setTrainMethod(cv.ml.ANN_MLP_BACKPROP, 0.1, 0.1)  # 设置训练方法和参数
    ann.setTermCriteria(
        (cv.TERM_CRITERIA_MAX_ITER | cv.TERM_CRITERIA_EPS, 1000, 0.01))  # 设置
收敛准则
    # -- 模型训练
    ann.train(samplesTrain, cv.ml.ROW_SAMPLE, labelsMat)  # 训练 ANN 模型
(3797,nClasses=3)
    # -- 模型测试
    nTest = samplesTrain.shape[0]
    _, result = ann.predict(samplesTrain)  # 模型预测样本的分类结果(3797,nClasses=3)
    predTest = result.argmax(axis=1).reshape((-1, 1))  # 将分类结果转换为类别序号
(3797,1)
    matches = (predTest == categoryTrain)  # 比较模型预测结果与样本标签
    correct = np.count_nonzero(matches)  # 模型预测结果正确的样本数量
```

```python
    accuracy = 100 * correct / nTest  # 模型预测的准确率
    print("ANN model with multi outputs:")
    print("\tnInputs={}, nHiddennodes={}, nOutput={}".format(nInputs,
nHiddennodes, nOutput))
    print("\tsamples={}, correct={}, accuracy={:.2f}%".format(nTest, correct,
accuracy))
    # -- 模型预测，用训练好的模型分类，并与正确结果比较
    _, result = ann.predict(samplesImg)  # 模型预测样本的分类结果，
(262144,4)->(262144,3)
    predImg = result.argmax(axis=1).reshape((-1, 1))  # 将分类结果转换为类别序号
(262144,1)

    # (5) 统计分类结果
    unique, count = np.unique(predImg, return_counts=True)  # 统计各类别的数量
    imgClassify = predImg.reshape((height, width)).astype(np.uint8)  # 恢复为二
维 (512, 512)
    print("Classification of spectrum by ANN:")
    for k in range(3):
        print("\tType {}: {}".format(unique[k], count[k]))

    # (6) 显示标记的分类结果
    plt.figure(figsize=(9, 3.5))
    plt.subplot(131), plt.axis('off'), plt.title("Class_0: Urban region")
    imgC0 = np.ones((height, width, 3), np.uint8)*64  # 第 1 类
    imgC0[imgClassify==0] = (250,206,135)  # 模型预测区域
    imgC0[imgLabel==1] = (255,0,0)  # 确定标记区域
    plt.imshow(cv.cvtColor(imgC0, cv.COLOR_BGR2RGB))
    plt.subplot(132), plt.axis('off'), plt.title("Class_1: Vegetation region")
    imgC1 = np.ones((height, width, 3), np.uint8)*64  # 第 2 类
    imgC1[imgClassify==1] = (143,188,143)  # 模型预测区域
    imgC1[imgLabel==2] = (0,255,0)  # 确定标记区域
    plt.imshow(cv.cvtColor(imgC1, cv.COLOR_BGR2RGB))
    plt.subplot(133), plt.axis('off'), plt.title("Class_2: Water region")
    imgC2 = np.ones((height, width, 3), np.uint8)*64  # 第 3 类
    imgC2[imgClassify==2] = (203,192,255)  # 模型预测区域
    imgC2[imgLabel==3] = (0,0,255)  # 确定标记区域
    plt.imshow(cv.cvtColor(imgC2, cv.COLOR_BGR2RGB))
    plt.tight_layout()
    plt.show()
```

运行结果

```
num of label 1/2/3: 1865/965/967
ANN model with multi outputs:
    nInputs=4, nHiddennodes=4, nOutput=3
    samples=3797, correct=3661, accuracy=96.42%
Classification of spectrum by ANN:
    Type 0: 90943
    Type 1: 162682
    Type 2: 8519
```

程序说明

（1）例程基于少量人工标记的图像，采用 one-hot 编码，构造了带标记的训练样本集。

（2）建立 ANN 模型，网络结构为 4×4×3，相当于 3 个并联的二分类器。使用 BP 算法进行训练，ANN 模型对训练样本的识别准确率为 96.42%。

（3）使用多层前馈神经网络对遥感卫星数据进行分类如图 18-8 所示。基于训练的 ANN 模型对整个图像分类，获得了令人满意的结果。

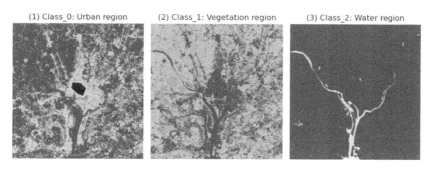

图 18-8　使用多层前馈神经网络对遥感卫星数据进行分类

参考文献

[1] Rafael C Gonzalez, Richard E Woods.数字图像处理[M].4 版.阮秋琦,阮宇智,译.北京:电子工业出版社,2020.

[2] Rafael C Gonzalez, Richard E Woods, Steven L Eddins.数字图像处理：MATLAB 版[M].2 版.阮秋琦,译.北京:电子工业出版社,2014.

[3] Milan Sonka, Vaclav Hlavac, Roger Boyle.图像处理、分析与机器视觉[M].3 版.艾海舟, 苏延超,译.北京:清华大学出版社,2011.

[4] 杨杰.数字图像处理及 MATLAB 实现[M].北京:电子工业出版社,2019.

[5] 岳亚伟.数字图像处理与 Python 实现[M].北京:人民邮电出版社,2020.

[6] 李立宗.OpenCV 轻松入门：面向 Python[M].北京: 电子工业出版社,2019.

[7] 朱斌.OpenCV4 计算学习算法原理与编程实践[M].北京:电子工业出版社,2021.

[8] Michael Calonder, Vincent Lepetit, Christoph Strecha, et al. Brief: Binary robust independent elementary features[C]. European Conference on Computer Vision (ECCV2010), Heraklion, 2010(:778－792).

[9] Alexandre Alahi, Raphael Ortiz, Pierre Vandergheynst. Freak: Fast retina keypoint[C]. IEEE Conference on Computer Vision & Pattern Recognition(CVPR2012), Los Alamitos, 2012(:510－517).

[10] Lowe D. Distinctive image features from scale-invariant keypoints[J]. Int. J. Comput. Vision,2004, 60(2):91－110.

[11] Herbert Bay, Tinne Tuytelaars, Luc Van Gool. Surf: Speeded up robust features[J]. Computer Vision and Image Understanding, 2008, 110(3):346-359.

[12] Edward Rosten, Tom Drummond. Machine learning for high-speed corner detection[C]. European Conference on Computer Vision (ECCV2006), Heidelberg, 2006(:430－443).

[13] Ethan Rublee, Vincent Rabaud, Kurt Konolige, et al. Orb: an efficient alternative to SIFT or SURF[C]. IEEE International Conference on Computer Vision (ICCV2011), Barcelona, 2011(:2564－2571).